“十三五”普通高等教育系列教材

力控组态软件入门与典型应用

主　编　孟庆松
副主编　孙晓波　李　巍
编　写　姜滨玲　艾　岭　杨振樱
　　　　张力元　曲伟健

中国电力出版社
CHINA ELECTRIC POWER PRESS

内 容 提 要

本书以监控组态软件——力控通用版组态软件最新版本 ForceControl 7.1sp3 为背景，从使用角度出发，对该组态软件的主要功能、使用方法及操作技巧进行了详细的介绍，使读者能够在较短的时间内掌握 ForceControl 7.1sp3 并应用到实际工程中。

全书首先按照组态软件基本操作步骤的先后顺序，介绍了工程管理器、开发系统、实时数据库系统、外部 I/O 设备、动画连接、脚本系统、分析曲线、专家报表、报警和事件记录、运行系统与安全管理的功能。其次以比例控制下的存储罐的液位监控实验为例，贯穿全书内容，即在每章的最后一节介绍了该实例在每章中的具体应用。最后以 9 个典型工程仿真实验为例分别采用 PLC（SIMATIC S7 - 200 SMART）梯形图、脚本程序实现控制，并用组态模拟对象，详细介绍了监控组态软件仿真实验的开发与实施步骤。

本书体系合理、层次清楚、示例丰富、通俗易懂，有较强的适用性和可操作性。可作为高等院校电气工程及其自动控制、电子技术、计算机应用、工业自动化、机械电子工程、机电一体化等专业教材，同时还可作为从事相关专业工程技术人员的自学或实训用书。

图书在版编目（CIP）数据

力控组态软件入门与典型应用/孟庆松主编．—北京：中国电力出版社，2018.9（2024.11重印）
“十三五”普通高等教育规划教材
ISBN 978 - 7 - 5198 - 1903 - 3

Ⅰ.①力…　Ⅱ.①孟…　Ⅲ.①过程控制软件－高等学校－教材　Ⅳ.①TP317

中国版本图书馆 CIP 数据核字（2018）第 066971 号

出版发行：中国电力出版社
地　　址：北京市东城区北京站西街 19 号（邮政编码 100005）
网　　址：http：//www.cepp.sgcc.com.cn
责任编辑：罗晓莉　（010-63412547）　马雪倩
责任校对：李　楠
装帧设计：郝晓燕
责任印制：吴　迪

印　　刷：三河市航远印刷有限公司
版　　次：2018 年 9 月第一版
印　　次：2024 年 11 月北京第九次印刷
开　　本：787 毫米×1092 毫米　16 开本
印　　张：22
字　　数：539 千字
定　　价：55.00 元

前　言

典型的计算机控制系统通常可以分为设备层、控制层、监控层和管理层 4 个层次结构，构成了一个分布式的工业网络控制系统，其中设备层负责将物理信号转换成数字或标准的模拟信号，控制层完成对现场工艺过程的实时监测与控制，监控层通过对多个控制设备的集中管理，以完成监控生产运行过程，而管理层则是对生产数据进行管理、统计和查询等。监控组态软件一般是位于监控层的专用软件，负责对下集中管理控制层，向上连接管理层，是企业生产信息化的重要组成部分。

近几年来，随着计算机软件技术的发展，组态软件技术的发展也非常迅速，特别是在图形界面技术、面向对象编程技术、组态技术的出现，使原来单调、操作麻烦的人机界面变得耳目一新，因此一般大、中、小型的工控系统，均明智地选择了组态软件。

组态软件是指一些用来完成数据采集与过程控制的专用软件，它以计算机为基本工具，为数据采集、过程监控、生产控制提供了基础平台和开发环境。组态软件功能强大、使用方便，其预设置的各种软件模块可以非常容易地实现监控层的各项功能，并可向控制层和管理层提供软、硬件的全部接口，以快速方便地进行系统集成，最终构造不同需求的数据采集与监控系统。

本书内容实用、典型和简洁，主要特点如下：

（1）以三维力控 ForceControl 7.1sp3 最新版本的组态软件为背景，从实用的角度出发，由浅入深、循序渐进地通过一个比例控制下的存储罐液位监控实例全面展示了组态过程，与实际应用知识相结合，具有代表性，在知识点的把握上也兼顾了不同程度读者在学习中的侧重。

（2）注重实用性和先进性。以 9 个典型工程仿真实验为例，详细介绍了组态软件仿真实验的开发过程，以及用 PLC（可编程控制器件）与组态软件两者结合开发实验的过程。加强学生对组态软件的兴趣，利于实践教学。

（3）教材编排的内容体系合理、层次分明、实例丰富并且实用，便于学生在使用时真正地领会与掌握其操作方法。

（4）考虑到课程的特点、现实需要和课时限制，满足了电气工程学科学生的教学大纲要求，便于实际的课堂教学和实验教学。

全书共 13 章，参考教学学时数为 32～44。

本书由孟庆松担任主编，孙晓波和李巍担任副主编。

本书第 1～第 2 章、第 5～第 6 章和附录 D～附录 E 由哈尔滨理工大学李巍讲师编写，第 3～第 4 章、第 11～第 12 章由哈尔滨理工大学孟庆松教授编写，第 7～第 10 章和附录 A～附录 C 由哈尔滨理工大学孙晓波教授编写，第 13 章 3 个小节分别由曲伟健、杨振樱、张力元编写，附录 F 由姜滨玲、艾岭编写。全书由孟庆松统稿定稿。

本书由哈尔滨工程大学张忠民副教授、黑龙江职业学院徐志辉教授主审，并对全书提出了许多宝贵的意见。北京三维力控科技有限公司哈尔滨办事处的韩杨以及参考文献所列资料为本书的编写提供了大量的素材，谨此一并表示衷心的感谢。

由于编者水平有限，书中难免有不妥之处，恳请读者批评指正。

编　者

2017 年 12 月

目　　录

第 1 章　力控组态软件概述

1.1　监控组态软件的概念

“组态”即使用软件工具对计算机及软件的各种资源进行配置，达到使计算机或软件按照预先设置，自动执行特定任务，满足使用者要求的目的。

“组态”的概念是伴随着集散型控制系统（distributed control system，DCS）的出现才开始被广大的生产过程自动化技术人员所熟知的。在工业控制技术的不断发展和应用过程中，PC（包括工控机）相比以前的专用系统具有的优势日趋明显。这些优势主要体现在：①PC 技术保持了较快的发展速度，各种相关技术已经成熟；②由 PC 构建的工业控制系统具有相对较低的拥有成本；③PC 的软件资源和硬件资源丰富，软件之间的互操作性强；④基于 PC 的控制系统易于学习和使用，可以容易地得到技术方面的支持。由于每一套 DCS 都是比较通用的控制系统，可以应用到很多的领域中。为了使用户在不需要编写代码程序的情况下，便可生成适合自己需求的应用系统。每个 DCS 厂商在 DCS 中都预装了系统软件和应用软件，其中的应用软件，实际上就是组态软件。但一直没有人给出明确的定义，只是将使用这种应用软件设计生成目标应用系统的过程称为“组态”。

典型的计算机控制系统（分布式的工业网格控制系统）通常可以分为设备层、控制层、监控层、管理层 4 个层次结构，其中设备层负责将物理信号转换成数字或标准的模拟信号，控制层完成对现场工艺过程的实时监测与控制，监控层通过对多个控制设备的集中管理，用来完成监控生产运行过程，而管理层实现对生产数据进行管理、统计和查询等。监控组态软件一般是位于监控层的专用软件，负责对下集中管理控制层，向上连接管理层，是企业生产信息化的重要组成部分。

组态软件是指一些用来完成数据采集与过程控制的专用软件，它以计算机为基本工具，为实施数据采集、过程监控、生产控制提供了基础平台和开发环境。组态软件功能强大、使用方便，其预设置的各种软件模块可以非常容易地实现和完成监控层的各项功能，并可向控制层和管理层提供软、硬件的全部接口，使用组态软件可以方便、快速地进行系统集成，构造不同需求的数据采集与监控系统。

组态的思想最先出现在工业计算机控制领域，如 DCS（集散控制系统）组态，PLC（可编程控制器）梯形图组态等。人机界面生成软件又称工控组态软件。其实在其他行业的一些软件也有组态的概念，如 AutoCAD、Photoshop、PowerPoint 等都存在相似的操作，即用软件提供的工具来形成自己的产品，并以数据文件的形式保存产品，而不是执行程序。组态软件形成的数据只有其制造工具或其他专用工具才能识别。但是不同之处在于，工业控制中形成的组态结果是用在实时监控的。组态工具的解释引擎，要根据这些组态结果实时运行。从表面上看，组态工具的运行程序就是执行自己特定的任务。虽然说组态软件不需要编写程序就能完成特定的应用，但是为了提供一些灵活性，工控组态软件也提供了编程手段，一般都是内置编译系统，提供类 BASIC 语言，有的还支持 Visual Basic 语言，现在有的组态软件甚至支持C++高级语言。

在一个自动监控系统中，投入运行的监控组态软件是系统的数据采集处理中心、远程监控中心和数据转发中心。处于运行状态的监控组态软件与各种控制、检测设备（如DCS、PLC、智能仪表等）共同构成快速响应控制中心。控制方案和算法一般在设备上组态并运行，也可以在PC上组态，然后再下装到设备中心中执行，实现方式根据设备的具体要求而定。自动监控系统中的组态软件如图1-1所示。

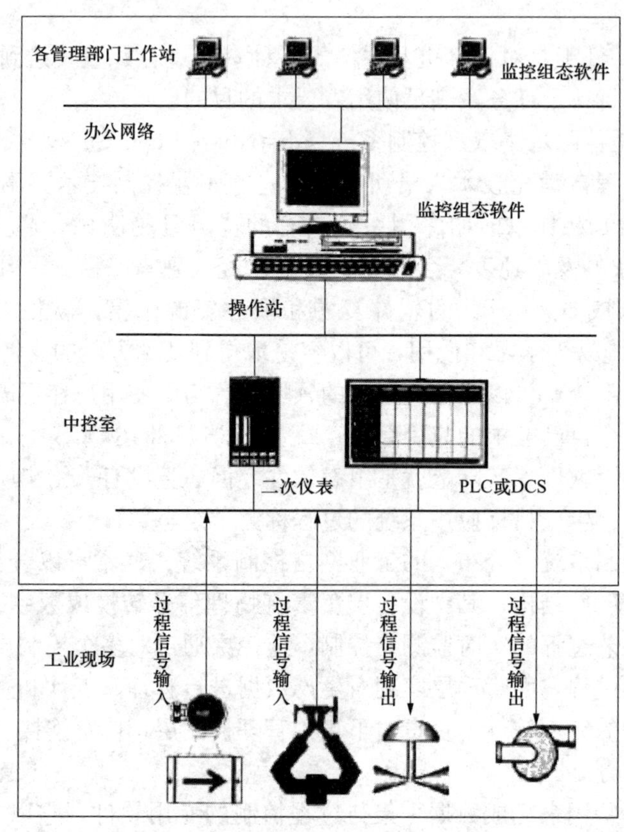

图1-1　自动监控系统中的组态软件

监控组态软件投入运行后，操作人员可以在其支持下完成以下6项任务：

(1) 查看生产现场的实时数据及流程画面。

(2) 自动打印各种实时/历史生产报表。

(3) 自由浏览各个实时/历史趋势画面。

(4) 及时得到并处理各种过程报警和系统报警等。

(5) 在需要时，人为地干预生产过程，修改生产过程参数和状态。

(6) 与管理部门的计算机联网，为管理部门提供生产实时数据。

1.2　组态软件的结构

在组态软件中，通过组态生成的一个目标应用项目，在计算机硬盘中需要占据唯一的物理空间（逻辑空间）。这个物理空间可以用唯一的一个名称来标识，就被称为一个应用程序。

在同一计算机中可以存储多个应用程序，组态软件通过应用程序的名称来访问其组态内容，打开其组态内容进行修改，或将其应用程序装入计算机内存投入实时运行。

组态软件的结构划分有多种标准，下面以使用软件的工作阶段和软件体系的成员构成两种标准来讨论其体系结构。

1.2.1　按照使用软件的工作阶段划分

以使用软件的工作阶段划分，也可以说是按照系统环境划分，组态软件是由系统开发环境和系统运行环境两大部分构成的。

（1）系统开发环境。它是自动化工程设计工程师为实施其控制方案，在组态软件的支持下进行应用程序的系统生成工作所必需依赖的工作环境。通过建立一系列用户数据文件，生成最终的图形目标应用系统，供系统运行环境运行时使用。系统开发环境由若干个组态程序组成，如图形界面组态程序、实时数据库组态程序等。

（2）系统运行环境。在系统运行环境下，目标应用程序被装入计算机内存并投入实时运行。系统运行环境由数十个运行程序组成，如图形界面运行程序、实时数据库运行程序等。组态软件支持在线组态技术，即在不退出系统运行环境的情况下可以直接进入组态环境并修改组态，使修改后的组态直接生效。

自动化工程设计工程师最先接触的一定是系统开发环境，通过系统组态和调试，最终将目标应用程序在系统运行环境投入实时运行，完成一个工程项目。

无论是美国 Wonderware 公司推出的世界上第一个工控组态软件 Intouch，还是现在的各种组态软件，从总体结构上看一般都是由系统开发环境（或称组态环境）与系统运行环境两大部分组成。系统开发环境和系统运行环境之间的联系纽带是实时数据库，三者之间的关系如图 1-2 所示。

图 1-2　系统开发环境、系统运行环境和实时数据库三者之间的关系

1.2.2　按照软件体系的成员构成划分

组态软件因为其功能强大，而每个功能相对来说又具有一定的独立性，因此其组成形式是一个集成软件平台。组态软件必备的典型组件包括如下 6 个程序组件。

（1）应用程序管理器。应用程序管理器是提供应用程序的搜索、备份、解压缩、建立新应用等功能的专用管理工具。在自动化工程设计工程师应用组态软件进行工程设计时，会遇到下面一些烦恼：经常要进行组态数据的备份，经常需要引用以往成功应用项目中的部分组态成果（如画面等），经常需要迅速了解计算机中保存了哪些应用项目。虽然这些要求可以用手工方式实现，但效率低下，极易出错。有了应用程序管理器的支持，这些操作将变得非常简单。

（2）图形界面开发程序。它是自动化工程设计工程师为实施其控制方案，在图形编辑工具的支持下进行图形系统生成工作所依赖的开发环境。通过建立一系列用户数据文件，生成最终的图形目标应用系统，供图形运行环境运行时使用。

（3）图形界面运行程序。在系统运行环境下，图形目标应用系统被图形界面运行程序装入计算机内存并投入实时运行。

(4) 实时数据库系统组态程序。实时数据库系统组态程序是建立实时数据库的组态工具，可以定义实时数据库的结构、数据来源、数据连接、数据类型及其相关的各种参数。有的组态软件只在图形开发环境中增加了简单的数据管理功能，因而不具备完整的实时数据库系统。目前比较先进的组态软件（如力控组态软件等）都有独立的实时数据库组件，以提高系统的实时性和增强处理能力。

(5) 实时数据库系统运行程序。在系统运行环境下，目标实时数据库及其应用系统被实时数据库系统运行程序装入计算机内存，并执行预定的各种数据计算与数据处理任务，历史数据的查询、检索、报警的管理都是在实时数据库系统运行程序中完成的。

(6) I/O 驱动程序。它是组态软件中必不可少的组成部分，用于和 I/O 设备通信，并相互交换数据。动态数据交换（dynamic data exchange，DDE，允许应用程序之间共享数据）和 OPC 客户端（oLE for process control client，OPC Client，是用于工业控制领域的数据交换的一种工业标准，即用于过程控制的 OLE）是两个通用的标准 I/O 驱动程序，用来和支持 DDE 标准及 OPC 标准的 I/O 设备通信。多数组态软件的 DDE 驱动程序被整合在实时数据库系统或图形系统中，而 OPC Client 则多数单独存在。

组态软件扩展可选组件包括以下 3 种：

(1) 通用数据库接口（开放数据库连接接口）(Open Data Base Connectivity，ODBC) 组态程序。通用数据库接口组件用来完成组态软件的实时数据库与通用数据库（Oracle、Foxpro、SQL Server 等）的互联，实现双向数据交换。通用数据库既可以读取实时数据，又可以读取历史数据，实时数据库也可以从通用数据库实时地读入数据。通用数据库接口组态环境用于指定要交换的通用数据库的数据库结构、字段名称与属性、时间区段、采样周期、字段与实时数据库数据的对应关系等。

(2) 通用数据库接口运行程序。已组态的通用数据库连接被装入计算机内存，按照预先指定的采样周期，对规定时间区段按照组态的数据库结构建立起通用数据库和实时数据库间的数据连接。

(3) 实用通信程序组件。实用通信程序极大地增强了组态软件的功能，可以实现与第三方程序的数据交换，是组态软件价值的主要表现之一。实用通信程序具有以下功能：

1) 可以实现操作站的双冗余备用。

2) 实现数据的远程访问和传送。

3) 通信实用程序可以使用以太网、RS485、公共交换电话网络（public switched telephone network，PSTN）等多种通信介质或网络以实现其功能。

实用通信程序组件可以划分为 Server 和 Client 两种类型，其中 Server 是数据提供方，而 Client 是数据访问方。一旦 Server 和 Client 建立起了连接，二者间就可以实现数据的双向传送。

1.3 组态软件的发展及其趋势

世界上第一个把组态软件作为商品进行开发、销售的专业软件公司是美国的 Wonderware 公司。它于 20 世纪 80 年代率先推出了第一个商品化监控组态软件 Intouch。此后监控组态软件在全球蓬勃发展，目前世界上的监控组态软件有几十种之多，总装机量有几十万套。伴随着信息化社会的到来，监控组态软件在社会信息化进程中将扮演越来越重要的角色。每年的市场增幅都会有较大增长，未来的发展前景十分看好。

1.3.1　国内外软件产品

目前，全球知名的组态软件厂商不足 20 家，但排名在前 6 家的占据了整个市场 75%的份额。表 1-1 列出了国际上比较著名的 12 种监控组态软件。

表 1-1　　国际上著名的监控组态软件

公司名称	产品名称	国别	公司名称	产品名称	国别
Intellution	FIX，iFIX	美国	Rock - Well	RSView32	美国
Wonderware	Intouch	美国	信肯通	Think&Do	美国
TA Engineering	AIMAX	美国	Iconics	Genesis	美国
通用电气	Cimplicity	美国	PC Soft	WizCon	以色列
西门子	WinCC	德国	Citech	Citech	澳大利亚
Nema Soft	Paragon ParagonTNT	美国	National Instruments	LabView	美国

组态软件产品在中国已有 10 年的历史。早在 20 世纪 80 年代末，有些国外的组态软件就开始进入中国市场。但组态软件在中国经历了一段相当困难的时期，由于人们当时对此类产品认识不够，且销售价格偏高等因素制约了这个市场的发展。之后，随着国内计算机水平和工业自动化程度的不断提高、集散控制系统的广泛应用、实时多任务操作系统的不断推出、人们对软件重要性认识的加深等原因促使通用组态软件的市场需求日益增大，从而使组态软件在中国得到了迅猛的发展。

近年来，一些技术力量雄厚的高科技公司相继开发了适合国内使用的通用组态软件。国内市场可细分为高端和中低端。高端市场基本上由国外品牌的软件占有，像一些国家级的大项目、大型企业的主生产线控制等。其特点是装机量小，单机销售额大，目前国外品牌的软件年装机量没有一家能超过 1000 套。中低端市场基本由国产软件占有，因为国产软件价格低廉、中文界面、基本功能都具备等优势。下面简要介绍一下具有代表性的三种软件产品。

(1) 力控监控组态软件 ForceControl（以下简称"力控软件"）。它是北京三维力控科技公司根据当前的自动化技术的发展趋势，总结多年的开发、实践经验和大量的用户需求而设计开发的高端产品。该软件主要定位于国内高端自动化市场及应用，是企业信息化的数据处理平台。力控软件 7.1 在秉承力控软件 6.1 成熟技术的基础上，对历史数据库、人机界面、I/O 驱动调度等主要核心部分进行了大幅提升与改进，重新设计了其中的核心构件。力控软件 7.1 面向 NET 开发技术，开发过程采用了先进软件工程方法——测试驱动开发，从而充分保证了产品的品质。

(2) MCGS（monitor and control generated system）。它是由北京昆仑通态自动化软件公司开发的一套基于 Windows 平台，用于快速构造和生成上位机监控系统的组态软件系统。MCGS 通用版在界面的友好性、内部功能的强大性、系统的可扩充性、用户的使用性以及设计理念上都比较好，是国内组态软件行业划时代的产品。MCGS 能够完成现场数据采集、实时和历史数据处理、报警和安全机制、流程控制、动画显示、趋势曲线和报表输出以及企业监控网络等功能。

(3) 组态王 KingView。它是北京亚控科技公司以实现企业一体化为目标，根据当前的自动化技术的发展趋势，面向高端自动化市场及应用而开发的一套软件。该软件以搭建战略性工业应用服务平台为目标，可以提供一个对整个生产流程进行数据汇总、分析及管理的有效平台，并能够及时有效地获取信息，及时地做出反应，以获得最优化的结果。

当然，国内的监控组态软件还有北京世纪长秋科技有限公司的世纪星组态软件、紫金桥软件技术有限公司的紫金桥组态软件、北京图灵开物技术有限公司的图灵开物（ControX）组态软件、北京九思易自动化软件有限公司的易控（INSPEC）组态软件等。

1.3.2　软件的发展及其趋势

监控组态软件是在信息化社会的大背景下，随着工业 IT 技术的不断发展而发展起来的。它给工业自动化、信息化以及社会信息化带来的影响是深远的，带动着整个社会生产、生活方式的改变。

监控组态软件日益成为自动化硬件厂商争夺的重点。在整个自动化系统中，软件所占比重逐渐提高，虽然组态软件只是一部分，但其渗透能力强、扩展性强。因此，监控组态软件具有很高的产业关联度，是自动化系统进入高端应用、扩大市场占有率的重要桥梁。同时，信息化社会的到来为组态软件拓展了更多的应用领域：组态软件的应用不应仅仅局限在工业企业，在农业、环保、航空等各行各业也应得到推广。目前在大学和科研机构里越来越多的人开始从事监控组态软件的相关技术研究，成为组态软件技术发展及创新的重要活跃因素。

组态软件的发展及其趋势可以表现在以下三大方面：

(1) 集成化、定制化。监控组态软件作为通用软件平台，具有很大的使用灵活性。但实际上很多用户需要“傻瓜”式的应用软件，即需要很少的定制工作量即可完成工程应用。为了既照顾“通用”，又兼顾“专用”，组态软件拓展了大量的组件，用于完成特定的功能，如万能报表组件、GPRS 透明传输组件等。

组态软件的发展和网络技术的发展密不可分。曾有一段时期，各 DCS 厂商的底层网络都是专用的，现在则使用国际标准协议，这在很大程度上促进了组态软件的应用。现场总线控制系统同普通的网络系统相似，同样需要将大量的现有设备替代为现场总线设备，这也给组态软件的发展带来了很多的机遇。此外，目前国内外的 DCS 厂家都在尝试使用通用监控组态软件作为操作站，因此监控组态软件在 DCS 操作站软件中所占份额的比重也将日益提高。

组态软件是自动化系统的核心与灵魂，监控组态软件又具有很高的渗透能力和产业关联度。不管从横向还是纵向看，在一个自动化系统中组态软件占据越来越多的份额，更多地体现着自动化系统的价值。同时，组态软件已经成为工业自动化系统的必要组成部分，即“基本单元”，因此也吸引了大型自动化公司纷纷投资开发自有知识产权的监控组态软件。

计算机集成制造系统（computer integrated manufacturing system，CIMS）所追求的目标是使工厂的管理、生产、经营、服务全自动化与科学化，最大限度地发挥企业中的人、资源和信息的作用，提高企业运转效率和市场应变能力，降低企业运营成本。但现实当中的自动化系统都是分散在各控制装置上的，企业内部的各装置之间缺乏互联手段，不能实现信息的实时共享，这从根本上阻碍了 CIMS 的实施。由此可知，组态软件在 CIMS 应用中将起到重要作用。

（2）纵向：功能向上、向下延伸。组态软件处于监控系统的中间位置，向上、向下都具有比较完整的接口，因此对上下应用系统的渗透能力很强。向上表现在软件的管理功能逐渐强大，尤以报警管理与检索、历史数据检索、操作日志管理和复杂报表等功能尤为常见；向下表现为日益具备网络管理（节点管理）功能、软 PLC 与嵌入式控制功能，以及同时具备 OPC Server 和 OPC Client 功能等。

可以预言，微软公司在操作系统市场上的垄断迟早要被打破，未来的组态软件也要求跨操作系统平台，至少要同时兼容 Win NT 和 Linux/UNIX。基于 Linux 的监控组态软件及相关技术正在迅速发展，虽然没有成熟的产品面世，但其必然会对组态软件业的格局产生重要的影响。因此，能够同时兼容多种操作系统平台是组态软件的发展方向之一。

微处理器技术的发展会带动控制技术及监控组态软件的发展。目前嵌入式系统的发展极为迅猛，但相应的软件尤其是组态软件滞后较严重，制约着嵌入式系统的发展。可以说，组态软件在嵌入式整体方案中将发挥更大的作用。

（3）横向：监控、管理范围及应用领域扩大。目前的组态软件都产生于过程工业自动化，很多功能没有考虑到日常使用实时数据处理软件、人机界面、数据分析软件的其他应用领域的需求。只要同时涉及实时数据通信、实时动态图形界面显示、必要的数据处理、历史数据存储与显示，一定会存在对组态软件的潜在需求（除工业自动化领域之外），比如工业仿真系统、电网系统信息化建设、设备管理等。

1.4　力控组态软件的基本结构

力控组态软件基本的程序及组件包括工程管理器、人机界面 VIEW、实时数据库 DB、I/O 驱动程序、控制策略生成器以及各种数据服务及扩展组件，其中实时数据库是系统的核心，图 1-3 为力控组态软件的基本结构图。

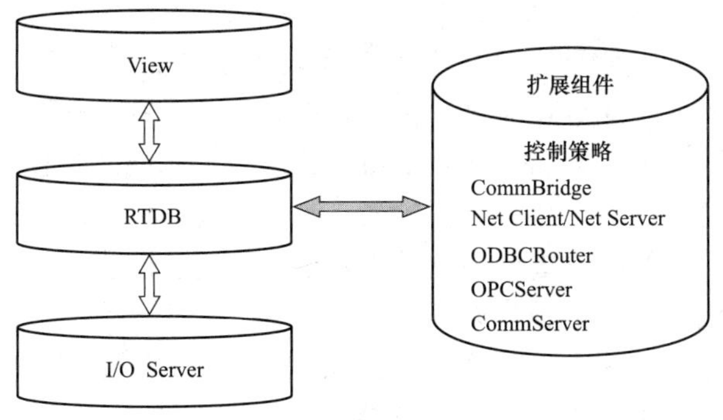

图 1-3　力控组态软件的基本结构图

主要的各种组件说明如下：

1. 工程管理器（project manager）

工程管理器用于创建工程、工程管理等，即用于创建、删除、备份、恢复、选择当前工程等。

用力控软件开发的每个应用系统称为一个应用工程。每个工程都必须在一个独立的目录中保存、运行，不同的工程不能使用同一目录，这个目录被称为工程路径。在每个工程路径中，保存着力控软件生成的组态文件，这些文件不能被手动修改或删除。

2. 开发系统

开发系统是一个集成环境，可以完成创建工程画面、配置各种系统参数、脚本、动画、启动力控其他程序组件等功能。

3. 界面运行系统（View）

界面运行系统用来运行由开发系统 Draw 创建的画面，脚本、动画连接等工程，操作人员通过它来实现实时监控。

4. 实时数据库（RTDB）

实时数据库是力控软件系统的数据处理核心，构建分布式应用系统的基础。它负责实时数据处理、历史数据存储、统计数据处理、报警处理、数据服务请求处理等。

5. I/O 驱动程序（I/O Server）

I/O 驱动程序负责力控软件与 I/O 设备的通信。它将 I/O 设备寄存器中的数据读出后，传送到力控软件的实时数据库，然后在界面运行系统的画面上动态显示。

6. 网络通信程序（NetClient/NetServer）

网络通信程序采用 TCP/IP 通信协议，可利用 Intranet/Internet 实现不同网络节点上力控软件之间的数据通信，可以实现力控软件的高效率通信。

7. 远程通信服务程序（CommServer）

该通信程序支持串口、电台、拨号、移动网络等多种通信方式，通过力控软件在两台计算机之间实现通信，使用 RS232C 接口，可实现一对一（1∶1 方式）的通信；如果使用 RS485 总线，还可实现一对多台计算机（1∶N 方式）的通信，同时也可以通过电台、MODEM、移动网络的方式进行通信。

1.5 力控仿真工程的组态步骤

力控组态软件通过 I/O 驱动程序从现场 I/O 设备获得实时数据，对数据进行必要的加工处理后，一方面以图形方式直观地显示在计算机屏幕上；另一方面按照组态要求和操作人员的指令将控制数据送给 I/O 设备，并对执行机构实现控制或调整控制参数。

对已经组态历史趋势的变量存储历史数据，对历史数据检索请求给予响应。当发生报警时及时将报警以声音、图像的方式通知给操作人员，并记录报警的历史信息，以备检索。图 1-4 直观地表示出了组态软件的数据处理流程。

在图中可以看出，实时数据库是组态软件的核心，历史数据处理、报警检查与处理、计算与控制、数据库冗余控制、I/O 数据连接都是由实时数据库系统完成的。图形界面系统、I/O 设备驱动等组件以实时数据库为核心，通过高效的内部协议相互通信以共享数据资源。

根据图 1-4 的数据流程，在具体的工程应用时，需要在组态软件中进行完整、正确的组态或设置，该软件方可正常工作。

本节通过一个简单的例子介绍力控仿真工程的一般组态步骤。

［例］ 力控仿真工程组态步骤示例的要求与实现具体如下。

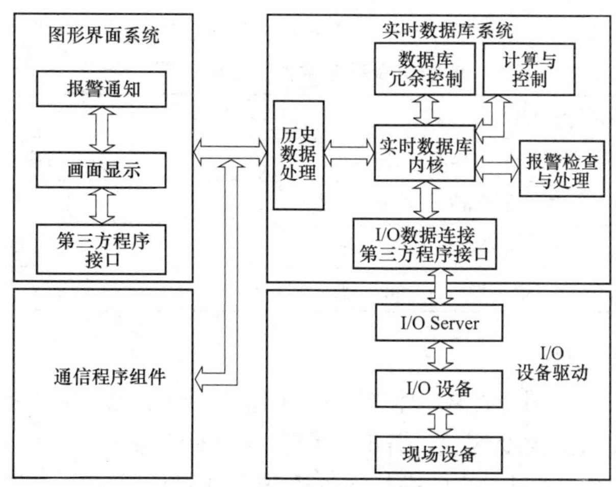

图 1-4　力控组态软件的数据处理流程

(1) 仿真工艺设备。在本示例中，被仿真的工艺设备假设包括一个油罐、一个进油控制阀门和一个出油控制阀门，一台 PLC 用于控制两个阀门的动作，如图 1-5 所示。

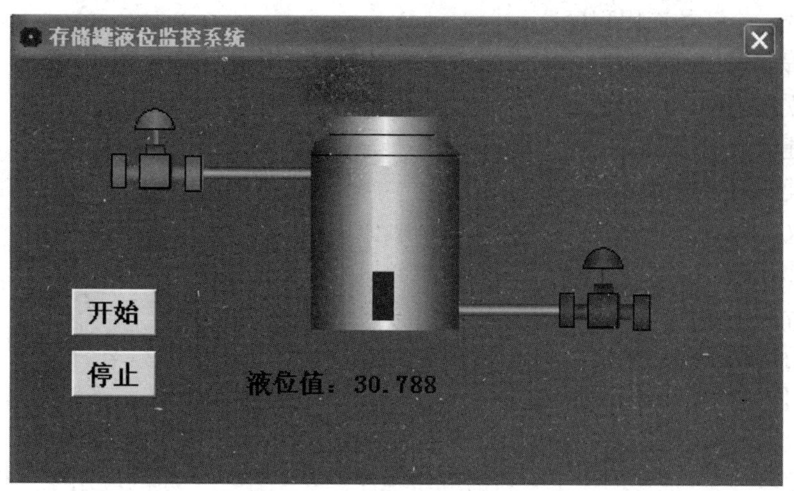

图 1-5　存储罐液位监控系统

(2) 工艺过程的功能描述。一个入口阀门不断地向一个存储罐内注入某种液体，当存储罐的液位达到一定值（如：100 当量）时，入口阀门要自动关闭，此时出口阀门自动打开，将存储罐内的液体排放出去。当存储罐的液体将要排空时，出口阀门自动关闭，入口阀门打开，又开始向存储罐内注入液体。过程如此反复进行。

整个逻辑的控制过程都是通过脚本语言用一台仿真 PLC（可编程控制器）来实现的。仿真 PLC 是一个力控软件的仿真软件，它除了采集存储罐的液位数据，还能判断什么时候应该打开或关闭哪一个阀门。力控软件除了要在计算机屏幕上看到整个系统的运行情况（如：存储罐的液位变化和出入口阀门的开关状态变化等），还要能实现控制整个系统的启动与停止。

(3) 仪表仿真程序。SIMULATOR 是力控软件的 PLC 仿真程序，内嵌了逻辑算法，可以模拟现场的生产数据变量，也可以提供各种信号类型。鉴于此，对数据通道做了如表 1-2

所示的约定。

表 1 - 2 仪表仿真程序数据通道的设置

寄存器类型及地址	说明
PLC 增量寄存器 1（模拟输入区）第 0 通道	对应油罐的液位
PLC 的 DI 区域常量寄存器（数字输入区）第 0 通道	控制油罐的进油阀门
PLC 的 DI 区域常量寄存器（数字输入区）第 1 通道	控制油罐的出油阀门
PLC 的 DO 区域状态控制（数字输出区）第 0 通道	开始/停止 PLC 程序的开关

（4）工程要完成的目标：

1）创建一幅工艺流程图，此图中包括一个油罐，一个进油阀门和一个出油阀门。

2）阀门根据开关状态改变颜色：开时为绿色，关时为红色。

3）创建实时数据库，并与 PLC 进行数据连接，进而显示一幅工艺流程图的动态数据及动态棒图。

4）用两个按钮实现开始和停止 PLC 工作。

下面首先给出力控仿真工程的一般组态步骤，共分 11 步，具体如下：

（1）创建一个新的应用程序。

（2）工程实现的目标。

（3）建立新工程。

（4）创建流程图画面。

（5）创建实时数据库。

（6）定义 I/O 设备。

（7）制作动画连接。

（8）设计脚本动作。

（9）运行应用程序。

（10）制作运行安装包。

（11）系统投入运行。

上面的第（1）步是要创建一个新的应用程序。要创建一个新的应用程序工程，首先为应用程序工程指定工程路径，不同的工程不能使用同一工程路径。工程路径保存着力控软件生成的组态文件，它包含了区域数据库、设备连接、监控画面、网络应用等各个方面的开发和运行信息。每个机器只能安装一套力控软件，一个典型的应用中往往包含以下几个方面的内容：

（1）设备驱动：计算机跟什么样的设备相连（如 PLC、板卡、模块、智能仪表），是直接相连还是通过设备供应商提供的软件相连，是什么样的网络。

（2）区域数据库：数据库主要将数据库的点参数和采集设备的通道地址相对应。现场的数据处理、量程变换、报警处理、历史存储等都放到数据库进行。数据库提供了数据处理的手段，同时又是分布式网络服务的核心。

（3）监控画面开发：在应用组态中，最重要的一部分是监控画面的制作。现场数据采集到计算机中后，操作人员通过仿真的现场流程画面便可以做监控，其开发包括流程图、历史/实时分析曲线、历史/实时报警、生产报表等功能。

（4）数据连接：所有的数据通过数据库变量进行动画连接，人机界面HMI中的数据库变量对应区域数据库DB的一个点参数，通过点参数的数据连接来完成与I/O中过程数据的映射。

图1-6是采集数据在力控软件各软件模块中的数据流向图。

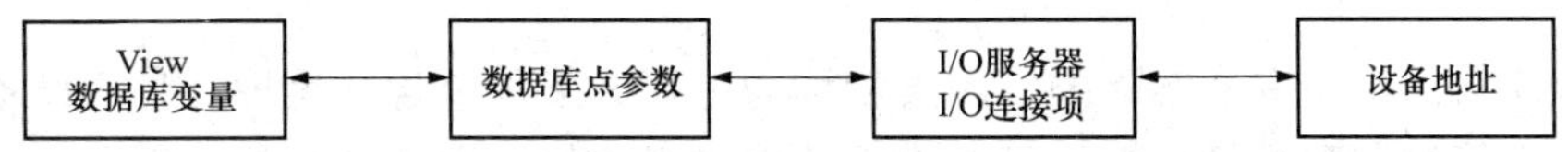

图1-6　采集数据在力控软件各软件模块中的数据流向图

在一般组态步骤中的第（2）步就是要完成的工程目标，如［例］所述。而从第（3）步开始，每一步骤的具体内容及仿真工程的创建过程则在以后的相应章节中依次加以介绍。

第2章 工 程 管 理 器

对于力控软件，每一个实际的应用案例称为工程。工程包含数据库、I/O设备、人机界面、网络应用等组态和运行数据。每个力控软件工程的数据文件都存放在不同的目录下，这个目录又包含多个子目录和文件。

对于力控软件用户，可以同时保存多个力控软件工程。力控软件工程管理器实现了对多个力控软件工程的集中管理。工程管理器的主要功能包括：新建工程、删除工程、搜索工程、修改工程属性、工程的备份与恢复、切换到力控软件开发系统或运行系统等。

2.1 工程管理器窗口

在建立一个新工程时，首先通过力控软件的“工程管理器”指定工程的名称和工作的路径，不同的工程一定要放在不同的路径下。启动力控软件的“工程管理器”，如图2-1所示。

图2-1 工程管理器

在图2-1所示的窗口中包括菜单栏、工具栏、工程列表显示区、属性页标签等部分。单击属性页标签上的工程管理、工具列表、网络中心三个选项可以在三个属性页窗口之间进行切换。

2.1.1 工程管理窗口

1. 菜单栏

表2-1对工程管理窗口的功能进行说明。

表 2-1　**工程管理器的工具栏图标与操作说明**

序号	图标	操作与说明	备注
1	新建	新添加一个工程应用	
2	删除	将已存在的工程应用从工程管理器上移除	删除只是将工程从工程管理器上移除，但是工程文件夹在工程目录下依然存在以避免误删
3	运行	单击运行按钮，进入选中工程的运行环境	
4	开发	单击开发按钮，进入选中工程的开发环境 Draw	
5	搜索	查找已有的工程应用，将其添加到工程管理器下	
6	备份	可将力控工程备份成 PCZ 格式的压缩文件	备份文件可以随意复制移动，任何的力控 Force-Control 组态软件都可将其恢复成原工程
7	恢复	将工程备份生成的 PCZ 格式压缩文件进行解压缩并恢复成原工程	恢复与备份是一对相反的操作
8	打包	制作安装包	用于将当前版本的力控监控组态软件运行系统及当前工程制作成安装程序，以便随时安装运行系统及当前工程
9	工程目录	打开选中的工程文件夹，并默认选中文件 FCAppNam. dat	
10	快捷方式	为启动当前工程的运行系统在指定目录创建快捷方式	
11	工程设置	可以修改项目名称、分辨率以及描述	
12	退出	关闭工程管理器	

2. 显示区

显示所有已建的工程应用的列表，其中每行对应一个工程，每个工程显示的信息包括应用名称、所在路径、分辨率、说明、工程 ID。

2.1.2　工具列表窗口

单击工程管理器功能区的“工具列表”选项，切换到“工具列表”页，如图 2-2 所示。

下面对工具列表窗口的功能进行说明：

该窗口列出了力控软件的常用工具，包括加密锁检测工具、注册授权工具、加密锁驱动安装等。

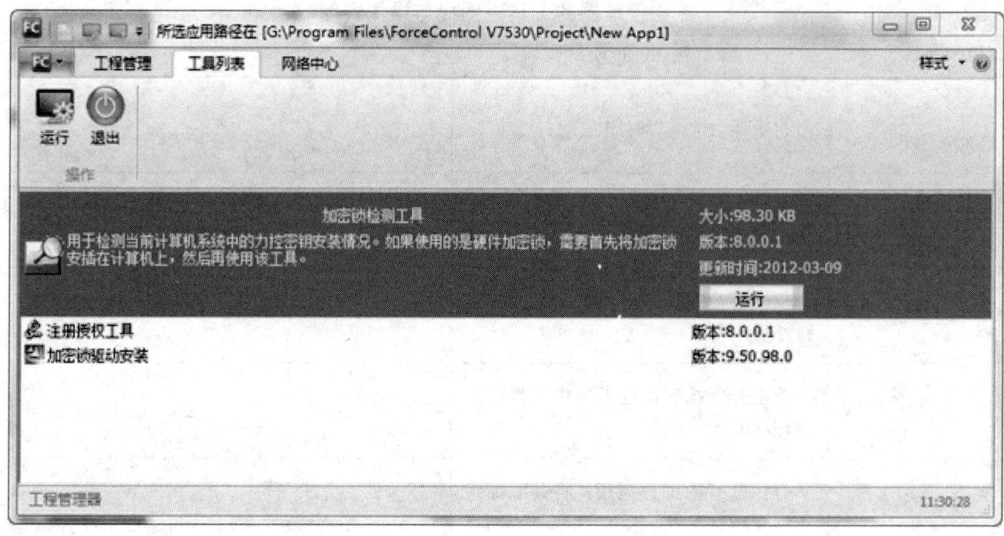

图 2-2 工具列表窗口

选择要使用的工具，单击“运行”按钮可以启动该工具软件。以上工具也可以在 Windows 开始菜单中启动，启动的位置为：开始菜单→所有程序→力控 ForceControl V7.1→工具。

1. 注册授权工具

该工具提供以下几项功能：

（1）获取并显示计算机 ID，即 PCID。PCID 是根据计算机硬件信息获取的标识，每台计算机都有一个唯一的 PCID 进行区别。在计算开发模式用户的注册码和制作软件授权的软 Key 时，都需要用户提供 PCID。启动后的注册授权工具窗口如图 2-3 所示。

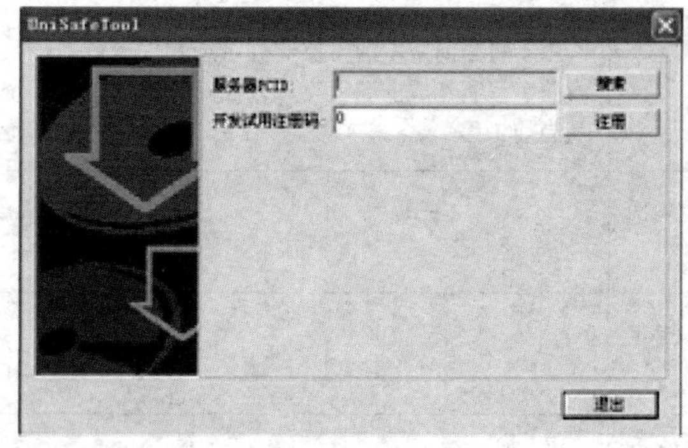

图 2-3 注册授权工具窗口

（2）为开发模式用户提供注册功能。

（3）软件加密锁用户安装软 Key。

2. 加密锁驱动安装

该工具用于安装力控硬件加密锁（USB 口加密锁）的驱动程序。在安装力控软件时，安装程序会自动完成加密锁驱动的安装。

3. 加密锁检测工具

该工具用于检测安装在当前计算机系统上的加密锁的密钥信息。启动后的程序窗口如图 2-4 所示。

窗口由许可证、基本、扩展组件、I/O 驱动、复合组件五个属性页窗口组成。

2.1.3 网络中心窗口

单击工程管理器窗口上的“网络中心”选项卡，切换到“网络中心”窗口，如图 2-5 所示。

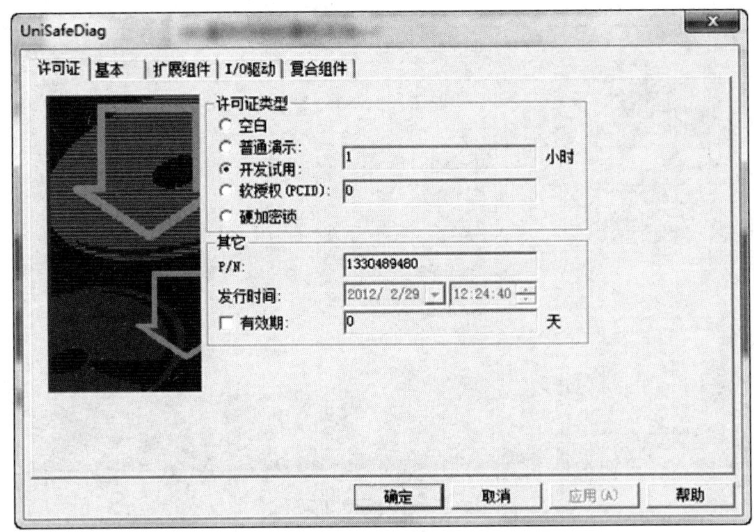

图 2-4 加密锁检测工具窗口

图 2-5 网络中心窗口

如果用户的计算机已经联机到互联网上，该窗口将显示力控网站的内容。

2.2 工程管理器的使用

2.2.1 新建一个工程

选择工程管理选项卡的“新建”按钮后，弹出“新建工程”对话框，如图 2-6 所示。

1. 项目类型

在此窗口中提供许多行业的示例工程，当选中其中某个工程后，此时新建的工程就会以此工程为模板来建立新工程。

2. 项目名称

在“项目名称”文本框中输入新建工程的名称。

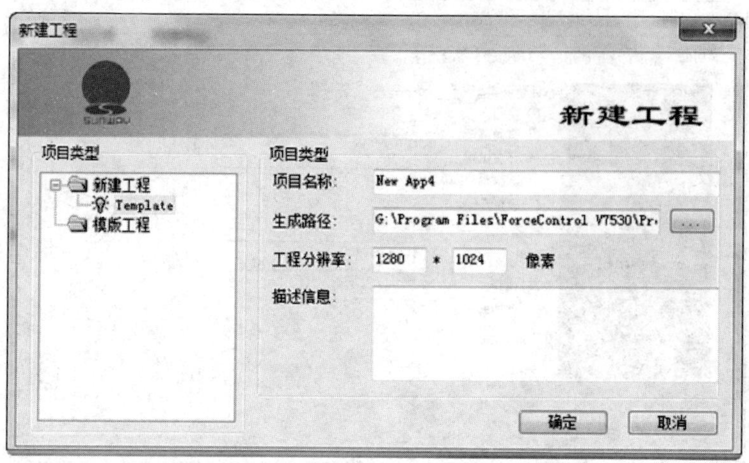

图 2-6 新建工程

3. 生成路径

此项指定新建工程的工作目录，如果指定的目录不存在，工程管理器将会自动创建该目录。

图 2-7 浏览文件夹

4. 描述信息

在描述信息中输入对新建工程的说明文本。单击“确定”按钮确认新建的工程，完成新建工程操作。单击“取消”按钮退出新建工程对话框。

2.2.2 找到一个已有的工程

选择工程管理选项卡的“搜索”按钮后，弹出“浏览文件夹”对话框，如图 2-7 所示。

选择已有工程所在的路径。单击“确定”按钮开始搜索，工程管理器自动将搜索到的工程添加到列表显示区中。

如果添加的工程名称与当前工程列表中已存在的工程名称相同，此时如果两个工程所在的路径也相同，会将工程列表中已存在的工程覆盖；如果两个工程所在的路径不同，工程管理器会再添加一个同名的工程。

也可以在新建工程时，在弹出的“新建工程”对话框中，直接将“生成路径”指定为已有工程的路径，工程管理器发现生成路径下存在已有工程，会自动将已有工程添加到工程列表中。

2.2.3 设置一个工程为当前工程

当前工程是指力控软件系统默认打开的工程。在进入开发系统或启动运行系统时，力控软件系统将选择当前工程的内容进行加载。

在工程列表显示区中选中要设置的工程，选择功能区“工程管理”→“工程设置”→“设为当前工程”，即可设置该工程为当前工程。在工程列表显示区内，被设置为当前工程的第一列会显示带有“√”的图标，如图2-8所示。

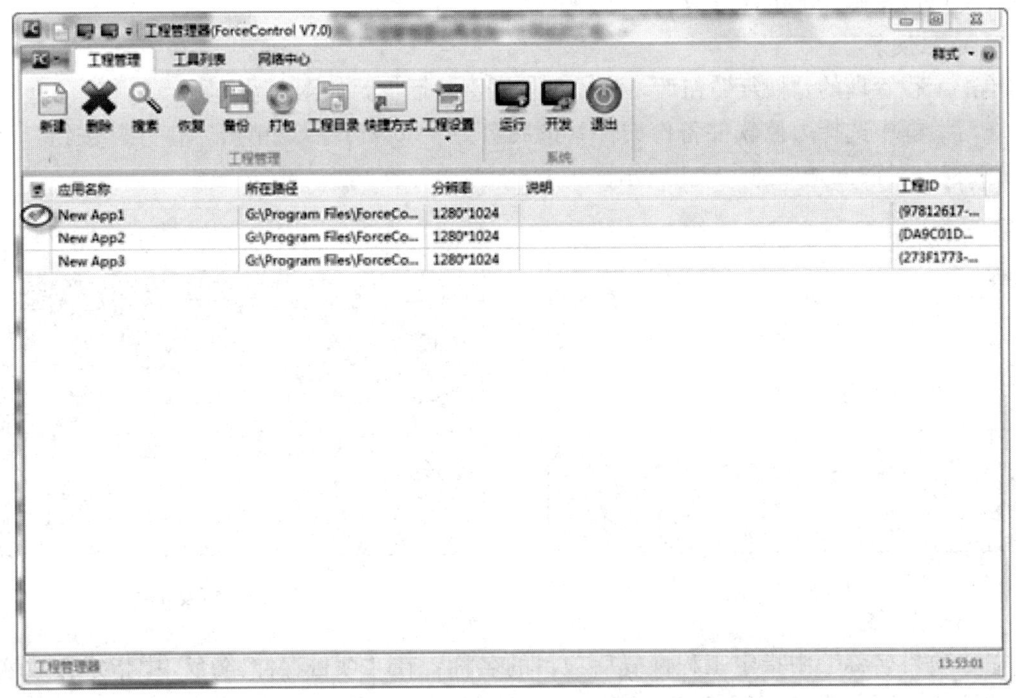

图2-8　设为当前工程

2.2.4　清除当前不需要显示的工程

在工程列表显示区中选中要清除的工程，使之加亮显示，单击工程管理的“删除”命令后，将该工程信息从列表显示区中清除。该操作并不删除工程数据文件或更改任何工程内容，在以后需要重新设置该工程时，可以通过“2.2　工程管理器的使用”介绍的内容重新找到该工程，并添加到工程列表中。

2.2.5　备份和恢复工程

备份是将力控软件工程进行压缩备份，而恢复是将力控软件的工程恢复到压缩备份前的状态。下面说明如何备份和恢复力控软件工程。

1. 工程备份

选中要备份的工程，使之加亮显示。单击工程管理的“备份”按钮后，弹出项目备份对话框，如图2-9所示。

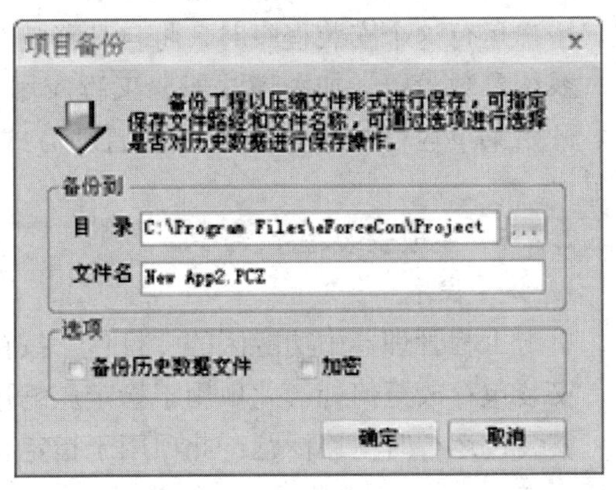

图2-9　项目备份

目录：指定存放备份文件的目录。

文件名：指定备份文件的名称，其扩展名为“.PCZ”，如：Backup.PCZ。工程备份完成后，将在指定目录下生成Backup.PCZ文件。

备份历史数据文件：选择该项将连同历史数据文件一同备份。

加密：备份时对备份文件加密。选择该项，工程管理器将提示输入密码，当恢复此工程时需要使用该密码才能解压恢复。

2. 工程恢复

单击工程管理的“恢复”钮后，弹出“打开”对话框，如图 2 - 10 所示。

在对话框中选择力控软件备份文件（扩展名为“. pcz”）后，单击“打开”按钮，弹出“恢复工程”对话框，如图 2 - 11 所示。

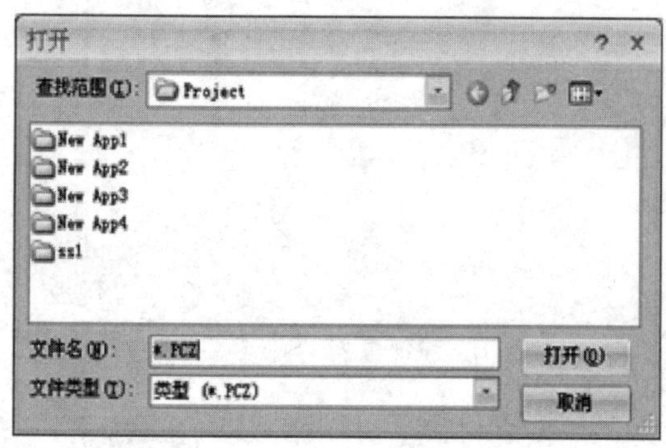

图 2 - 10　打开

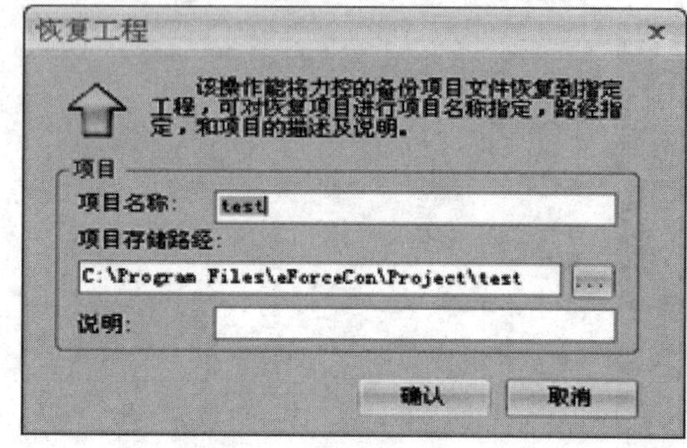

图 2 - 11　恢复工程

在“项目名称”中指定工程恢复后项目的名称：在“项目存储路径”中指定存放恢复工程的路径，可单击“...”按钮，在弹出的路径选择对话框中进行选择。单击“确认”按钮开始恢复工程。如果待恢复的工程指定的存放路径与当前工程列表中存在的工程的路径相同，工程管理器会提示“该应用路径已被使用!”，此时需要为待恢复工程重新指定存放路径。

2.2.6　制作运行包

通过制作运行安装包，可以将计算机系统上的力控软件运行系统（不包括开发系统）、当前工程应用、相关的参数信息及数据等全部压缩并制作成安装程序。在其他计算机系统上，用户运行这个安装程序时，将自动释放与恢复全部数据文件，并自动完成运行环境的安装、系统参数设置、加密锁注册、工程应用安装等过程。当然也可以设置桌面运行快捷方式、开始菜单运行快捷方式和自动启动方式。使用此功能可以为最终用户提供“交钥匙”产品。

2.2.7　生成安装程序

1. 安装程序

单击工程管理器中功能区的“打包”按钮将出现对话框，如图 2 - 12 所示。

安装包存放至何处：此项用于指定压缩形成的安装程序的存放目录。

安装包运行时窗口标题：此项用于指定在运行安装程序时，运行窗口标题的名称。可以为任意文本。

安装包运行时缺省安装路径：此项用于指定在运行安装程序时，安装程序将释放恢复的文件（包括运行系统、工程应用、相关的参数信息及数据）到哪个目录下。

安装包运行结束后创建的快捷方式名：运行安装包并完成安装后，可以设置桌面运行快捷方式、开始菜单运行快捷方式和自动启动方式。此项用于指定快捷方式的名称。

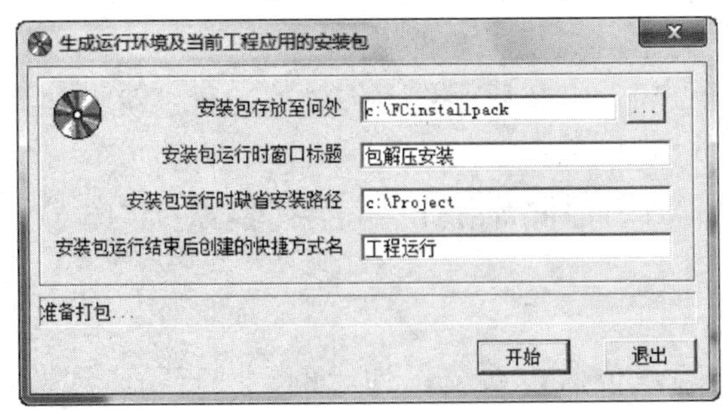

图 2-12　制作运行包

当上述参数设置完毕后，单击“开始”按钮，系统开始对所有相关文件进行复制、压缩处理并形成安装程序文件，这可能需要几分钟时间。当处理过程完成后，系统会自动提示操作结束，此时可以单击“退出”按钮结束整个操作。

生成的安装包由多个文件组成，存放在由“安装包存放至何处”项中指定的目录下，其中包含一个名为“Setup. exe”的可执行文件，在其他计算机上使用安装程序时执行该程序。这里需注意的是：在对安装包进行备份或安装时，目录下的所有文件都要存在，缺一不可。

2. 使用安装程序

(1) 安装环境。在要使用安装程序的计算机上，不能安装力控软件，如果已经安装过力控软件，请卸载力控软件后，再使用安装程序。

(2) 安装过程。执行安装程序中的“Setup. exe”文件将出现对话框，如图 2-13 所示。所有的运行文件通过自动安装便可以完成。

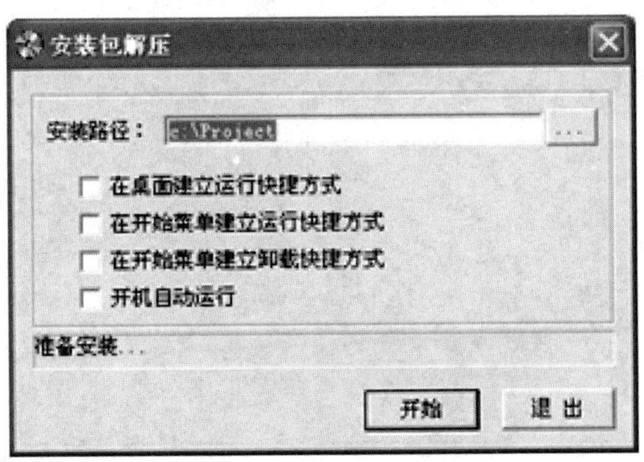

图 2-13　安装包解压

安装路径：指定恢复后的力控软件系统的安装目录。

在桌面建立运行快捷方式：选择该项，安装程序将在 Windows 桌面上创建一个启动力控软件运行系统的快捷菜单。

在开始菜单建立运行快捷方式：选择该项，安装程序将在 Windows 的开始菜单里创建一个启动力控软件运行系统的快捷菜单。

在开始菜单卸载运行快捷方式：选择该项，安装程序将在 Windows 的开始菜单里创建一个卸载力控软件的快捷菜单。

开机自动运行：选择该项，安装程序将力控软件运行系统设置为开机自动运行方式。

2.3 存储罐液位监控实验系统（一）

2.3.1 实现功能

在本书中，将以存储罐液位监控系统作为示例，进行仿真实验以达到对液位的比例控制。在以后各章的最后一节均以此为例依次逐步展开该监控系统的组态过程与具体操作步骤。该实验系统实现的功能包括如下：

（1）通过设定预设值和比例系数，实现存储罐液位的比例控制。

（2）可观察实验的专家报表，刷新历史数据。

（3）可查看实时/历史曲线以观察液位变化曲线，通过随时改变比例系数实现液位的稳定控制。

（4）可实时报警，即液位过高时进行报警提示。

（5）存储罐液位既可进行数字显示，又可动态画面呈现。

（6）运行过程中，指示灯亮；停止运行，指示灯灭。

2.3.2 工程管理器窗口

单击 ForceControl V7.1 图标，出现图 2-14 所示的窗口。

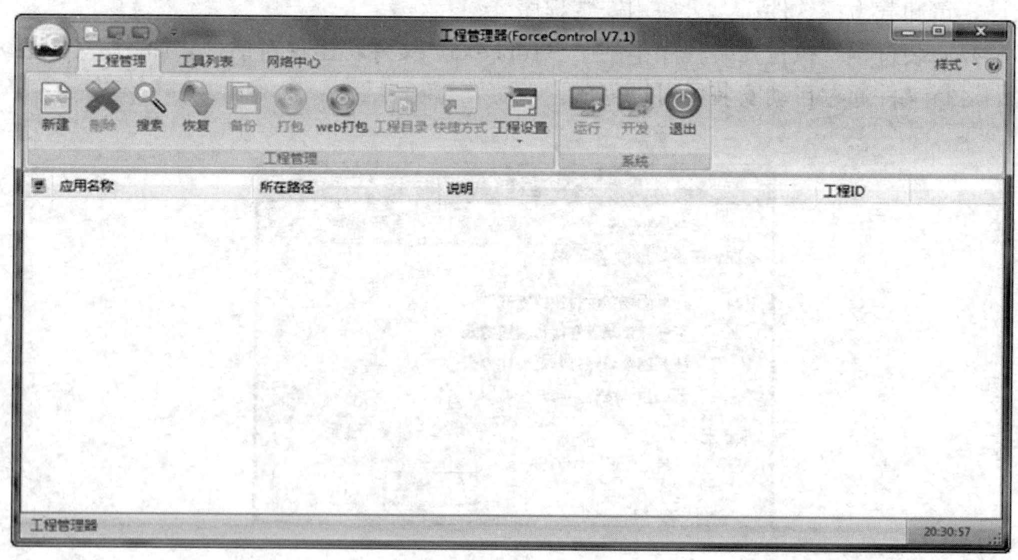

图 2-14 工程管理器窗口

2.3.3 新建工程

单击图 2-14 菜单栏中的“新建”按钮，弹出如图 2-15 所示的窗口。

设置项目名称为“比例控制下的存储罐液位监控”，生成路径与工程分辨率默认值即可，也可填写描述信息，便于对该工程有简单的说明。

单击图 2-14 菜单栏中的“开发”按钮，即进入开发系统界面，如图 2-16 所示。

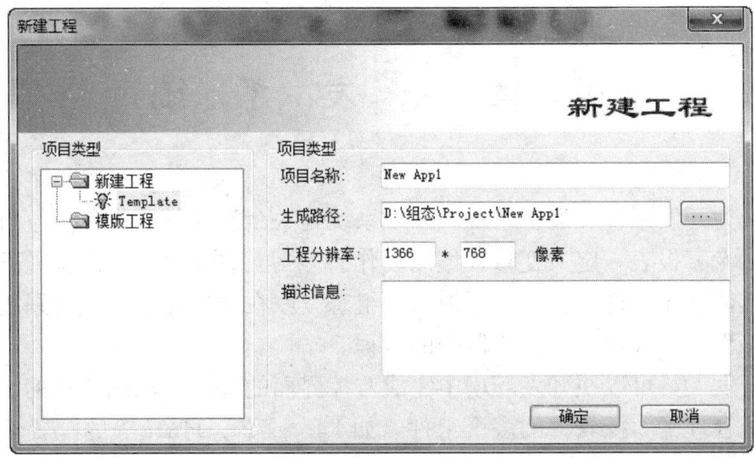

图 2-15 新建工程

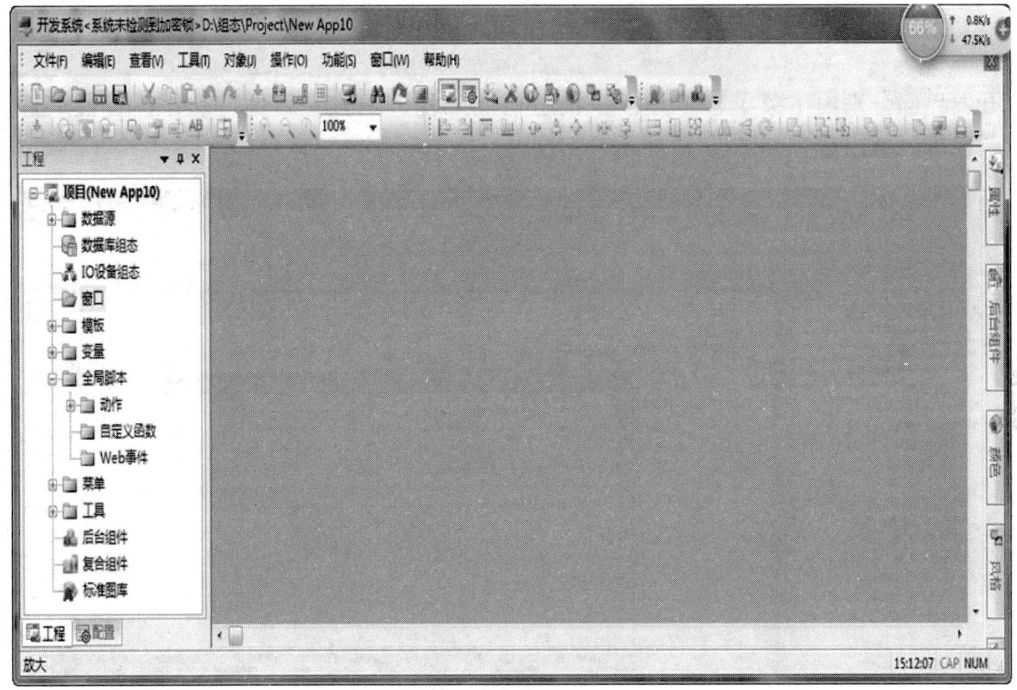

图 2-16 开发系统界面

本章实验教学视频请观看视频文件“第 2 章 工程管理器”。

第3章　开　发　系　统

力控软件分为开发系统和运行系统。开发系统是一个集成的开发环境，可以创建工程画面、分析曲线、专家报表，定义变量、编制动作脚本等，同时还可以配置各种系统的参数、启动力控软件其他程序组件等。通常所说的“组态”就在这里完成，运行系统执行在开发系统中开发完的工程，完成计算机系统监控的过程。

工程项目开发人员可以在开发环境中完成监控界面的设计、动画连接的定义、数据库组态等，开发系统管理了力控软件的多个组件，如DB、I/O、HMI等的配置信息，还可以方便地生成各种复杂生动的画面，以逼真地反映现场情况。

3.1　开　发　环　境

开发界面分别由主菜单、工具栏、状态栏及工程、配置、属性、动作、后台组件、风格、颜色等区域组成，如图3-1所示。

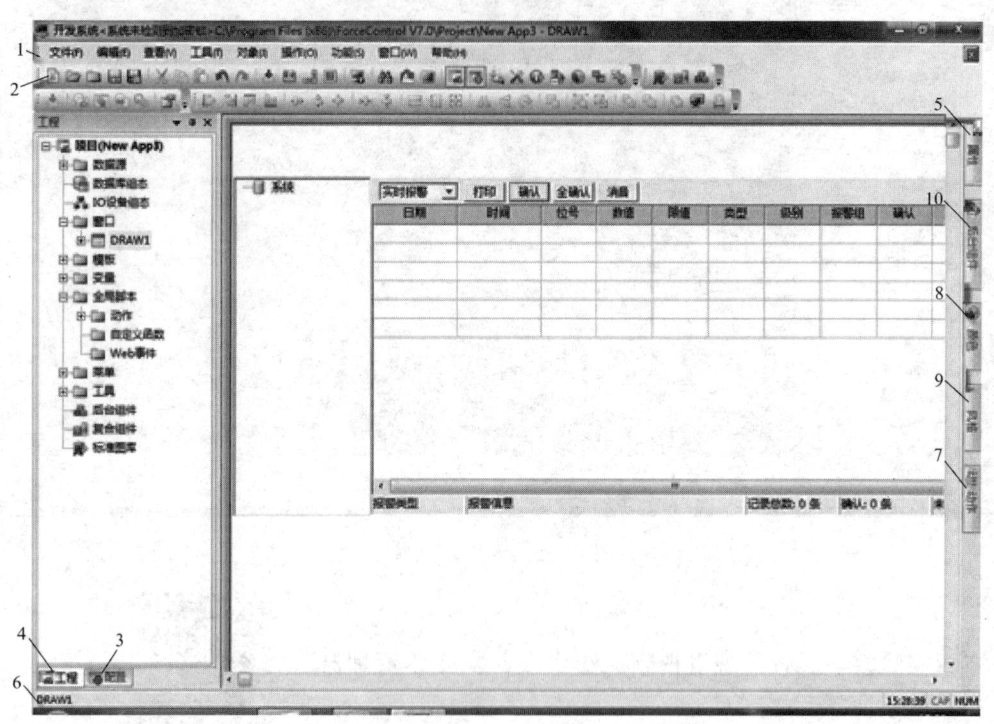

图3-1　开发界面

1—主菜单；2—工具栏；3—配置；4—工程；5—属性；6—状态栏；7—动作；8—颜色；9—风格；10—后台组件

3.1.1　主菜单

主菜单如图3-2所示。

文件(F)　编辑(E)　查看(V)　工具(T)　对象(J)　操作(O)　功能(S)　窗口(W)　帮助(H)

图 3-2　主菜单

1. 文件菜单

单击“文件（F)”菜单，“文件”下拉菜单及其相应功能解释见表 3-1。

表 3-1　　文件菜单命令及其功能

菜单命令	功　能
 新建　Ctrl+N	新建：创建一个新的空白界面或者使用界面母版来生成一个母版界面
打开(O)...　Ctrl+O	打开：打开一个已创建的窗口
关闭(C)	关闭：关闭当前已打开的窗口
全部关闭(L)	全部关闭：关闭当前所有已打开的窗口
保存(S)　Ctrl+S	保存：保存一个窗口内容到文件
全部保存	全部保存：保存所有窗口内容到文件
另保存为(A)...	另保存为：将当前窗口复制为一个新命名的窗口，并形成文件
删除(D)	删除：删除当前工程内的一个或多个已创建窗口
打印设置 ▶	打印设置：对打印机类型、纸张大小、打印方向以及打印属性等参数进行设置
WEB设置 ▶	WEB 设置：配置 WEB 服务器，并把当前工程发布到网上
全部重新编译(C)	全部重新编译：重新编译当前工程所有脚本，生成运行版本工程
重新编译(R)	重新编译：对当前窗口内所有脚本和全局脚本进行重新编译
导入工程	导入工程：将力控软件其他项目工程的功能引入到当前工程
进入运行	进入运行：进入力控软件运行系统
退出(E)	退出：退出开发系统

注意：菜单中变灰的选项，表示该命令在当前状态下无效，或当前选中对象不支持该操作。

2. 编辑菜单

单击“编辑（E)”菜单，“编辑”下拉菜单及其相应的功能解释见表 3-2。

表 3-2　　编辑菜单命令及其功能

菜单命令	功能
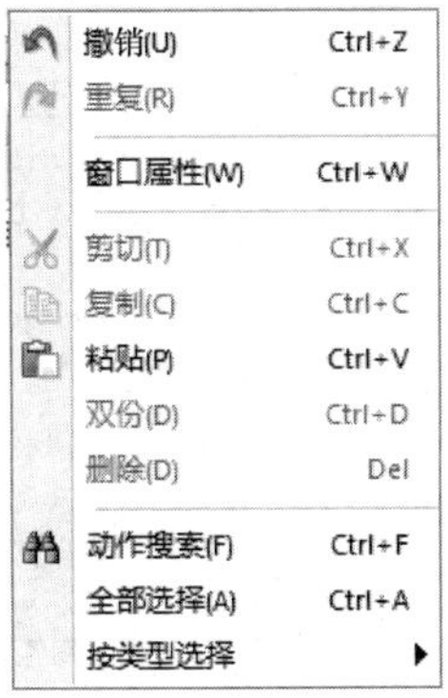 撤销(U)　Ctrl+Z	撤销：取消上一个操作
重复(R)　Ctrl+Y	重复：重复上一个操作
窗口属性(W)　Ctrl+W	窗口属性：弹出当前窗口的窗口属性对话框
剪切(T)　Ctrl+X	剪切：从窗口中清除当前所选中的对象，并把它复制到剪贴板上
复制(C)　Ctrl+C	复制：把当前所选中的对象复制到剪贴板上，但它并不清除当前选中的对象
粘贴(P)　Ctrl+V	粘贴：把剪贴板中的内容粘贴到窗口上
双份(D)　Ctrl+D	双份：自动复制当前选择对象
删除(D)　Del	删除：从窗口中删除当前选中的对象
动作搜索(F)　Ctrl+F	动作搜索：搜索脚本函数或变量，可以在对应的脚本中搜索
全部选择(A)　Ctrl+A	全部选择：选中当前活动窗口中的所有对象
按类型选择 ▶	按类型选择：根据图形对象的不同类型，可分类选择：线、文本、填充体、按钮、多折线、组、立体、位图、OLE 对象等类型的图形对象

3. 查看菜单

单击“查看（V）”菜单，“查看”下拉菜单及其相应的功能解释见表3-3。

表3-3 查看菜单命令及其功能

菜单命令	功能
工具栏 ▸	工具栏：标准工具栏，显示或隐藏标准工具栏；扩展工具栏，显示或隐藏扩展工具栏；坐标工具栏，显示或隐藏鼠标坐标位置信息；编辑工具栏，显示或隐藏编辑工具栏；对象工具栏，显示或隐藏对象工具栏
工程项目(P)	工程项目：显示工程导航栏
系统配置(C)	系统配置：显示配置导航栏
属性设置(R)	属性设置：显示属性导航栏
信息输出(F)	信息输出：显示查找输出信息栏
后台管理(M)	后台管理：显示后台组件管理栏
颜色管理箱	颜色管理箱：显示颜色管理箱
风格管理箱	风格管理箱：显示风格管理箱
工具箱(T)	工具箱：显示或隐藏工具箱
状态栏(S)	状态栏：显示或隐藏状态栏
网格(G)	网格：显示或隐藏窗口上的网格线
全屏	全屏：全屏显示窗口画面
缩至一页	缩至一页：当前窗口设置带滚动条属性后，通过该命令使不能显示在当前窗口可见区域内的对象能够按比例缩小显示窗口画面的内容，使其在画面窗口当前设置的大小范围全部可见
标记动作对象	标记动作对象：将画面窗口上所有含动画连接的图形对象打上标记，或取消标记

4. 工具菜单

单击“工具（T）”菜单，“工具”下拉菜单及其相应的功能解释见表3-4。

表3-4 工具菜单命令及其功能

菜单命令	功能
基本图元 ▸	基本图元：选择和插入基本图元对象。基本图元包括：文本、线、垂直水平线、矩形、圆角矩形、椭圆、多边形、切、饼、空心矩形、空心圆角矩形、空心椭圆、多折线、增强型按钮、位图、按钮、管道、贝塞尔曲线
常用组件 ▸	常用组件：选择常用组件。常用组件包括：位图、趋势曲线、报警、事件、历史报表、专家报表、$X-Y$ 曲线和温控曲线
Window控件 ▸	Windows 控件：选择 Windows 控件。Windows 控件包括：下拉列表、下拉框、日期、时间范围、复选框、文本输入、多选按钮、媒体播放、浏览器和树形菜单
标准图库(C)	标准图库：显示图库对话框
复合组件(S)	复合组件：显示复合组件对话框
后台组件(G)	后台组件：显示后台组件选择管理对话框

5. 对象菜单

单击“对象（J）”菜单，“对象”下拉菜单及其相应的功能解释见表3-5。

表3-5　　对象菜单命令及其功能

<table>
<tr><th>菜单命令</th><th>功能</th></tr>
<tr><td rowspan="7">对象动画... Alt+Enter
对象属性
对象命名
变量替换
对象编译 Ctrl+R
设置主题属性
定义方法属性</td><td>对象动画：弹出选择对象的动画编辑窗口</td></tr>
<tr><td>对象属性：弹出选择对象的属性窗口</td></tr>
<tr><td>对象命名：弹出选择对象的命名窗口</td></tr>
<tr><td>变量替换：将变量进行替换的方法</td></tr>
<tr><td>对象编译：将对象进行编译</td></tr>
<tr><td>设置主题属性：可以将对象的不同属性设置为智能单元的显示属性</td></tr>
<tr><td>定义方法属性：弹出自定义属性对话框进行属性设置</td></tr>
</table>

6. 操作菜单

单击“操作（O）”菜单，“操作”下拉菜单及其相应的功能解释见表3-6。

表3-6　　操作菜单命令及其功能

<table>
<tr><th>菜单命令</th><th>功能</th></tr>
<tr><td rowspan="18">后 置(K) F9
前 置(F) Shift+F9
后置一步
前置一步
打成智能单元
解开智能单元
兼容操作 ▸
对象排列 ▸
对象尺寸 ▸
风格设置 ▸
旋 转(W) F6
水平镜像(Z) F7
垂直镜像(I) Shift+F7
立 体
高宽相等
锁 定
解 锁
三维文字</td><td>后置：将所选对象置于图形对象层次的最底层</td></tr>
<tr><td>前置：将所选对象置于图形对象层次的最顶层</td></tr>
<tr><td>后置一步：将所选对象的图形对象层次向底层降低一个层次</td></tr>
<tr><td>前置一步：将所选对象的图形对象层次向顶层提高一个层次</td></tr>
<tr><td>打成智能单元：将选中的多个对象打成一个智能单元对象</td></tr>
<tr><td>解开智能单元：将选中的智能单元对象拆开成打成智能单元之前的状态</td></tr>
<tr><td>兼容操作：将选中的对象打成组、拆开组、打成单元或拆开单元。打成组：将选中的一个以上的图形对象打成一个组。拆开组：将选中的组对象拆开成打成组之前的状态。打成单元：将选中的一个以上的图形对象打成一个单元。拆开单元：将选中的单元对象拆开成打成单元之前的状态</td></tr>
<tr><td>对象排列：将选中的一个以上的图形对象进行左对齐、右对齐等各种排列，其中包括如下操作：左对齐、左右中心对齐、右对齐、上对齐、上下中心对齐、下对齐、中心对齐、水平均匀分布、垂直均匀分布</td></tr>
<tr><td>对象尺寸：将选中的一个以上的图形对象进行等高、等宽、尺寸相等操作</td></tr>
<tr><td>风格设置：设置对象的填充和边线风格</td></tr>
<tr><td>旋转：将选中的图形对象顺时针旋转90°</td></tr>
<tr><td>水平镜像：将选中的图形对象的位置翻转为其水平镜像位置</td></tr>
<tr><td>垂直镜像：将选中的图形对象的位置翻转为其垂直镜像位置</td></tr>
<tr><td>立体：此命令用于设置填充图形对象是否为立体显示风格</td></tr>
<tr><td>高宽相等：此命令用于把矩形图形对象变为正方形，把椭圆图形对象变为圆。在把矩形变为正方形时，以矩形较长的一边为正方形的边；在把椭圆变为圆时，以椭圆的长轴为圆的半径</td></tr>
<tr><td>锁定：将选中图形对象的位置锁定，无法用鼠标或键盘移动</td></tr>
<tr><td>解锁：将选中的已被锁定的图形对象解锁，可以继续用鼠标或键盘移动</td></tr>
<tr><td>三维文字：将选中文本类图形变为立体风格</td></tr>
</table>

7. 功能菜单

单击“功能（S）”菜单，“功能”下拉菜单及其相应的功能解释见表 3-7。

表 3-7　　功能菜单命令及其功能

菜单命令	功能
动　作 ▶ 变量管理(V)　Ctrl+B 删除变量(D) 形成图库(M) 安装组件(W) 用户管理 工程加密 初始风格	动作：用于为应用程序创建命令型动作脚本。该命令包括的动作脚本类型有窗口动作、应用程序、数据改变、按键动作、条件动作，分别用于相应的动作脚本
	变量管理：用于创建或修改开发系统变量，选择此命令会弹出变量管理对话框
	删除变量：用于删除已创建的变量
	形成图库：用于创建子图，并将其加入到图库中
	安装组件：用于安装复合组件
	用户管理：用于创建一个新用户，修改或删除一个已建立用户
	工程加密：用于设置和修改工程密码
	初始风格：恢复到默认的开发环境风格

8. 窗口菜单

单击“窗口（W）”菜单，“窗口”下拉菜单及其相应的功能解释见表 3-8。

表 3-8　　窗口菜单命令及其功能

菜单命令	功能
关闭所有窗口 窗口管理	关闭所有窗口：关闭所有当前编辑窗口
	窗口管理：对所有窗口进行管理。单击会弹出窗口重排对话框，可对工程所有窗口界面进行管理

9. 帮助菜单

单击“帮助（H）”菜单，“帮助”下拉菜单及其相应的功能解释见表 3-9。

表 3-9　　帮助菜单命令及其功能

菜单命令	功能
帮助主题(H)　F1 驱动帮助(D) 力控主页(W) 关于Draw(A)...	帮助主题：打开力控软件联机帮助
	驱动帮助：打开力控软件驱动帮助
	力控软件主页：使用缺省的浏览器打开力控网站主页
	关于 Draw：用于查看开发环境的版本号及版权信息

3.1.2　导航栏

导航栏是指在开发工程应用的过程中，对工程项目、对象属性、系统配置信息等配置进行管理的树形菜单栏，其中包括工程导航栏、配置导航栏等。

1. 工程导航栏

工程导航栏用于管理当前工程项目的相关信息，具体包括 12 种：

（1）数据源：配置当前工程要访问到远程实时数据库的信息，通过右键菜单进行有效操作。

（2）数据库组态：进入到数据库组态，管理数据库点。

(3) I/O设备组态：进入到设备组态配置，列出了力控软件所支持的设备类型及设备生产厂家。

(4) 窗口：窗口节点下面管理当前工程所有的界面窗口，每个界面窗口管理该页面的全部对象。可以根据不同的生产工艺的管理层次，在窗口节点下建立窗口文件夹，在窗口文件夹下再建立窗口界面。

1) 窗口项右键菜单：通过右键菜单对当前窗口文件夹内的界面进行管理。

2) 界面项右键菜单：通过右键菜单命令来完成对当前界面的操作。

3) 对象项右键菜单：通过右键菜单命令完成对当前选中对象的操作。

(5) 模板：用模板管理对界面模板进行管理。在这里可以用右键菜单对模板进行编译修改。

(6) 变量：用于管理工程项目开发系统所有使用的变量。力控软件提供多种变量，包括：数据库变量、中间变量、间接变量、窗口中间变量等。

(7) 全局脚本：全局脚本包括动作、自定义函数和 Web 事件。

1) 动作：用于进行二次脚本开发，在工程项目中属于全局脚本，其中包括应用程序动作、数据改变动作、按键动作和条件动作。

a. 应用程序动作：运行环境在运行时所触发的动作事件。其中包括：进入程序（运行系统第一个被触发的事件，只执行一次），程序运行周期执行（通过系统所设定的时间间隔进行循环触发），退出程序（运行系统最后一个被触发的事件，运行系统退出被触发，只执行一次）。

b. 数据改变动作：设定的系统变量改变时所触发的动作事件。

c. 按键动作：设定的系统按键触发动作，其中包括键按下、按键期间周期执行、键释放三个动作。

d. 条件动作：满足设定条件时触发的动作。

2) 自定义函数：力控软件具有自定义函数功能，用户可以把一些公共的、通用的运算或操作自己定义成自定义函数，然后在脚本中进行引用。

3) Web 事件：力控软件支持用户自定义 Web 事件调用功能。

(8) 菜单：管理开发系统中的自定义菜单的功能，其中包括主菜单和右键菜单。

(9) 工具：力控软件配置的扩展功能项，当安装力控软件扩展程序组件时，会出现不同的扩展工具。

(10) 后台组件：在工程的运行过程中，可配置为全局对象进行加载，其中包括：报警中心、批次、配方、e-mail 组件、手机短信报警等组件。

(11) 复合组件：复合组件中的每一个组件都能够简单灵活地实现一系列功能。其中包括 Windows 控件、曲线、报表、报警、事件、多媒体和其他。

(12) 标准图库：在工程开发中，经常使用一些常用的图形符号，图库中包含了大量的这种图形，主要有罐、仪表、管道、阀门、开关、按钮、泵、电动机等。

2. 配置导航栏

对当前工程项目的系统配置进行管理。

(1) 系统配置。

1) 开发系统参数：配置当前工程项目开发系统的设定参数。

2）运行系统参数：配置当前工程项目运行系统的设定参数。

3）初始启动窗口：配置运行系统启动时要打开的窗口。

4）初始启动程序：配置力控软件运行系统启动的相关进程。

5）打印参数：配置当前工程项目的打印及打印机参数。

6）工程加密：配置当前工程项目的工程加密密码。

（2）网络配置。

1）本机配置：用于当前工程本机网络配置，默认为当前的系统配置。

2）节点配置：用于远程访问其他主机的网络信息配置。

3）Web 服务：

a. Web 配置：配置网络版的 Web 服务器信息。

b. 发布内容：将当前界面文件、系统文件、模板文本发布到本工程配置的 Web 目录，以供远程客户端进行访问获取。

4）双击冗余：配置当前工程的冗余设置信息。

（3）事件配置：在工程项目的运行过程中，对操作员、操作内容、变量值变化等记录方式的配置。

（4）用户配置：配置用户的操作权限，为不同的用户分配不同的口令和不同的安全区管理。

3.1.3 状态栏与颜色管理箱

状态栏中有三个显示区分别代表不同的含义，如图 3-3 所示。

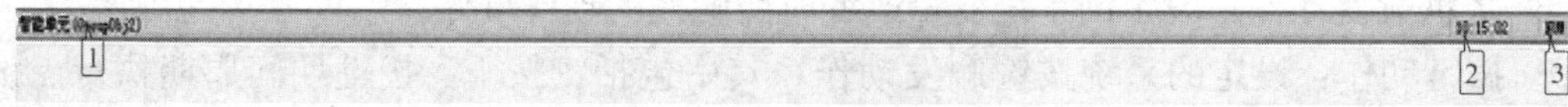

图 3-3 状态栏

在图 3-3 中，显示区 1 用于显示选中对象的名称，显示区 2 用于显示系统的当前时间，而显示区 3 用于数字键盘 Num。

开发系统的默认调色板支持 167 万种颜色。用户可通过选择菜单命令“查看（V）→颜色管理箱”或者直接在工具栏上直接选“颜色”，以配置各种图形界面对象的颜色。默认情况下颜色管理箱提供了一些标准颜色（在第 1～8 页上）。用户也可以创建自定义颜色，并将自定义颜色装载在调色板上，用户可以任意选择。最后一行装载用户自定义颜色。

（1）标准颜色，在颜色管理箱中单击要使用的标准颜色，所选的颜色即成为被应用的图形对象的设置颜色。

（2）自定义颜色，使用自定义颜色时，首先要创建新颜色，并把新颜色装载到调色板中。在开发系统的调色板最后一行中选择一个要装载新颜色的位置，然后用鼠标右键单击这个位置，即出现颜色选择对话框，在右侧的调色区里，可以任意调配出新的颜色，一旦调出一种满意的颜色，单击“确定”按钮，调好的颜色就会被装载在调色板上。

3.2 开发系统参数

在配置导航栏中，双击“系统配置→开发系统参数”，出现“系统参数设置”对话框，其中有“组态参数”属性，如图 3-4 所示。

(1) 网格：用于设置开发系统窗口显示的网格的疏密。

(2) 文档自动保存时间间隔：在组态时，文件自动存盘周期，单位是 min。

(3) 滚动条：选中复选框“带滚动条”后，在下次进入组态环境 Draw 后，工作窗口会显示水平和垂直滚动条，而水平和垂直滚动条的宽度和高度分别在“宽度”和“高度”项中设置，单位为像素。

(4) 上次选中对象属性作为缺省属性：选中此复选框后，创建新的对象，对象的默认属性将为上次选中的对象属性。

(5) 组态保护：用于限制组态用户，只有在用户管理中设置了可以进入组态环境的用户才有权限。

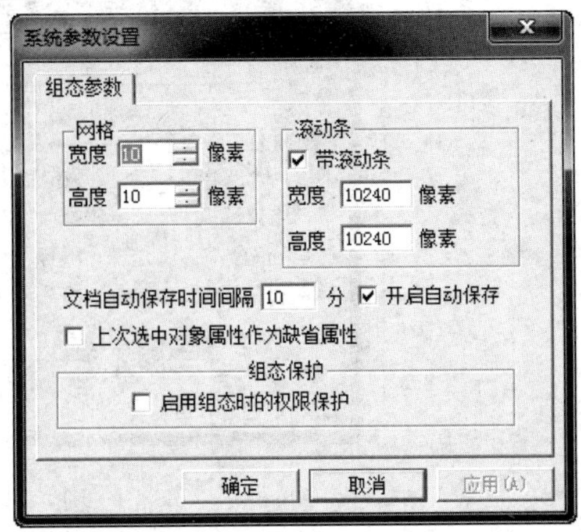

图 3-4 系统参数设置

3.3 窗 口

力控软件应用程序主要由窗口构成，各种图形都在窗口上显示。

3.3.1 创建窗口

创建窗口的方法有三种，分别是：

(1) 选择菜单命令“文件 (F) →新建”。

(2) 在标准工具栏上，单击“ ”按钮。

(3) 在工程项目导航栏上，选中“窗口”项，单击创建一个新的空白界面或者使用界面母版来生成一个母版界面，如图 3-5 所示。

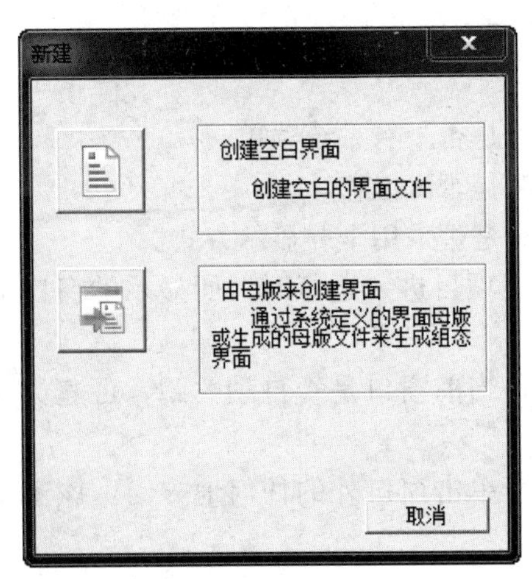

图 3-5 创建窗口

3.3.2 窗口属性设置

“窗口属性”对话框如图 3-6 所示。

(1) 窗口名字：输入窗口名称，这个名称将作为新窗口的标题在开发系统上显示，名称的长度最大为 64 个字符，窗口名字属性只在窗口创建时可设。

(2) 说明：输入与窗口相关的说明文字（可选）。

(3) 背景色：“背景色”颜色框中显示的颜色为新建窗口当前的背景色，单击颜色框会弹出调色板，可为窗口选择背景色。

(4) 窗口风格。窗口风格有显示风格、边框风格、标题、系统菜单、禁止移动、全屏显示、带有滚动条、打开其他窗口时自动关闭、使用高速缓存、

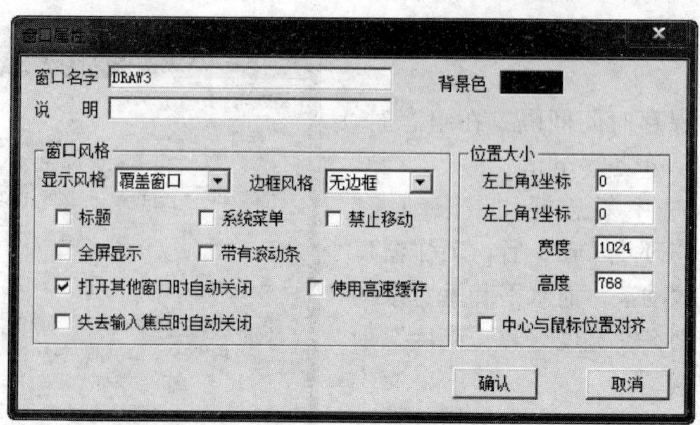

图 3-6 窗口属性

失去输入焦点时自动关闭，具体内容如下：

1）显示风格。显示风格有覆盖窗口、弹出式窗口、顶层窗口、隐藏窗口，具体内容如下：

a. 覆盖窗口：出现在当前显示的屏幕上方，覆盖窗口关闭之后，所有被覆盖的窗口会重新显示出来。单击被覆盖窗口的任意可见部分，便可将该窗口置于前并激活。覆盖窗口可相互交叠覆盖。

b. 弹出式窗口：类似于覆盖窗口，其区别在于弹出式窗口总是位于所有其他打开的窗口上方，弹出式窗口可覆盖“覆盖窗口”。

c. 顶层窗口：顶层窗口可覆盖任何类型窗口。

d. 隐藏窗口：使用隐藏窗口，当工程项目进入运行时，此窗口不显示，而是在后台运行。

2）边框风格。边框风格有无边框、细边框、粗边框，具体内容如下：

①无边框：窗口不显示边框。

②细边框：窗口显示细边框。

③粗边框：窗口显示粗边框，运行时可以用鼠标改变窗口大小。

3）标题：用来设置窗口是否带有标题条。

4）系统菜单：用来设置窗口在工程项目进入运行时是否带有系统菜单。

5）禁止移动：用来设置窗口在工程项目进入运行时是否可以移动。

6）全屏显示：用来设置窗口在工程项目进入运行时是否采用全屏显示方式。

7）带有滚动条：选中带有滚动条的复选框，在工程项目进入运行时，所显示的窗口带有滚动条，窗口可以扩大，实现大画面漫游的功能。

8）打开其他窗口时自动关闭：在打开其他窗口时，当前窗口是否自动关闭，可避免同时打开过多的窗口，以节省 Windows 系统资源。

9）失去输入焦点时自动关闭：在窗口进入运行时，单击窗口外的任何地方时，该窗口将自动关闭。

注：本选项仅对弹出式窗口起作用。

10）使用高速缓存。当窗口画面中大量使用了“.bmp”“. jpg”等格式的位图时，在系统进入运行时，会占大量的CPU和内存的资源。如果将“使用高速缓存”选中后，会减少资源的占用，使系统达到优化的效果。

（5）位置大小：设置各项参数可任意设定窗口的位置和大小。

1）左上角 X 坐标：窗口左上角的横坐标。覆盖窗口坐标原点在主窗口用户区的左上角，向左 X 坐标增大，以像素为单位。

2）左上角 Y 坐标：窗口左上角的纵坐标。覆盖窗口坐标原点在主窗口用户区的左上角，向下 Y 坐标增大，以像素为单位。

3）高度：窗口高度，以像素为单位。

4）宽度：窗口宽度，以像素为单位。

5）中心与鼠标位置对齐。

最后，要指出的是对窗口的操作，主要包括打开窗口、关闭窗口、全部关闭、保存窗口、全部保存、复制窗口和打印窗口。

3.4 图 形 对 象

用户在创建应用程序工程时，一项重要工作就是制作工程画面，也就是用力控软件提供的各种图形化工具绘制图形画面，描绘实际工艺流程，模拟工业现场和工控设备的过程。一个工程根据实际工艺一般要把描绘的内容分成多幅画面，每幅画面在工程中用一个窗口表现，这种窗口称为画面窗口（以下简称“窗口”）。

在开发系统中广泛采用了对象的概念。窗口本身就是一种对象，称为窗口对象。窗口中的内容由一些简单或复杂的图形构成，如线、填充矩形、报警显示等。把这些显示在窗口上的各种图形统称为图形对象。

3.4.1 图形对象分类

图形对象包括简单图形对象和复杂图形对象。

1. 简单图形对象

开发系统中有线、填充体、文本和按钮四种简单的图形对象。

线：包括多种类型，如线、垂直水平线、多折线等。

填充体：包括多种类型，如矩形、圆角矩形、椭圆、多边形、切、饼、立体管道、增强型按钮、空心矩形、空心圆角矩形、空心椭圆、弧等。

创建简单图形对象的方式有两种：选择“工具（T）→基本图元”；工具栏中的基本图元。

这些简单图形对象具有各种影响其外观的属性。这些属性包括线色、填充色、高度、宽度和方向等。属性可以是动态的或静态的。静态属性在程序运行期间不能更改；而动态属性则可以将属性值与变量或表达式相连，在程序运行期间发生动态改变。比如一个填充体的填充颜色就可以与一个表达式相连，当这个表达式结果为真时，填充颜色变为某种颜色，当表达式结果为假时，填充颜色变为另一种颜色。

2. 复杂图形对象

复杂图形对象或是由简单图形对象组合而成，或者是为完成特定功能而设计的组件、控件。复杂图形对象中的报警、事件、趋势、报表和图库图形对象，由力控软件系统提供，用于完成特定功能，被归纳为一类，称为“复合组件”。

（1）智能单元。智能单元是由多个对象组成的集合，集合内每一个对象可设置独立的动作属性，智能单元内的对象无须拆解就可以随意增减和修改属性及指定动作，而每一个智能单元又可以看作为一个新的个体对象，这个对象集合称为智能单元。

（2）常用组件：

1）报警。基本的报警分为实时报警和历史报警两种。实时报警是指当前时刻实时数据库中产生的最新的若干条报警，报警信息包括时间、变量、报警状态、报警优先级及确认信息。历史报警记录的是在数据库中发生过的报警记录，其报警信息包括时间、变量、报警状态、报警优先级及确认信息。

2）趋势曲线。趋势曲线是变量值随时间变化所绘出的二维曲线。其属性包括数据源的指定、趋势笔的定义、笔的颜色、笔的线宽、时间刻度数、量程刻度数、刻度的颜色、时间标签、量程标签的数量、颜色、背景色、位置、宽度、高度等。

3）$X-Y$ 曲线。$X-Y$ 曲线是 Y 变量的数据随 X 变量的数据变化而绘出的关系曲线图。其横坐标为 X 变量，纵坐标为 Y 变量。

4）历史报表。历史报表是一个或多个变量在过去一段时间间隔内按照一定的抽样频率而获取的历史数据的列表。其属性包括数据源的指定、变量的指定、历史数据的开始时间、数据采样间隔、数据显示的颜色、背景色、位置、宽度、高度等。历史报表可打印输出。

5）位图。位图是指在窗口画面中加载外部的“. bmp”“. jpg”等格式的图片。

6）复合组件。复合组件是指力控软件系统中提供的实现特定功能的组件，其中包括 Windows 控件、曲线、报表、报警、事件、多媒体等，它的接口是开放的，有自己的方法、属性以及设置对话框，一般可以完成一个比较复杂、比较独立的功能。

7）图库。图库是用计算机语言编写的一部分组件，它们的文件是以“. dll”为后缀的。它的图形是一个“矢量”，任意放大和缩小不会失真，同时图库的动画定义可以直接进行变量选取。进入标准图库对话框，通过在左侧的导航栏中选择对应的项即可显示出相应项目下的图元对象。

8）ActiveX 对象。开发系统中允许插入多种由其他 Windows 应用程序生成的多种格式的图形或数据对象，如 Adobe 图形、Excel 表格、Word 文档、bmp 图形等 OLE 对象。

3.4.2 创建与编辑图形对象

1. 创建简单图形对象

（1）文本。文本创建的方式有两种：

1）选择菜单命令“工具→基本图元→文本”。

2）选择工具栏中基本图元。在窗口画面上的具体操作为：将光标移至窗口内输入文本的位置，按下鼠标左键，光标变为“I”形，键入文本。本行内容输入完毕后，若要输入下一行新的文本串，则按下回车键。

（2）线及其他的简单图形。线创建的方式有两种：

1）选择菜单命令“工具→基本图元/线”。

2）选择工具栏中基本图元。在窗口画面上的具体操作为：在窗口画面上按住鼠标左键并移动鼠标以形成一条直线。

对于其他的简单图形对象，如多折线、垂直水平线、矩形、圆角矩形、椭圆、多边形、切、饼等的创建方式与具体操作同上。

2. 创建复杂图形对象

（1）智能单元。

1）创建智能单元的方式：

a. 选中要打成智能单元的所有对象，选择菜单命令“操作（O）→打成智能单元”。

b. 选择工具栏上的“ ”。

2）解开智能单元的方式：

a. 选中需要解开的智能单元，选择菜单命令“操作（O）→解开智能单元”。

b. 选择工具栏上的“ ”。

（2）复合组件。

1）复合组件的类别：Windows 控件、曲线、报表、报警、事件、多媒体和其他。

2）创建复合组件的方式：

a. 选择菜单命令“工具（T）→复合组件”。

b. 选择工程项目工具栏中复合组件。

（3）标准图库。创建标准图库的方式：

1）选择菜单命令“工具（T）→标准图库”。

2）选择工程项目工具栏中标准图库。

3. 编辑图形对象

选择/取消图形对象包括单个图形对象、多个图形对象、成组的多个图形对象、全部图形对象、按类型选择图形对象五种情形。

对图形对象的编辑操作还包括移动、缩放、撤销与重复修改、复制、剪切、粘贴、删除、调整圆角图形对象的圆角半径、调整多边形或多折线的外形、排列、对齐方式、设置层次、控制垂直和水平间距、旋转、镜像等。

3.4.3 标准图库

在工程应用开发的过程中，使用图库对界面的图形对象可以节省大量时间，同时使用图库中的对象便于配置。

1. 图库的分类

图库中图形对象分为类别 1（GDI+）、类别 2（GDI）和类别 3（精灵）三类。

（1）类别 1（GDI+）。该图库是力控软件自身提供的使用 GDI+技术绘制好的精灵对象，其中包括预先定义好的动画连接，具备特定的动画效果，它的图形是“矢量”的，任意放大和缩小不会失真，用户可直接将对应的属性关联。关联上变量，即可使用。

（2）类别 2（GDI）。该图库由若干简单图形对象组成，是用力控软件中的图形开发工具进行绘制，然后打成单元或智能单元，可以任意进行缩放处理，也可以打散单元进行处理。力控软件的子图库中提供了包括控制按钮、指示表、阀门、电动机、泵、管路和其他标准工业元件在内的数千个子图。工程人员可以从子图库中取出子图加到自己的应用中，并按照需要任意调整大小。

（3）类别 3（精灵）。该图库由系统预先定义的动画连接，具备特定动画效果。同时它的图形也是“矢量”的，任意放大和缩小不会失真。与接口开发比较，不同的是精灵图库中的图元是使用 GDI 技术绘制而成，精灵图库中的图形对象的动画定义可以直接进行变量选取。

2. 图库中的对象

进入图库的方法有：

（1）选择菜单命令“工具（T）→标准图库（C）”。

（2）选择工程导航栏中的标准图库，如图 3-7 所示。

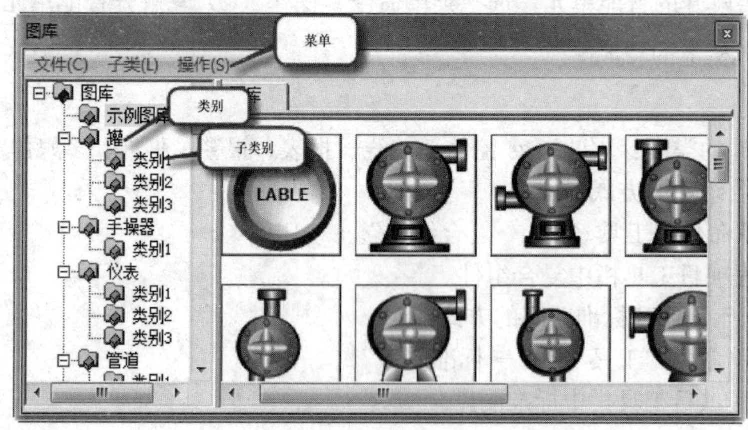

图 3-7 图库

1）菜单。

a. 文件菜单。

刷新：将图库对话框中的图重新载入。

关闭：退出图库对话框。

b. 子类菜单。

添加子类别：在图库中的某一类别下添加一个新的子类别。

删除子类：从图库中删除所选子图类（若子图类中还有图，则不能直接删除子图类）。

修改类说明：单击此按钮可以修改子图类的说明。

移到第一行：将当前子图类名称移在导航器/子图项下第一行。

2）操作菜单。

安装图库精灵：用来添加新的子图精灵。

批量载入图库：同时添加多个子图。

删除图库：从图库中删除所选子图。

图库属性：查看或修改所选子图。

3. 创建图库

图库内的精灵都是由各种基本图形（线、填充体、文本、按钮等）组合而成的，同时还可以对这些基本图形使用风格管理器中的画刷进行修饰。

若要创建一个标准图库，可以按如下步骤进行：首先，用各种简单图形（线、填充体、文本、按钮等）在画面上绘出所要制作的图库对象的形状，然后把构成标准图库的简单图形全部选中（不要选中其他图形）并打成智能单元；然后，在智能单元内部对这些简单的图元进行动画链接（目标移动、旋转、填充、尺寸变化、数值输出、显示隐藏以及设置其流动属性），最后形成图库。那么下次在调用相同的图形时就可以直接从图库中引用，只要将对应的属性关联上变量即可。

4. 图层

在开发系统窗口画面中，每个画面被划分为32（从1～32）个可视逻辑图层，并且每个对象可显示在一个或更多个逻辑图层上。

例如，如果在一个画面中的所有管道被分配在图层5，当画面的可见图层包括级别为5时，它们将被显示出来。对象可以属于多个图层，所以如果这些管道属于图层5和图层10，当两个中任意一个图层显示时，它们将会被显示出来。

3.5 初始启动配置

3.5.1 初始启动窗口的配置

初始启动窗口是指当工程应用进入运行系统时，运行系统自动打开的指定窗口。具体的操作方式如下：在配置导航栏中，选择系统配置下的初始启动窗口，如图3-8所示。

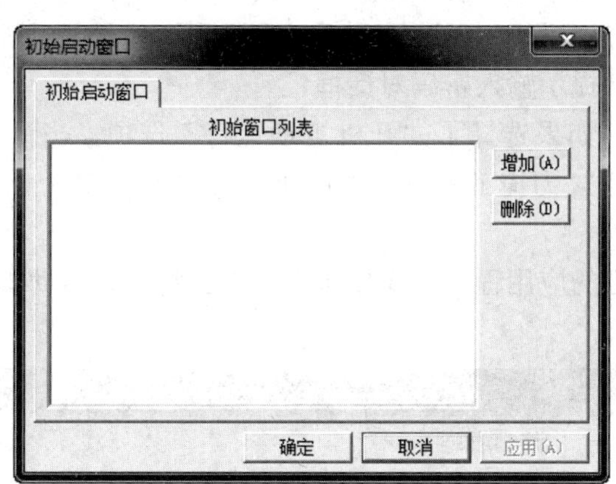

图3-8　初始启动窗口的配置

增加：单击“增加”按钮选择窗口。

删除：删除初始窗口列表中所选择的窗口。

确定：保存设置并退出“初始启动设置”对话框。

取消：不保存设置同时退出“初始启动设置”对话框。

3.5.2 初始启动程序设置

初始启动程序设置是指当工程应用进入到运行系统时，由进程管理器自动启动所选的程序。在系统配置导航栏中，选择系统配置下的初始启动程序，如图3-9所示。

在初始启动设置中包括力控程序设置、外部程序设置两方面设置。

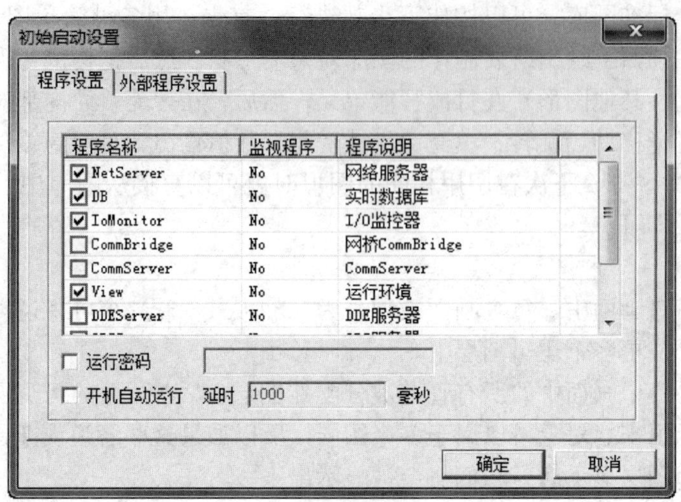

图 3-9 初始启动程序设置

1. 力控程序设置

(1) 选择运行时的通用进程：包括 Netserver、DB、IoMonitor、View、httpsrv，选中相对应内容前的复选框后，当系统进入运行时进程管理器自动启动所选择的程序。

(2) 选择扩展组件进程：包括 CommBridge、CommServer、DataServer、DDEServer、OPCServer、ODBCRouter、Runlog。

(3) 运行密码：选择“运行密码”选项后，在进程管理器中对所启动的程序进行监控查看时，进行了密码保护，提示输入密码对话框。

(4) 开机自动运行：如果选择了“开机自动运行”选项，当计算机启动运行后，随着 Windows 操作系统的启动，力控工程应用也自动进入运行状态。

2. 外部程序设置

用于启动其他第三方的应用程序，操作步骤如下：将初始启动程序切换到“外部程序设置”页，如图 3-10 所示。

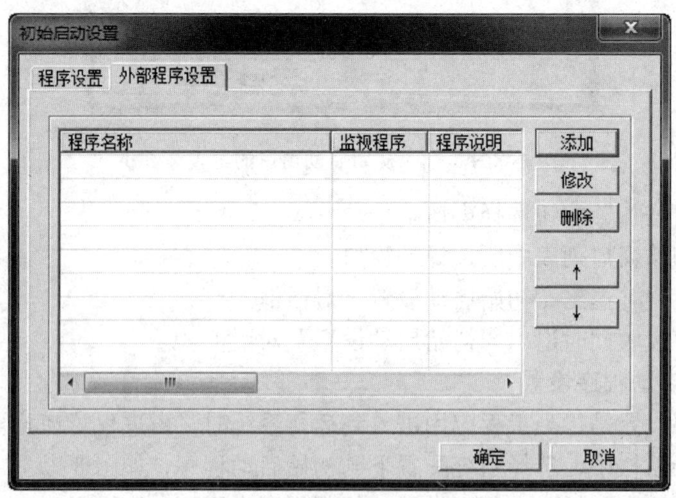

图 3-10 初始启动设置

（1）添加和修改。

添加：单击“添加”按钮，出现的对话框如图 3 - 11 所示。

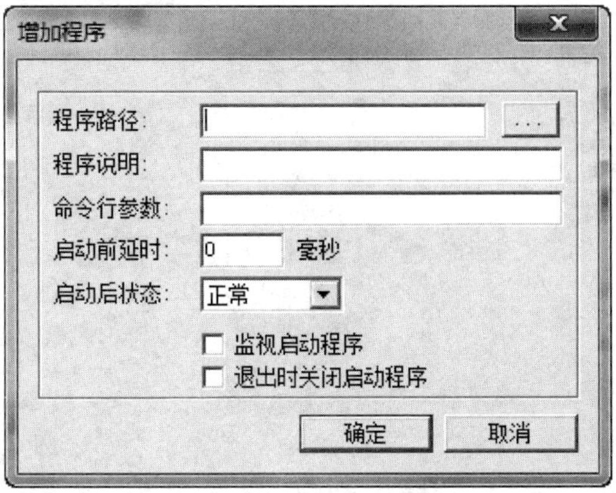

图 3 - 11 初始启动设置中的添加程序

程序路径：选择第三方应用程序所在的路径。

程序说明：记录第三方应用程序的功能。

命令行参数：所要启动的程序需要带参数时，配置命令行参数，例如：启动力控的扩展组件中的 ODBCRouter 组件时，默认启动已经配置好并保存的文件 configure1. rot，注意 ODB-CRouter. exe 所在路径 C：\Program Files\ForceControl V7. 0，configure1. rot 在 D：\下。

启动前延时：在程序启动前延时所设置的毫秒数后，程序才能真正启动起来。

启动后状态：启动后状态有正常、隐藏、最大化和最小化四种。

监视启动程序：如果选中“监视启动程序”复选框，将第三方的应用程序添加到进程管理器的监视查看的列表中。

退出时关闭启动程序：如果选中“退出时关闭启动程序”复选框，则当在进程管理器退出时，也将所添加的第三方的应用程序退出，反之则不退出。

（2）删除：选中已经添加了的应用程序所在的行，单击“删除”按钮，将所添加的应用程序配置删除。

（3）↑ 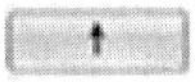 ：将选中的已添加的应用程序的排列顺序提前。

（4）↓ 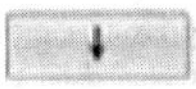 ：将选中的已添加的应用程序的排列顺序置后。

3.6 引 入 工 程

引入工程的功能是将已创建的力控软件应用程序的窗口、动作脚本、变量等内容复制到当前应用程序中。使用该功能时，窗口所属的全部对象、动作脚本和动画连接等内容会一起复制到当前应用程序中。具体的操作方式如下：

选择菜单命令“文件（F）”→“导入工程”菜单项，指定要引入的力控应用程序所在目录，单击“确定”按钮，出现“引入工程”对话框，如图 3 - 12 所示。

引入工程方法有两种：

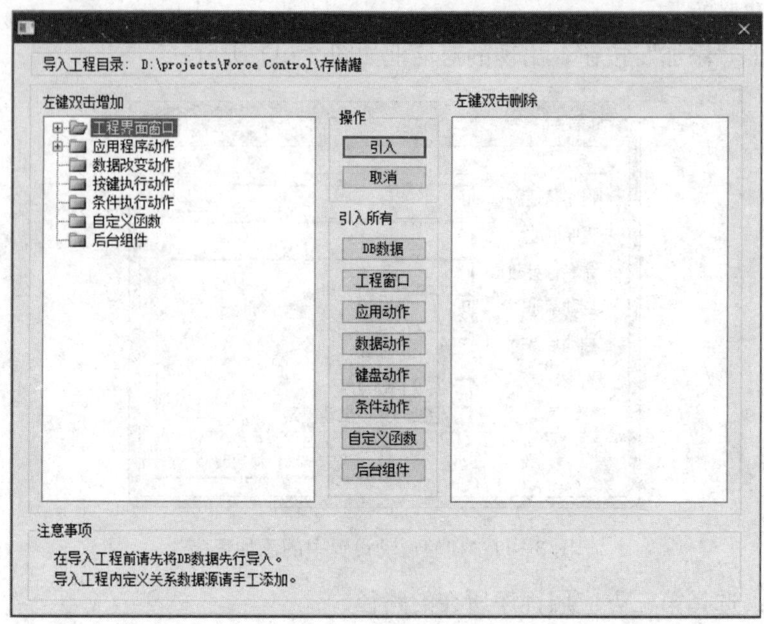

图 3-12 引入工程

(1) 在左侧窗口内选择要引入的项进行双击操作，所选项增加在右侧窗口内，当选定了所有要引入的项后，单击“引入”按钮，系统开始自动复制相关内容。

(2) 单击“DB数据”“工程窗口”“应用动作”“数据动作”“键盘动作”“条件工作”“自定义函数”“后台组件”中的任意按钮，则把左边窗口中相对应的内容添加到右边窗口中，然后再单击“引入”按钮，系统开始自动复制相关内容。

注意：引入内容后最好将整个系统进行全部编译，以检查引入项目的正确性。

3.7 变 量

变量是人机界面进行数据处理的核心。它只生存于 View 的环境中，是 View 进行内部控制、运算的主要数据成员，是 View 中编译环境的基本组成部分。人机界面程序 View 运行时，工业现场的状况要以数据的形式在画面中显示，View 中所有动态的表现手段如数值显示、闪烁、变色等都与这些数据相关。同时操作人员利用计算机发送的指令也要通过它发送到现场，这些代表变化数据的对象称为变量。运行系统 View 在运行时，工业现场的生产状况将实时地反映在变量的数值变化中。

力控提供多种变量，包括系统中间变量、窗口中间变量、中间变量、间接变量、数据库变量等。

3.7.1 变量类型

变量类型决定了变量的作用域及数据来源。例如，如果要在界面中显示、操作数据库中的数据时，就需要使用数据库型变量。

1. 系统中间变量

力控提供了一些已定义的中间变量，称之为系统中间变量。每个系统中间变量均有明确的意义，可以完成特定功能。例如，若要显示当前系统时间，可以将系统中间变量“$time”动画连接到一个字符串显示上，具体参见函数手册。

系统中间变量均以美元符号（$）开头，如图3-13所示。可以从变量管理器中查看系统变量。

图3-13 变量管理器

2. 窗口中间变量

窗口中间变量作用域仅限于力控应用程序的一个窗口，或者说，在一个窗口内创建的窗口中间变量，在其他窗口内是不可引用的，即它对其他窗口是不可见的。窗口中间变量是一种临时变量，它没有自己的数据源，通常用作一个窗口内动作控制的局部变量、局部计算变量，用于保存临时结果。

3. 中间变量

中间变量的作用域范围为整个应用程序，不限于单个窗口。一个中间变量，在所有窗口中均可引用。即在对某一窗口的控制中，对中间变量的修改将对其他引用此中间变量的窗口的控制产生影响。中间变量适于作为整个应用程序动作控制的全局性变量、全局引用的计算变量或用于保存临时结果。

4. 间接变量

（1）当其他变量的指针使用。间接变量是一种可以在系统运行时被其他变量代换的变量，一般我们将间接变量作为其他变量的指针，操作间接变量也就是操作其指向的目标变量，间接变量代换为其他变量后，引用间接变量的地方就相当于在引用代换变量一样。

可以用赋值语句实现变量的转换，例如，表达式：INDIRECT = @LIC101.PV。在表达式的右边变量的前面都加上了符号“@”，表示这个表达式不是一个赋值操作，而是一个变量代换操作。

举例：一个矩形图形上“垂直百分比填充”的动作要求根据不同的条件，数值来自数据库变量LIC101.PV和LIC102.PV。

可以引用一个中间变量 INDIRECT，做如下表达式：

当条件满足条件 1 时：INDIRECT = @LIC101. PV ；//表达式 1

当条件满足条件 2 时：INDIRECT = @LIC102. PV ；//表达式 2

说明：表达式 1 经过这种变量代换后，变量 INDIRECT 和 LIC101. PV 的数值及行为即变为完全一致。改变 INDIRECT 的数值就等于改变 LIC101. PV 的值，改变 LIC101. PV 的数值就等于改变 INDIRECT 的值。当执行表达式 2 时，INDIRECT 又将与 LIC102. PV 的值保持一致。

(2) 当普通变量使用。间接变量除了用于完成变量代换之外，也可以当作普通变量使用。例如，INDIRECT = LIC101. PV 。

(3) 当数组使用。间接变量实现数组功能，可以直接使用而不需要初始化。

1) 功能说明：变量数组。

2) 操作说明：未初始化的数组可用间接变量定义，用户定义间接变量后可直接在需要使用变量的脚本中使用数组，例如 arr [100] =10。

5. 数据库变量

数据库变量与数据库 DB 中的点参数进行对应，完成数据交互，数据库变量是人机界面与实时数据库联系的桥梁，其中的数据库变量不但可以访问本地数据库，还可以访问远程数据库，来构成分布式结构。

数据库变量的作用域为整个应用程序。当要在界面上显示处理数据库中的数据时，需要使用数据库变量。一个数据库变量对应数据库中的一个点参数，如图 3-14 所示。

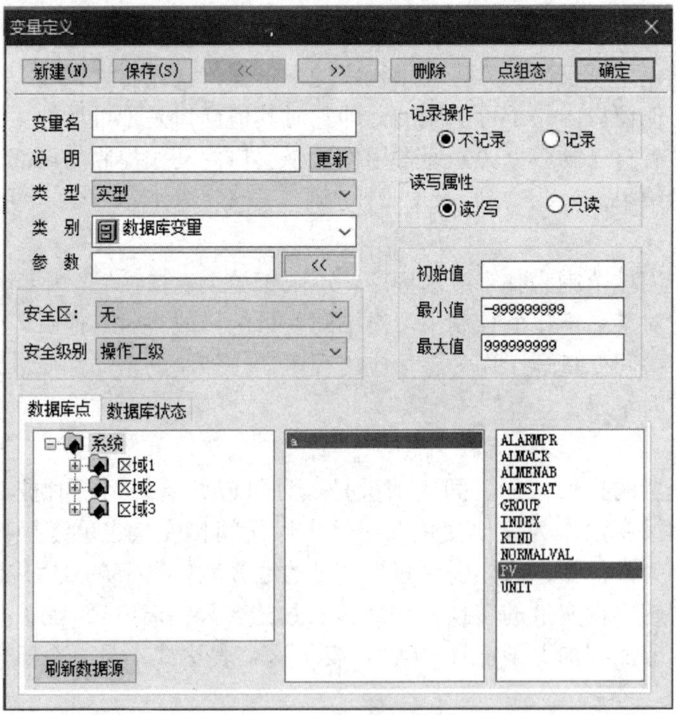

图 3-14　变量定义

3.7.2 变量管理

在力控软件中对变量采取集中管理的方式，不管是系统自带的中间变量还是用户自定义的变量，都可以从变量管理器中查到。

1. 打开变量管理器的方法

(1) 在组态环境里，单击下拉菜单“功能”中的“变量管理 (V)”。

(2) 在导航器“工程项目”树形菜单中双击“变量”，在展开的树形菜单中选择变量类型。

2. 数据源

在需要连接远程数据库的情况下，需要配置数据源。打开导航器“工程项目”树形菜单中的“数据源”如图 3-15 所示。

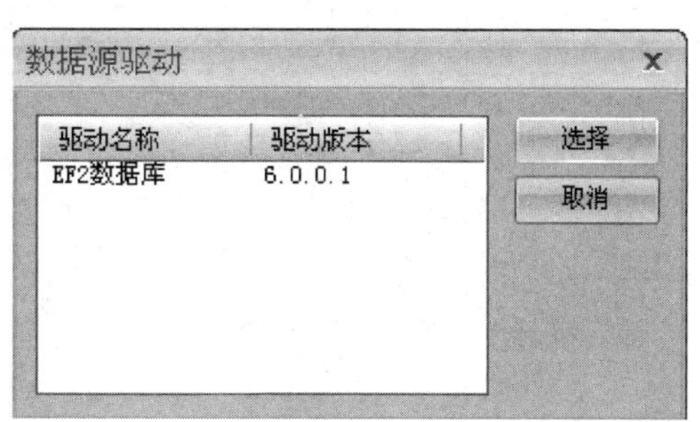

图 3-15 数据源驱动

默认情况下只有系统自带的本地数据库，如果需要添加远程数据库时需要先配置网络节点。

3. 添加变量

若要定义一个新变量，可按如下步骤进行：单击变量管理器工具栏菜单上的“添加变量”按钮，在弹出的变量定义对话框中，按图 3-16 定义新的变量。

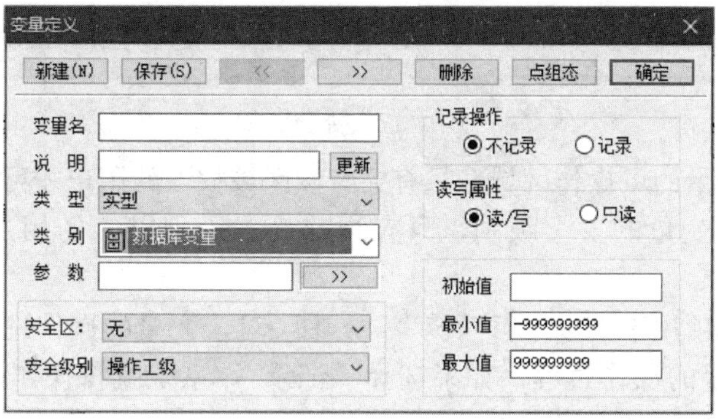

图 3-16 添加变量

新建：创建一个新的变量名。

保存：保存输入的内容。

<<：按字母降序排列变量。

>>：按字母升序排列变量。

删除：进入“删除变量”对话框。

点组态：进入实时数据库点定义对话框。

变量名：定义变量名称，系统中必须唯一。

说明：设置变量的描述文字。

类型：设置变量的数据类型。可设置为实型、整型、离散、字符型。实型：值为 1.7E－308～1.7E＋308 的 64 位双精度浮点数。整型：值为从－2147283648 到 2147283648 之间的 32 位长整数。离散型：值为从－2147283648 到 2147283648 之间的 32 位长整数。字符型：长度为 64 的字符型变量。

类别：设置变量的类型属性。可设置为数据库变量、中间变量、间接变量、窗口中间变量。

参数：如果选定变量类别是“数据库变量”，在“参数”对话框的右侧，单击“>>”按钮，出现的对话框如图 3 - 17 所示。在图 3 - 17 的“数据库点”中指定数据库的数据源及具体点参数。

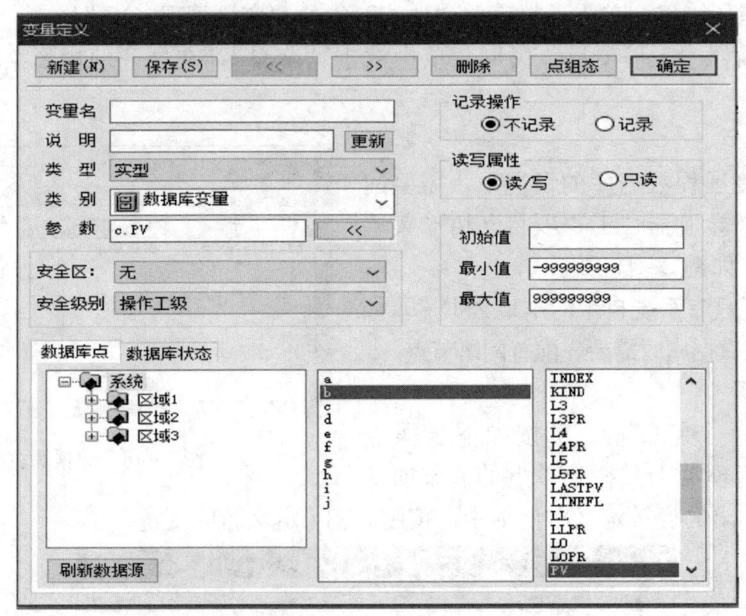

图 3 - 17 变量定义

安全区：设置变量的可操作区域，只有拥有该区域权限的用户才可以修改此变量数值。

安全级别：设置变量的安全级别，只有当前设置级别以上的用户才可以修改此变量数值。

记录操作：该选项用于记录运行系统 View 中，对该变量的操作过程。如果选择“不记录”，就看不到对变量的操作过程。如果选择“记录”，系统就将操作该变量的过程进行记录，从力控监控组态软件的系统日志里面就可以看到变量的操作记录了。

读写属性：此项用于控制该变量的读写。有“读/写”和“只读”两种选择。

初始值：设置初始运行时变量的值。

最大/小值：设置变量的量程范围。

注：力控软件可以在动画连接、脚本环境中直接输入变量，系统会自动进行检查、编译。

4. 删除变量

若要删除已创建的变量则需要按照以下的步骤：单击变量管理器工具栏菜单上的“删除变量”按钮，在弹出的对话框中删除变量，如图 3 - 18 所示。

（1）变量类别：选择需要删除的变量的类型。未使用变量列表：根据变量类别下拉框中选择的类型，列出未使用的变量。

（2）删除：在未使用列表中选中变量，单击“删除”按钮进行删除。

注：只有在工程中未被使用的变量才会列于表中，如果未出现需要删除的变量，则先用引用搜索功能将工程中引用了该变量的地方查找出来，删除该变量所使用的地方后，才能删

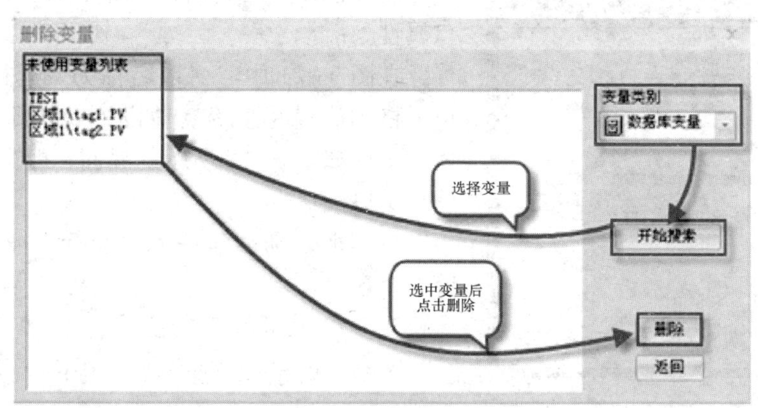

图 3-18　删除变量

除该变量。另外系统中间变量不可以删除。

5. 引用搜索

如果要查询变量在工程中有哪些地方引用了此变量，则需要用到引用搜索功能，操作步骤如下：在变量列表框中选中一个变量，单击变量管理器工具栏菜单上的“引用搜索”按钮，弹出的“查找”对话框如图 3-19 所示。

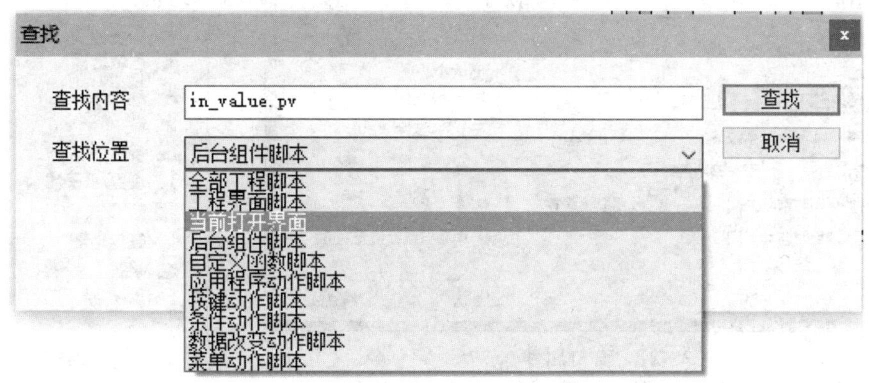

图 3-19　“查找”对话框

查找位置有：全部工程脚本、工程界面脚本、当前打开界面、后台组件脚本、自定义函数脚本、应用程序动作脚本、按键动作脚本、条件动作脚本、数据改变动作脚本、菜单动作脚本。

单击“查找”按钮，就会在窗口下面增加一个输出信息框，双击“查找结果”中的记录，就会直接指向引用了此变量的画面（如动画连接窗口、脚本编辑器等）。

3.8　存储罐液位监控实验系统（二）

3.8.1　创建窗口

在开发系统界面，单击主菜单栏的新建“ ”图标，出现如图 3-20 所示的新建窗口。

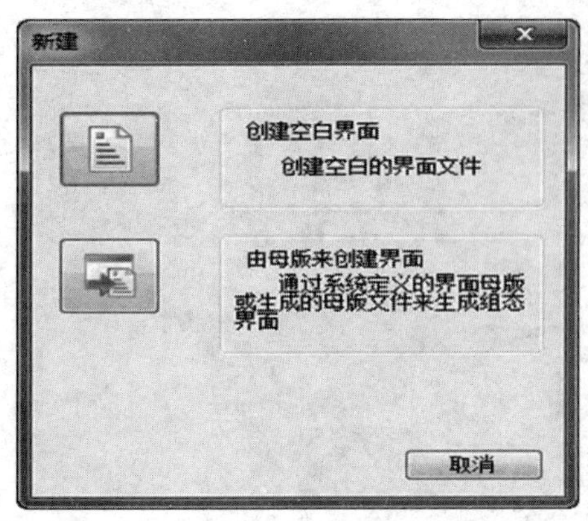

图 3-20　新建窗口

选择创建空白界面，即弹出如图 3-21 所示的窗口属性。

在图 3-21 中，窗口名称为“运行”，说明、窗口风格和位置大小等其他设置默认即可。设置完成后，出现如图 3-22 所示的界面，即窗口处增加一个运行窗口。

接下来分别创建进入、运行、报表、曲线和报警 5 个窗口。

3.8.2　工程窗口绘制

单击开发系统界面菜单栏中的“ ”工具箱图标，即在界面中增加了如图 3-23 所示的工具箱，用工具箱里的基本图元来绘制窗口画面。

单击开发系统界面的工程项目中的“标准图库”图标，即弹出如图 3-24 所示的图库，其中包括有仪器仪表、工业设施等的组件与图库。可从图库中选择对象来绘制窗口画面。

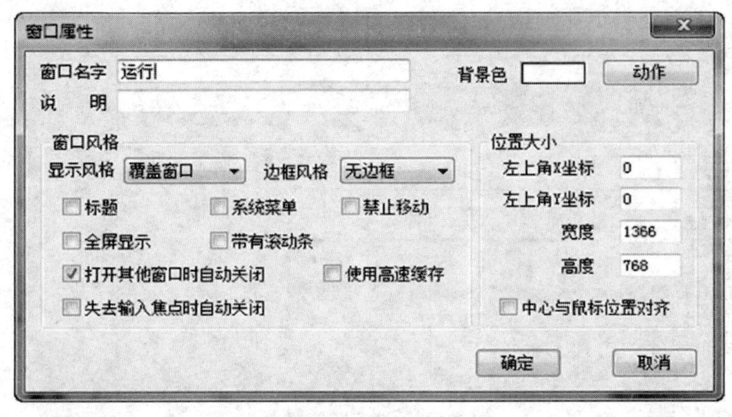

图 3-21　窗口属性

图 3-22　开发系统界面

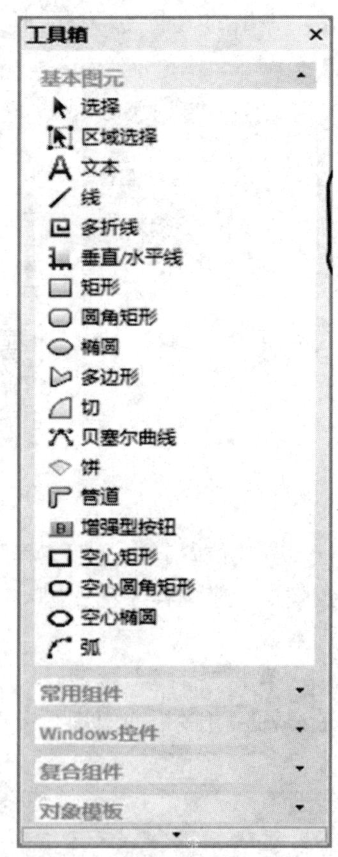

图 3-23　工具箱

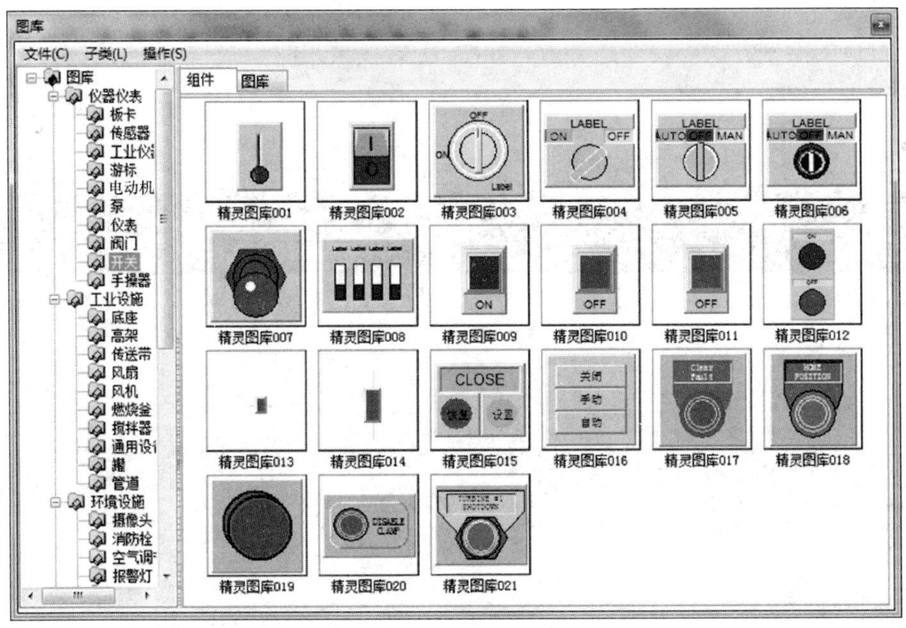

图 3 - 24　图库

本实验用到的是阀门和罐。

1. 进入窗口

在创建的进入窗口中，用上面介绍的工具箱和标准图库来绘制如图 3 - 25 所示的画面。

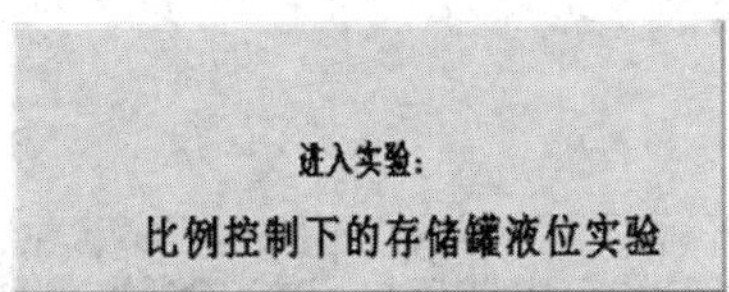

图 3 - 25　进入窗口

2. 运行窗口

在运行窗口用工具箱和标准图库绘制如图 3 - 26 所示的运行窗口。

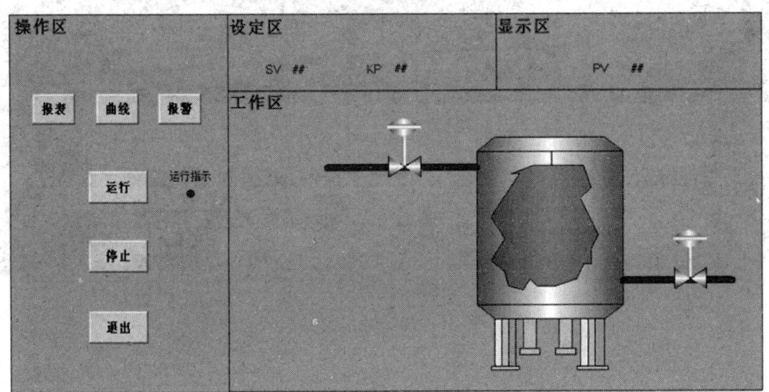

图 3 - 26　运行窗口

3. 报表窗口

报表窗口的绘制方法，要新建母版，如图 3-27 只给出了一个具体的范例，将在“第 9 章　专家报表”中加以介绍。

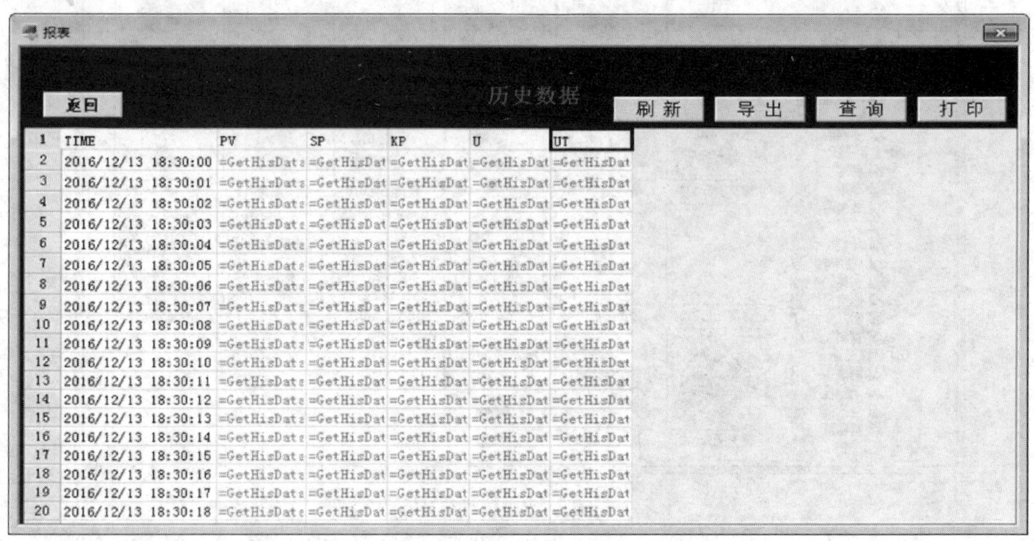

1	TIME	PV	SP	KP	U	UT
2	2016/12/13 18:30:00	=GetHisDat	=GetHisDat	=GetHisDat	=GetHisDat	=GetHisDat
3	2016/12/13 18:30:01	=GetHisDat	=GetHisDat	=GetHisDat	=GetHisDat	=GetHisDat
4	2016/12/13 18:30:02	=GetHisDat	=GetHisDat	=GetHisDat	=GetHisDat	=GetHisDat
5	2016/12/13 18:30:03	=GetHisDat	=GetHisDat	=GetHisDat	=GetHisDat	=GetHisDat
6	2016/12/13 18:30:04	=GetHisDat	=GetHisDat	=GetHisDat	=GetHisDat	=GetHisDat
7	2016/12/13 18:30:05	=GetHisDat	=GetHisDat	=GetHisDat	=GetHisDat	=GetHisDat
8	2016/12/13 18:30:06	=GetHisDat	=GetHisDat	=GetHisDat	=GetHisDat	=GetHisDat
9	2016/12/13 18:30:07	=GetHisDat	=GetHisDat	=GetHisDat	=GetHisDat	=GetHisDat
10	2016/12/13 18:30:08	=GetHisDat	=GetHisDat	=GetHisDat	=GetHisDat	=GetHisDat
11	2016/12/13 18:30:09	=GetHisDat	=GetHisDat	=GetHisDat	=GetHisDat	=GetHisDat
12	2016/12/13 18:30:10	=GetHisDat	=GetHisDat	=GetHisDat	=GetHisDat	=GetHisDat
13	2016/12/13 18:30:11	=GetHisDat	=GetHisDat	=GetHisDat	=GetHisDat	=GetHisDat
14	2016/12/13 18:30:12	=GetHisDat	=GetHisDat	=GetHisDat	=GetHisDat	=GetHisDat
15	2016/12/13 18:30:13	=GetHisDat	=GetHisDat	=GetHisDat	=GetHisDat	=GetHisDat
16	2016/12/13 18:30:14	=GetHisDat	=GetHisDat	=GetHisDat	=GetHisDat	=GetHisDat
17	2016/12/13 18:30:15	=GetHisDat	=GetHisDat	=GetHisDat	=GetHisDat	=GetHisDat
18	2016/12/13 18:30:16	=GetHisDat	=GetHisDat	=GetHisDat	=GetHisDat	=GetHisDat
19	2016/12/13 18:30:17	=GetHisDat	=GetHisDat	=GetHisDat	=GetHisDat	=GetHisDat
20	2016/12/13 18:30:18	=GetHisDat	=GetHisDat	=GetHisDat	=GetHisDat	=GetHisDat

图 3-27　报表窗口

4. 曲线窗口

曲线窗口的绘制方法，如图 3-28 只给出了一个具体的范例，将在“第 8 章　分析曲线”中加以介绍。

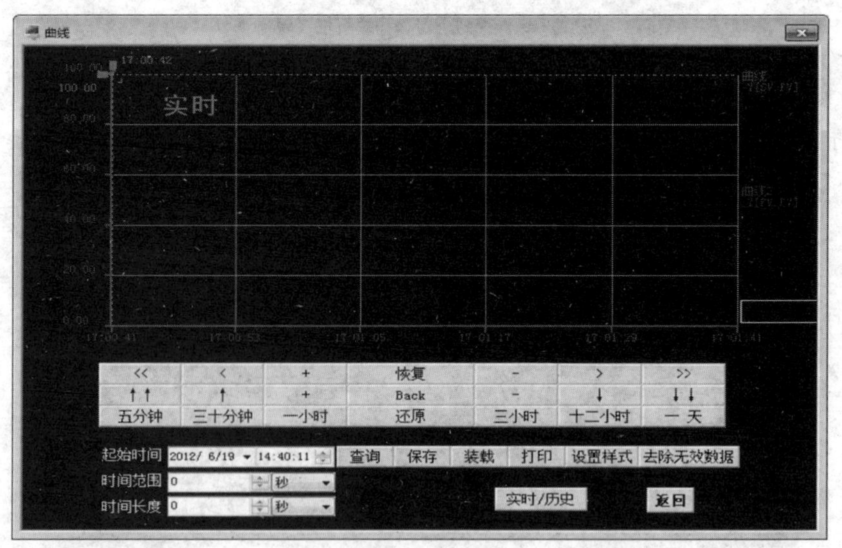

图 3-28　曲线窗口

5. 报警窗口

报警窗口的绘制方法，如图 3-29 只给出了一个具体范例，将在“第 10 章　报警和事件记录”中加以介绍。

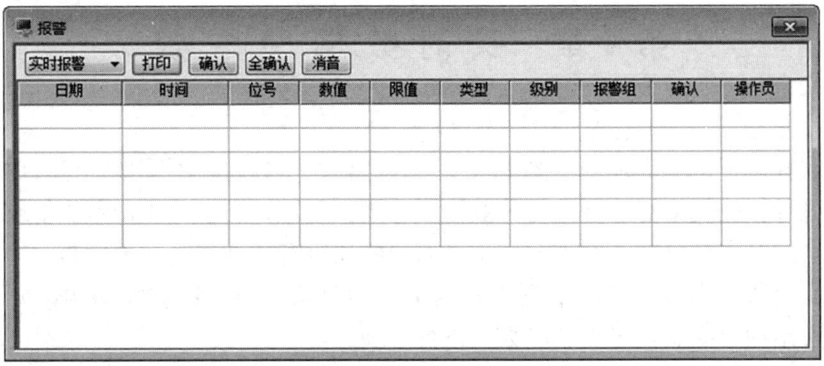

报警

实时报警 打印 确认 全确认 消音

日期	时间	位号	数值	限值	类型	级别	报警组	确认	操作员

图 3-29 报警窗口

本章实验教学视频请观看视频文件“第 3 章 开发系统”。

第4章 实时数据库系统

在生产监控过程中，许多情况要求将生产数据存储于分布在不同地理位置的不同计算机上，可以通过计算机网络对装置进行分散控制、集中管理，要求对生产数据能够进行实时处理、存储等，并且支持分布式管理和应用，力控监控组态软件实时数据库是一个分布式的数据库系统，实时数据库将点作为数据库的基本数据对象，确定数据库结构，分配数据库空间，并以树形结构组织点，对点“参数”进行管理。

实时数据库是由管理器和运行系统组成，运行系统可以完成对生产实时数据的各种操作，如实时数据处理、历史数据存储、统计数据处理、报警处理、数据服务请求处理等，实时数据库可以将组态数据、实时数据、历史数据等以一定的组织形式存储在介质上。管理器是管理实时数据库的开发系统，通过管理器可以生成实时数据库的基础组态数据，对运行系统进行部署。

力控软件实时数据库负责和I/O调度程序的通信，获取控制设备的数据，同时作为一个数据源服务器在本地给其他程序如界面系统View等提供实时和历史数据，实时数据库又是一个开放的系统，作为一个网络节点，也可以给其他数据库或界面显示系统提供数据，数据库之间可以互相通信，支持多种通信方式，如TCP/IP、串行通信、拨号、无线等方式，并且运行在其他网络节点的第三方系统可以通过OPC、ODBC、API/SDK等接口方式访问实时数据库。力控软件数据库应用如图4-1所示。

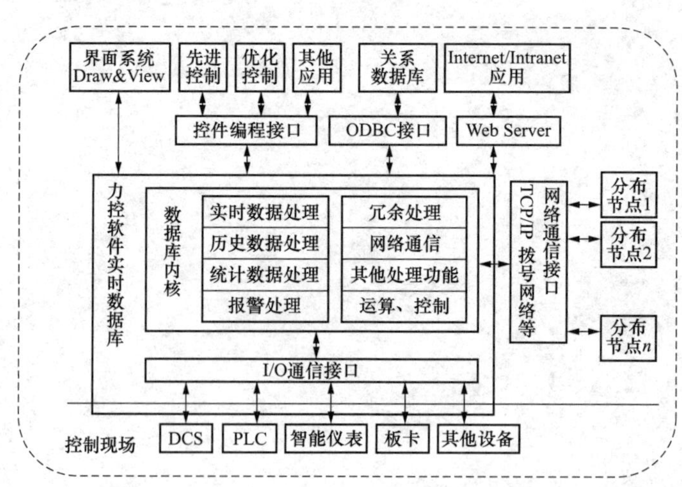

图4-1 力控软件数据库系统应用

4.1 基本概念

4.1.1 数据库构成

1. 点

在数据库中，系统以点为单位存放各种信息。点是一组数据值（称为参数）的集合。在点组态时先定义点的名称，点名最多可以使用63个字符，这里的点名是指点的短名，在界面上引用点时要使用带节点路径的长名。点参数可以包含标准点参数和用户自定义点参数。

2. 节点

数据库以树形结构来组织点，节点就是树形结构的组织单元，在每个节点下可以定义子节点和各个类型的点。对节点可以进行添加子节点、点、删除、重命名等操作。新建的数据库有一个默认的根节点就是数据库节点，根节点不能被重命名。节点的层次结构及操作如图4-2所示。

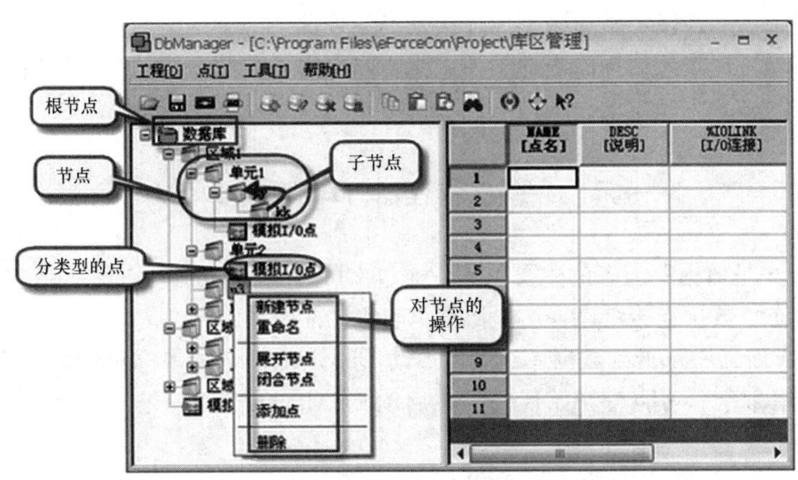

图4-2 节点的层次结构及操作

3. 点类型

点类型是指完成特定功能的一类点。力控软件数据库系统提供了一些系统预先定义的标准点类型，如模拟I/O点、数字I/O点、累计点、控制点、运算点等，用户也可以创建自定义点类型。

4. 点参数

点参数是含一个值（整型、实型、字符串型等）的数据项的名称。系统提供了一些预先定义的标准点参数，如PV、NAME、DESC等，用户也可以自定义点参数。

4.1.2 数据库访问

对数据库的访问采用“节点路径\点名.参数名”的形式访问点及参数，如“TAG1.PV”表示点TAG1的PV参数，通常PV参数代表过程测量值，也是最常用的数据库变量。

1. 本地数据库

本地数据库是指当前的工作站内安装的力控监控组态软件数据库，它是相对网络数据库而言的。

2. 网络数据库

相对当前的工作站，安装在其他网络节点上的力控监控组态软件数据库就是网络数据库，它是相对本地数据库而言的。

4.1.3 数据连接

数据连接是确定点参数值的数据来源的过程。力控软件数据库正是通过数据连接建立与其他应用程序（包括：I/O 驱动程序、DDE 应用程序、OPC 应用程序、网络数据库等）的通信、数据交互过程。

数据连接分为以下几种类型：

（1）I/O 设备连接：I/O 设备连接是确定数据来源于 I/O 设备的过程，I/O 设备的含义是指在控制系统中完成数据采集与控制过程的物理设备，如：可编程控制器（PLC）、智能模块、板卡、智能仪表等。当数据源为 DDE、OPC 应用程序时，对其数据连接过程与 I/O 设备相同。

（2）网络数据库连接：网络数据库连接是确定数据来源于网络数据库的过程。

（3）内部连接：本地数据库内部同一点或不同点的各参数之间的数据传递过程，即一个参数的输出作为另一个参数的输入。

4.2 数据库管理器（DbManager）

DbManager 是数据库组态的主要工具，通过 DbManager 可以完成：点参数组态、点类型组态、点组态、数据连接组态、历史数据组态等功能。

在 Draw 导航器中双击“数据库组态”启动 DbManager（如果您没看到导航器窗口，请激活 Draw 菜单命令“功能→初始风格”），启动 DbManager 后，进入 DbManager 主窗口，如图 4-3 所示。

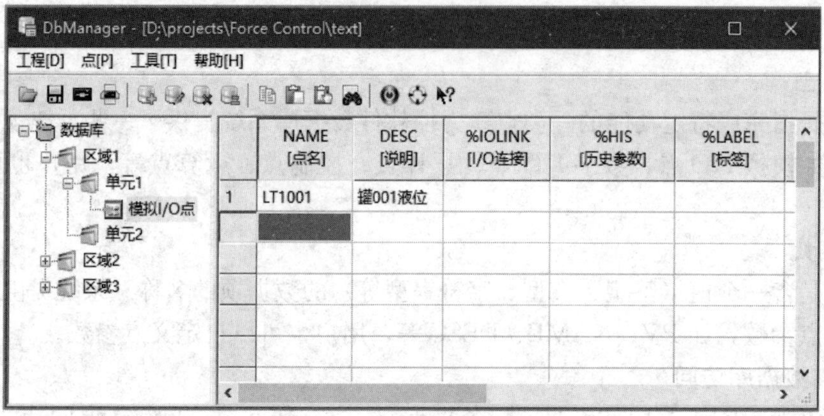

图 4-3 数据库管理器主窗口

导航器是显示数据库点结构的窗口，它采用树形节点结构，数据库是根节点，其下可建多个节点，每个节点下又可建多个子节点，在每个节点下可建立多个不同类型的点。

数据库点表是一个二维表格，一行代表一个点，列显示各个点的信息，点信息包括点的参数值、数据连接、历史保存等信息。在点表上，点表支持鼠标双击操作，也可以用箭头键、“Tab”键、“Page UP”键、“Page Down”键、“Home”、“End”键来定位当前节点下的点。

点表内显示的内容取决于导航器当前选择的节点或点类型。例如：如果在导航器上选择根节点“数据库”，则点表会自动显示根节点下所有类型点的信息，如果在导航器上选择某节点下的模拟 I/O 点，则点表会自动显示该节点下所有模拟 I/O 点的信息。

4.3　点　组　态

4.3.1　点类型与点参数组态

数据库系统预定义了许多标准点参数以及用这些标准点参数组成的各种标准点类型，用户也可以自己创建自定义点参数和点类型。要注意的是：数据库系统中预定义的标准点参数和标准点类型，是数据库运行的基础参数，不能修改或增加、删除。

1. 创建用户自定义点类型

若要创建自定义点类型，需切换到点类型自定义属性页，单击“增加”按钮，如图4-4所示。在“名称”一栏中输入要创建的点类型名称，若要为点类型增加一个参数，则在左侧列表中选择一个参数，双击或选中后单击“增加”按钮，这个参数会自动增加到右侧列表中，同时左侧列表中不再显示这个参数。按钮“删除”执行相反操作。单击“自定义”按钮可以为新的点类型自定义点参数。

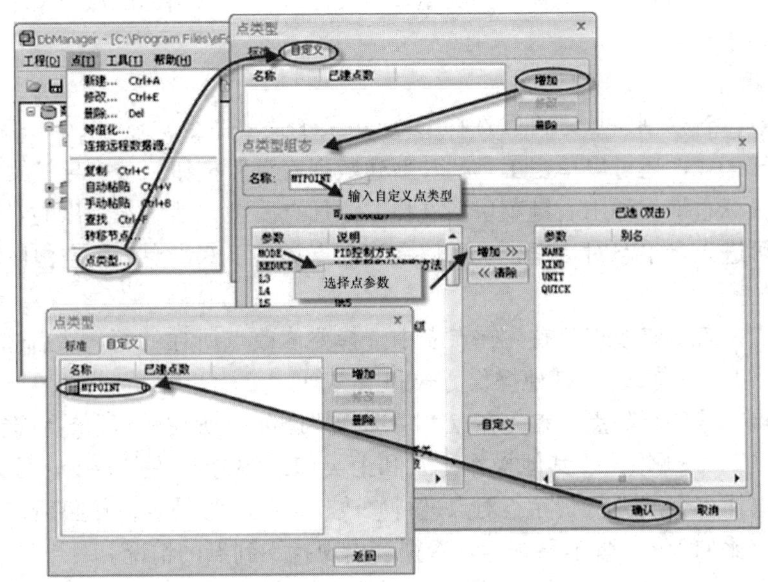

图4-4　创建点类型

新创建的点类型在没用它创建点之前，可以反复进行修改或删除。如果已经创建了点，若要修改或删除，则要首先删除用该点类型创建的所有点后，方可进行。

2. 创建自定义点参数

每个新创建的自定义点类型都可以创建自己的自定义点参数，在点类型组态对话框选择“自定义”按钮，出现“点参数组态”对话框，如图4-5所示。

在“名称”一栏中输入要创建的点参数名称。选择数据类型，数据类型分为实型、整型、枚举型、字符型四种。在“提示”一栏中输入对该参数的提示信息（提示信息一般要简短，它将出现在点组态对话框和点表的列标题上）。在“说明”一栏中输入对该参数的描述说明。

4.3.2　点组态

点是实时数据库系统保存和处理信息的基本单位。点存放在实时数据库的点名字典中。

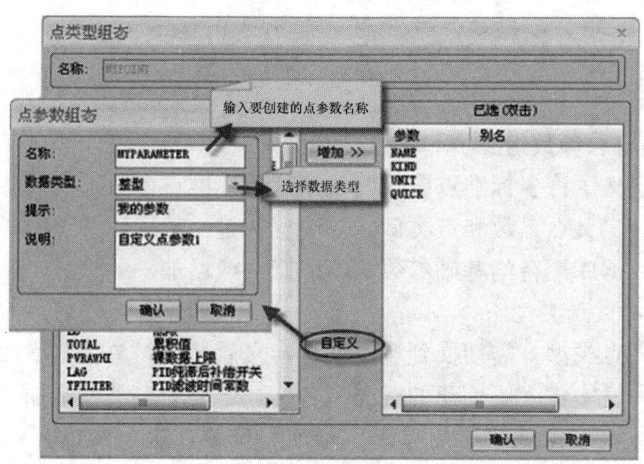

图 4-5　点参数组态

在创建一个新点时首先要选择点的类型及所在区域。可以用标准点类型生成点，也可以用自定义点类型生成点。

1. 点组态操作

（1）新建点。若要创建点，可以选择 DbManager 菜单命令“点（T）→新建”，也可以按快捷键“Ctrl+A”，还可以单击工具栏“新建数据库点”按钮；选中导航器后在要建立点的节点上单击鼠标右键，弹出右键菜单后选择“添加点”项，然后在弹出的对话框中指定节点、点类型，可进入点组态对话框，也可以在当前点类型下双击点表的空白区域，在此节点下建立此类型的点。

（2）修改点。若要修改点，首先在点表中选择要修改点所在的行，然后选择 DbManager 菜单命令“点（T）→修改”，其他操作方式和上类似。

（3）删除点。若要删除点，首先在点表中选择要删除点所在的行，然后选择 DbManager 菜单命令“点（T）→删除”，其他操作方式和上类似。注意：在点表中，可以用鼠标左键拖动方式同时选择多个点进行删除。对点进行修改、删除、移动等操作必须先保证该点在系统中未被使用，比如 View 脚本系统等，否则会出现找不到点的情况。

（4）等值化。对于数据库中属于同一种点类型的多个点，可以对它们的很多点参数值进行等值化处理。例如，数据库中某节点下已经创建了 5 个模拟 I/O 点：tag1～tag5。可以利用等值化功能让这 5 个点的 DESC 参数值全部与其中的一个点（假设为 tag1）的 DESC 参数值相等。可按如下步骤进行：在点表中同时选择 tag1～tag5 的“DESC”列（Shift 键），然后选择 DbManager 菜单命令“点（T）→等值化”，或者单击工具栏“等值化数据库点”按钮，出现对话框。在对话框中选择“tag1”，然后单击“确认”按钮，点 tag1～tag5 的 DESC 参数值全部与 tag1 的 DESC 参数值相同。“点组态”等值化过程如图 4-6 所示。

（5）复制/粘贴点。若要复制点，首先在点表中选择要复制的点，按快捷键“Ctrl+C”，再按“Ctrl+V”，DbManager 会自动创建一个新点，这个点已被复制点为模板，点名是被复制点的名称递增一个序号。

例如，被复制点名为 TAG1，则自动粘贴创建的新点会被自动命名为 TAG2。如果

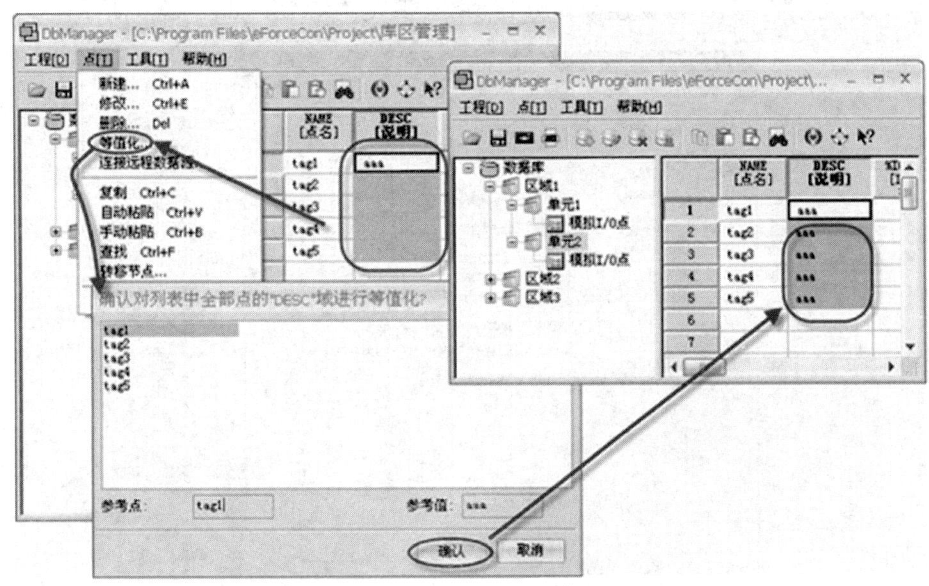

图 4-6　“点组态”等值化过程

TAG2 已被占用，则自动命名为 TAG3，依次类推。如果在粘贴时选择手动粘贴，则点名需要组态人员手动自行指定。复制点与被复制点除点名不同外，点类型与参数值均相同，但数据连接与历史组态内容不进行复制。

(6) 查找。选择 DbManager 菜单命令“点（T）→查找”，或者按快捷键“Ctrl+F”，或者单击工具栏“查找数据库点”按钮，弹出查找对话框，如图 4-7 所示。

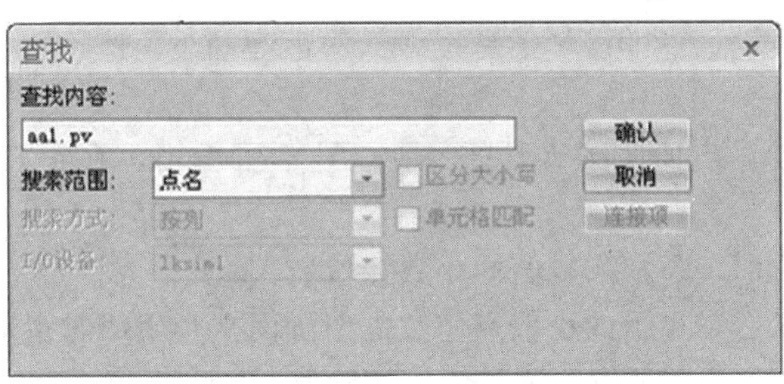

图 4-7　查找

若要查找点，在“查找”对话框内输入要查找的点名，搜索范围选择点名，进行确认后，会弹出搜索结果对话框，显示搜索的结果。

数据库的查找功能，还可用字符串，或 I/O 数据连接项来查找，只需要在搜索范围中选择相应的范围。当搜索 I/O 数据连接项时，可以继续选择要搜索的 I/O 设备。

(7) 转移节点。可以将一个或多个点从某一节点转移到另一节点。首先在某一节点中选择要转移的点，单击“点→转移节点…”在弹出的转移节点对话框中选择要转移到的节点，单击“确定”按钮。

注意：在点表中，可以用鼠标拖曳方式同时选择多个点进行转移。

2. 模拟 I/O 点

模拟 I/O 点的基本参数页中的各项用来定义模拟 I/O 点的基本特征，组态对话框共 4

页：基本参数、报警参数、数据连接和历史参数。其基本参数页如图 4-8 所示。

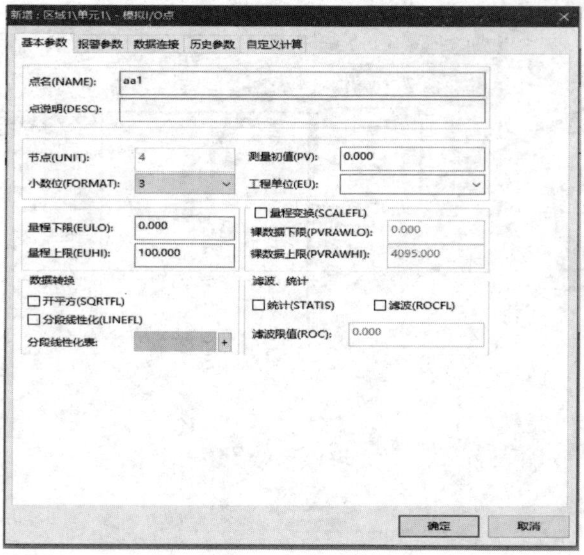

图 4-8 模拟 I/O 点的基本参数页

模拟 I/O 点的各项意义解释如下：

(1) 点名（NAME)：唯一标识工程数据库某一节点下一个点的名字，同一节点下的点名不能重名，最长不能超过 63 个字符。点名可以是任何英文字母、数字，也可以含字符“$”和“_”，除此之外不能含其他符号及汉字。此外，点名可以用英文字母或数字开头，但一个点名中至少含有一个英文字母。

(2) 点说明（DESC)：点的注释信息，最长不能超过 63 个字符，可以是任何字母、数字、汉字及标点符号。

(3) 节点（UNIT)：点所属父节点号。节点号不可编辑，在定义节点时由数据库自动生成。

(4) 小数位（FORMAT)：测量值的小数点位数。

注意：界面数据库变量显示的小数点位数需要画面文本生成时指定。

(5) 测量初值（PV)：本项设置测量值的初始值。

(6) 工程单位（EU)：工程单位描述符，描述符可以是任何字母、数字、汉字及标点符号。

(7) 量程变换（SCALEFL)：如果选择量程变换，数据库将对测量值（PV）进行量程变换运算，可以完成一些线性化的转换，运算公式为：PV = EULO +（PVRAW − PVRAWLO）*（EUHI − EULO）/（PVRAWHI − PVRAWLO）。

(8) 开平方（SQRTFL)：规定 I/O 模拟量原始测量值到数据库使用值的转换方式。转换方式两种：线性，直接采用原始值；开平方，采用原始值的平方根。

(9) 分段线性化（LINEFL)：在实际应用中，对一些模拟量的采集，如热电阻、热电偶等的信号为非线性信号，需要采用分段线性化的方法进行转换。用户首先创建用于数据转换的分段线性化表，力控软件将采集到的数据通过分段线性化表处理后得到最后输出值，在运行系统中显示或用于建立动画连接。

（10）分段线性化表：如果选择进行分段线性化处理，则要选择一个分段线性化表。若要创建一个新的分段线性化表，可以单击右侧的“＋”按钮或者选择菜单命令“工程→分段线性化表”后，增加一个分段线性化表，如图 4-9 所示。

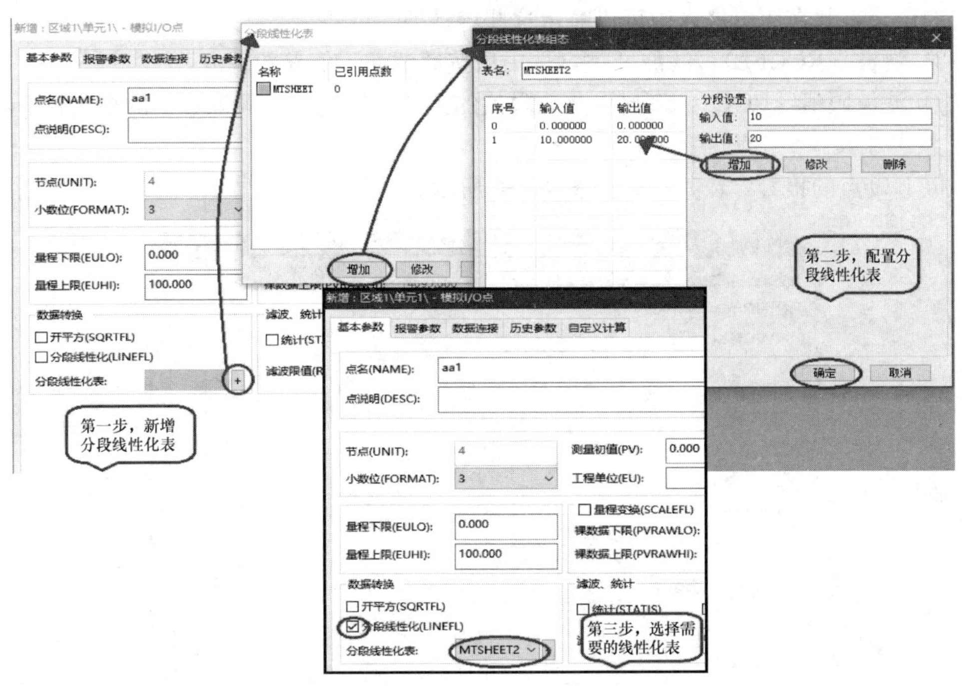

图 4-9　创建一个新的分段线性化表

表格共三列，第一列为序号，每增加一段时系统自动生成。第二列是输入值，该值是指从设备采集到的原始数据经过基本变换（包括线性/开平方、量程转换）后的值。第三列为该输入值应该对应的工程输出值。若要增加一段，在“分段设置”中指定输入值和输出值即可。

分段线性表是用户先定义好的输入值和输出值一一对应的表格，当输入值在线性表中找不到对应的项时，将按照下面的公式进行计算：[（后输出值－前输出值）×（当前输入值－前输入值）/（后输入值－前输入值）] ＋ 前输出值。

当前输入值：当前变量的输入值。

后输出值：当前输入值项所处的位置的后一项数值对应关系中的输出值。

前输出值：当前输入值项所处的位置的前一项数值对应关系中的输出值。

后输入值：当前输入值在表格中输入值项所处的位置的后一输入值。

前输入值：当前输入值在表格中输入值项所处的位置的前一输入值。

例如，在建立的线性列表中，数据对应关系见表 4-1。

表 4-1　数据对应关系

序号	输入值	输出值
0	4	8
1	6	14

那么当输入值为 5 时，其输出值的计算为：输出值$=[(14-8)\times(5-4)/(6-4)]+8$，即为 11。

(11) 统计（STATIS）：如果选择统计，数据库会自动生成测量值的平均值、最大值、最小值的记录，并在历史报表中可以显示这些统计值。

(12) 滤波（ROCFL）：滤波开关，选中后按照滤波限值参数滤波。

(13) 滤波限值（ROC）：将超出滤波限值的无效数据滤掉，保证数据的稳定性。

3. 报警参数

模拟 I/O 点的报警参数其外观如图 4-10 所示。

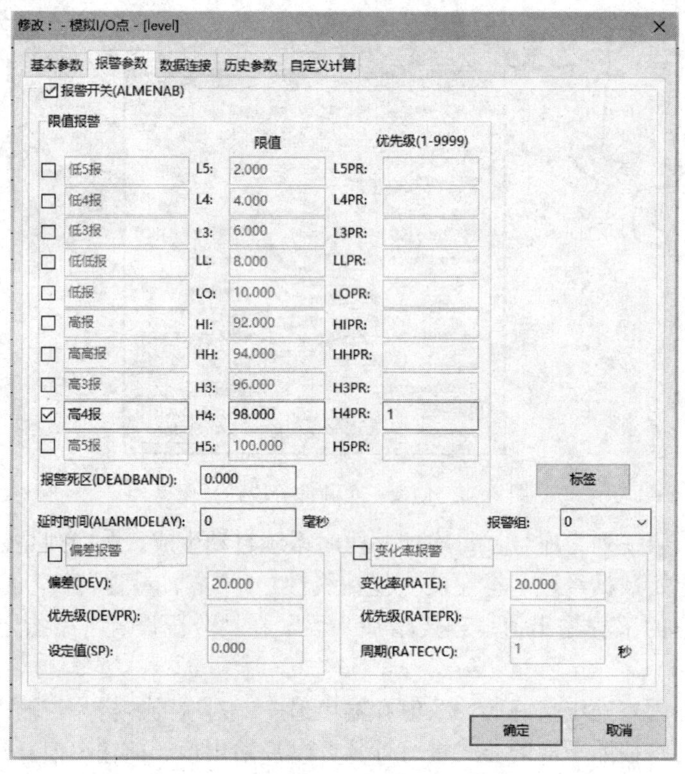

图 4-10　模拟 I/O 点的报警参数外观

模拟 I/O 点的报警参数各项意义解释如下：

(1) 报警开关（ALMENAB）：确定此点是否处理报警的总开关。

(2) 限值报警：模拟量的测量值在跨越报警限值时产生的报警。限值报警的报警限（类型）10 个：低 5 报（L5）、低 4 报（L4）、低 3 报（L3）、低低报（LL）、低报（LO）、高报（HI）、高高报（HH）、高 3 报（H3）、高 4 报（H4）、高 5 报（H5）。它们的值在过程测量值的最小值和最大值之间，它们的大小关系从低到高排列依次为低 5 报、低 4 报、低 3 报、低低报、低报、高报、高高报、高 3 报、高 4 报、高 5 报。当过程值发生变化时，如果跨越某一个限值，立即发生限值报警，某个时刻，对于一个变量，只可能越一种限，因此只产生一种越限报警。

例如：如果过程值超过高高限，就会产生高高限报警，而不会产生高限报警。另外，如果两次越限，就得看这两次越的限是否是同一种类型，如果是，就不再产生新报警，也不表示该报警已经恢复；如果不是，则先恢复原来的报警，再产生新报警。

（3）报警死区（DEADBAND）：报警死区（DEADBAND）是指当测量值产生限值报警后，再次产生新类型的限值报警时，如果变量的值在上一次报警限加减死区值的范围内，就不会恢复报警，也不产生新的报警，如果变量的值不在上一次报警限加减死区值的范围内，则先恢复原来的报警，再产生新报警。

（4）优先级报警：定义报警的优先级别，共1～9999个级别，对应的报警优先级参数值分别为1～9999。

（5）延时时间：报警发生后，报警状态持续延迟时间后才提示产生该报警。

（6）报警组：每个报警的点可以选择从属于一个报警组。界面可以依据报警组来查询报警，报警组最多可使用99个。

（7）标签：标签用于对报警点实际需求进行不同的分类，便于在报警发生后依照报警标签进行报警查询。每个点最多可使用10个标签。

（8）变化率报警：模拟量的值在固定时间内的变化超过一定量时产生的报警，即变量变化太快时产生的报警。当模拟量的值发生变化时，就计算变化率以决定是否报警。变化率的时间单位是秒。变化率报警利用如下公式计算：（测量值的当前值－测量值上一次的值）/（这一次产生测量值的时间－上一次产生测量值的时间）取其整数部分的绝对值作为结果，若计算结果大于变化率（RATE）/变化率周期（RATECYC），则出现报警。

（9）偏差报警：模拟量的值相对设定值上下波动的量超过一定量时产生的报警。用户在“设定值”中输入目标值（基准值）。计算公式如下：偏差 ＝ 当前测量值－设定值。

4. 数据连接

模拟I/O点的数据连接页中的各项用来定义模拟I/O点数据连接过程。其外观及各项意义解释如图4-11所示。

图4-11 模拟I/O点数据连接页外观及各项意义解释

左侧列表框中列出了可以进行数据连接的点参数及已建立的数据连接情况。对于测量值（标准点参数中使用PV参数）有三种数据连接可供选择：I/O设备、网络数据库和内部。

（1）I/O 设备：表示测量值与某一种 I/O 设备建立数据连接过程。

（2）网络数据库：表示测量值与其他网络节点上力控监控组态软件数据库中某一点的测量值建立连接过程，保证了两个数据库之间的实时数据传输，若要建立网络数据库连接，必须建立远程数据源。

（3）内部：对于内部连接，则不限于测量值。其他参数（数值型）均可以进行内部连接。内部连接是同一数据库（本地数据库）内不同点的各个参数之间进行的数据连接过程。

注意：对于测量值 PV，如果建立了某种类型的数据连接，则不能再同时进行其他类型的数据连接。如果此时进行其他类型的数据连接，DbManager 会提示是否取消原类型的数据连接，更新为新类型的数据连接。

5. *历史参数*

模拟 I/O 点的历史参数页中的各项用来确定模拟 I/O 点哪些参数进行历史数据保存，以及保存方式及其相关参数。其外观及各项意义解释如图 4-12 所示。

图 4-12 模拟 I/O 点的历史参数

（1）保存方式。保存方式有数据变化保存、数据定时保存、条件保存。

1）数据变化保存：选择该项，表示当参数值发生变化时，其值被保存到历史数据库中。为了节省磁盘空间，提高性能，可以指定变化精度，即当参数值的变化幅度超过变化精度时，才进行保存。变化精度是量程的百分比。如果 LIC101 的量程是 20～80，若精度是 1，则与当前值变化超过 1%，即（80－20）×0.01 为 0.6 时，才记录历史数据。0 表示只要数据变化就保存历史。

2）数据定时保存：选择该项，表示每间隔一段时间后，参数值被自动保存到历史数据库中。在文本框中输入间隔时间，单击“增加”按钮，便设置该参数为数据定时保存的历史数据保存方式，同时指定了间隔时间。单击“修改”或“删除”按钮，可修改间隔时间或删除数据定时保存的历史数据保存设置。

3）数据插入模式：该模式下，DB将不再存储任何历史数据，历史数据将依靠外部组件（IO/View/DBCOMM）等插入DB历史库中。

4）条件存储：条件存储的条件是一个表达式，当表达式为真时数据库将存储数据，为假时不存储数据。在条件中可用：四则运算（＋、－、×、/、%）、移位操作（＞、＜）、大小判断（＞、＞＝、＜、＜＝、＝＝、！＝）、位操作（&、^、|、!、～）、条件判断（&&、‖）、数学函数（abs、floor、ceil、cos、sin、tan、cosh、sinh、tanh、acos、asin、atan、deg、rad、exp、ln、log、logn、sqrt、sqrtn、pow、mod）等。

例如：Tag0001的存储为定时存储，保存条件为Tag0002.PV＞0。当Tag0002.PV＝0或者＜0时，Tag0001不存储数据，当Tag0002.PV＞0时满足条件，Tag0001存储数据。

（2）退出时保存实时值作为下次启动初值。同时选择了该项和数据库系统参数里的保存参数→自动保存数据库内容，数据库会定时将数据库中点参数的实时值保存到磁盘，当数据库下次启动时，会将保存的实时值作为点参数的初值。

6. 数字I/O点

数字I/O点，输入值为离散量，可对输入信号进行状态检查。数字I/O点的组态对话框共有基本参数、报警参数、数据连接和历史参数4页。

（1）基本参数。数字I/O点的基本参数页中的各项用来定义数字I/O点的基本特征。

1）关状态信息（OFFMES）：当测量值为0时显示的信息（如OFF、关闭、停止等）。

2）开状态信息（ONMES）：当测量值为1时显示的信息（如ON、打开、启动等）。

（2）报警参数。数字I/O点的报警参数页中的各项用来定义数字I/O点的报警特征。

1）报警开关（ALMENAB）：确定数字I/O点是否处理报警的总开关。

2）正常状态（NORMALVAL）：确定正常状态（即不产生报警时的状态）值（0或1）。例如，正常状态值如果设为0，则当测量值为1时即产生报警。

（3）数据连接和历史参数。数字I/O点的“数据连接”和“历史参数”页与模拟I/O点的形式、组态方法相同，在此不再重复。

7. 累计点

累计点，输入值为模拟量，除了I/O模拟点的功能外，还可对输入量时间进行累计。累计点的组态对话框共有基本参数、数据连接和历史参数3页。

（1）基本参数。累计点的基本参数页中的各项用来定义累计的基本特征，如图4-13所示。

1）累计/初值（TOTAL）：在本项设置累计量的初始值。

2）累计/时间基（TIMEBASE）：累积计算的时间基（时间基的单位为秒）。时间基是对测量值的单位时间进行秒级换算的一个系数。比如，假设测量值的实际意义是流量，单位是“t/h”，则将单位时间换算为秒，是3600s，此处的时间基参数就应设为3600。

3）小信号切除开关（FILTERFL）：确定是否进行小信号切除的开关。

4）限值：如果进行小信号切除，低于限值的测量值将被认为是0。

（2）数据连接和历史参数。“数据连接”和“历史参数”页与模拟I/O点的形式、组态方法相同。

新增：- 累计点
基本参数 数据连接 历史参数 自定义计算
点名(NAME):
点说明(DESC):
节点(UNIT): 0
测量初值(PV): 0.000
小数位(FORMAT): 3
工程单位(EU):
量程变换(SCALEFL)
量程下限(EULO): 0.000
裸数据下限(PVRAWLO): 0.000
量程上限(EUHI): 100.000
裸数据上限(PVRAWHI): 4095.000
数据转换
开平方(SQRTFL)
累计
小信号切除开关(FILTERFL)
初值(TOTAL): 0.000
限值(FILTER): 0.100
时间基(TIMEBASE): 3600 秒
确定 取消

图 4 - 13 累计点的基本参数

8. 控制点

控制点通过执行已配置的 PID 算法完成控制功能。控制点的组态对话框共有基本参数、报警参数、控制参数、数据连接和历史参数 5 页。

(1) 基本参数的各项与模拟 I/O 点相同。

(2) 报警参数的各项与模拟 I/O 点相同。

(3) 控制参数：控制点的控制参数页中的各项用来定义控制点的 PID 控制特征，如图 4 - 14所示。

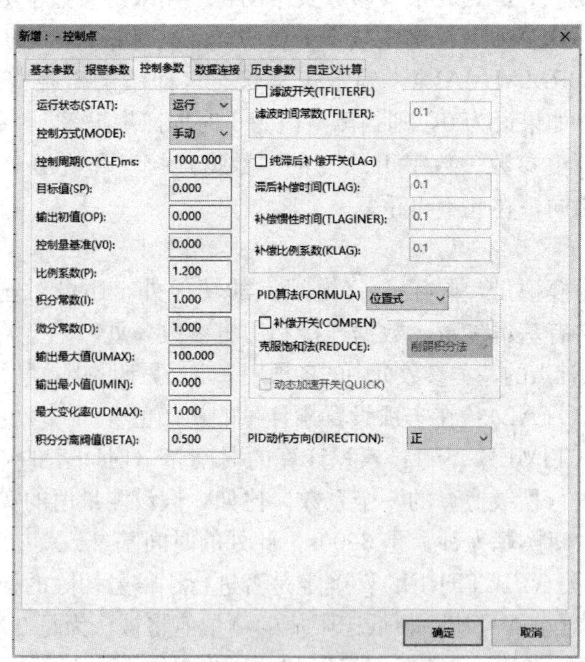

图 4 - 14 控制点的控制参数

其各项意义解释见表4-2所示。

表4-2　控制参数及功能描述

控制参数	功能描述
运行状态（STAT）	点的运行状态。可选择运行或停止，如果选择停止，控制点将停止控制过程
控制方式（MODE）	PID控制方式，可自动或手动
控制周期（CYCLE）	PID的数据采集周期
目标值（SP）	PID设定值。建议设定在－1～1
输出初值（OP）	PID输出的初始值
控制量基准（V0）	控制量的基准，如阀门起始开度，基准电信号等，它表示偏差信号
比例系数（P）	PID的P参数
积分常数（I）	PID的I参数
微分常数（D）	PID的D参数
输出最大值（UMAX）	PID输出最大值，与控制对象和执行机构有关，可以是任意大于0的实数
输出最小值（UMIN）	PID输出最小值，与控制对象和执行机构有关
最大变化率（UDMAX）	PID最大变化率，与执行机构有关，只对增量式算法有效
积分分离阈值（BETA）	PID节点的积分分离阈值
滤波开关（TFILTERFL）	是否进行PID输入滤波
滤波时间常数（TFILTER）	PID滤波时间常数，可为任意大于0的浮点数
纯滞后补偿开关（LAG）	是否进行PID纯滞后补偿
滞后补偿时间（TLAG）	PID滞后补偿时间常数（≥0），为0时表示没滞后
补偿惯性时间（TLAGINER）	PID纯滞后补偿的惯性时间常数（>0），不能为0
补偿比例系数（KLAG）	PID纯滞后补偿的比例系数（>0）
PID算法（FORMULA）	PID算法，包括位置式、增量式、微分先行式
补偿开关（COMPEN）	PID是否补偿，如果是位置式算法，则是积分补偿，如果不是位置式算法，则是微分补偿
克服饱和法（REDUCE）	PID克服积分饱和方法，只对位置式算法有效
动态加速开关（QUICK）	是否进行PID动态加速，只对增量式算法有效
PID动作方向（DIRECTION）	PID动作方向，包括正动作和反动作

9. PID算法

下面对控制点所采用的PID控制算法进行说明。

控制点目前包含3种比较简单的PID控制算法，分别是增量式算法，位置式算法，微分先行算法。这种PID算法虽然简单，但各有特点，基本上能满足一般控制的大多数要求。

（1）PID增量式算法。离散化公式：

$$\Delta U_i = K_p\left[e_i - e_{i-1} + \frac{T}{T_I}e_i + \frac{T_D}{T}(e_i - 2e_{i-1} + e_{i-2})\right]$$

式中　ΔU_i——控制器的输出值；

e_i——控制器输入与设定值之间的误差；

K_p——比例系数；

T_I——积分时间常数；

T_D——微分时间常数；

T——调节周期。

对于增量式算法，可以选择如下功能。

1）滤波的选择。可以对输入加一个前置滤波器，使得进入控制算法的给定值不突变，而是有一定惯性延迟的缓变量。

$$\overline{\omega_i}=\sigma\overline{\omega_{i-1}}+(1-\sigma)\omega_i$$

$$\sigma=\mathrm{e}^{\left(\frac{-T}{T_\mathrm{f}}\right)}$$

式中 ω_i——当前输入；

$\overline{\omega_{i-1}}$——上一次滤波后的值；

$\overline{\omega_i}$——滤波后的当前输入；

T_f——滤波时间常数。

2）系统的动态过程加速。在增量式算法中，比例项与积分项的符号有以下关系：如果被控量继续偏离给定值，则这两项符号相同，而当被控量向给定值方向变化时，则这两项的符号相反。

由于这一性质，当被控量接近给定值的时候，负号的比例作用阻碍了积分作用，因而避免了积分超调以及随之带来的振荡，这显然是有利于控制的。但如果被控量远未接近给定值，仅刚开始向给定值变化时，由于比例和积分反向，将会减慢控制过程。

为了加快开始的动态过程，可以设定一个偏差范围 β，当偏差 $|e(t)|<\beta$ 时，即被控量接近给定值时，就按正常规律调节，而当 $|e(t)\geqslant\beta$ 时，则不管比例作用为正或为负，都使它向有利于接近给定值的方向调整，即取其值为 $|e(t)-e(t-1)|$，其符号与积分项一致。利用这样的算法，可以加快控制的动态过程。

3）PID 增量算法的饱和作用及其抑制。在 PID 增量算法中，由于执行元件本身是机械或物理的积分储存节点，如果给定值发生突变时，由算法的比例部分和微分部分计算出的控制增量可能比较大，如果该值超过了执行元件所允许的最大限度，那么实际上执行的控制增量将是受到限制时的值，多余的部分将丢失，将使系统的动态过程变长，因此需要采取一定的措施改善这种情况。

纠正这种缺陷的方法是采用积累补偿法，当超出执行机构的执行能力时，将其多余部分积累起来，而一旦可能时，再补充执行。

（2）PID 位置式算法。离散化公式：

$$\Delta U_i=K_\mathrm{p}\left[e_i+\frac{T}{T_\mathrm{I}}\sum_{j=0}^{i}e_j+\frac{T_\mathrm{D}}{T}(e_i-e_{i-1})\right]$$

对于位置式算法，可以选择的功能有两种：滤波（为一阶惯性滤波）；饱和作用抑制。

1）遇限削弱积分法。一旦控制变量进入饱和区，将只执行削弱积分项的运算而停止进行增大积分项的运算。具体地说，在计算 U_i 时，将判断上一个时刻的控制量 U_{i-1} 是否已经超出限制范围，如果已经超出，那么将根据偏差的符号，判断系统是否在超调区域，由此决定是否将相应偏差计入积分项。

2）积分分离法。在基本 PID 控制中，当较大幅度的扰动或大幅度改变给定值时，由于此时有较大的偏差，以及系统惯性和滞后，故在积分项的作用下，往往会产生较大的超调量和长时间的波动。特别是对于温度、成分等变化缓慢的过程，这一现象将更严重。为此可以采用积分分离措施，即偏差较大的时，取消积分作用；当偏差较小时才将积分作用投入。

另外积分分离的阈值应视具体对象和要求而定。若阈值太大，达不到积分分离的目的，若太小又可能因被控量无法跳出积分分离区，只进行PD控制，将会出现残差。

离散化公式为：$\Delta u(t)=q_0e(t)+q_1e(t-1)+q_2e(t-2)$；$u(t)=u(t-1)+\Delta u(t)$

当$|e(t)|\leqslant\beta$时，$q_0=K_p(1+T/T_I+T_D/T)$，$q_1=-K_p(1+2T_D/T)$，$q_2=K_pT_D/T$

当$|e(t)|>\beta$时，$q_0=K_p(1+T_D/T)$，$q_1=-K_p(1+2T_D/T)$，$q_2=K_pT_D/T$

式中 $u(t)$——控制器的输出值；

$e(t)$——控制器输入与设定值之间的误差；

K_p——比例系数；

T_I——积分时间常数；

T_D——微分时间常数；

T——调节周期；

β——积分分离阈值。

3）有效偏差法。当根据PID位置算法算出的控制量超出限制范围时，控制量实际上只能取边际值$U=U_{max}$或$U=U_{min}$，有效偏差法是将相应的这一控制量的偏差值作为有效偏差值计入积分累计而不是将实际的偏差计入积分累计。因为按实际偏差计算出的控制量并没有执行。

如果实际实现的控制量为$U=U^*$（上限值或下限值），则有效偏差可以逆推出，即：

$$e_i=\frac{\dfrac{1}{K}(U^*-U_0)-\dfrac{T}{T_I}\sum_{j=0}^{j=i}e_j+\dfrac{T_D}{T}e_{i-1}}{1+\dfrac{T}{T_I}+\dfrac{T_D}{T}}$$

然后，由该值计算积分项。

（3）微分先行PID算法。当控制系统的给定值发生阶跃时，微分作用将导致输出值大幅度变化，这样不利于生产的稳定操作。因此，在微分项中不考虑给定值，只对被控量（控制器输入值）进行微分。微分先行PID算法又叫测量值微分PID算法。

离散化公式为：

$$\Delta U_i=K_p\left[e_i-e_{i-1}+\frac{T}{T_I}e_i-\frac{T_D}{T}(y_i-2y_{i-1}+y_{i-2})\right]$$

最后，对于纯滞后对象的补偿，控制点采用了Smith预测器，使控制对象与补偿环节一起构成一个简单的惯性环节。此时PID各个整定参数对系统性能的影响表现在以下几个方面。

1）比例系数K_c对系统性能的影响。比例系数加大，使系统的动作灵敏，速度加快稳态误差减小。K_c偏大，振荡次数加多，调节时间加长；K_c太大时，系统会趋于不稳定；K_c太小，又会使系统的动作缓慢。K_c可以选负数，这主要是由执行机构、传感器以控制对象的特性决定的。如果K_c的符号选择不当，对象状态（PV值）就会离控制目标的状态（SV值）越来越远，如果出现这样的情况K_c的符号就一定要取反。

2）积分控制T_I对系统性能的影响。积分作用使系统的稳定性下降，T_I小（积分作用强）会使系统不稳定，但能消除稳态误差，提高系统的控制精度。

3）微分控制 T_D 对系统性能的影响。微分作用可以改善动态特性，T_D 偏大时，超调量较大，调节时间较短。T_D 偏小时，超调量也较大，调节时间也较长。只有 T_D 合适，才能使超调量较小，同时减短调节时间。

10. 运算点

运算点，用于完成各种运算。含一个或多个输入，一个结果输出。目前提供的算法有：加、减、乘、除、乘方、取余、大于、小于、等于、大于等于、小于等于。PV，P_1，P_2 操作数均为实型数。对于不同运算 P_1 和 P_2 的含义亦不同。

运算点的组态对话框共有：基本参数、数据连接和历史参数 3 页。

（1）基本参数。运算点的基本参数页中的各项用来定义运算点的基本特征，如图 4-15 所示。

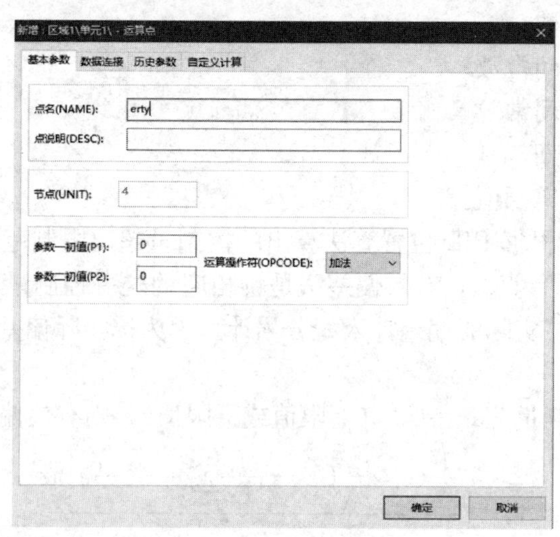

图 4-15　运算点的基本参数

1）参数一初值（P_1）：参数一的初始值。

2）参数二初值（P_2）：参数二的初始值。

3）运算操作符（OPCODE）：此项用于确定 P_1 与 P_2 的运算关系，加法、减法、乘法、除法等多种关系可选。

4）运算关系表达式为：PV＝P_1（OPCODE）P_2。

例如：如果 OPCODE 选择加法，则运算关系为：PV＝P_1＋P_2。当条件成立时，PV 值为 1，否则为 0。

（2）数据连接。运算点的数据连接页中的各项用来定义运算点的数据连接过程。由于运算点仅用于实现数据库内部运算，因此其 PV 参数及其他所参数均不能进行 I/O 设备连接和网络数据库连接，只能进行内部连接。

11. 组合点

组合点针对这样一种应用而设计：在一个回路中，采集测量值（输入）与下设回送值（输出）分别连接到不同的地方。组合点允许在数据连接时分别指定输入与输出位置。

（1）基本参数。组合点的基本参数各项的意义与模拟 I/O 点相同。

（2）数据连接。组合点的数据连接页与模拟 I/O 点基本相同，唯一的区别是在指定某一参数的数据连接时，必须同时指定“输入”与“输出”，如图 4-16 所示。

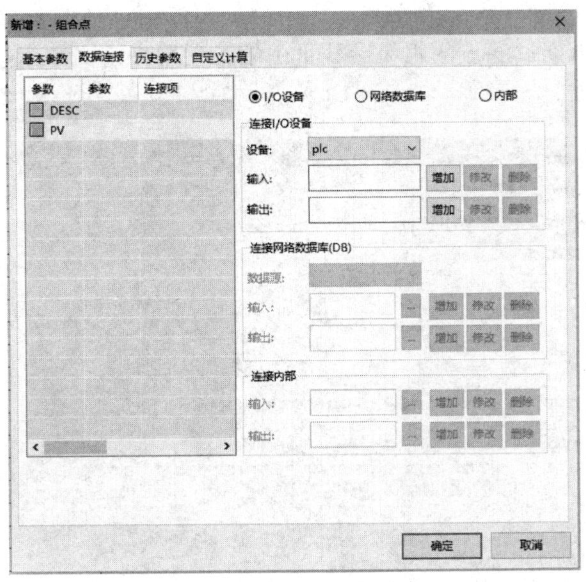

图 4-16　组合点的数据连接

（3）历史参数。“历史参数”页在前文已经进行过说明，在此不再重复。

12. 雪崩过滤点

雪崩过滤点是用于过滤报警的一类点。它可以将数据库中点的一部分不需要产生的报警过滤掉，防止大批量无效报警的出现。

雪崩过滤点的组态对话框共有基本参数、报警参数 2 页。

（1）基本参数。雪崩过滤点的基本参数页中的各项用来定义雪崩过滤点的基本特征，其外观如图 4-17 所示（在前文已经进行过说明的意义相同的参数在此不再重复）。

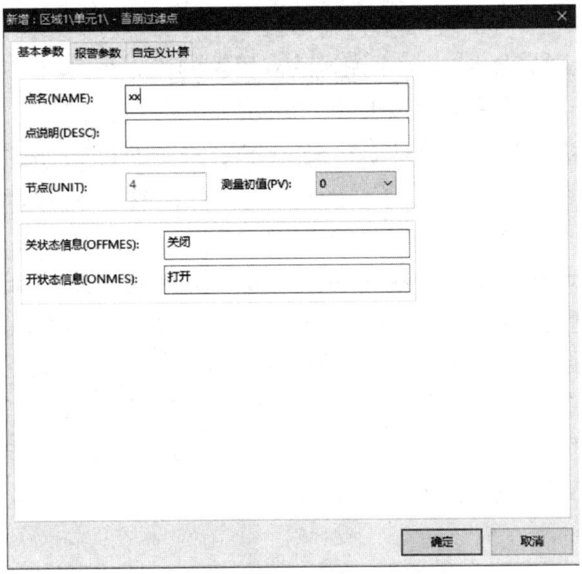

图 4-17　雪崩过滤点的基本参数

1）关状态信息（OFFMES）：当测量值为 0 时显示的信息（如 OFF、关闭、停止等）。

2）开状态信息（ONMES）：当测量值为 1 时显示的信息（如 ON、打开、启动等）。

（2）报警参数。雪崩过滤点的报警参数页中的各项用来定义雪崩过滤点的报警特征，其外观如图 4 - 18 所示。

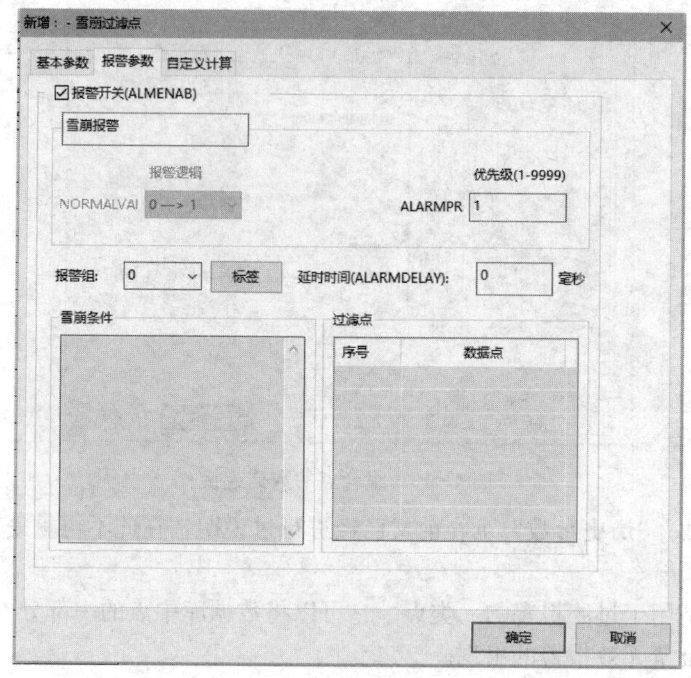

图 4 - 18 雪崩过滤点的报警参数

1）报警开关（ALMENAB）：确定雪崩过滤点是否处理报警的总开关。

2）报警逻辑（NORMALVAL）：报警逻辑是规定的，不可编辑，为 0—1。0 为正常状态，表示雪崩条件不满足，不产生报警，当雪崩条件满足时为 1，即产生报警。

3）优先级（ALARMPR）：表示雪崩过滤点报警的优先级。

4）报警组和标签：其使用与模拟 I/O 点相同。

5）雪崩条件：雪崩条件为一条件表达式，当表达式为真时，产生雪崩报警，并按过滤点的设置，过滤所选点的报警。雪崩条件可由点参数、运算符号、数学函数等组成，可使用的字符可参考模拟点历史参数中条件存储相关内容。

6）过滤点：过滤点是雪崩条件满足时报警被过滤的点，可以通过双击列表框选择点。要删掉已选的点可以通过取消点前面的复选框实现。

7）延时时间：如果触发雪崩状况的条件在延迟时间内消失，即雪崩条件在延时时间内变为假，则雪崩状况在延时时间到达时自动停止，延时时间后过滤点发生的报警将继续被处理；如果雪崩条件为真持续超过延时时间，则雪崩状况是持久的，延时时间后过滤点的报警不再被处理，需要手工确认才能关闭雪崩状况。

13. 自定义类型点

如果在点类型中自定义了新的类型，那么可以在数据库列表中创建自定义类型点。其组态对话框共有基本参数、数据连接和历史参数 3 页。

（1）基本参数。自定义类型点的基本参数页中的各项用来定义自定义类型点的基本特征，其外观如图 4-19 所示。

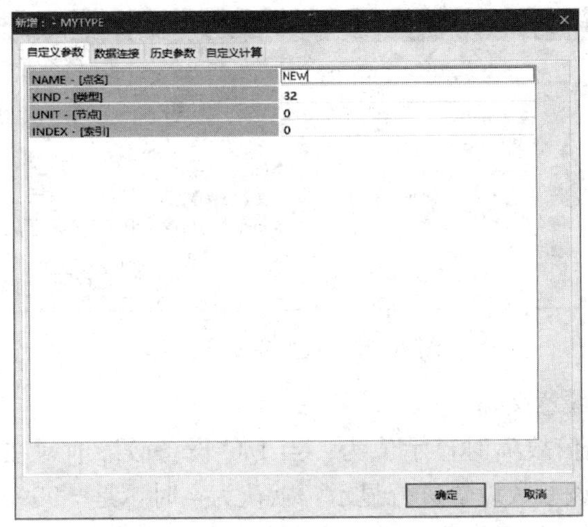

图 4-19　自定义类型点的基本参数

自定义类型点是用自定义点类型创建的，其参数可能是标准点参数，也可能是自定义点参数。

(2)“数据连接”和“历史参数”页与模拟 I/O 点的形式、组态方法相同。

4.4　工　程　管　理

4.4.1　DbManager 管理功能

1. 引入

引入功能可将其他工程数据库中的组态内容合并到当前工程数据库中。使用该功能时选择 DbManager 菜单命令“工程（D）→引入”，在弹出的“浏览文件夹”对话框中选择要引入的工程所在的目录，DbManager 会自动读取工程数据库的组态信息，并与当前工程数据库的内容合并为一。引入功能可以用在多个技术人员同时为一个工程项目施行工程开发时。

注意：引入功能所引入的内容仅限于标准点组态信息（包括点及其数据连接和历史组态信息），而不包括自定义点参数、自定义点类型和自定义点。如果引入的工程数据库中点或数据连接项，与当前工程数据库内容存在重名或重复时，会提示是否忽略引入重名项，或覆盖已有项。

2. 保存

保存功能可将当前工程数据库的全部组态内容保存到磁盘文件上，保存路径为当前工程应用的目录。使用该功能时选择 DbManager 菜单命令“工程（D）→保存”。

3. 备份

备份功能可将当前工程数据库的全部组态内容及运行记录备份到指定的目录。使用该功能时选择 DbManager 菜单命令“工程（D）→备份”。

4.4.2　数据库系统参数

数据库系统参数是与数据库 DB 运行状态相关的一组参数。若要设置数据库系统参数，选择 DbManager 菜单命令“工程（D）→数据库参数”。出现“数据库系统参数”对话框，如图 4 - 20 所示。

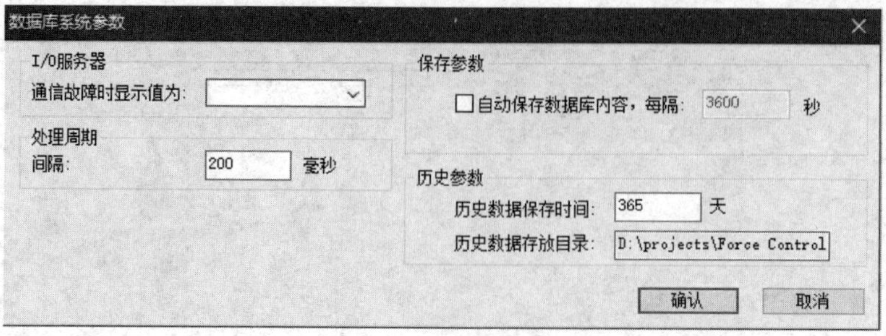

图 4 - 20　数据库系统参数

下面分别描述各参数意义。

（1）I/O 服务器/通信故障时显示值为：当 I/O 设备故障时，在运行系统 View 上连接到该设备的变量值按照该参数设置进行显示，默认为空时，是−9999。

（2）处理周期/间隔：该项参数确定数据库运行时的基本调度周期，单位为 ms。

（3）保存参数/自动保存数据库内容：选择该项，数据库运行期间会自动周期性地保存数据库中的点参数值。在“每隔”输入框中指定自动执行周期，单位为 s。

注意：这里指数据库会保存在点组态对话框→历史参数页中选择退出保存值作为下一次启动初值项的参数，而不是所有参数。

（4）历史参数/历史数据保存时间：数据库保存历史数据的时间长度，单位为天。当时间超出历史数据保存时间后，新形成的历史数据将覆盖最早的历史数据，并保持总的历史数据长度不超出该参数设置。

历史参数/历史数据存放目录：保存历史数据文件的目录。

4.4.3　导入点表/导出点表/打印点表

为了使用户更方便地使用、查看、修改或打印 DbManager 的组态内容，DbManager 提供了数据库的导入导出功能。可供导入/导出的组态内容包括数据库点、数据连接、历史组态等。组态内容被导出到 Excel 格式的文件中，用户可以在 Excel 文件中查看、修改组态信息，在文件中新建数据库点并定义属性，然后再导入到工程中。

此外，DbManager 支持以表格形式打印数据库组态内容。打印的内容与格式即为 DbManager 点表的内容与格式。

4.4.4　DbManager 工具

1. 统计

DbManager 可以从多个角度对组态数据进行统计。选择 DbManager 菜单命令“工具（T）→统计”，出现“统计信息”对话框，如图 4 - 21 所示。

“统计信息”对话框由数据库、点类型、I/O 设备和网络数据库 4 页组成。

（1）数据库。数据库的统计信息可以按照节点或点类型来统计，用鼠标在导航器上选择要统计的节点或点类型，右侧的统计结果会自动生成。例如：要对数据库根目录下的点信息进行统计，选择导航器的根节点“数据库”；若要对某节点内模拟 I/O 点进行统计，则选择导航器此节点下的“模拟 I/O 点”一项。

（2）点类型统计。点类型统计从点类型的角度对整个数据库进行数据统计。列表框列出

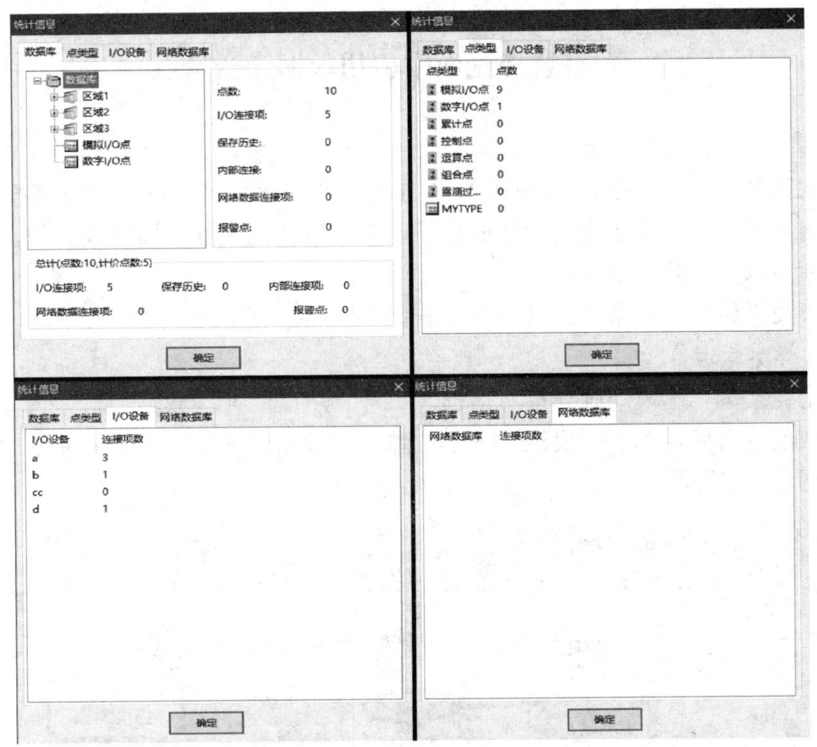

图 4-21　统计信息数据库

了数据库中所有的点类型，以及每种点类型在整个数据库中所创建的点数。

(3) I/O 设备统计。本页统计各个 I/O 设备的数据连接情况。该页由一个列表框组成。列表框列出了所有的 I/O 设备，以及每种 I/O 设备已创建的数据连接项个数。

(4) 网络数据库统计。本页统计各个网络数据库统计的数据连接情况。该页由一个列表框组成。列表框列出了所有的网络数据库，以及每个网络数据库已创建的数据连接项个数。

2. 选项

DbManager 的选项功能可对其外观、显示格式、自动保存等项进行设置。选择 DbManager 菜单命令“工具（T）→选项”，出现“选项”对话框，如图 4-22 所示。

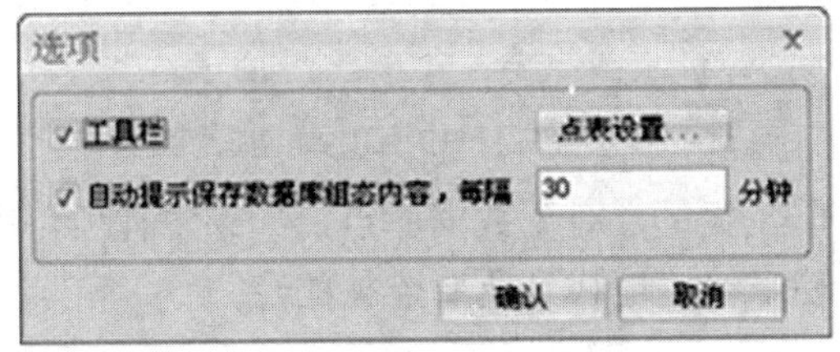

图 4-22　“选项”对话框

(1) 工具栏。该项确定 DbManager 主窗口是否显示工具栏。

(2) 点表设置。该项用于设置点表列、显示顺序等内容。

(3) 自动提示保存数据库组态内容。该项用于确定是否自动保存数据库组态内容以及间隔时间。

4.5 在监控画面中引用数据库变量点

在数据库中所建的数据库点参数，都可以在窗口中被引用，和 View 的数据库变量进行一一对应。在数据库定义之后，View 系统会自动生成和参数名一样的数据库变量，前提是需要被画面对象引用完后，才会自动加载进来，下面以使用文本引用变量为例，介绍在窗口中引用数据库点参数，步骤如下：

（1）在开发系统中，单击“工具箱”，选择“基本图元”，再选择“文本”，在画面中输入＃＃＃＃＃＃＃＃＃＃。

（2）双击此文本，出现动画连接对话框。

（3）在数值输入处，单击“模拟”按钮，弹出“数值输入”对话框，单击“变量选择”对话框，如图 4-23 所示。

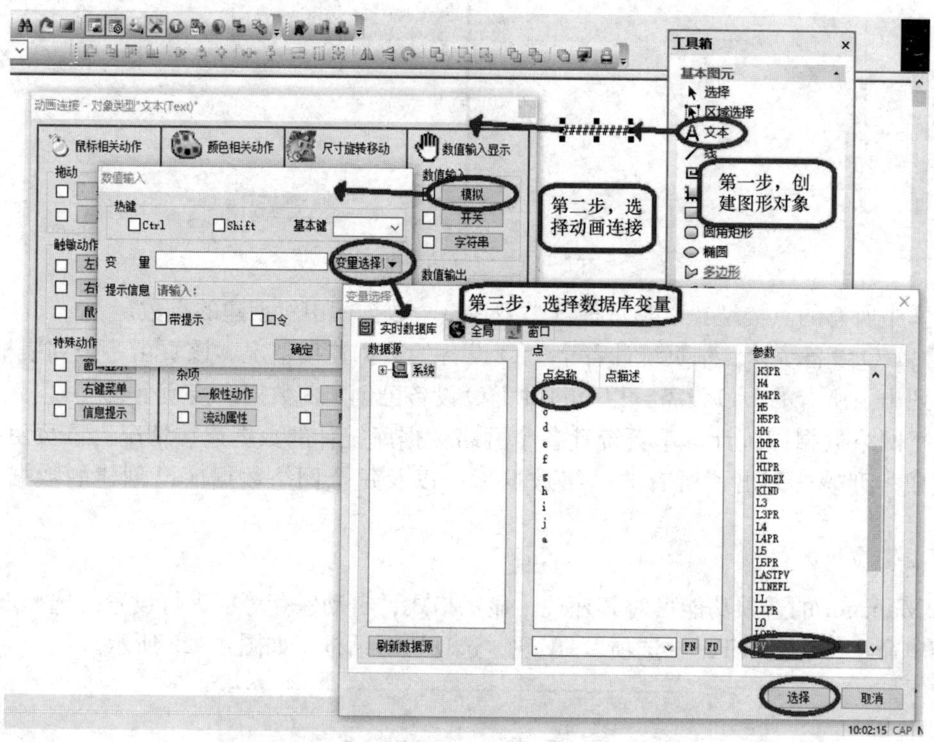

图 4-23 在窗口中引用数据库点参数

（4）选择要连接的数据库变量，对于数据库点，如果工程项目中建了大量点，可以通过使用查找点名或查找点描述来快速地找到所要连接的点。

4.6 存储罐液位监控实验系统（三）

4.6.1 点创建

在力控软件实时数据库中，一个点对应一个客观世界中的可被测量或控制的对象（也可以是一个“虚拟”对象）。例如，本实验中的液位可以作为一个测量对象而成为数据库中的一个点。

选择开发系统界面工程项目中的“数据库组态”，出现如图4-24所示窗口。

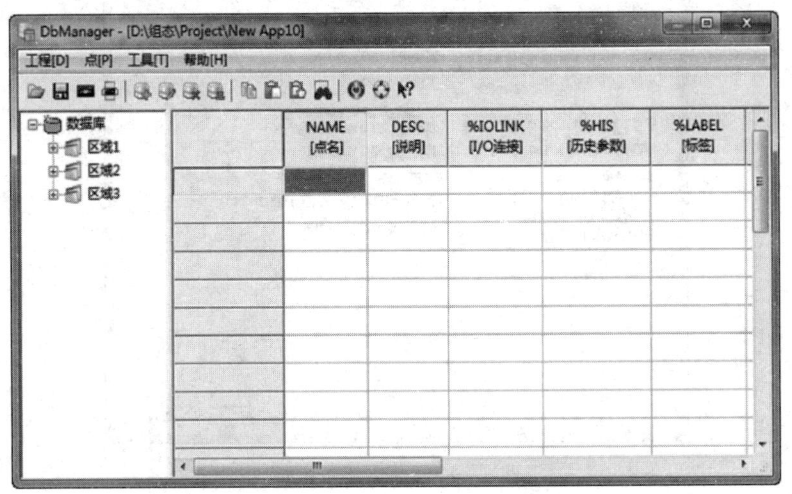

图4-24　数据库组态

先创建第一个点“PV”，选择点类型为“模拟I/O点”，单击“继续”按钮，如图4-25所示，弹出如图4-26所示的对话框。

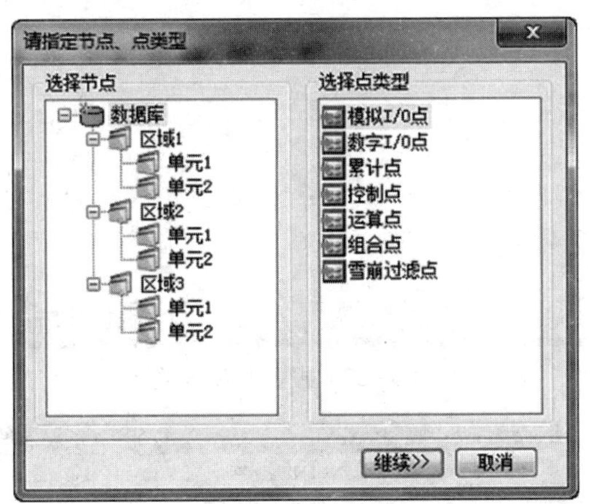

图4-25　点类型

下面以模拟I/O点为例，介绍其参数及数据连接的配置。

4.6.2　基本参数

点名：PV；点说明：液位；其他默认值即可。

4.6.3　报警参数

报警开关（ALMENAB）是用来确定模拟I/O点是否处理报警的总开关。对于某些不需要设置报警值的点，不需打开报警开关，如图4-27所示；对于某些参数，如本实验的液位PV需要设置上/下限值，打开报警开关，其他参数无特殊要求，默认参数即可，如图4-28所示。

图 4 - 26　点的基本参数

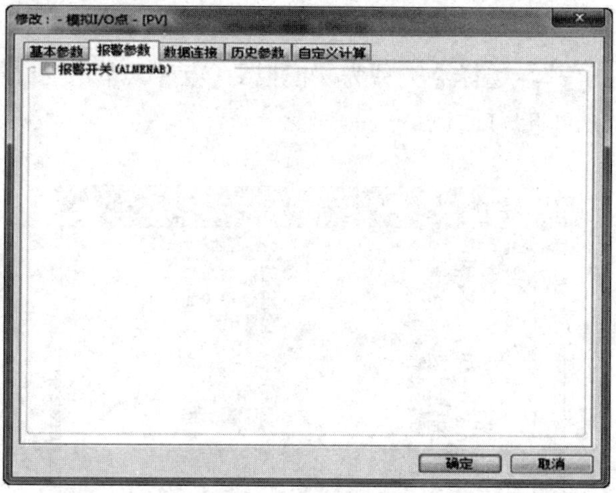

图 4 - 27　报警开关—关

图 4 - 28　报警开关—开

4.6.4 数据连接

模拟I/O点的数据连接参数中的各项用来定义模拟I/O点数据连接的过程，如图4-29所示。

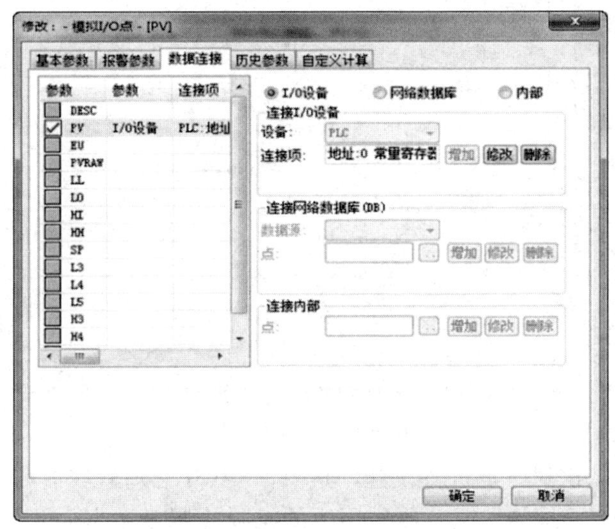

图4-29 数据连接

对模拟I/O点“PV”建立I/O设备连接，首先选中“I/O设备”，然后单击连接项后的“增加”按钮，出现如图4-30所示的仪表仿真驱动对话框。寄存器地址“0”，寄存器类型选择“常量寄存器”，如图4-31所示。其他选项无特殊要求，默认值即可。

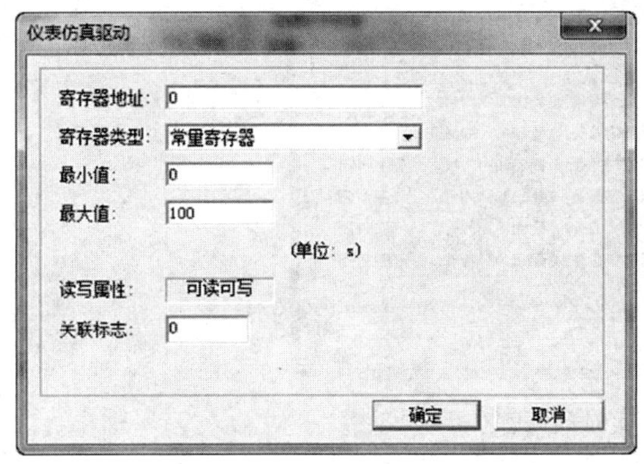

图4-30 仪表仿真驱动对话框

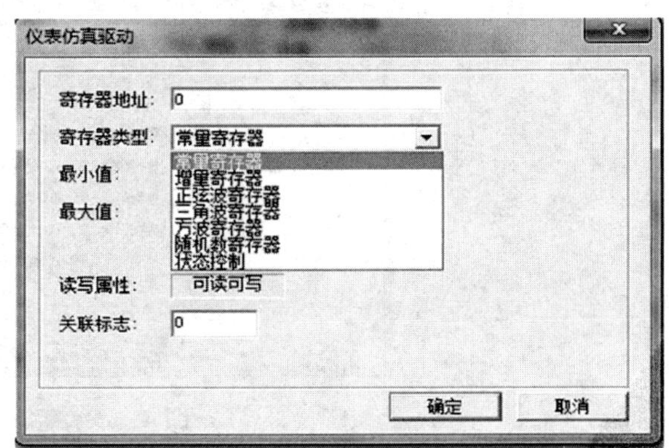

图4-31 寄存器类型

4.6.5 历史参数

选择历史保存中的“数据定时保存”，表示每间隔一段时间后，参数值被自动保存到历史数据库中。“每隔 _ 秒”一项中输入间隔时间1s，然后在保存条件选项单击“增加”按钮，便设置该参数为数据定时保存的历史数据保存方式，间隔时间为1s。设置完成后即出现如图4-32所示的画面。单击“修改”或“删除”按钮，可修改间隔时间或删除数据定时保存的历史数据保存设置。

4.6.6 存储罐数据库

本实验的实时数据库如图4-33所示，从图中可看出各点的点名、说明、I/O连接、历

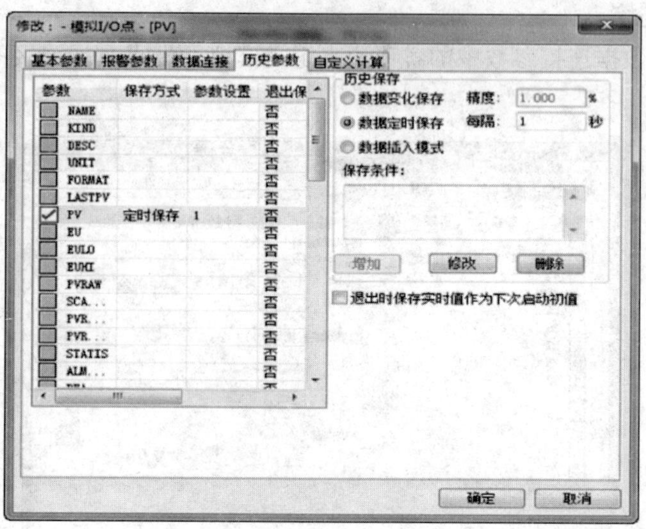

图 4-32　历史参数

史参数及标签。按图依次对各点进行设置，其中，R（开关）是数字 I/O 点，其余是模拟 I/O 点。U 是控制量，UT 是加入调节器作用后的实际控制量，当 UT>0 时，表示控制作用为正，液位增加；当 UT<0 时，表示控制作用为负，液位减少。两者的关系，在应用程序动作脚本中由表达式给出。

DbManager - [C:\Users\asus\Desktop\比例控制下的存储罐液位实验]

工程[D] 点[P] 工具[T] 帮助[H]

数据库：区域1、区域2、区域3、模拟I/O点、数字I/O点

	NAME [点名]	DESC [说明]	%IOLINK [I/O连接]	%HIS [历史参数]	%LABEL [标签]
1	PV	液位	PV=PLC:地址:0 常量寄存器 最小:0 最大:100	PV=1s	
2	SV	预设值	PV=PLC:地址:1 常量寄存器 最小:0 最大:100	PV=1s	
3	KP	比例系数	PV=PLC:地址:2 常量寄存器 最小:0 最大:100	PV=1s	报警未打开
4	U	控制量	PV=PLC:地址:3 常量寄存器 最小:0 最大:100	PV=1s	报警未打开
5	UT	实际控制量	PV=PLC:地址:5 常量寄存器 最小:0 最大:100	PV=1s	报警未打开
6	R	开关	PV=PLC:地址:4 常量寄存器 最小:0 最大:100	PV=1s	报警未打开

图 4-33　存储罐实时数据库

本章实验教学视频请观看视频文件“第 4 章　实时数据库系统”。

第 5 章　外 部 I/O 设 备

在力控软件中，把需要与力控组态软件之间交换数据的设备称作 I/O 设备。只有定义了 I/O 设备后，力控软件才能通过实时数据库变量和这些 I/O 设备进行数据交换。

力控软件可以与多种类型控制设备进行通信，对于采用不同协议通信的 I/O 设备，力控软件提供相应的 I/O 驱动程序，用户可以通过 I/O 驱动程序来完成与设备的通信，I/O 驱动程序支持冗余、容错、离线、在线诊断功能，支持故障自动恢复、模板组态功能，力控软件目前支持的 I/O 设备包括集散系统（DCS）、可编程控制器（PLC）、现场总线（FCS）、电力设备、智能模块、板卡、智能仪表、变频器、USB 接口设备等。

力控软件与 I/O 设备之间一般通过以下几种方式进行数据交换：串行通信方式（支持 RS232/422/485、MODEM、电台远程通信）、板卡方式、网络节点（支持 TCP/IP 协议、UDP/IP 协议通信）方式、适配器方式、DDE 方式、OPC 方式、网桥方式（支持 GPRS、CDMA、ZigBee 通信）等。力控组态软件通信方式如图 5-1 所示。

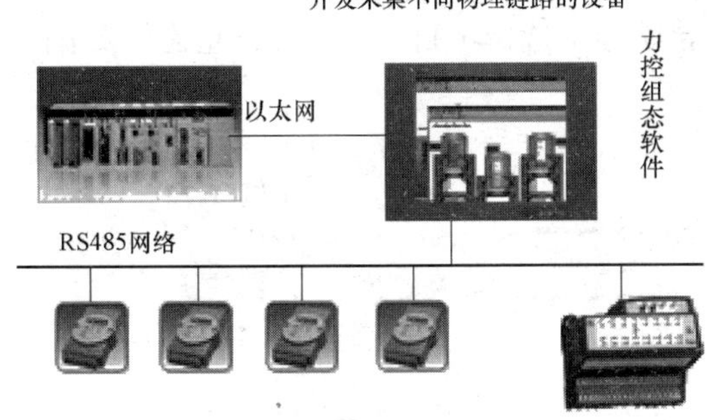

图 5-1　力控组态软件通信方式

实时数据库通过 I/O 驱动程序对 I/O 设备进行数据采集与下置，实时数据库与 I/O 设备之间为客户/服务器（C/S）运行模式，一台运行实时数据库的计算机可通过多个 I/O 驱动程序完成与多台 I/O 设备之间的通信。

I/O 管理器（IoManager）是配置 I/O 驱动的工具，IoManager 可以根据现场使用的 I/O 设备选择相应的 I/O 驱动，完成逻辑 I/O 设备的定义、参数设置，对物理 I/O 设备进行测试等。

I/O 监控器（IoMonitor）是监控 I/O 驱动程序运行的工具。IoMonitor 可以实现对 I/O 驱动程序的启/停控制，查看驱动程序进程状态、浏览驱动程序通信报文等功能。

5.1　I/O 设 备 管 理

对 I/O 设备的管理主要内容包括：根据物理 I/O 设备的类型和实际参数，在力控软件开发系统中创建对应的逻辑 I/O 设备（如果没有特别说明，以下的 I/O 设备均指逻辑 I/O

设备，并设定相应的参数，如图 5-2 所示。

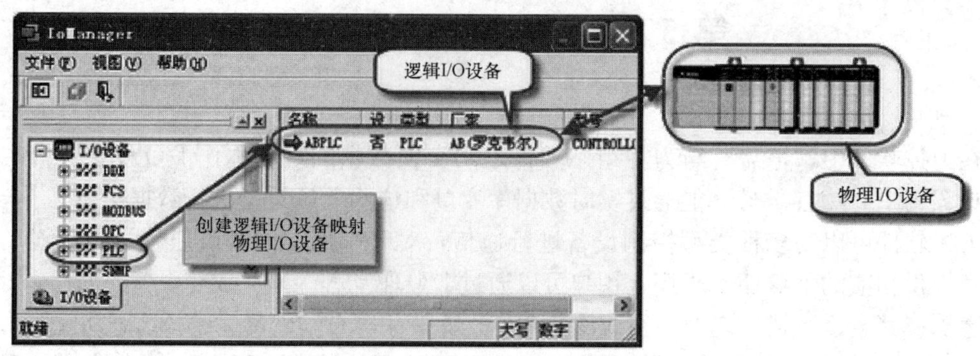

图 5-2 I/O 设备的管理

当逻辑 I/O 设备创建完成后，如果物理 I/O 设备已经连接到计算机上，可对其进行在线测试。对 I/O 设备的管理是通过工具 I/O 管理器（IoManager）完成的。

I/O 设备配置完成后，就可以在创建 I/O 数据连接的过程中使用这些设备。

5.1.1 新建 I/O 设备

创建 I/O 设备的过程如下：

在开发系统 DRAW 导航器中选择项目“I/O 设备组态”如图 5-3 所示。

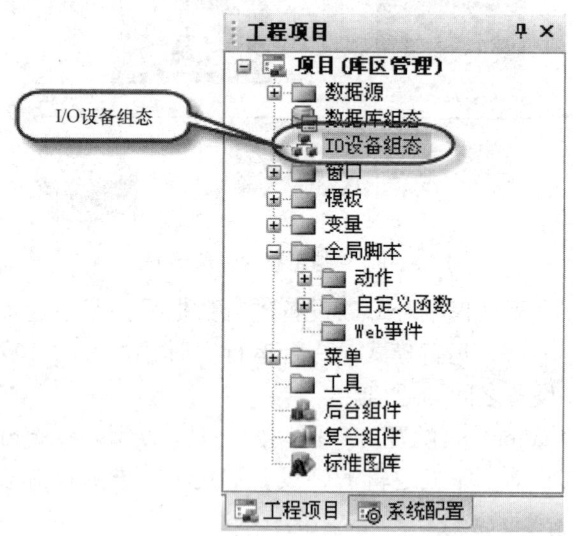

图 5-3 I/O 设备组态

双击“I/O 设备组态”，弹出 I/O 设备管理器 IoManager。

在 IoManager 导航器的根节点“I/O 设备”下面按照设备大类、厂商、设备或协议类型等层次依次展开，找到所需的设备类型，直接双击设备类型或单击鼠标右键选择右键菜单命令“新建”，如图 5-4 所示新建一个 MODBUS 设备。

在弹出的设备定义向导对话框中指定各个设备参数，设备创建成功后，会在右侧的项目内容显示区内列出已创建的设备名称和图标。

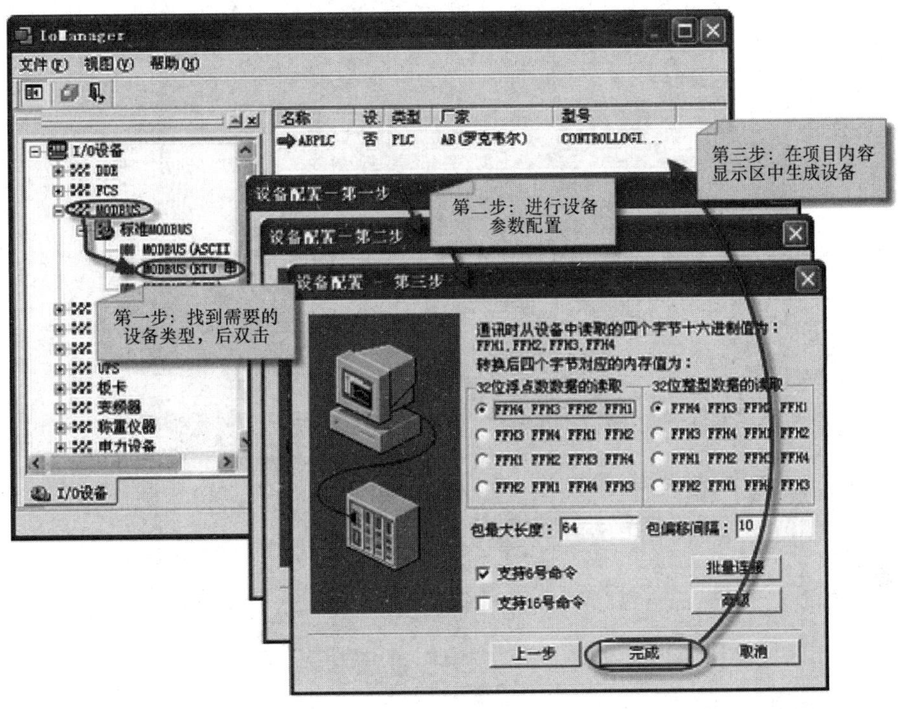

图5-4　新建设备

5.1.2　设备参数

无论对于哪种设备和哪种通信方式，在使用时都需要确切了解该设备的网络参数、编址方式、物理通道的编址方法等基本信息，详细的参数配置请参考“5.2　定义外部设备及数据连接项”。

5.1.3　修改或删除I/O设备

如果要修改已创建的I/O设备的配置，在IoManager右侧的项目内容显示区内选择要修改的设备名称，双击该设备的图标或者选中该设备的图标后单击鼠标右键，在下拉菜单中选择“修改”，重新设置I/O设备的有关参数。

如果要删除已创建的I/O设备的配置，在IoManager右侧的项目内容显示区内选择要删除的设备名称，双击该设备的图标，或者选中该设备的图标后单击鼠标右键，在下拉菜单中选择“删除”。

注意事项：设备的名称不能修改。

如果要删除一个已创建的设备，首先要检查该设备是否已经在定义数据库点时被I/O数据连接项引用。如果已经引用，首先要在DbManager中将该设备的所有I/O数据连接项清除，然后才能执行删除操作。

5.1.4　引用I/O设备

已定义的I/O设备在进行数据连接时需要进行引用，数据连接过程就是将数据库中的点参数与I/O设备的I/O通道地址一一映射的过程，在进行数据连接时要引用I/O设备名，如图5-5所示。

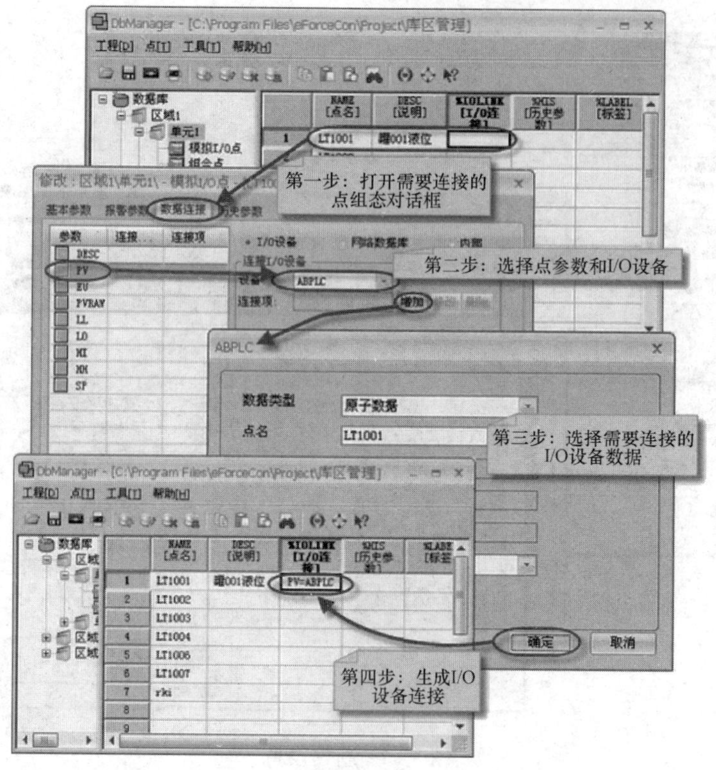

图 5-5　引用 I/O 设备名

5.1.5　如何开发驱动程序

力控软件现在支持多个厂家的上千种设备，详细内容请见软件中驱动列表，对于力控软件目前暂不支持的设备，可委托力控软件开发部进行开发。此外，力控软件提供了 I/O 驱动程序接口开发包 FIOSSDK，使用 FIOSSDK，用户可以自行开发力控软件的 I/O 驱动程序。

5.2　定义外部设备及数据连接项

1. 基本参数配置

图 5-6 为配置 I/O 设备向导第一步的对话框，对话框涉及的设备参数为设备基本参数。

参考说明：

(1) 设备名称：指定要创建的 I/O 设备的名称。在一个应用工程内，设备名称要唯一。

(2) 设备描述：I/O 设备的说明。可指定任意字符串。

(3) 更新周期：I/O 设备在连续两次处理相同数据包的采集任务时的时间间隔。更新周期可根据时间单位选择：ms、s、min 等。

(4) 超时时间：在处理一个数据包的读、写操作时，等待物理设备正确响应的时间。超时时间可根据时间单位选择：ms、s、min 等。

(5) 设备地址：设备的编号，需参考设备设定参数来配置。

(6) 通信方式：根据上位机连接设备的物理通信链路，选择对应的通信方式。

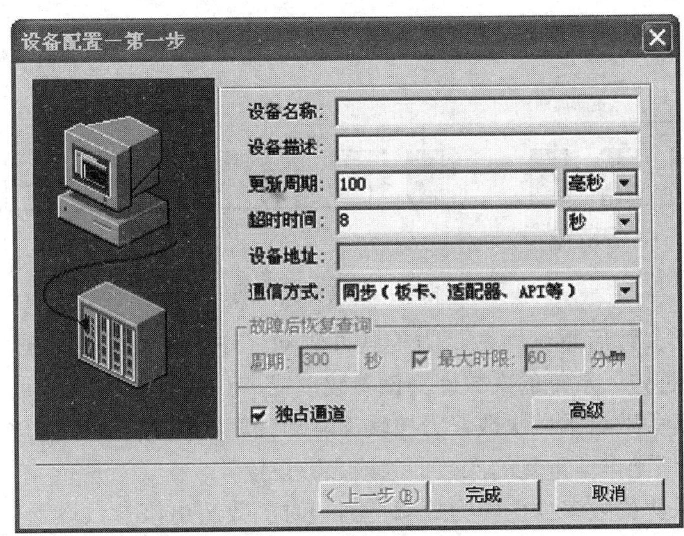

图 5-6　配置 I/O 设备向导第一步的对话框

(7) 故障后恢复查询周期：对于多点共线的情况，如在同一 RS485/422 总线上连接多台物理设备时，如果一台设备发生故障，驱动程序能够自动诊断并停止采集与该设备相关的数据，但会每隔一段时间尝试恢复与该设备的通信。间隔的时间即为该参数设置，时间单位为 s。

(8) 故障后恢复查询最大时限：若驱动程序在一段时间之内一直不能恢复与设备的通信，则不再尝试恢复与设备通信，这一时间即为最大时限的时间。

但对于某些工程应用如楼宇控制中的空调机监控，在冬季设备处于人为关闭状态下，何时启动一般不能具体确定，即最大时限的时间无法确定，在这种情况下可以取消最大时限的限制，驱动程序会永不停止尝试恢复与该设备的通信。最大时限的时间单位为 min。

(9) 独占通道：使用 TCP/IP 方式或同步方式时，如果物理设备支持多客户端连接，力控软件可以建立多个逻辑设备同时访问，此时在独占通道上就可以在运行中为每个逻辑设备分别建立独立的通道。

(10) “高级”配置。高级参数在一般的情况下按缺省配置就可以完成通信，在特殊的通信情况下如想改变该参数请详细了解网络及设备特性后，再做修改，单击设备配置向导第一步对话框中的“高级”按钮，将弹出“高级配置”对话框，如图 5-7 所示，该对话框中涉及的参数在大多数应用中无需变动。

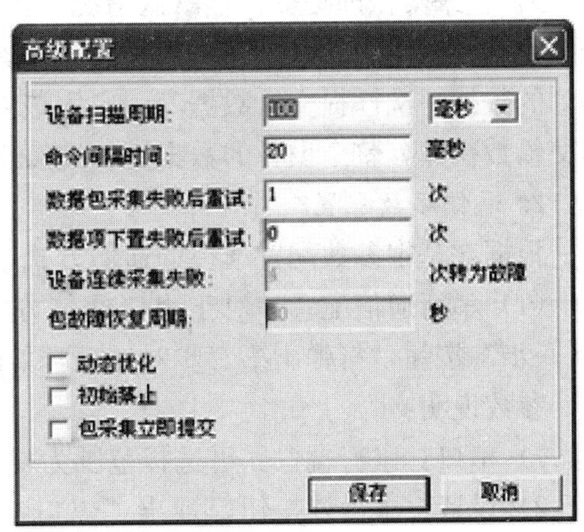

图 5-7　高级配置

参数说明：

1) 设备扫描周期：每次处理完该设备采集任务到下一次开始处理的时间间隔。

2) 命令间隔时间：连续的两个数据包采集的最小间隔时间。

命令间隔与更新周期的区别，如图 5-8 所示。

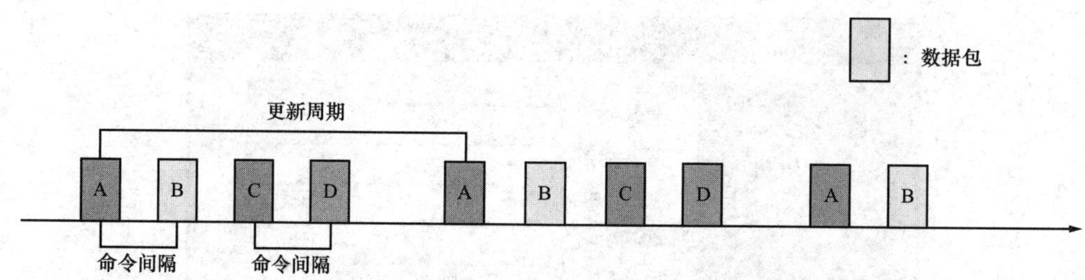

图 5-8 命令间隔与更新周期的区别

3）数据包采集失败后重试次数：力控软件驱动程序在采集某一数据包如果发生超时，会重复采集当前数据包。重复的次数即为该参数设置。

4）数据项下置失败后重试次数：力控软件驱动程序在执行某一数据项下置命令时发生超时，会重复执行该操作。重复的次数即为该参数设置。

5）设备连续采集失败多少次转为故障：当超时次数超出该参数设置后，这个逻辑设备即被标为故障状态。处于故障状态的设备将不再按照“更新周期”的时间参数对其进行采集，而是按照“故障后恢复查询”的“周期”时间参数每隔一段时间尝试恢复与该设备的通信。

6）包故障恢复周期：在一个逻辑设备内如果涉及对多个数据包的采集，当某个数据包发生故障时，驱动程序能够自动诊断并停止采集该数据包，但会每隔一段时间尝试与该数据包通信。间隔的时间即为该参数设置，时间单位为 s。

7）动态优化：该参数用于优化、提高对设备的采集效率。

8）初始禁止：选择该参数项后，在开始启动力控软件运行系统后，驱动程序会将该设备置为禁止状态，所有对该设备的读写操作都将无效。若要激活该设备，需要在脚本程序中调用 DEVICEOPEN（）函数。

9）包采集立即提交：在默认情况下，当一个数据包采集成功后，驱动程序并不马上将采集到的数据提交给数据库，而是当该设备中的所有数据包均完成一次采集后，才将所有采集到的数据一次性提交给数据库。启用该参数设置，就可以保证每个数据包采集成功后立刻提交给数据库，整个设备的数据更新速度就会大大提高。

2. 通信参数配置

根据在基本参数配置选择的通信方式，单击“下一步”按钮，会进入设备配置第二步。

（1）串行通信配置。对于串口通信方式类设备，单击设备配置向导第一步对话框中的“下一步”按钮，将弹出第二步对话框，如图 5-9 所示。

参数说明：

1）串口：串行端口。可选择范围为 COM1～COM256。

2）设置：单击该按钮，弹出“串口参数”对话框，可对所选串行端口设置串口参数，如图 5-10 所示。串口参数的设置一定要与所连接的 I/O 设备的串口参数一致。

3）启用备用通道：选择该参数，将启用串口通道的冗余功能。启用备用通道/备用串口：备用通道的串行端口，可选择范围为 COM1～COM256。启用备用通道/设置：对所选备用串行端口设置串口参数。

4）RTS：选择该参数，将启用对串口的 RTS 控制。

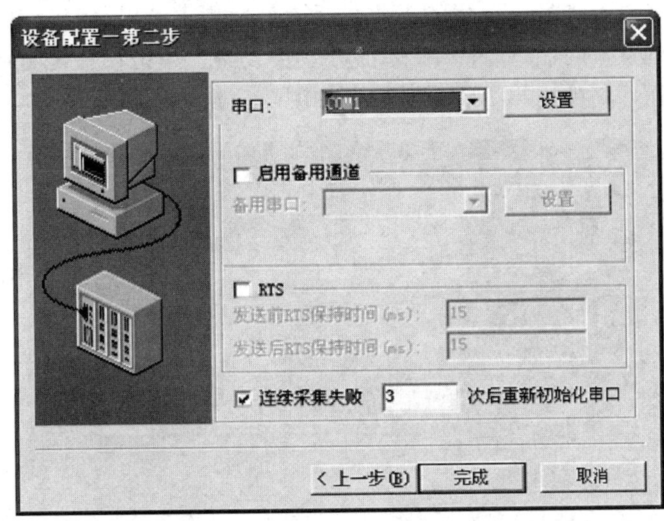

图5-9 配置I/O设备第二步

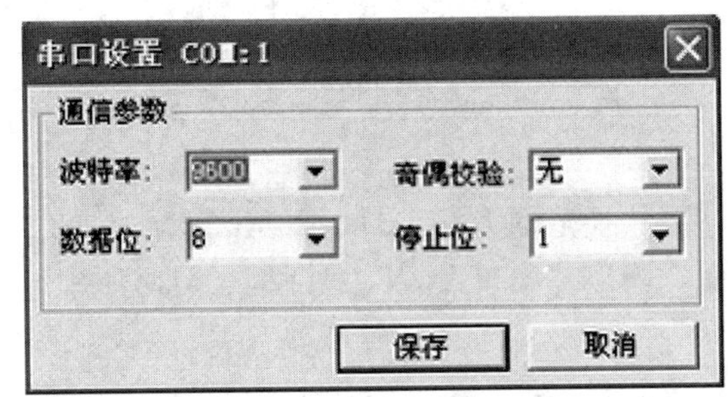

图5-10 串口参数设置

5）连续采集失败多少次后重新初始化串口：选择该参数后，当数据采集连续出现参数所设定次数的失败后，驱动程序将对计算机串口进行重新初始化，包括关闭串口和重新打开串口操作。提示：如果使用RS485或RS422方式通信，则建议不要使用此功能。

注意事项：对于多点共线的情况，如在同一RS485/422总线上连接多台物理设备时，对应定义多个I/O设备，建议每个设备的更新周期参数设置相同。

对于RS485通信方式，力控软件支持在同一总线上混用多个厂家的多种通信协议的I/O设备。在某些场合下（如无线电台），这种方式可以解决在同一信道上，实现多个厂家混合通信协议I/O设备的多点共线传输问题。在使用这种通信方式时需要注意以下几点：

1）I/O设备的通信协议的链路控制方式必须都符合单主多从（1∶N）的主/从（Master/Slave）方式。即由上位计算机作为单一主端向I/O设备发送请求命令，各个I/O设备作为从端应答上位计算机的请求。

2）各个I/O设备的串口通信参数包括波特率、数据位、奇偶校验位、停止位，它们必须一致。

3）建议使用有源的RS485适配器，RS485总线安装终端电阻，以避免多个厂家的I/O设备在同一总线上混用时产生的电气干扰。

4）总线上使用的各种通信协议之间应无互扰性，即上位计算机向某一I/O设备发送请求命令时，总线上采用其他通信协议的I/O设备不应对请求产生错误响应，产生干扰报文。

（2）拨号通信配置。对于MODEM通信方式类设备，单击设备配置向导第一步对话框中的“下一步”按钮，将弹出第二步对话框，如图5-11所示。

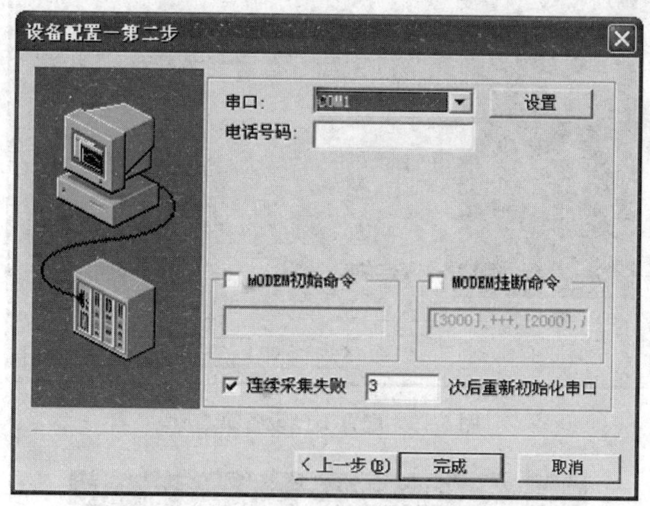

图5-11　MODEM通信方式类配置

参数说明：

1）串口：串行端口。可选择范围为COM1～COM256。

2）设置：单击该按钮，弹出“串口设置”对话框，可对所串行端口设置串口参数，如图5-12所示。

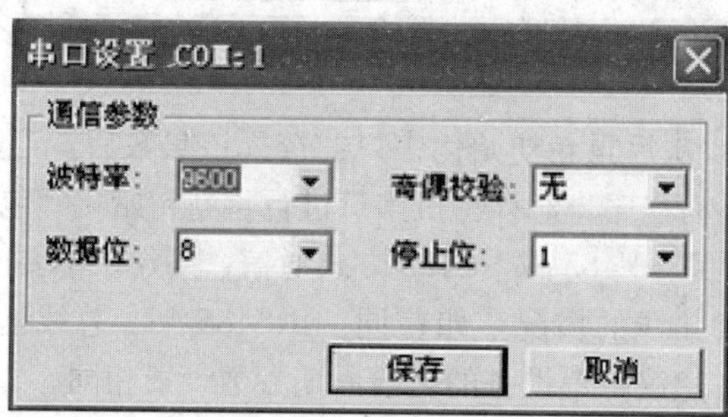

图5-12　串口设置

注：串口参数的设置一定要与被拨端MODEM的串口参数一致。

3）电话号码：被拨端MODEM电话线路的号码。

4）MODEM初始命令：选择该项，可以在下面的输入框内指定一个初始AT命令。该命令在向MODEM发送拨号命令前发送。

5）MODEM挂断命令：选择该项，可以在下面的输入框内指定挂断MODEM所占线路时发送的AT命令，一般情况下挂断命令为“+++，ATH\0xd”。

6）连续采集失败多少次后重新初始化串口：选择该参数后，当数据采集连续出现参数所设定的次数的失败后，驱动程序将对计算机串口进行重新初始化，包括关闭串口、重新打开串口、重新发送拨号命令等。

（3）以太网通信配置。对于通信方式采用TCP/IP类设备，单击设备配置向导第一步对话框中的“下一步”按钮，将弹出第二步对话框，如图5-13所示。

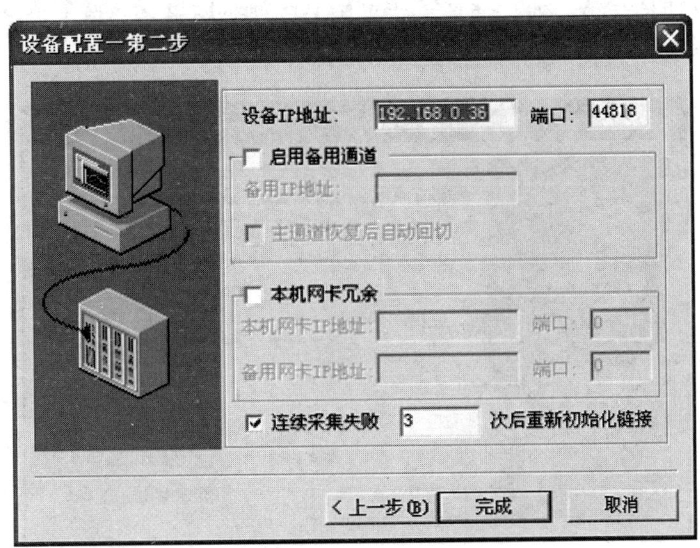

图5-13　TCP/IP类设备配置

参考说明：

1）设备IP地址：该参数指定I/O设备的IP地址。

2）端口：I/O设备使用的网络端口。

3）启用备用通道：选择该参数，将启用设备的TCP/IP通道冗余功能。

4）启用备用通道/备用IP地址：备用TCP/IP通道的IP地址。

5）启用备用通道/主通道恢复后自动切回方式：如果选择该参数，当主通道发生故障并已经切换到备用TCP/IP通道后，I/O驱动程序仍将不断地监视主TCP/IP通道的状态，一旦发现主TCP/IP通道恢复正常，I/O驱动程序会自动切回到主TCP/IP通道进行数据采集。

6）本机网卡冗余：选择该参数，将启用上位机的双网卡冗余功能。

7）本机网卡冗余/本机网卡IP地址：上位机网卡IP地址。

8）本机网卡冗余/本机网卡IP地址/端口：上位机网卡使用的端口。

9）本机网卡冗余/备用网卡IP地址：上位机备用网卡IP地址。

10）本机网卡冗余/备用网卡IP地址/端口：上位机备用网卡使用的端口。

控制网络的任意一个节点均安装两块网卡，比如PC机节点和PLC控制节点，同时将它们设置在两个网段内。控制网络分为主网络和从网络，正常时力控软件和其他节点通过主网络通信，当主网络中断时，力控软件判断网络超时后会自动将网络通信切换到从网络，在主网络恢复正常时，力控软件通信自动切换到主网线路，系统恢复到正常状况。网络拓扑图如图5-14所示。

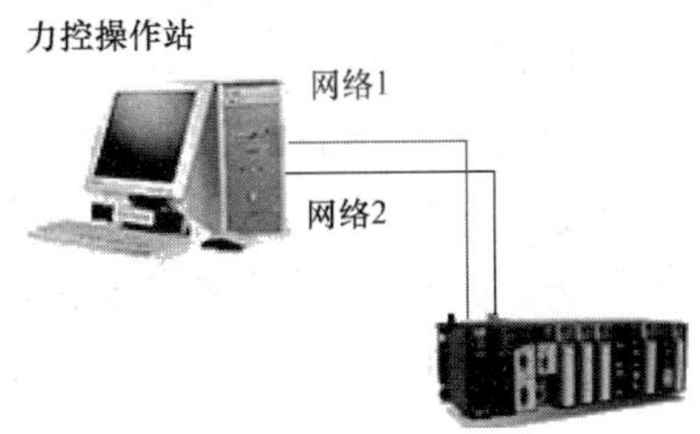

图5-14　网络拓扑图

11）连续采集失败多少次后重新初始化链接：选择

该参数后，当数据采集连续出现该参数所设定的失败次数后，驱动程序将对 TCP/IP 链路进行重新初始化，包括关闭和重新打开 Socket 链接。

(4) UDP/IP 通信参数。对于通信方式采用 UDP/IP 类设备，单击设备配置向导第一步对话框中的“下一步”按钮，将弹出第二步对话框，如图 5-15 所示。

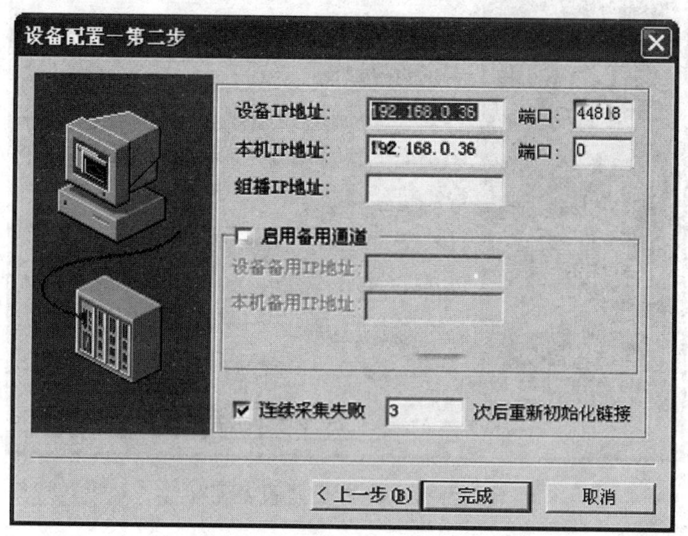

图 5-15　UDP/IP 类设备配置

参数说明：

1）设备 IP 地址：该参数指定 I/O 设备的 IP 地址。

2）设备 IP 地址/端口：I/O 设备使用的网络端口。

3）本机 IP 地址：计算机连接到 I/O 设备的网卡的 IP 地址。

4）本机 IP 地址/端口：计算机接收 I/O 设备发送的 UDP 数据包时使用的网络端口。

5）组播 IP 地址：如果 I/O 设备使用了组播功能，需要在该项中指定 I/O 设备使用的组播 IP 地址。

6）启用备用通道：选择该参数，将启用设备的 UDP/IP 通道冗余功能。

7）设备备用 IP 地址：备用 UDP/IP 通道的 IP 地址。

8）本机备用 IP 地址：计算机连接到 I/O 设备的备用网卡的 IP 地址。

9）连续采集失败多少次后重新初始化链接：选择该参数后，当数据采集连续出现该参数所设定的失败次数后，驱动程序将对自身的 UDP/IP 链路控制进行重新初始化。

(5) 同步方式配置。采用同步方式通信的设备一般是总线板卡，或者是采用 API 接口进行编制的 I/O 驱动程序，总线板卡包括常见的数据采集板卡、现场总线通信板卡，I/O 驱动程序是通过调用总线板卡驱动程序的 API 函数来和板卡进行通信的，因此对串口等的通信设置参数在同步方式下无效。需要注意的是和总线板卡通信，通信地址有十进制和十六进制的写法，具体使用时请详细参考力控软件驱动帮助。

常见的采用同步方式通信的 I/O 服务程序有：OPC 通信、DDE 通信、板卡通信、现场总线。

(6) 网桥方式配置。对于通信方式采用网桥的设备，I/O 驱动程序需要使用扩展功能组件：CommBridge。

5.3　存储罐液位监控实验系统（四）

5.3.1　新建 I/O 设备

单击开发系统界面工程项目中的“IO设备组态”，选择力控→仿真驱动→SIMULATOR（仿真），I/O 设备组态如图 5-16 所示。

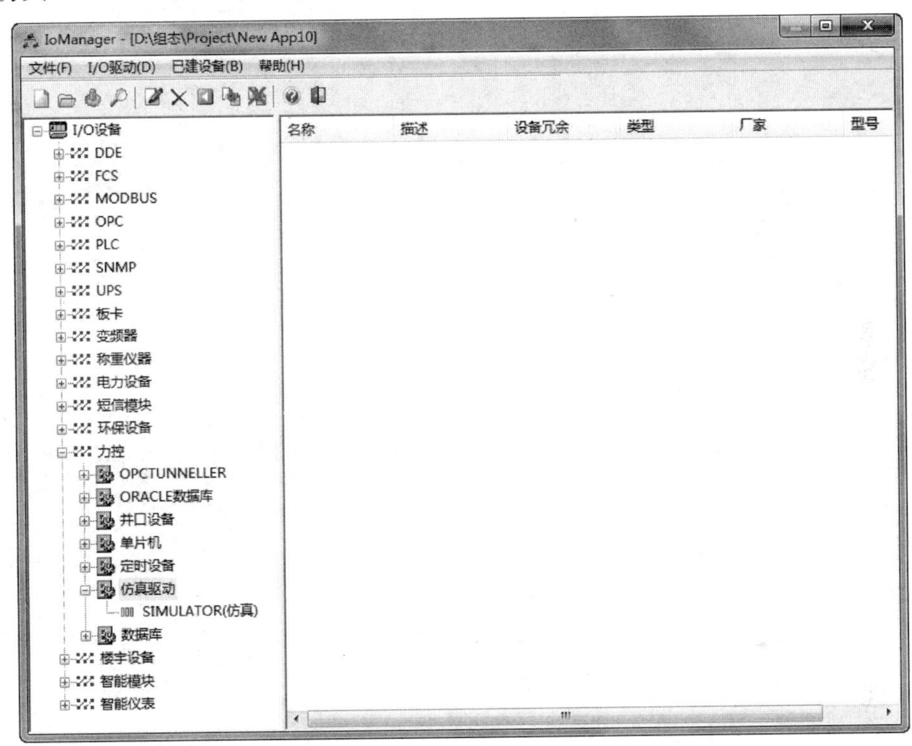

图 5-16　I/O 设备组态

5.3.2　设备配置

出现设备配置窗口，按照图 5-17 完成对设备名称、设备描述、更新周期、超时时间、

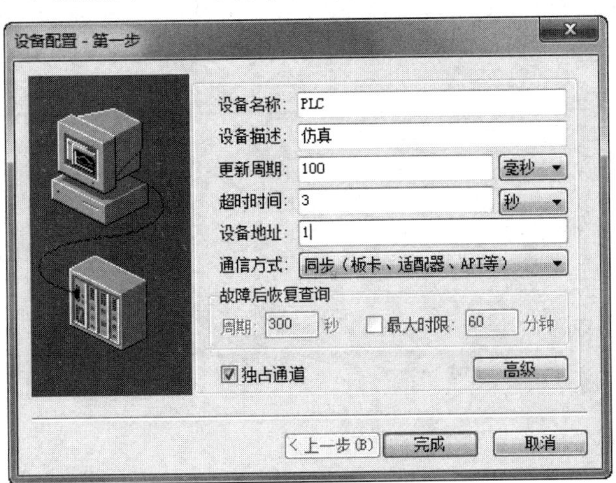

图 5-17　设备配置

设备地址和通信方式的设置。其中，更新周期和超时时间选择默认值即可，通信方式选择同步（板卡、适配器、API 等）。最后单击“完成”按钮，即 I/O 设备配置结束。

本章实验教学视频请观看视频文件“第 5 章　外部 I/O 设备”。

第6章　动　画　连　接

在创建图形对象或文本后，可以通过动画连接来赋予其“生命”，通过动画连接可以改变对象的外观，以反映变量点或表达式值所发生的变化，动画功能也就是图形对象的事件。

6.1　创建和删除动画连接

6.1.1　创建动画连接

创建并选择连接对象，如线、填充图形、文本、按钮、子图等动画连接的方法有以下几种：

(1) 先选中图形对象，然后在属性设置导航栏中，单击“ ”按钮切换到动画页，选择相应的动画功能。

(2) 用鼠标右键单击对象，弹出右键菜单后选择其中的“对象动画”。

(3) 选中图形对象后直接按下“Alt+Enter”键。

(4) 双击图形对象。

使用以上方法之一会出现如图6-1所示的对话框。

图6-1　创建动画连接

注意事项：当创建动画连接时，在连接生效之前，所使用的变量必须被创建。如果直接使用了尚未创建的变量，当单击“确定”按钮时，系统将提示进行定义，并可自动进入变量定义的对话框。

6.1.2　删除动画连接

删除动画连接的方法有以下几种：

(1) 先选中图形对象，然后在属性设置导航栏中，单击“ ”按钮切换到动画页，然后单击相应的动画功能后面的下拉框，选择“删除动画连接”，如图6-2所示。

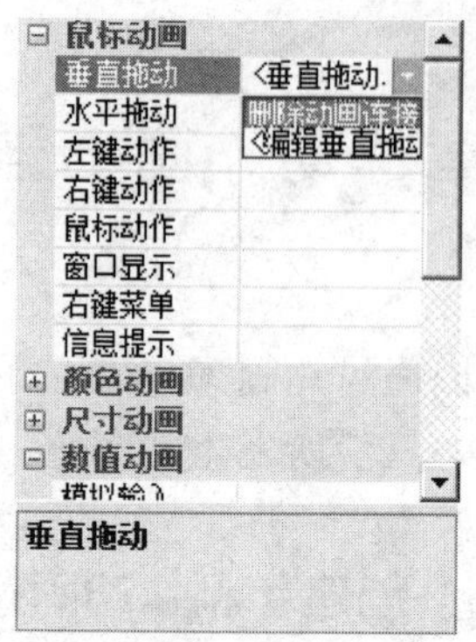

图 6-2 删除动画连接

(2) 双击图形对象，弹出“动画连接”对话框，然后去掉相应动画功能前复选框的选择标志就可以了。

从图 6-1 创建动画连接可以看出，动画连接分为鼠标动画、颜色动画、尺寸动画、数值动画和杂项五种。

6.2 动画连接的使用

6.2.1 鼠标动画

该类动作分为垂直拖动、水平拖动、左键动作、右键动作、鼠标动作、窗口显示、右键菜单、信息提示八大类。其中右键动作与鼠标动作在脚本语言等相关章节给予介绍。

1. 拖动

(1) 垂直拖动。垂直拖动连接使图形对象的垂直位置与变量数值相关联。变量数值的改变使图形对象的位置发生变化，反之用鼠标拖动图形对象又会使变量的数值改变。

建立垂直拖动的步骤如下：

1) 首先要确定拖动对象在垂直方向上移动的距离（用像素数表示）。画一条参考垂直线，垂直线的两个端点对应拖动目标移动的上下边界，记下线段的长度（线段在选中状态下，其长度显示在属性设置栏中，见图 6-3)。

2) 建立拖动图形对象，使对象与参考线段的下端点对齐，删除参考线段。

3) 选中图形对象，在属性设置导航栏中，单击“”按钮切换到动画页，然后单击鼠标动画功能下“垂直拖动”后面的下拉框，选择“垂直拖动”，在如图 6-4 所示的对话框进行设置。

4) 设置结束，单击“确认”按钮，返回动画连接对话框，可以继续创建其他动作；或选择“返回”按钮返回。

注意事项：可以给上面的“移动像素数”输入负数，来达到反向拖动的目的。

(2) 水平拖动。水平拖动连接使图形对象的水平位置与变量数值相关联。变量数值的改变使图形对象的位置发生变化，反之用鼠标拖动图形对象又会使变量的数值改变。

水平拖动连接的建立方法及对话框各项内容的含义，与垂直拖动方法类似，水平拖动设置对话框如图 6-5 所示。

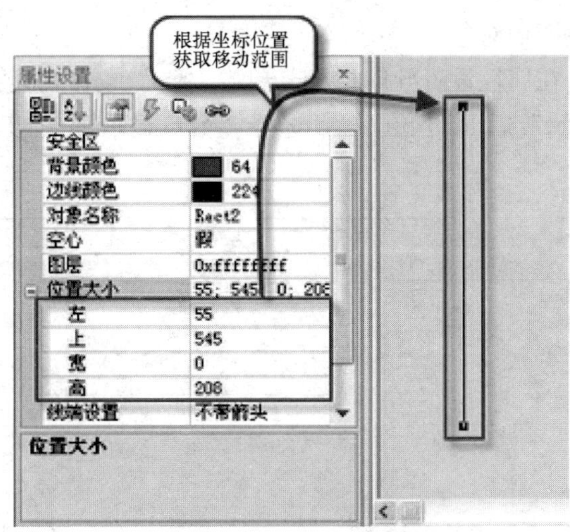

图 6－3　设定垂直拖动距离

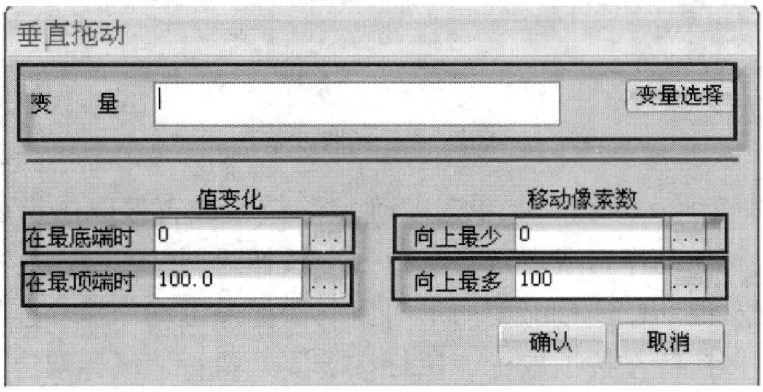

图 6－4　垂直拖动设置

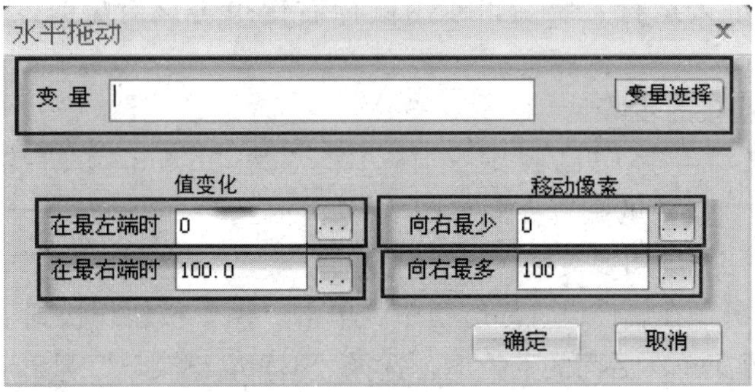

图 6－5　水平拖动设置

注意事项：可以给上面的“移动像素”输入负数，来达到反向拖动的目的。

2. 触敏动作

(1) 窗口显示。窗口显示能使按钮或其他图形对象与某一窗口建立连接，当用鼠标单击按钮或图形对象时，自动显示连接的窗口。

建立窗口显示的步骤如下：

1）在组态界面创建图形对象。

2）选中图形对象，在属性设置导航栏中，单击“”按钮切换到动画页，然后单击鼠标动画功能下“窗口显示”后面的下拉框，选择“窗口显示”，弹出“界面浏览”对话框，如图 6-6 所示。

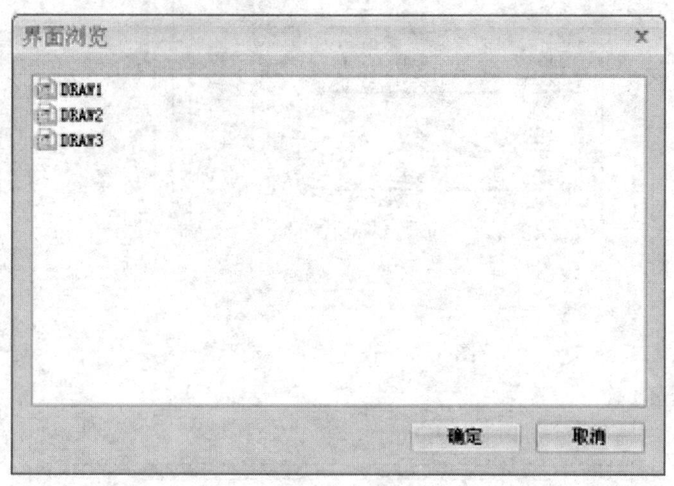

图 6-6　界面浏览

3）在该对话框中选择一个窗口，单击“确定”按钮或直接双击窗口名。返回动画连接菜单，可以继续创建其他动作，或者选择“返回”按钮返回。

（2）左键动作。左键动作连接能使图形对象与鼠标左键动作建立连接，对于选中的图形对象单击鼠标左键时，执行在按下鼠标、鼠标按着周期执行、鼠标双击、释放鼠标这四个事件的脚本编辑器中的动作程序。

（3）右键菜单。右键菜单与“工程项目”导航栏→菜单→“自定义菜单”中的右键弹出菜单配合使用，进入运行系统后，使用鼠标右键单击该对象时，显示一列右键弹出菜单。

建立右键菜单连接的步骤：

1）在“自定义菜单”中已经定义了一个名为“menu”的右键菜单，菜单项有“open”“close”2 项。具体的配置界面如图 6-7 所示。

2）在界面上创建一个图形对象。

3）选中图形对象，在属性设置导航栏中，单击“”按钮切换到动画页，然后单击鼠标动画功能下“右键菜单”后面的下拉框，选择“编辑右键菜单”弹出“右键菜单指定”对话框，如图 6-8 所示。

4）在“菜单名称”下拉框中选择已定义的右键菜单“menu”，在“与光标对齐”方式中选择一种合适的对齐方式。进入运行系统后，当用鼠标右键单击该图形对象时，出现如图 6-9 所示的菜单。

（4）信息提示。使图形对象与鼠标焦点建立连接，当鼠标的焦点移动到图形对象上时，执行本动作，可以显示常量或变量等提示信息。

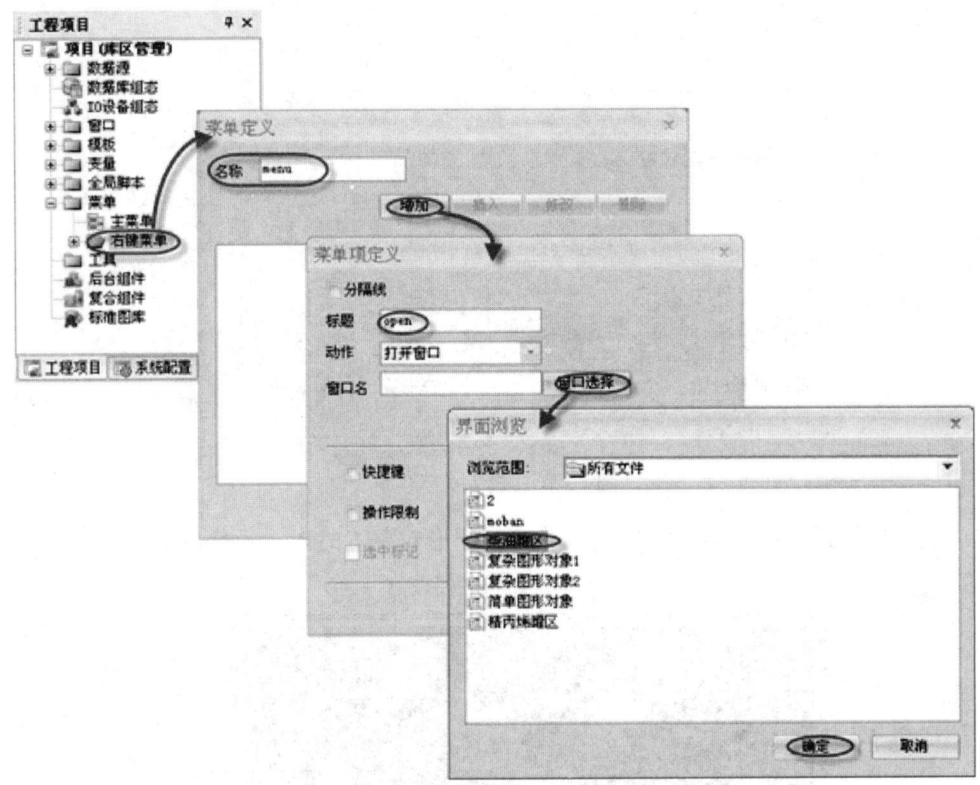

图 6-7 建立右键菜单

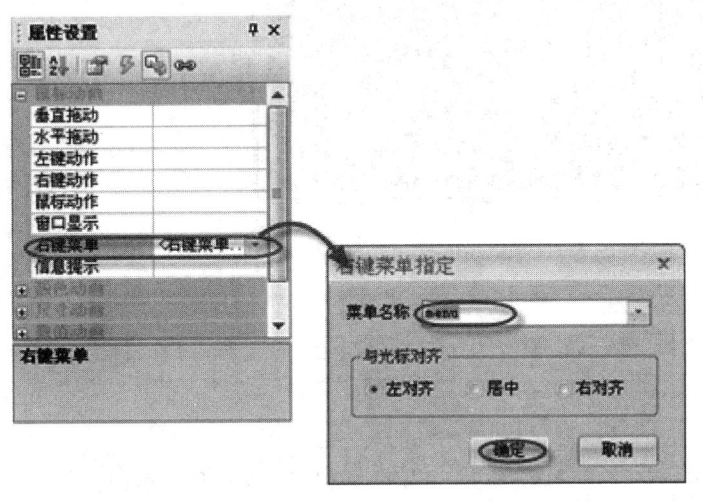

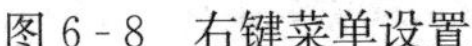
图 6-8 右键菜单设置

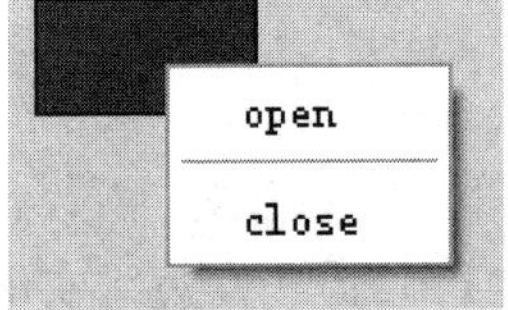

图 6-9 建立的菜单

建立信息提示连接的步骤如下：

1）在组态界面创建图形对象。

2）选中图形对象，在属性设置导航栏中，单击“”按钮切换到动画页，然后单击鼠标动画功能下“信息提示”后面的下拉框，选择“编辑信息提示”弹出“输入提示信息”对话框，如图 6-10 所示。

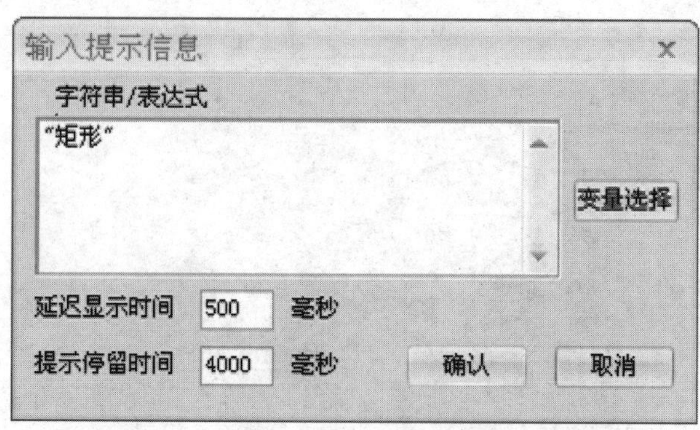

图 6-10 输入提示信息

3）进入运行系统后，当鼠标的焦点移动到图形对象上时，提示信息如图 6-11 所示。

图 6-11 提示信息

6.2.2 颜色动画

该动作分为边线、实体文本、条件、闪烁、垂直百分比填充和水平百分比填充六大类。

1. 颜色变化

(1) 边线。边线变化连接是指图形对象的边线颜色随着表达式的值的变化而变化。

首先创建要进行边线变化连接的图形对象；然后选中图形对象，在属性设置导航栏中，单击“ ”按钮切换到动画页，再单击颜色动画功能下“边线”后面的下拉框，选择“边线”弹出“颜色变化”对话框，如图 6-12 所示。

(2) 实体文本。实体文本变化连接是指图形对象的填充色或文本的前景色随着表达式的值的变化而变化。其动画连接设置和边线动作完全相同，本处不再做过多的介绍。

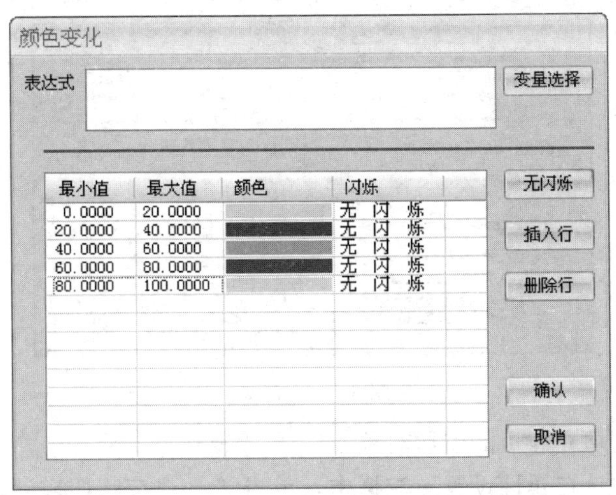

图 6-12 颜色变化设置

(3) 条件。条件变化连接是指图形对象的填充色或文本的前景色随着逻辑表达式的值的变化而改变。

建立条件变化连接的步骤如下：

1) 创建要进行条件变化连接的图形对象。

2) 选中图形对象，在属性设置导航栏中，单击“ ”按钮切换到动画页，然后单击颜色动画功能下“条件”后面的下拉框，选择“条件”弹出“颜色变化”对话框，如图 6-13 所示。

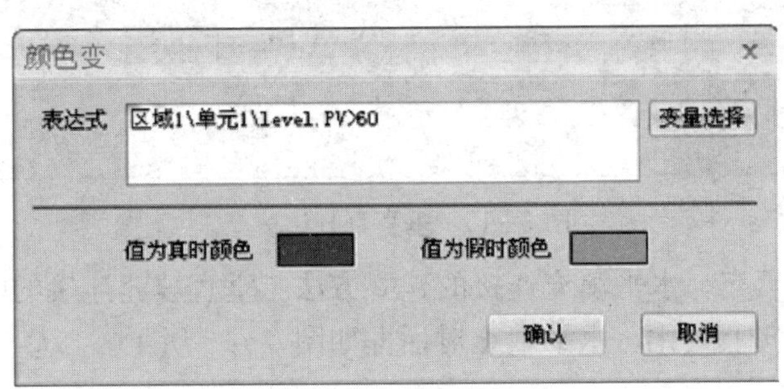

图 6-13 颜色变化

(4) 闪烁。闪烁连接可使图形对象根据一个布尔变量或布尔表达式的值的状态而闪烁。闪烁可表现为颜色变化及或隐或现。颜色变化包括填充色、线色的变化。

建立闪烁连接的步骤如下：

1) 创建闪烁连接图形对象。

2) 选中图形对象，在属性设置导航栏中，单击“ ”按钮切换到动画页，然后单击颜色动画功能下“闪烁”后面的下拉框，选择“闪烁”弹出“闪烁”对话框，如图 6-14 所示。

2. 百分比填充

(1) 垂直百分比填充。垂直百分比填充连接可以使具有填充形状的图形对象的填充比例随着变量或表达式值的变化而改变。

建立垂直百分比连接的步骤如下：

闪烁
条件
run.PV
变量选择
属性
或隐或现
颜色变化
线/文字
填充色
频率
慢
适中
快
确定
取消

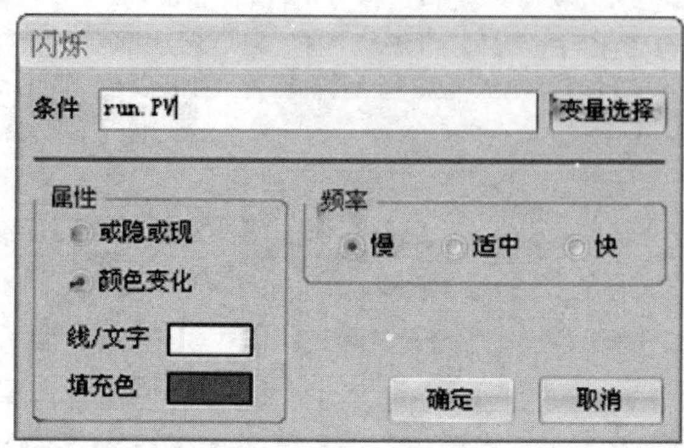

图 6-14 闪烁

1）创建用于垂直填充连接的图形对象。

2）选中图形对象，在属性设置导航栏中，单击“”按钮切换到动画页，然后单击颜色动画功能下“垂直填充”后面的下拉框，选择“编辑垂直填充”弹出“垂直百分比填充”对话框，如图 6-15 所示。

垂直百分比填充
表达式
a.PV
变量选择
填充到最大时值
100
最大填充(%)
100
填充到最小时值
0
最小填充(%)
0
参考点
上面
下面
背景色
确认
取消

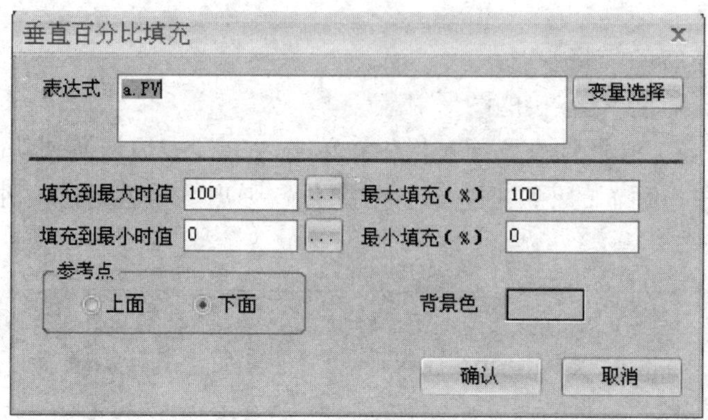

图 6-15 垂直百分比填充

(2) 水平百分比填充。水平填充连接的建立方法与垂直填充连接的建立方法类似。只是填充区域是在水平方向上变化。水平填充对话框如图 6-16 所示。

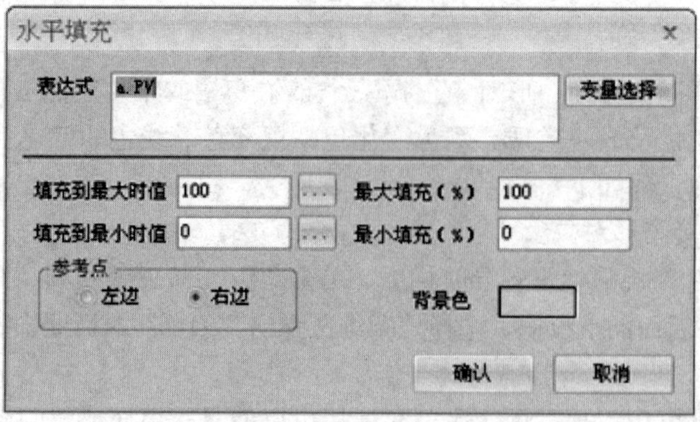

水平填充
表达式
a.PV
变量选择
填充到最大时值
100
最大填充(%)
100
填充到最小时值
0
最小填充(%)
0
参考点
左边
右边
背景色
确认
取消

图 6-16 水平百分比填充

6.2.3 尺寸动画

尺寸动画分为：垂直、水平、旋转、高度、宽度五大类。

1. 目标移动

（1）垂直移动。垂直移动是指图形的垂直位置随着变量或表达式的值的变化而变化。

建立垂直移动连接的步骤如下：

1）确定移动对象在垂直方向上移动的距离（用像素数表示）。画一条参考垂直线，垂直线的两个端点对应拖动目标移动的上下边界，记下线段的长度。

2）创建垂直移动图形对象，使对象与参考线段的下端点对齐，删除参考线段。

3）选中图形对象，在属性设置导航栏中，单击“ ”按钮切换到动画页，然后单击尺寸动画功能下“垂直移动”后面的下拉框，选择“编辑垂直移动”弹出“水平/垂直移动”对话框，如图6-17所示。

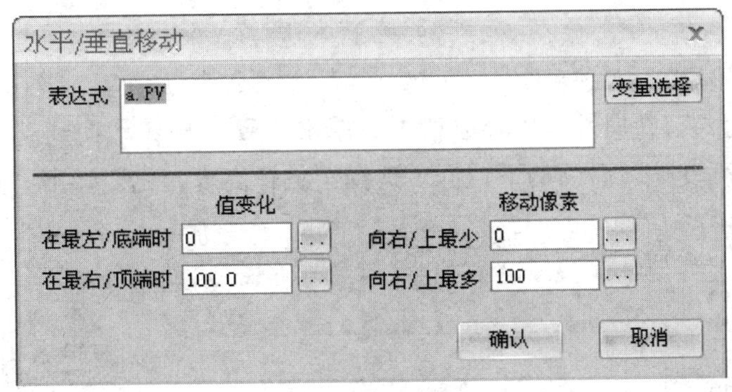

图6-17 水平/垂直移动设置

（2）水平移动。水平移动连接的建立方法与垂直移动连接的建立方法类似。

注意事项：

当垂直/水平移动的“像素数”填写上负数时，移动方向将与原方向相反。比如，上图像素数“最左端时”为0，“最右端时”为100。则目标运动方向由左向右，如果想让目标移动方向由右向左，可以是“最左端时”为0，“最右端时”为－100。垂直移动方法类似。

（3）旋转运动。旋转连接能使图形对象的方位随着一个变量或表达式的值的变化而变化。

建立旋转运动连接的步骤如下：

1）创建旋转图形对象。

2）选中图形对象，在属性设置导航栏中，单击“ ”按钮切换到动画页，然后单击尺寸动画功能下“旋转”后面的下拉框，选择“旋转”弹出“目标旋转”对话框，如图6-18所示。

注意事项：角度采用的单位为度，不是弧度。另外，在默认情况下，旋转连接的旋转轴心为图形对象的几何中心，若要将其他位置作为旋转中心，需要设置偏置量。

2. 尺寸变化

（1）高度变化。高度变化连接是指图形对象的高度随着变量或表达式的值的变化而变化。

建立高度变化连接的步骤如下：

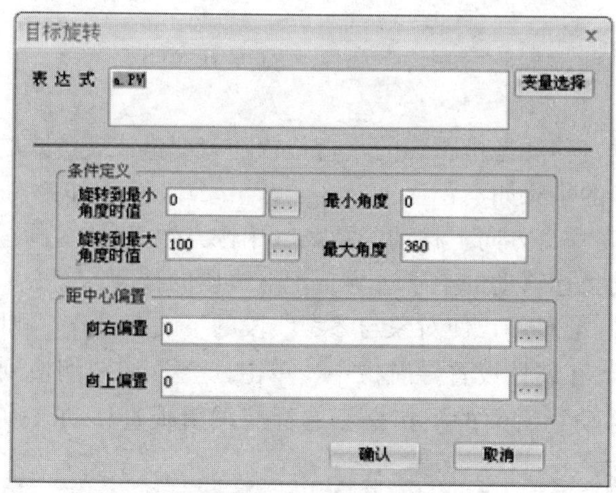

图 6-18 旋转运动设置

1）创建高度变化图形对象。

2）选中图形对象，在属性设置导航栏中，单击“”按钮切换到动画页，然后单击尺寸动画功能下“高度变化”后面的下拉框，选择“编辑高度变化”弹出“高度变化”对话框如图 6-19 所示。

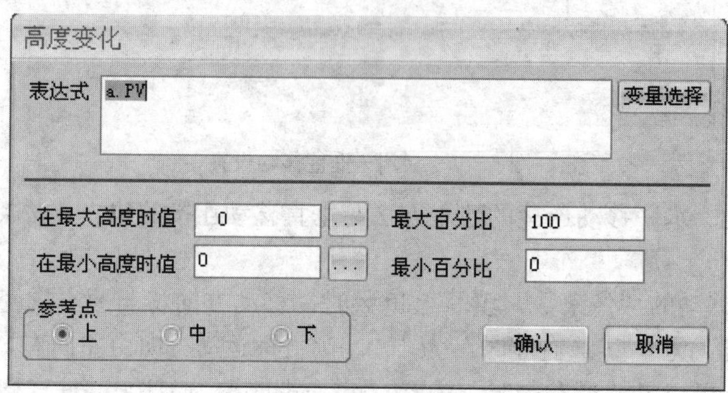

图 6-19 高度变化设置

（2）宽度变化。宽度变化连接的建立方法与高度变化的建立方法类似，宽度变化对话框如图 6-20 所示。

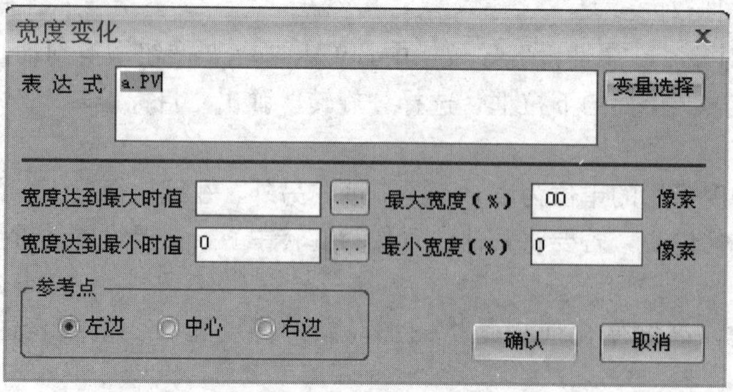

图 6-20 宽度变化设置

6.2.4　数值动画

数值动画分为：模拟输入、字符串输入、开关输入、模拟输出、字符串输出和开关输出六大类。

1. 数值输入

（1）模拟输入。模拟输入连接可使图形对象变为触敏状态。在运行期间，当鼠标单击该对象或直接按下设定的热键后，系统出现输入框，提示输入数据。输入数据后用回车键确认，与图形对象连接的变量值被设定为输入值。模拟输入连接中与对象连接的变量为模拟量。

建立模拟输入连接的步骤如下：

1）创建模拟输入连接图形对象。

2）选中图形对象，在属性设置导航栏中，单击“ ”按钮切换到动画页，然后单击数值动画功能下“模拟输入”后面的下拉框，选择“模拟输入”弹出“数值输入”对话框，如图 6-21 所示。

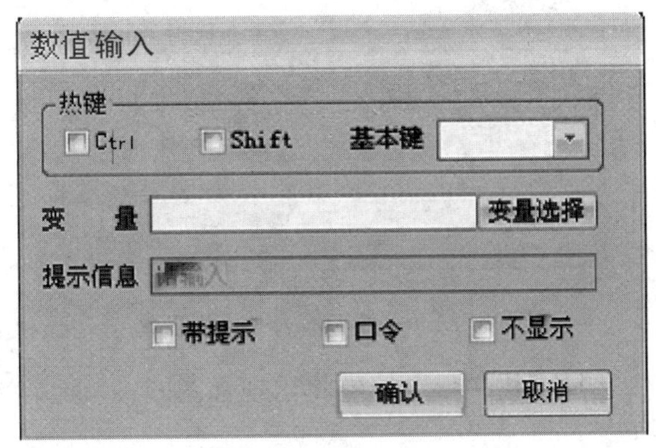

图 6-21　数值输入设置

（2）字符串输入。字符串输入连接中的连接变量为字符串变量。

字符串输入连接的创建方法与模拟输入连接的创建方法类似。唯一的区别是连接的变量的数据类型是字符型变量。

在“数值输入”对话框中“不显示”选项的含义：选中该选择框后，在运行时只显示在开发系统 Draw 中输入的文本串，而不显示变量的值。另外，当选择了“带提示”选项后，在运行时出现的软键盘为带有全部字母和数字的形式，如图 6-22 所示。

图 6-22　字符串输入键盘

(3) 开关输入。开关输入连接中连接变量为开关量。

建立开关输入连接的步骤如下：

1) 创建开关输入连接图形对象。

2) 选中图形对象，在属性设置导航栏中，单击“”按钮切换到动画页，然后单击数值动画功能下“开关输入”后面的下拉框，选择“开关输入”弹出“离散型输入”对话框，如图 6-23 所示。

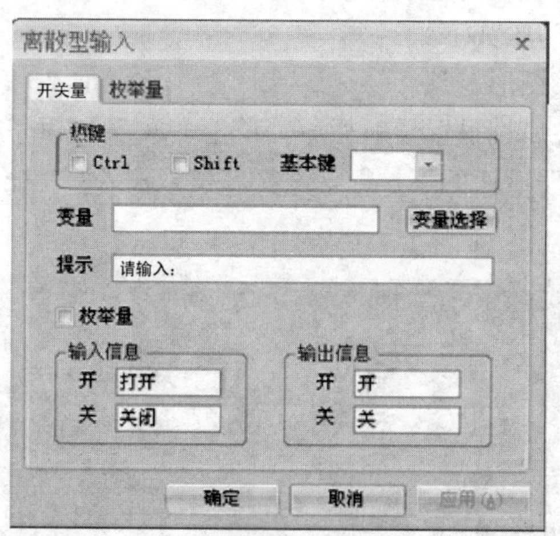

图 6-23　离散型输入开关量设置

若为枚举型输入，则选择“枚举量”标签将出现如图 6-24 所示的属性页。

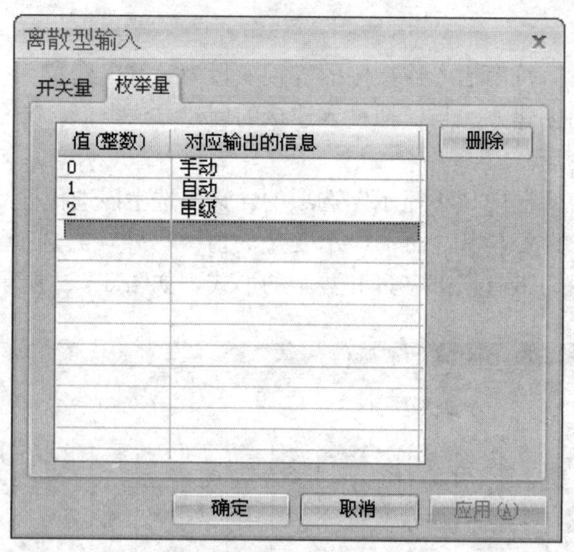

图 6-24　离散型输入枚举量设置

在该属性页中输入枚举量为不同值时对应的输出信息。

例如，输入变量为 a1.pv 带有提示信息，运行时输入提示框如图 6-25 所示。

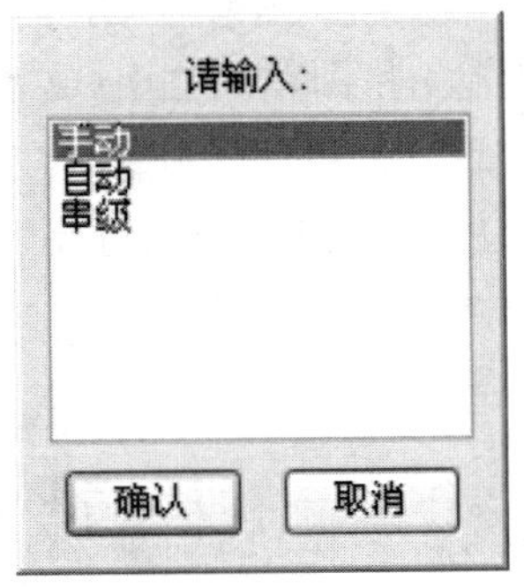

图6-25　输入提示框

3）输入完以上各项后，单击“确认”按钮将返回动作菜单，可以继续选择其他按钮定义另外的动作，或者单击“返回”按钮返回。

2. 数值输出

（1）模拟输出。模拟输出连接能使文本对象（包括按钮）动态显示变量或表达式的值。模拟输出连接中与对象连接的变量为模拟量。

建立模拟输出连接的步骤如下：

1）创建模拟输出连接图形对象。图形对象必须为文本或按钮，并且文本或按钮中的文字表明了输出格式。

注意事项：文字中左边起第一个小数点“.”前面的字符个数为整数部分位数，后面的字符个数为小数位数。若没有小数点“.”则表示不显示小数部分。

2）选中图形对象，在属性设置导航栏中，单击“ ”按钮切换到动画页，然后单击数值动画功能下“模拟输出”后面的下拉框，选择“编辑模拟输出”弹出“模拟值输出”对话框，如图6-26所示。

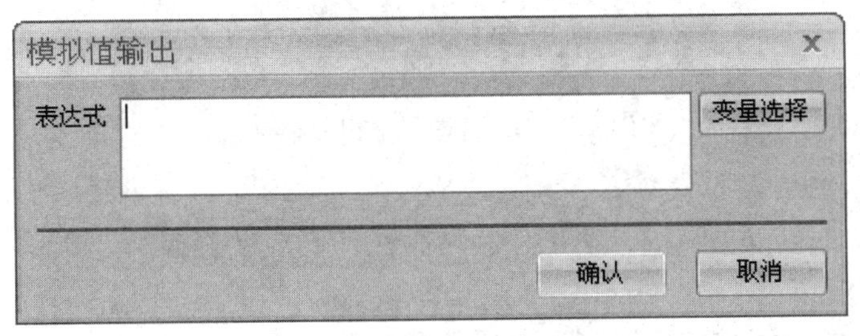

图6-26　模拟值输出对话框

其中，单击“变量选择”按钮，弹出“变量选择”对话框，可在对话框中直接选择要进行连接的变量名称。

（2）字符串输出。字符串输出连接的建立方法与模拟输出连接的建立方法类似，只是表达式输入框应填写字符型变量或字符型表达式。需要注意的是，图形对象必须为文本或按钮，并且文本或按钮中的文字表明了输出格式。字符串输出对话框如图6-27所示。

图6-27　字符串输出对话框

（3）开关输出。开关输出连接中对象连接变量为离散型变量。

建立开关输出连接的步骤如下：

1）建立图形对象，需要注意的是，图形对象必须为文本或按钮，并且文本或按钮中的文字表明了输出格式。文本宽度即为输出文本的宽度。

2）选中图形对象，在属性设置导航栏中，单击“”按钮切换到动画页，然后单击数值动画功能下“开关输出”后面的下拉框，选择“编辑开关输出”弹出“离散型输出”对话框，如图6-28所示。

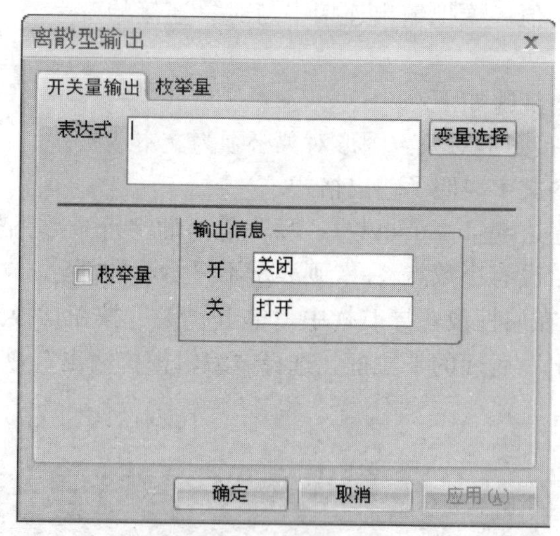

图6-28 开关量输出对话框

6.2.5 杂项

杂项分为一般性动作、隐藏、禁止、流动属性和安全区五大类。

1. 一般性动作

关于对话框中的功能按钮以及脚本语法请参看有关手册。

2. 隐藏

显现/隐藏动作可以控制图形的显现或隐藏效果。

建立隐藏连接的步骤如下：

(1) 建立要进行显示/隐藏连接的图形对象。

(2) 选中图形对象，在属性设置导航栏中，单击“”按钮切换到动画页，然后单击杂项动画功能下“隐藏”后面的下拉框，选择“编辑隐藏”弹出“可见性定义”对话框，如图6-29所示。

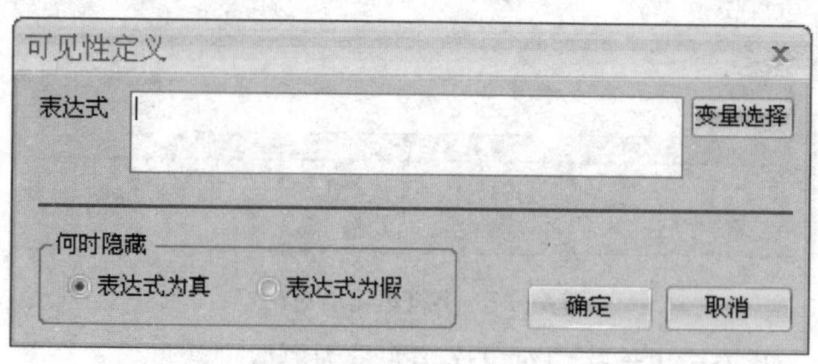

图6-29 可见性定义

3. 禁止

允许/禁止动作可以控制图形的允许和禁止操作。

建立禁止连接的步骤如下：

(1) 建立要进行允许/禁止连接的图形对象。

(2) 选中图形对象，在属性设置中，单击“”按钮切换到动画页，然后单击杂项动画功能下“禁止”后面的下拉框，选择“编辑禁止”弹出“允许/禁止定义”对话框，如图6-30所示。

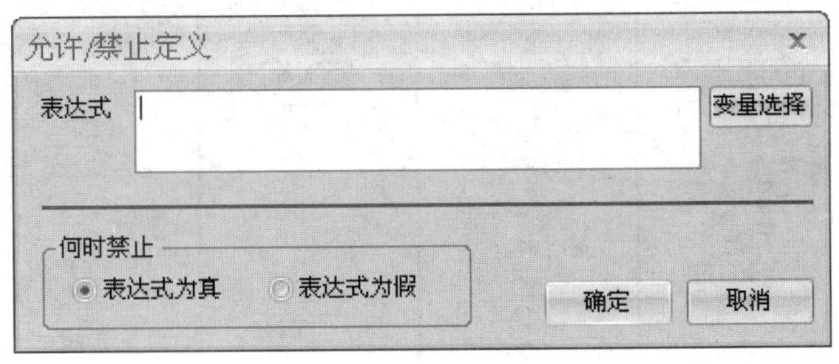

图6-30　允许/禁止定义

4. 流动属性

该动作可以形成流体流动的效果。

建立流动属性连接的步骤如下：

(1) 创建要进行流动属性连接图形对象，双击鼠标进入动画连接对话框。

(2) 选择“流动属性”弹出“流动属性”对话框，如图6-31所示。

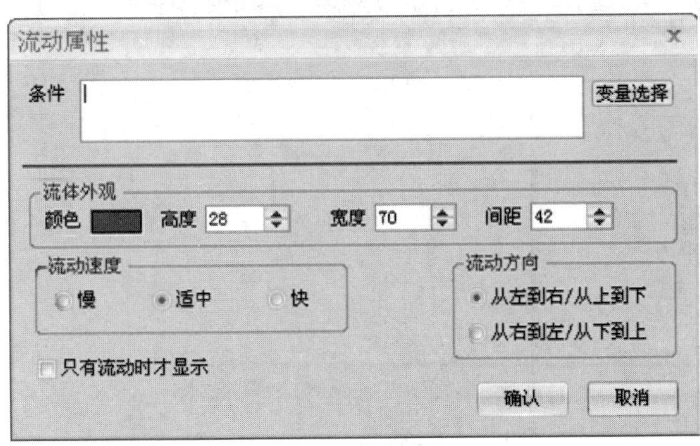

图6-31　流动属性

5. 安全区

设置可操作区域，只有拥有该区域的权限的用户才可以操作。

6.3　存储罐液位监控实验系统（五）

本节只介绍实验中所用到的动画连接的创建方法。

6.3.1 鼠标动画

1. 触敏动作

双击运行窗口画面中的“运行”按钮对象，弹出如图 6 - 32 所示的动画连接。选择触敏动作项的“左键动作”，即弹出如图 6 - 33 所示的触敏动作脚本编辑器，在“按下鼠标”窗口中填写鼠标动作“R. PV=1”，即如果鼠标左键按下“运行”按钮，则变量 R. PV=1。

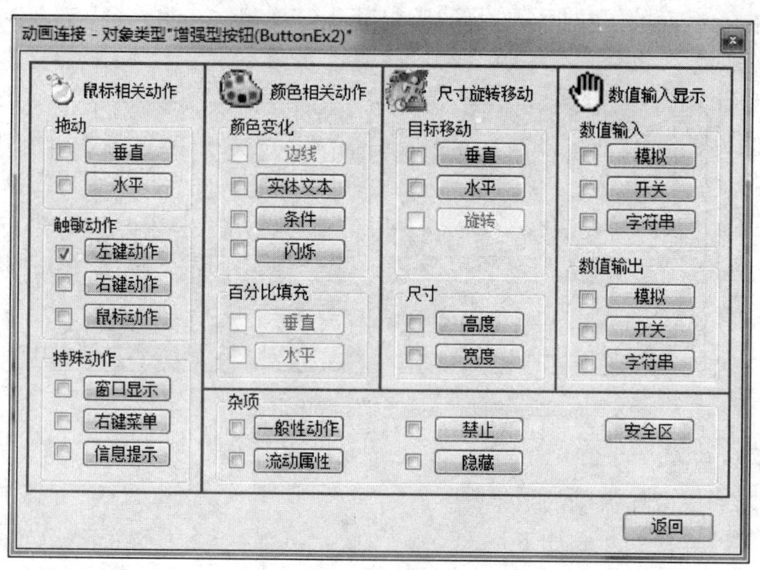

图 6 - 32　动画连接

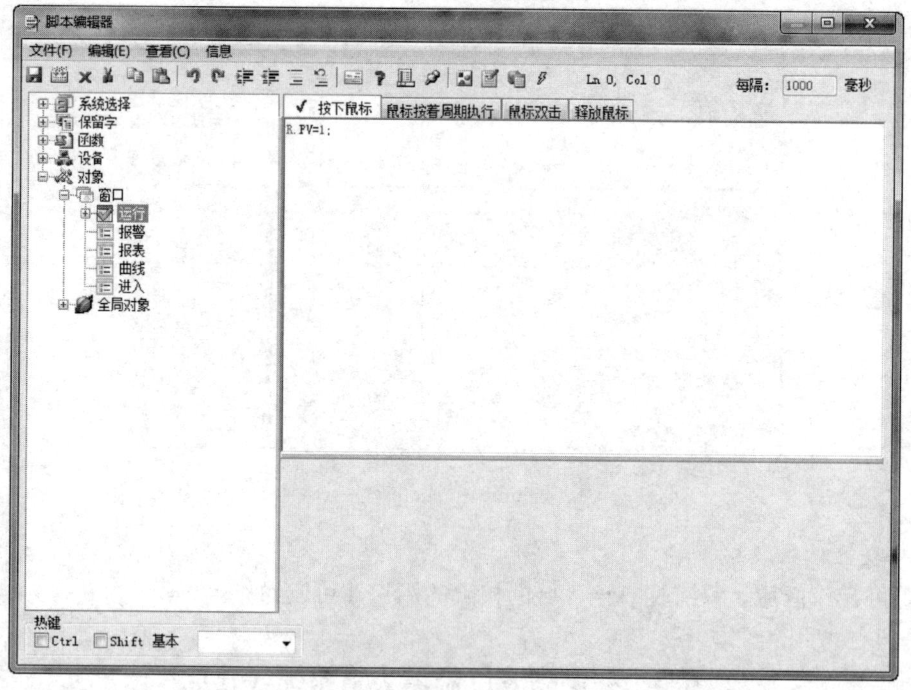

图 6 - 33　触敏动作脚本编辑器

按照上面的方法，对运行窗口画面中的“停止”按钮对象，添加鼠标动画连接。在

“按下鼠标”中填写鼠标动作“R. PV＝0”，即如果鼠标左键按下“停止”按钮，则变量 R. PV＝0。

2. 特殊动作

双击运行窗口画面中的“报表”按钮对象，对其进行鼠标动画连接，弹出如图 6－32 所示的窗口，选择特殊动作项中的“窗口显示”，即弹出如图 6－34 所示的界面浏览。选择要进入的窗口→报表。

按照上面的方法，对“曲线”“报警”“退出”按钮对象及其他窗口中的“返回”按钮，同样进行特殊动作连接，分别选择要连接的窗口。

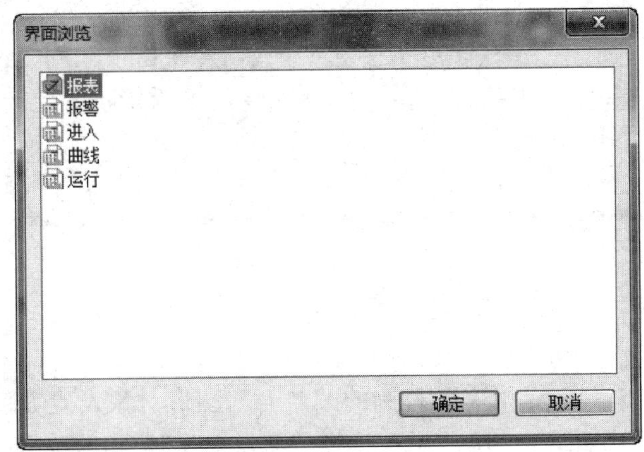

图 6－34　界面浏览

6.3.2　颜色动画

双击运行窗口画面中的“指示灯”图形对象，选择颜色变化项中的“条件”，即弹出如图 6－35 所示的窗口。选择“变量选择”，即弹出如图 6－36 所示的变量选择窗口，选择变量“R. PV”，即 R. PV＝1 时，运行指示灯为绿；否则，运行指示灯为红色。

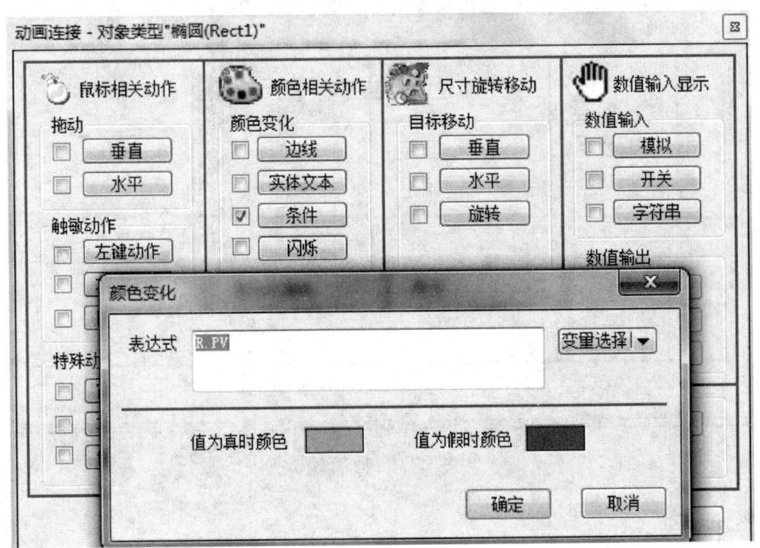

图 6－35　颜色变化

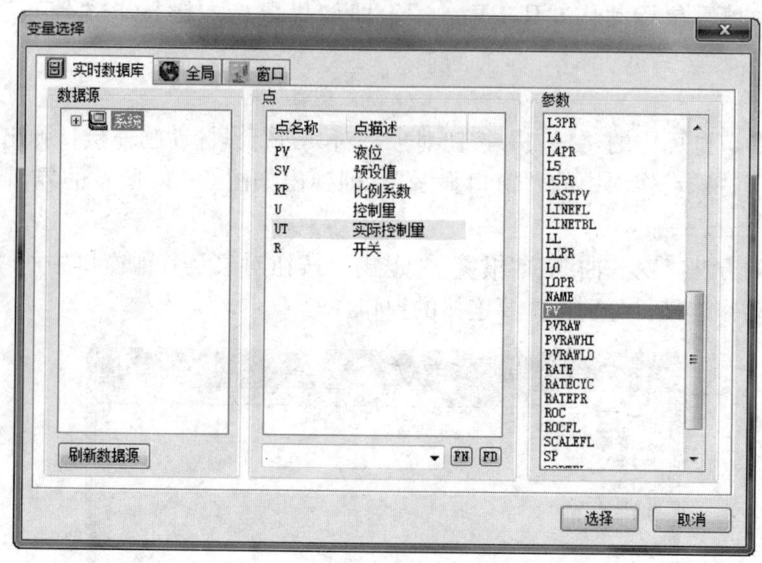

图 6-36 变量选择

6.3.3 数值动画

1. 数值输入

对运行窗口画面中设定区“SV”右侧的“＃＃”图形对象设置数值动画连接，选择数值输入项中的“模拟”，如图 6-37 所示，选择“变量选择”，随即选择“SV. PV”变量。

对设定区中“KP”右侧的“＃＃”图形对象设置数值输入动画连接的方法同上，选择“KP. PV”变量。

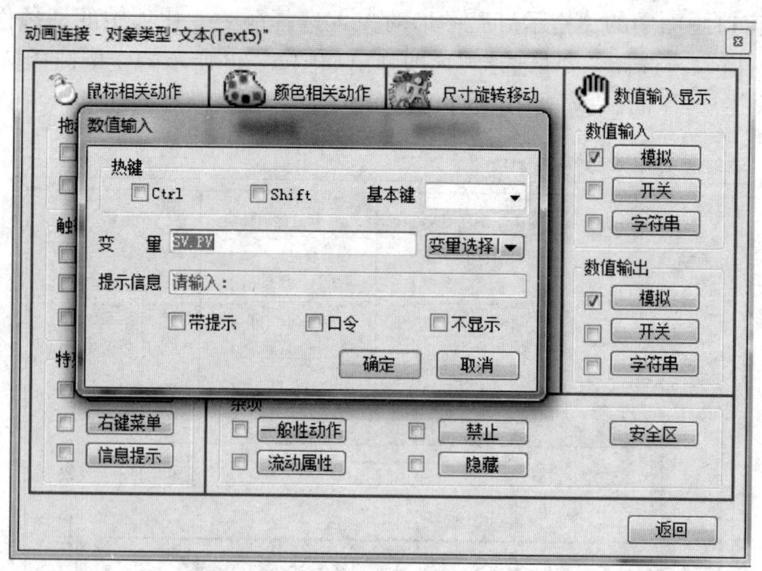

图 6-37 数值输入

2. 数值输出

对运行窗口中设定区“SV”右侧的“＃＃”图形对象和“KP”右侧的“＃＃”图形对象设置数值输出动画连接，选择数值输出项中的“模拟”，即弹出如图 6-38 所示的窗口，选择“变量选择”，然后选择“SV. PV”变量。

对设定区中“KP”右侧的“##”图形对象进行数值输出动画连接的方法同上，选择“KP. PV”变量。

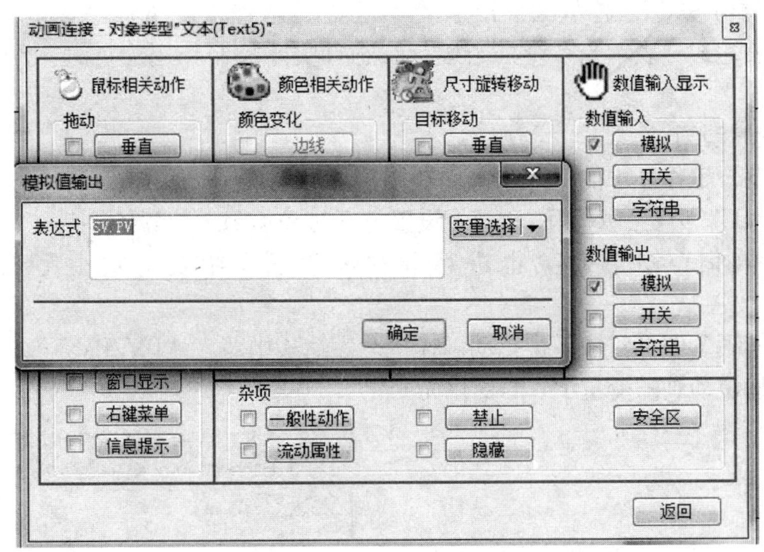

图 6 - 38 数值输出

按照上面的方法，对运行窗口中显示区“PV”右侧的“##”图形对象只需设置数值输出动画连接即可，选择“PV. PV”变量。

6.3.4 杂项

双击运行窗口中工作区的“入水管”图形对象，选择杂项中的“流动属性”，即弹出如图 6 - 39 所示的窗口。

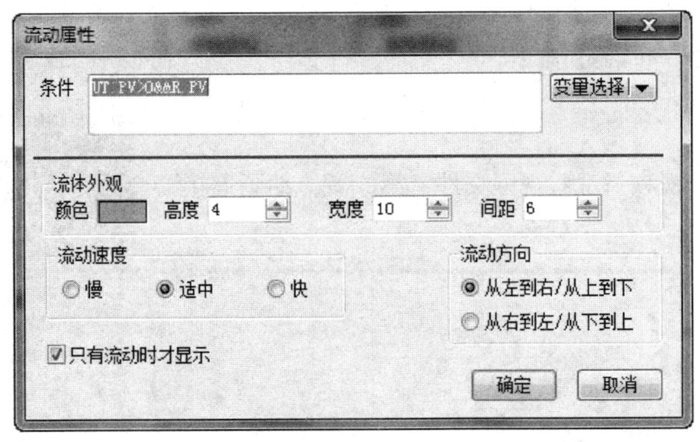

图 6 - 39 流动属性

条件：用于设定流动启动的条件判断语句。其值为真时才流动。选择“变量选择”，写入“UT. PV>0&&R. PV”的表达式。表示当系统处于运行状态且实际控制作用为正时，入水管显示进水动画。

流动方向：选择“从左到右/从上到下”。

只有流动时才显示：流动条件成立时显示该对象。

流体外观：默认值即可。

流体速度：选择“适中”。

按照上面的方法，对显示区“出水管”设置动画连接。条件项中写入“UT. PV<0&&R. PV”表达式。表示当系统处于运行状态且实际控制作用为负时，出水管显示出水动画。

6.3.5　图库动画

双击运行窗口工作区中的“入水阀门”图形对象，即弹出如图 6-40 所示的阀门向导。表达式中写入“UT. PV>0&&R. PV”，设置打开时和关闭时的颜色。

对“出水阀门”图形对象也进行同样的设置，在表达式中写入“UT. PV<0&&R. PV”。

双击“存储罐”图形对象，进行动画连接。表达式中写入“PV. PV”，如图 6-41 所示，表示存储罐的液位动画随变量 PV 的变化而变化。

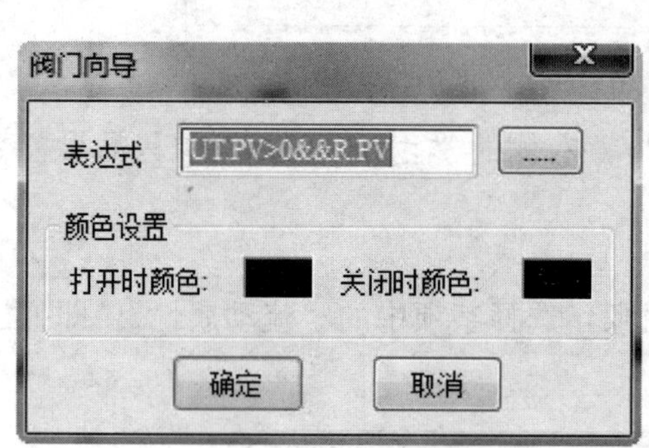

图 6-40　阀门向导

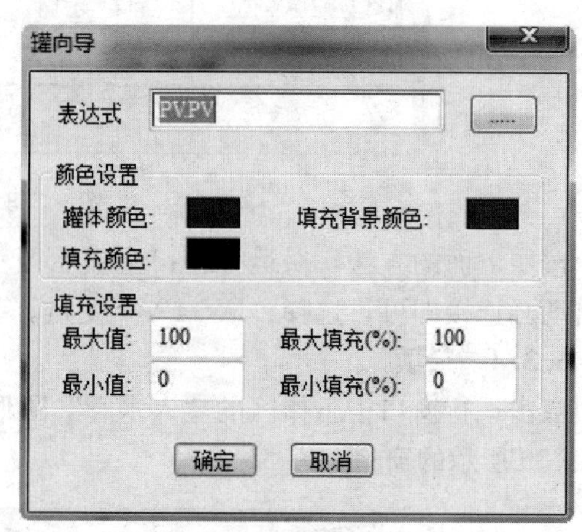

图 6-41　罐向导

本章实验教学视频请观看视频文件“第 6 章　动画连接”。

第7章 脚 本 系 统

为了给用户提供最大的灵活性和能力，力控软件提供了动作脚本编译系统，具有自己的编程语言，语法采用类BASIC的结构。这些程序设计语言，允许在力控软件的基本功能的基础上，扩展自定义的功能来满足用户的要求。

注意事项：动作脚本语言是力控软件开发系统Draw提供的一种自行约定的内嵌式程序语言。它只生存在View的程序中，通过它便可以作用于实时数据库DB，数据是通过消息方式通知DB程序的。

7.1 脚 本 编 辑 器

7.1.1 脚本编辑器的使用

创建动作脚本时，会直接弹出脚本编辑器对话框，如图7-1所示。

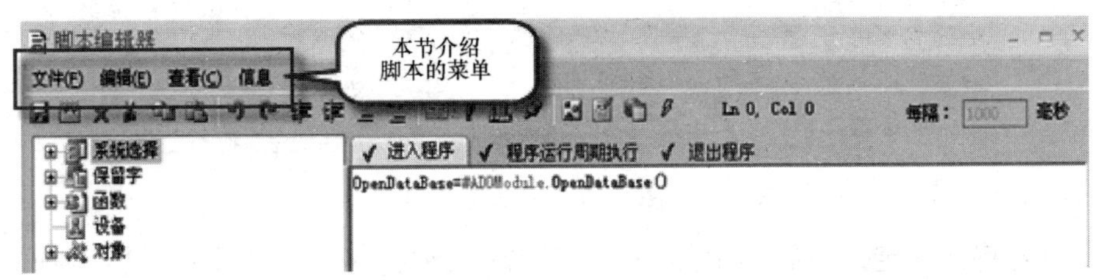

图7-1 脚本编辑器

1. 菜单操作

(1) 文件菜单：文件菜单包括保存到文件，从文件读入，脚本编译和导出对象操作四项功能，如图7-2所示。

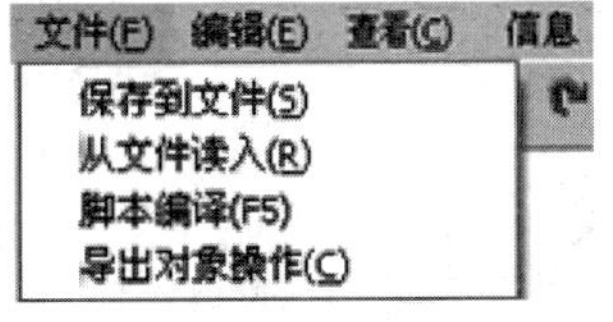

图7-2 文件菜单

1) 保存到文件。将在脚本编辑器中所写的脚本保存成“.txt”格式的文本文件，方便保存、修改和编辑。

2) 从文件读入。将编辑好的脚本文件（.txt文本文件）导入到脚本编辑器中。

3) 脚本编译。将编写好的脚本语言进行全部编译，自动检查脚本语法是否正确，同时编译到系统中。

4) 导出对象操作。选择一个要编辑的对象名称后，选择“导出对象操作”后，可以将该对象的方法、属性和它们对应的使用说明保存为“.csv”格式的文件，使用此项功能，方便查看所操作的对象的属性、方法等。

(2) 编辑菜单。编辑菜单中的命令主要是针对所编辑的脚本进行撤销、剪切、复制、粘贴、删除、全部选择等操作。所有操作和Windows的其他文本编辑器功能一致。

(3) 查看菜单。在查看菜单中主要提供了一些便于使用的快捷方式，主要有如图7-3所示的几种。

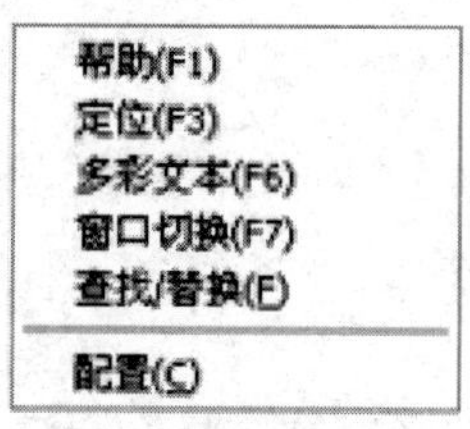

图 7-3 查看菜单

1）帮助（F1）：在编辑器中将光标定位在需要查看帮助的脚本上，按快捷键“F1”可以在帮助提示框内显示在线帮助。

2）定位（F3）：在脚本编辑器中的右边的脚本编辑框中，选中所要定位的函数、属性、方法、对象名等，按快捷键“F3”，很快就能定位到脚本编辑框左边树形菜单的相对应的位置。

3）多彩文本（F6）：在脚本编辑框中，对于函数、属性、方法、对象等，可以采用不同颜色的来标识，方便识别。

4）窗口切换（F7）：执行此菜单命令或者按快捷键“F7”后，可以在左边树形菜单窗口与右边脚本编辑窗口之间快速切换输入焦点。

5）查找/替换（F）：执行此菜单命令或者按快捷键“Ctrl+F”，弹出查找/替换对话框，可以在脚本编辑中查找或者替换指定的文字。

6）配置：配置脚本编辑器的默认属性，可以配置脚本编辑器中是否自动提示脚本输入和是否使用多彩文本显示文字。

（4）信息菜单。增加运行时调试功能，在项目安装实施阶段或工程出现问题时往往无法了解程序执行逻辑，会造成一些工程不稳定等不定因素。信息菜单如图 7-4 所示。

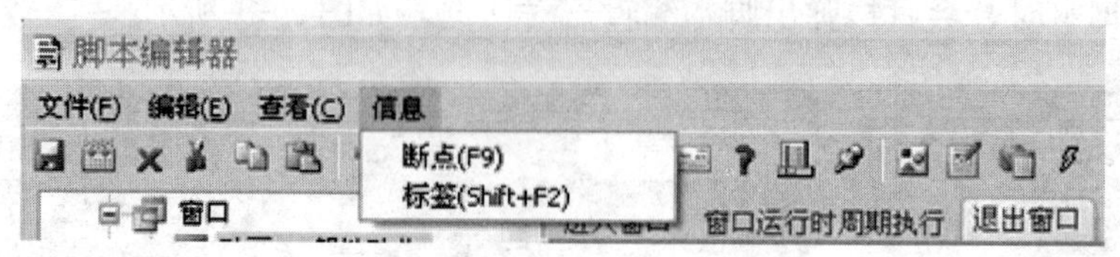

图 7-4 信息菜单

1）断点：将光标定位在脚本中的一行，选择“断点”或者按“F9”键，则这一行的脚本呈粉红色状，如图 7-5 所示。选择“系统设置”导航栏→“系统设置”中的调试方式运行，如图 7-6 所示。

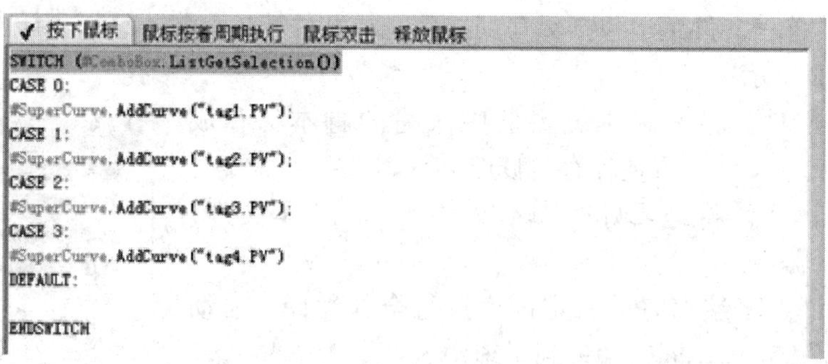

图 7-5 断点

运行后，弹出如图 7-7 所示的画面，按钮“RUN”表示执行下面的所有语句，并且当前窗口不关闭。按钮“STEP”表示一步步执行下面的语句。按钮“OK”表示执行下面的所有语句并且退出当前窗口。按钮“Watch”表示显示或者隐藏下面的“Watch 窗口”。

在“Watch 窗口”中，双击“名称”下的空白行，增加一个变量，如“tag1”，相应行的“数据”就会显示这个变量的当前数据，即起到监控数据的作用。即当程序执行到断点的时候不继续执行，这个时候可以监视数据的变化。

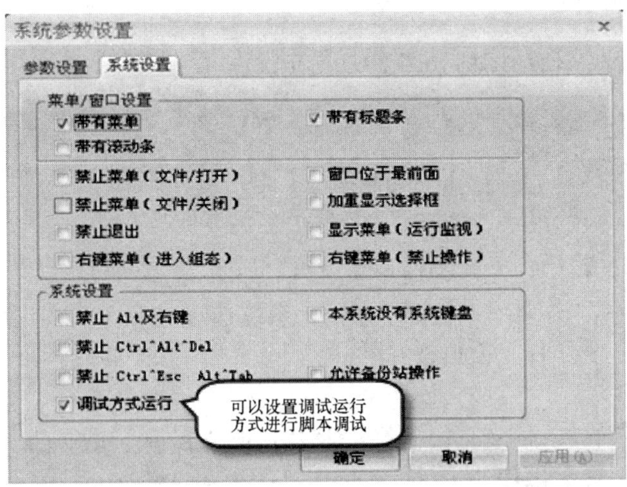

图 7-6　设置调试方式运行

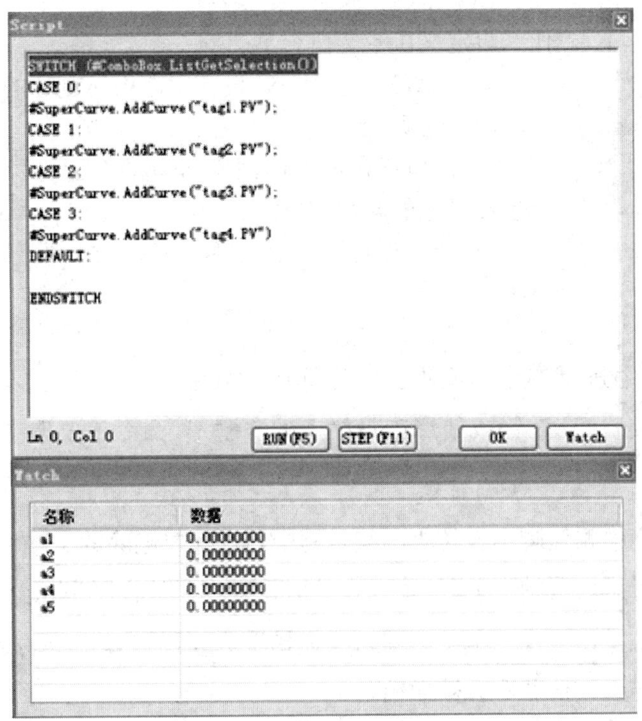

图 7-7　运行界面

2）标签。书签功能指的是在编辑脚本时，对脚本可做快速定位的功能，快捷键为“Shift+F2”。具体界面如图 7-8 所示。

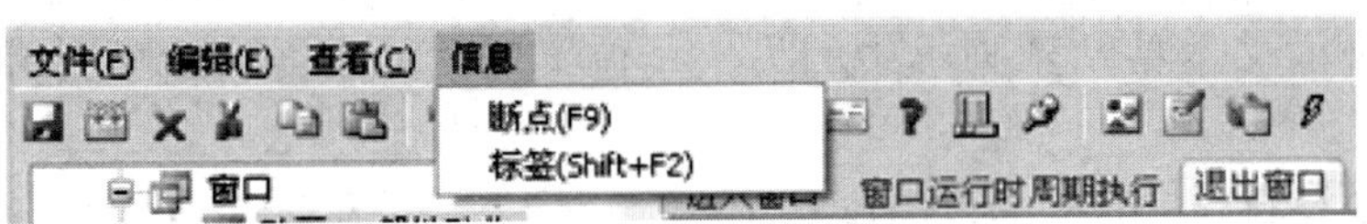

图 7-8　标签

2. 工具栏

工具栏包括的功能及快捷图标如图 7-9 所示。

图 7-9　工具栏

3. 树形菜单栏

在脚本编辑器对话框中，左侧为树形菜单栏，如图 7-10 所示。

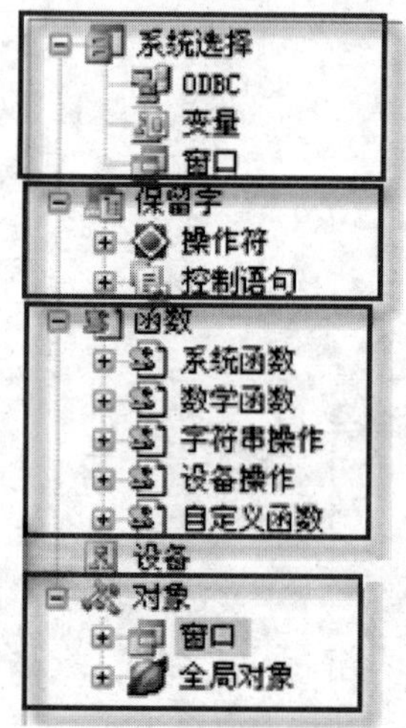

图 7-10　树形菜单栏

(1) 系统选择。系统选择包括 ODBC 数据源配置、变量选择、窗口选择。

(2) 保留字。

1) 操作符：主要是所有的加、减、乘、除、与、或、非等操作符。

2) 控制语句：包括 IF、FOR、SWITCH 等控制循环语句。

(3) 函数。包括系统函数、数学函数、字符串操作、设备操作、自定义函数。

(4) 设备。包括 I/O 设备组态中所创建的设备名称。

(5) 对象。

1) 窗口：在窗口画面中所有的对象都可以列在树下面，同时包括对象的属性和方法。

2) 全局对象：列出了所有后台组件，以及它们的属性和方法。

4. 常用的操作

(1) 缩进/取消缩进脚本中的文本。将光标放到要缩进的行的开始位置，然后按“Tab”键或使用工具栏上的“ ”命令，要取消缩进，采用工具栏上的“ ”命令。

(2) 从脚本程序中删除脚本。在脚本编辑框中，选择要删除的文本，然后选择菜单“编辑→删除”或使用工具栏上的“ ”命令，此时该脚本会从程序中完全删除。

(3) 撤销上一个操作。选择菜单“编辑→撤销”或使用工具栏上的“ ”命令，此时上次进行的编辑操作（如粘贴）会被撤销。

(4) 选择整个脚本。选择菜单“编辑→全部选定”或使用快捷键“Ctrl+A”，此时会选定整个脚本，便可以复制、剪切或删除整个脚本。

(5) 从脚本剪切选定的文本。选择要删除的文本，然后选择菜单“编辑→剪切”或使用工具栏上的“ ”命令，此时剪切的文本会从脚本中删除并被复制到 Windows 剪贴板，既可以将剪切下来的文本粘贴到脚本中的另一个位置，也可以将它粘贴到另一个脚本编辑器中。

(6) 从脚本复制选定的文本。选择要复制的文本，然后选择菜单“编辑→复制”或使用工具栏上的“ ”命令，此时所复制的文本将被写入 Windows 剪切板。现在便可以将所复制的文本粘贴到脚本中的另一个位置，或将它粘贴到另一个脚本中。

（7）将文本粘贴到脚本中。选择菜单“编辑→粘贴”或使用工具栏上的“ ”命令，此时 Windows 剪贴板的内容被粘贴到脚本中的光标位置。

（8）将函数插入脚本。在脚本编辑器的左侧树形菜单下，找到函数项，按函数的类型选择所要使用的函数，双击此函数即可将其插入到右侧的脚本编辑框的光标所在位置处。

（9）将变量插入脚本。将变量、实时数据库中的点插入到脚本，使用工具栏上的“ ”命令，此时会弹出变量选择对话框，可以选择所需要的变量、点，如图 7 - 11 所示。

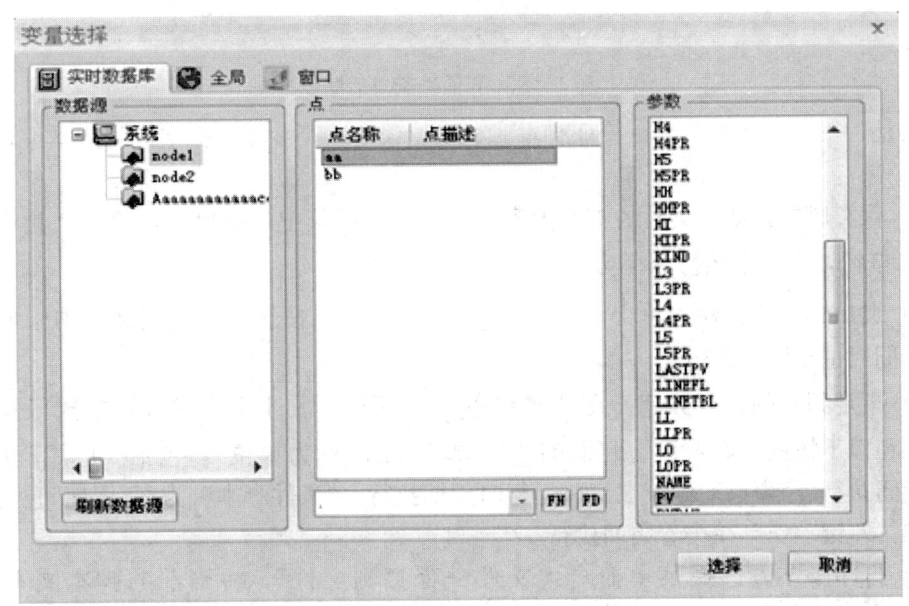

图 7 - 11　变量选择

（10）查找或替换脚本中的标记名。选择菜单“查看→查找→替换”，出现如图 7 - 12 所示的替换对话框。

在“查找内容”栏中，输入要查找（或替换）的标记名，然后单击“查找下一个”按钮。在“替换为”框中，输入用于替换旧名称的新名称，然后单击“替换”或“全部替换”按钮。

图 7 - 12　替换对话框

（11）将窗口名插入脚本。选择工具栏上的“ ”按钮，弹出“界面浏览”对话框，如图 7 - 13 所示。

在“界面浏览”对话框内显示的所有窗口画面的名称，双击要使用的窗口名，此时会关闭“界面浏览”对话框，窗口名会自动插入脚本中的光标位置。

（12）验证脚本。当编写脚本时，可随时单击工具栏中的脚本编译“ ”按钮，来检查

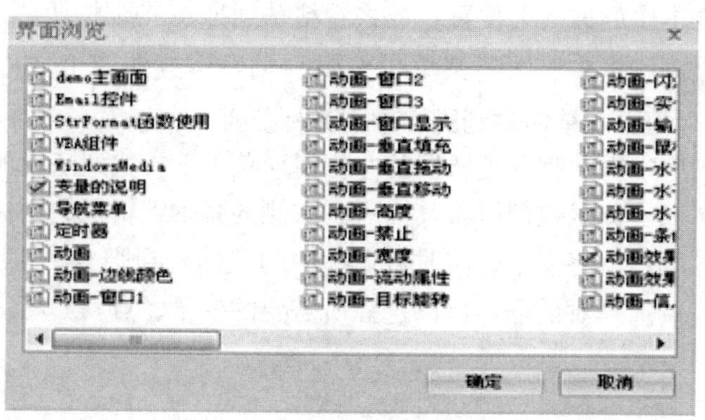

图 7-13　界面浏览对话框

脚本语法是否正确。如果系统在验证脚本时遇到错误时，则会将光标定位到脚本编辑框中的错误处。

（13）保存脚本。如果编写的脚本内容很多，在完成其中一部分后，单击工具栏中的保存“ ”按钮，会自动执行保存功能。

（14）退出脚本编辑器。单击对话框右上角的“ × ”按钮时，系统会自动验证脚本的正确性，同时退出脚本编辑器。

（15）指定脚本的执行频率。在“每隔：1000 毫秒”文本框中输入脚本执行前等待的毫秒数。在以下情况下必须指定它们的执行频率（以 ms 为单位），包括“应用程序动作”在运行期间执行、“窗口动作”在窗口运行时周期执行、“条件脚本”为真/假期间执行、“键脚本”和“左键动作”在按着周期执行。

（16）打印脚本。选择菜单命令“文件→保存到文件”，将当前的脚本文本保存为“.txt”文件。用文本编辑器打开保存的“.txt”文件，用文本编辑器进行打印。

5. 自动提示功能

脚本编辑器提供了“自动提示”功能，用户可以比较方便的进行脚本对象、属性、方法等输入。

在脚本编辑器里，选择“编辑→配置”菜单命令或者单击配置快捷菜单，选择“使用自动提示”，如图 7-14 和图 7-15 所示。

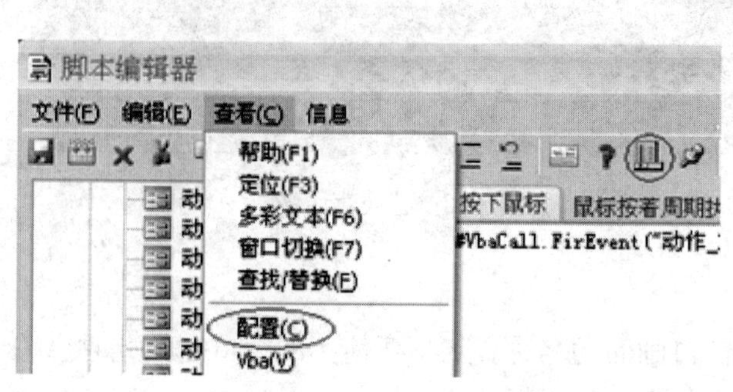

图 7-14　配置

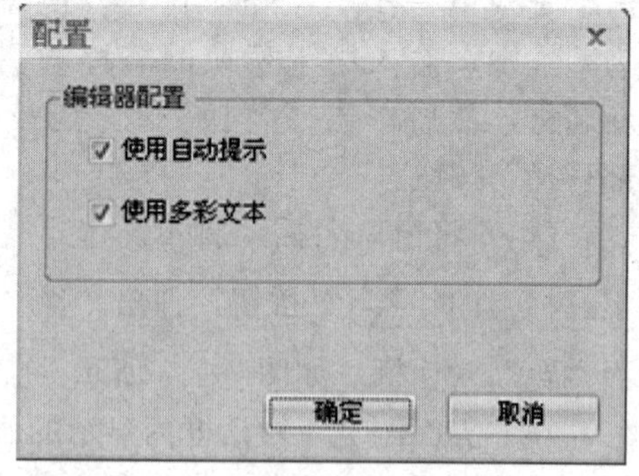

图 7-15　使用自动提示

在脚本编辑器里的空白处输入“#”，出现提示选择菜单（见图7-16），选择对象“Rect”，按键盘回车键，按键盘小数点键，可以选择对象的属性（图标）和方法（图标），按回车键自动将选择的属性或方法名字输入到脚本编辑器中。如果要输入方法，当在脚本编辑器中输入左括号的时候自动在黄色小窗口中提示方法的函数原型，并且用粗体显示当前正在输入的参数（见图7-17）。

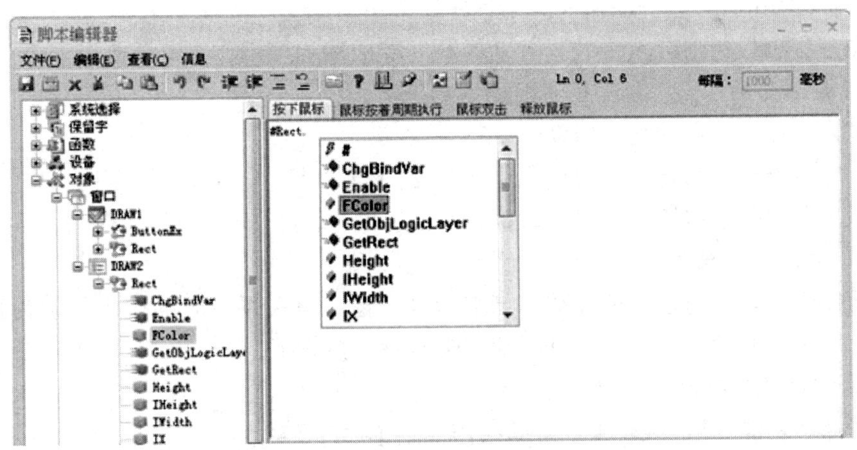

图7-16 输入“#”出现提示菜单

图7-17 输入左括号提示函数原型

7.1.2 脚本编辑器的语法格式

脚本编辑器里的基本语法格式：

（1）引用本界面的属性和方法的格式是：“#［对象名］.［属性/方法］”。

（2）当为跨界面访问时的格式是（这个不经常使用）：“#［窗口名］.#［对象名］.［属性/方法］”。

7.2 动作脚本类型

7.2.1 图形对象动作脚本

图形对象的触敏性动作脚本可用于完成界面与用户之间的交互式操作，从简单图形到标准图形都可以视为图形对象。图形对象包括每一种对象都有一些共同属性和专有属性。而填充类型的图形对象还有边线颜色或填充颜色等属性。

选中所要创建动作脚本的图形对象，创建方式有两种：

（1）在属性设置工具栏中，切换到事件页，选择“鼠标动画”下的左键动作、右键动作或鼠标动作，弹出脚本编辑器。

（2）双击图形对象，进入动画连接对话框，选择“触敏动作→左键动作”，或者选择“触敏动作→右键动作”，或者选择“触敏动作→鼠标动作”，或者选择“杂项→一般性动作”，弹出脚本编辑器。

7.2.2 应用程序动作脚本

应用程序动作脚本是与整个应用程序链接，它的作用范围为整个应用程序，作用时间从开始运行到运行结束。

1. 应用程序动作脚本的创建方法

(1) 选择“功能［S］→动作→应用程序”菜单命令。

(2) 在工程项目树形节点中选择“动作”→“应用程序动作”菜单命令。

2. 触发条件类别

(1) 进入程序：在应用程序启动时执行一次。

(2) 程序运行周期执行：在应用程序运行期间周期性地执行，周期可以指定。

(3) 退出程序：在应用程序退出时执行一次。

7.2.3 窗口动作脚本

窗口动作脚本，只与运行窗口动作脚本的这个窗口有关系。它的作用范围为这个窗口，当窗口画面关闭的时候，这个窗口里的动作脚本就不执行了。

1. 创建窗口动作脚本

(1) 选择“功能［F］→动作→窗口动作”菜单命令。

(2) 在工程项目树形节点中选择准备创建窗口动作的窗口名，单击右键选择窗口动作。

2. 执行条件窗口动作脚本的三种执行条件

(1) 进入窗口：开始显示窗口时执行一次。

(2) 窗口运行时周期执行：在窗口显示过程中以指定周期执行。

(3) 退出窗口：在窗口关闭时执行一次。

7.2.4 数据改变动作脚本

数据改变动作脚本与变量链接，以变量的数值改变作为触发事件。每当变量名所指的变量数值发生变化时，对应的脚本就执行。

具体创建数据改变动作脚本步骤如下：

(1) 选择“功能［S］→/动作→数据改变”菜单命令，出现数据改变动作脚本编辑器。

(2) 在工程项目树形节点中选择“动作”→“数据改变动作”菜单命令。在所出现的界面中需进行以下三项配置：

1) 变量名：在此项中输入变量名或变量名字段。

2) 已定义动作：这个下拉框中列出已经定义了数据改变动作的动作列表，可以选择其中一个动作以修改脚本。如图 7-18 所示。

图 7-18 修改动作脚本

3）数值改变时执行：选中此项数值发生变化的时候才执行此动作。

7.2.5 键动作脚本

键动作脚本是将脚本程序关联到键盘上特定的按键或组合键上，以键盘按键的动作作为触发动作的事件。

1. 创建键动作脚本

（1）选择“功能［F］→动作→按键动作”菜单命令，出现键动作脚本编辑器。

（2）在工程项目树形节点中选择“动作”→“按键动作”菜单命令。

2. 键动作脚本类型

（1）键按下：在键按下瞬间执行一次。

（2）按键期间周期执行：在键按下期间循环执行，执行周期在系统参数里设定。

（3）键释放：在键释放瞬间执行一次。

7.2.6 条件动作脚本

条件动作脚本既可以与变量链接，也可以与一个等于真或假的表达式链接，以变量或控件的属性或逻辑表示式的条件值为触发事件。

具体创建条件动作脚本步骤如下：

（1）选择“功能［S］→动作→条件动作”菜单命令，出现条件动作脚本编辑器，如图7-19所示。

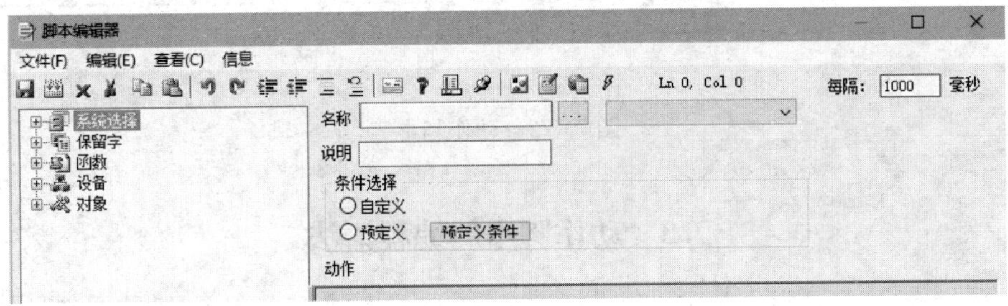

图7-19 条件动作

（2）在工程项目树形节点中选择“动作”→“条件动作”菜单命令。

1）名称：此项用于指定条件动作脚本的名称。单击右侧的“...”按钮，会自动列出已定义的条件动作脚本的名称。

2）条件执行的时候有4种：条件为真时、条件为真期间、条件为假时和条件为假期间。对于条件为真期间和条件为假期间执行的脚本，需要指定执行的时间周期。

3）说明：此项用于指定对条件动作脚本的说明。此项内容可以不指定。

4）自定义条件：选择自定义条件，需要在条件对话框内输入条件表达式。

5）预定义条件：如果要使用预定义条件，选择“预定义”按钮，这时自定义条件的条件表达式的输入框自动消失，同时显示出“预定义条件”按钮，单击此按钮，出现如图7-20所示的对话框。

预定义条件目前提供了过程报警、设备故障和数据源故障几种类型。

设备故障：当工程在运行时，如图7-21所示对应的设备出现故障时，会触发动作中的脚本动作。

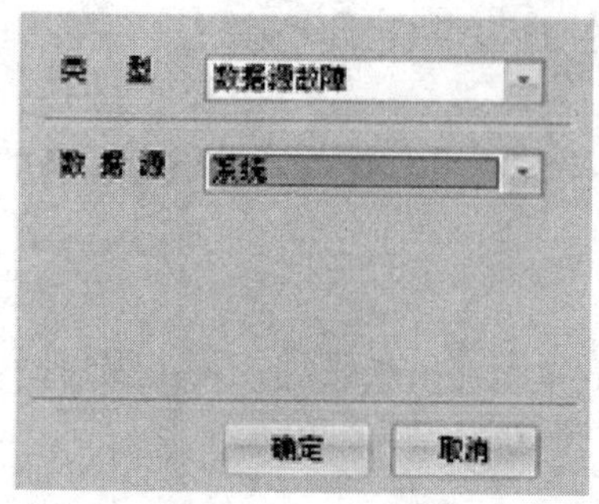

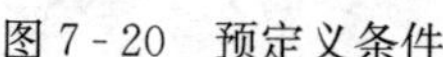
图 7-20 预定义条件

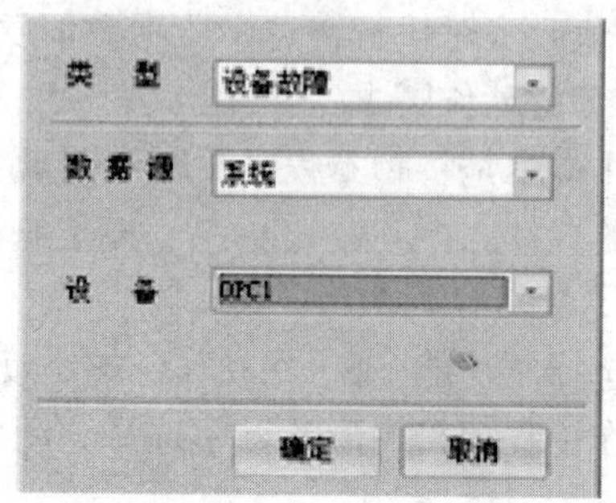

图 7-21 预定义条件中的设备故障

6）动作。对于动作，需要在自定义对话框内输入动作脚本“tag3=1;”，如图 7-22 所示。

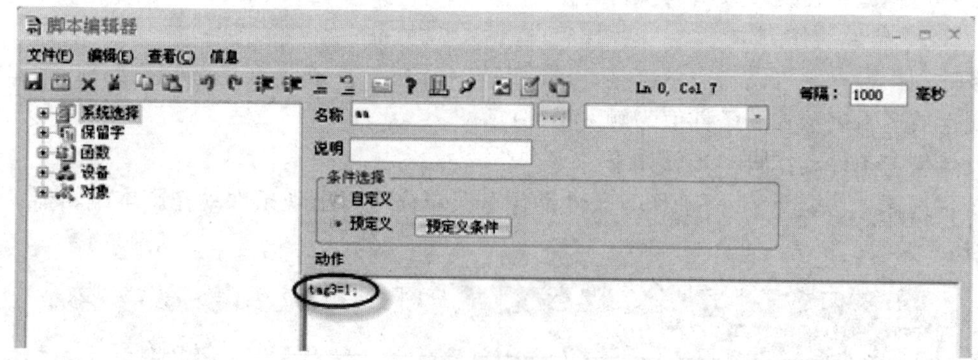

图 7-22 动作脚本

7.3 动作脚本的编程语法

动作脚本语言支持赋值、数学运算等基本语法，也可以书写由 if－else－endif 等语句结构。成的带有分支结构的程序脚本。它由以下几个部分组成：

变量和常数：数据运算的最基本单位。

操作符：对数据实施的运算。

表达式：关键字、运算符、变量、字符串常数、数字或对象的组合。

赋值语句：为变量或属性赋值的语句。

条件语句：使用条件语句可以根据指定的条件控制脚本的执行流程。

多分支语句：使用多分支语句可以根据指定的条件控制脚本的执行流程，在根据同一个条件处理多个分支时，它比条件语句更清晰。

循环语句：循环用于重复执行一组语句。

注释：用来解释代码如何工作的附加文本。

函数：软件提供了一些定义好的系统函数，用户也可以自定义函数。

7.3.1 变量与表达式

1. 变量

变量的定义和类型参见“第 3 章 开发系统”“第 4 章 实时数据库系统”。变量是动作脚本的基本组成单位，任何在脚本中应用的变量必须预先定义过，或者在编译环境下直接进行编译，它是构成脚本的基础。

2. 操作符

开发系统提供了基本的赋值、算术运算、逻辑运算等功能，它们是通过操作符来完成的，操作符参数可以是数字或变量。在参数外加括号可以设置计算的优先级，操作符名称不区分大小写。

（1）单目操作符。单目操作符是指只允许有一个操作数参与运算的操作符，见表7-1。

表7-1　　单目操作符

符号	说明	符号	说明
~	按位取反	!	逻辑非

（2）双目操作符。双目操作符是指有两个操作数参与运算的操作符，见表7-2。

表7-2　　双目操作符

符号	说明	符号	说明
*	乘	|	按位或
/	除	&&	逻辑与
+	加	||	逻辑或
-	减	<	小于
=	赋值	<=	小于等于
%	取余	==	等于
**	乘方	<>	不等于
^	异或	>	大于
&	按位与	>=	大于等于

（3）操作符优先级。表7-3列出了操作符的优先级次序。其中，第一行操作符为第一级，第二行为第二级等。同一行的操作符具有相等的优先级，操作符相同优先级从左到右进行运算，不同优先级的运算先高后低。

表7-3　　操作符优先级

高优先级：→	()	~,!	**
*，/,%	+，-	>，>=，<，<=	==，<>
&	^	|	=
AD	OR	<—低优先级	

（4）操作符分类。操作符按功能分类如下：

1）乘方（**）：对一个数值型数据进行乘方运算。

2）加（+），减（-），乘（*），除（/）：这些二元操作符执行基本的数学操作。加号（+）也可以用于连接字符串型变量。

3）取余（%）：取余是用第一个操作数去除另外一个操作数所得的余数。

4）比较运算符。比较操作符（<、<=、>、>=、<>、==）：

比较操作符常常用在“IF ELSE ENDIF”等表示判断的语句中，当放在该判断语句中的条件成立时，系统将要执行条件成立时的一串语句，当条件不成立时，系统将执行与条件不成立相对应的语句。

5）逻辑运算符。逻辑运算符有与（&&）、或（||）、非（!），这些操作是对离散量进行操作的。

6）按位取反（~）：每一个数值变量的值都可以写成一串二进制串。按位取反就是将这串二进制串的每一位进行取反。

7）按位与（&）：参与按位与的两个量都需要是整型的。按位与的实质是把参与“与”操作的两个量所对应的二进制进行按位与操作。

8）按位或（|）异或（^）：参与按位或和异或的两个量都需要是整型的。按位或和异或的实质是把参与“或”操作的两个量所对应的二进制进行“按位或”或者“异或”操作。

9）赋值运算符。见“7.3.2 赋值语句”。

10）其他。括号（）：括号主要用于限制和调整运算次序。

注意事项：“+”既可以表示算术加，也可以表示字符串加；所有的位运算都以 32 位无符号整数为运算操作数；所有算术运算的中间结果都是以双精度浮点数表示。

3. 表达式

表达式一般分成以下几种：

(1) 逻辑表达式。当表达式中包含有逻辑运算符或比较运算符时，表达式的值只可能为 0（条件不成立，假）或非 0（条件成立，真），这类表达式称为逻辑表达式。

(2) 算术表达式。当表达式中包含算术运算符，表达式的运算结果为具体的数值时，这类表达式称为算术表达式。

(3) 字符表达式。当表达式由字符常量、字符变量、字符运算、字符函数组成时，其运算结果也是字符时为字符表达式。

注意事项：常数和变量是表达式，如 1.5、li101 等是表达式；表达式加上（）还是表达式，如 li101 是表达式，则（li101）也是表达式；表达式的运算是表达式，如 A、B 是表达式，则 A+B 也是表达式；函数的结果是表达式，如函数的形式是 Func（A，B，…）等，Func 是函数名，则 A，B 是表达式。

7.3.2 赋值语句

1. 赋值语句

赋值语句的形式为“变量=表达式”，赋值语句用赋值号（“=”号）来表示。表示把“=”右边表达式的运算值赋给左边的变量。

注意事项：赋值号左边必须是能够进行写操作的变量，常量、只读变量不能出现在赋值语句的左边。必须确保运算的结果与赋值变量的数据类型一致，否则编译时将弹出提示：“数值型数据不能与字符串混合运算，或者参数类型错！”赋值语句必须以“;”作为语句的结束符。

2. 注释

注释是用来解释代码如何工作的附加文本。

“//”表示该行后面的所有文本是注释。

“/*”“*/”必须配对使用，出现在这两者之间的所有文本都是注释，且不支持嵌套，如“/ *”会在后续文本中找一个与它最靠近的“* /”与它配对，不管中间是否出现“/ *”。

7.3.3 程序结构

程序结构基本分为顺序程序结构、分支程序结构和循环结构三种。

1. 顺序程序结构

脚本是一种顺序执行的关系，是按表达式的先后顺序进行执行。

2. 分支程序结构

分支程序结构主要有以下两种表现形式：

（1）if 结构。if 语句也称条件语句，它与 switch 语句合称为分支语句。即程序运行到此处可以根据条件的真假而决定执行什么样的后继语句。

1）if 表达式 then

执行体 1

endif

如果表达式的条件成立，则执行 then 和 endif 之间的语句，否则跳过执行这些语句。if 语句流程图如图 7 - 23 所示。

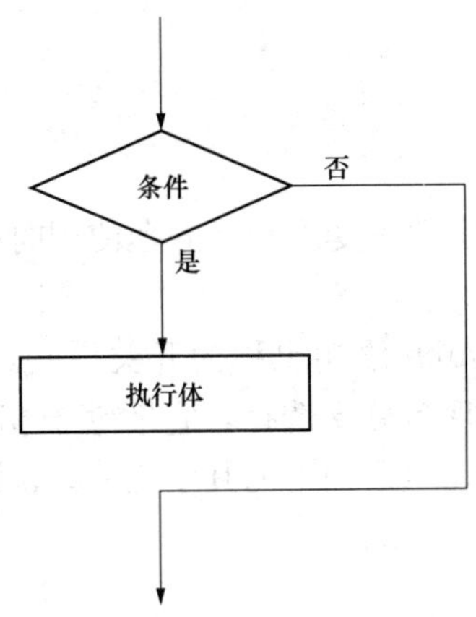

图 7 - 23　if 语句流程图 1

2）if 表达式 then

执行体 1

　　else

执行体 2

　　endif

如果表达式的条件成立，则运行执行体 1，否则运行执行体 2。if 语句流程图如图 7 - 24 所示。

3）if（表达式 1）then

执行体 1

　　else if（表达式 2）then

执行体 2

　　else if（表达式 3）then

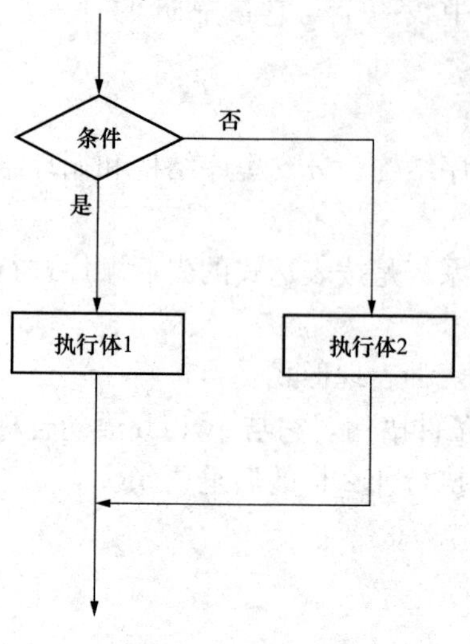

图 7-24 if 语句流程图 2

执行体 3

……

endif//3

endif//2

endif//1

if 语句可以嵌套使用，嵌套次数不受限制，嵌套使用时必须注意每一个 if 必须要有配套的 endif。

（2）switch 多分支结构。switch 语句也称为开关语句，它是多分支结构，而 if 语句是二分支结构，多分支语句用来实现多分支选择，它能够根据表达式的值来决定控制的转向，即根据表达式的值，来决定执行几组语句中的其中之一。if 语句可以实现两路选择，而实际情况却经常需要多分支的选择。

语法：

```
switch（E）
[case c-1:
[statements-1]]...
[case c-i:
[statements-i]]...
[case c-n:
[statements-n]]...
[default:
[elsestatements]]
endswitch
```

说明：

E：switch 括号内的 e 为必有参数，为数值表达式。当该表达式的值与下面某一个 case 语句中的常量匹配时，就将转向执行这个 case 后的语句。

c-1，...，c-n：一般为一常量，也可以是一组分界列表，形式为 c1，c2，c3，…各分界间以逗号“,”分隔。to 关键字可用来指定一个数值范围，如 5 to 10，表示取值为 5～10 之间，包括 5 和 10。如果使用 to 关键字，则一般较小的数值要出现在 to 之前。当表达式 e 的值与 c—n 的任何一分界值相匹配时，便执行其后的执行语句，当执行到下一个 case 或 default 语句时，将跳出多分支语句。

statements - i：一条或若干条执行语句。

default：当 e 不匹配 case 子句的任何部分时执行其后的执行语句。当执行到下一个 case 时，将跳出多分支语句。如果没有 default 语句，且没有哪一个 case 的界值与表达式 e 的值相匹配，多分支内的任何语句都不会被执行，控制将转向多分支体后的语句执行。

注意事项：case 语句与执行语句间必须以“:”结束；default 语句可以没有，但是不能有多个；界符不能重复或交叉；switch 语句可以任意嵌套。

3. 循环结构

语句循环操作的实现使计算机真正充当了代替人工作的角色。循环语句可以将计算机定义成无休止的工作状态。力控软件提供了 while 循环和 for 循环两种循环语句，循环语句一般配合数组使用。

注意事项：间接变量数组将根据数组下标动态开始，所以推荐用户最好从 0 开始下标。间接变量数组中一旦采用@符号进行变量的取址操作后将变为真实的间接变量，则不再能当作普通变量使用。

（1）for 循环。for 循环的语法为：

```
for i = e1 to e2 [step e3]
执行体
next
```

for 循环流程图如图 7 - 25 所示。

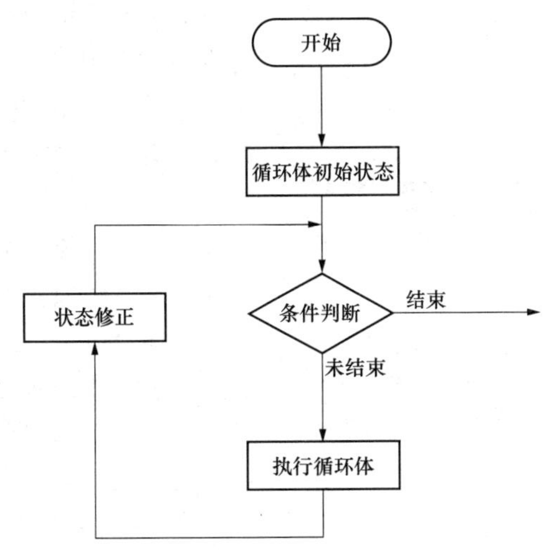

图 7 - 25 for 循环流程图

注意事项：初值表达式 e2，增量表达式 e3 在进入循环时对其求值一次，循环中不在计算。

（2）while 循环。while 循环的语法为：

while 条件表达式 do

执行体

endwhile

7.3.4　函数

力控软件中提供了大量的内置预定义函数，利用这些函数，可以链接到对象或按钮，或在脚本中使用它们来执行各种任务。例如，确认报警、隐藏窗口、改变当前绘制趋势图的标记名，这些函数可以在脚本编辑器的左侧树型菜单区中进行选择。用户也可以根据需要定义自定义函数。

1. 预定义函数

力控软件的预定义函数可以分为全局函数和对象函数两大类。对象函数是与对象相关的函数，全局函数可以直接调用，而对象函数必须按对象属性方法引用规则调用，预定义函数包括如下几类：

（1）系统函数。系统函数主要用于画面上图形对象操作。

（2）数学函数。数学函数用于数学计算。

（3）字符串操作。字符串操作用于字符串截取、类型转换等。

（4）设备操作。设备操作用于I/O设备启停、切换地址等。

2. 自定义函数

（1）自定义函数指可以在其他脚本或表达式中进行编写和调用的脚本，存储于创建它们的应用程序中。通过从其他脚本或表达式调用自定义函数，可以一次性创建脚本，然后再多次重复使用它，也就是可以把一些公共的、通用的运算或操作定义成自定义函数，然后在脚本中引用。使用这些脚本可以减少脚本中来回复制的重复代码量，从而降低应用程序的维护工作量。可以重复使用的代码存储在一个脚本中，并被放入一个位置，因此可以在一个编辑会话中更新所有的脚本实例。

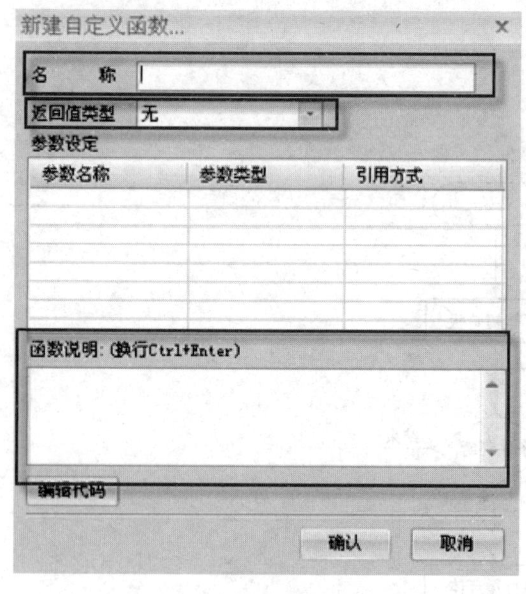

图7-26　自定义函数设置

（2）创建自定义函数。双击“工程项目”导航栏→“全局脚本”→“自定义函数”，弹出自定义函数设置对话框，如图7-26所示。

1）名称：这个是其他自定义函数或表达式用于调用该自定义数的名称，函数名必须唯一，不能与已经使用的函数重名，包括自定义函数和系统函数。

2）返回值类型：使用RETURN语句将值返回给调用脚本，遇到RETURN时，自定义函数便立即结束执行。在此时，自定义函数会将一个值返回给调用脚本，返回值可以是实型、整型、字符型，也可以为空，即没有返回值。

3）参数名称：在自定义函数体内当对该参数操作时可以理解为对变量或对象属性操作。

4）参数类型：参数的数据类型可以是实型、整型、字符型。双击表格，变为下拉列表框，可以选择参数类型。

5）引用方式：参数的引用方式分为传值方式和传地址方式两种。

a. 传值方式：参数传递方式为数值，可为变量、对象属性和常量。

b. 传地址方式：参数传递方式为传递参数变量的地址，可为变量和对象属性，在自定义函数体内当对该参数操作时可以理解为对调用自定义函数是设置的变量或对象属性操作。

6）函数说明：对函数的使用说明、介绍等。

7）编辑代码：进入到脚本编辑器编辑自定义函数代码，完成所要完成的功能。

注意事项：自定义函数命名一定不要和系统函数重名，否则系统会以系统预定义函数为主。

7.3.5 调试

在开发状态下的调试。

当保存或从脚本编辑器中返回时，脚本编辑器对脚本程序进行语法检查和编译。当发现语法错误时，会发出警告提示。

当脚本程序有语法错误时，系统会出现如图 7-27 所示的调试提示。

图 7-27 调试提示

也可以使用编辑器自带的编译工具（见图 7-28）对所输入脚本进行检查，如果脚本有语法错误，编译时同样会提示语法错误。

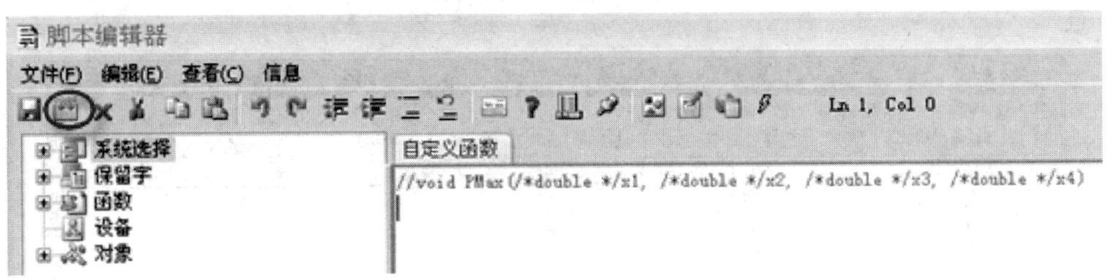

图 7-28 编译工具

7.4 存储罐液位监控实验系统（六）

选择如图 7-29 所示的工程项目中的“动作”→“应用程序动作”，即弹出如图 7-30 所示的脚本编辑器，在“进入程序”中按照图 7-30 所示，完成填写动作脚本程序：R.PV= 0; SV.PV= 0; PV.PV= 0; KP.PV= 0; U.PV= 0; UT.PV= 0；然后单击工具栏中的“ ”脚本编译，没有提示错误，最后单击“ ”保存程序（有提示错误请认真检查脚本程序）。

在“程序运行周期执行”中按照如图 7-31 所示完成填写动作脚本程序：

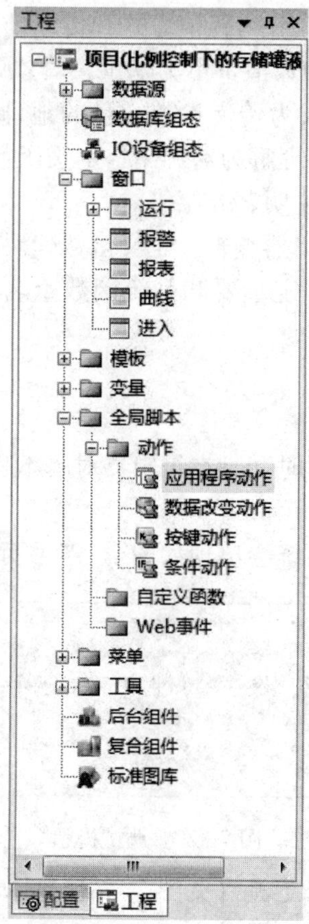

图 7-29 工程项目

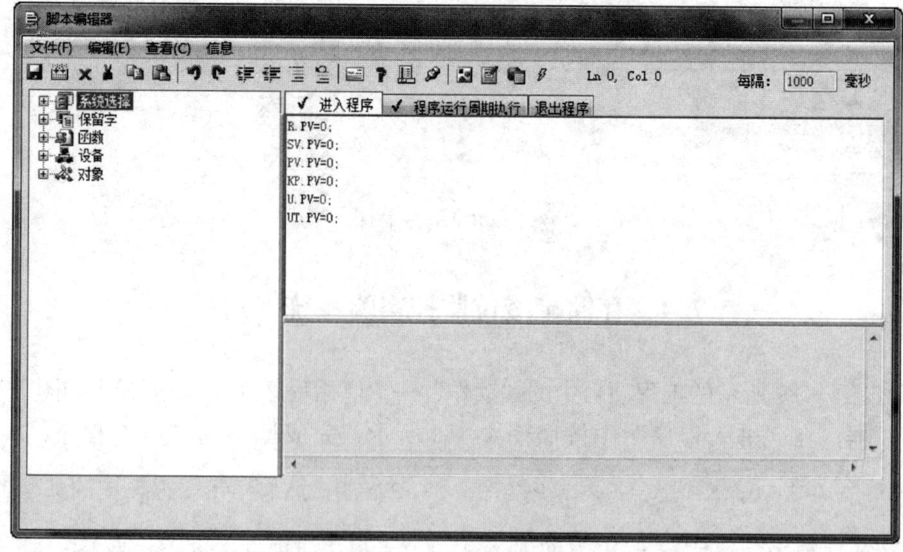

图 7-30 进入程序脚本

```
IF R. PV= = 1
THEN
U. PV= KP. PV*  (SV. PV- PV. PV);
IF U. PV> UT. PV THEN UT. PV= UT. PV+ 2 ENDIF//控制器作用
IF U. PV< UT. PV THEN UT. PV= UT. PV- 2 ENDIF
IF UT. PV> 10 THEN UT. PV= 10 ENDIF//限幅
IF UT. PV< - 10 THEN UT. PV= - 10 ENDIF//限幅
PV. PV= PV. PV+ UT. PV;
IF PV. PV> 100 THEN PV. PV= 100 ENDIF
IF PV. PV< 0 THEN PV. PV= 0 ENDIF
ENDIF
```

然后单击工具栏中的“ ”脚本编译，没有提示错误，最后单击“ ”保存程序（有提示错误请认真检查脚本程序）。

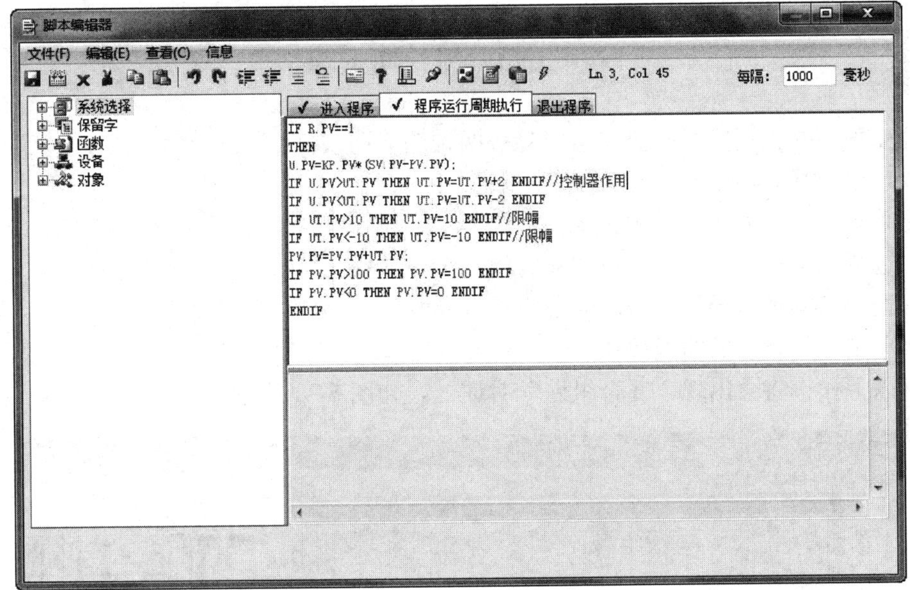

图 7-31　程序运行周期执行脚本

本章实验教学视频请观看视频文件“第 7 章　脚本系统”。

第 8 章　分　析　曲　线

力控软件将从现场采集到的数据经过处理后，依照实时数据和历史数据进行存储和显示。在力控软件中，除了在窗口画面和报表中显示数据外，还提供了功能强大的各种曲线组件对数据进行分析显示。

分析曲线提供了丰富的属性方法，以及便捷的用户操作界面，一般性用户可以使用曲线提供的各种配置界面来操作曲线，高级用户可以利用分析曲线提供的属性方法灵活的控制分析曲线，以满足更加复杂、更加灵活的用户应用。

本章介绍几种基本类型的分析曲线：实时趋势、历史趋势、X－Y 曲线、温控曲线。通过这些工具，可以对当前的实时数据和已经存储了的历史数据进行分析比较。

8.1 趋　势　曲　线

力控软件中提供了实时趋势和历史趋势两种趋势曲线。

8.1.1　创建趋势曲线

创建趋势曲线的方式有三种：

（1）选择菜单命令“工具”→“复合组件”→“曲线”。

（2）选择工程项目导航栏中的复合组件/曲线。

（3）单击工具条上的曲线按钮。

执行以上操作将会出现“复合组件”对话框，如图 8-1 所示。

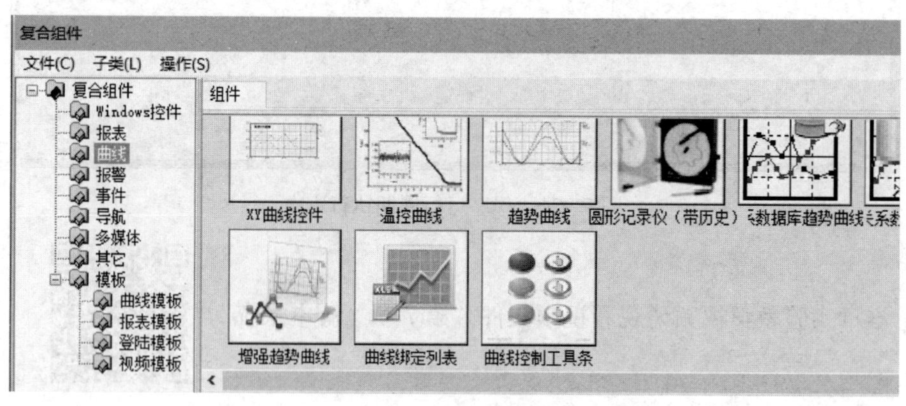

图 8-1　复合组件（曲线部分）

在复合组件中选择曲线类中的趋势曲线，在窗口中点击并拖拽到合适大小后释放鼠标。如图 8-2 所示。

8.1.2　趋势曲线的配置

在曲线上单击右键选择对象属性或者双击曲线，弹出曲线属性设置对话框，如图 8-3 所示。

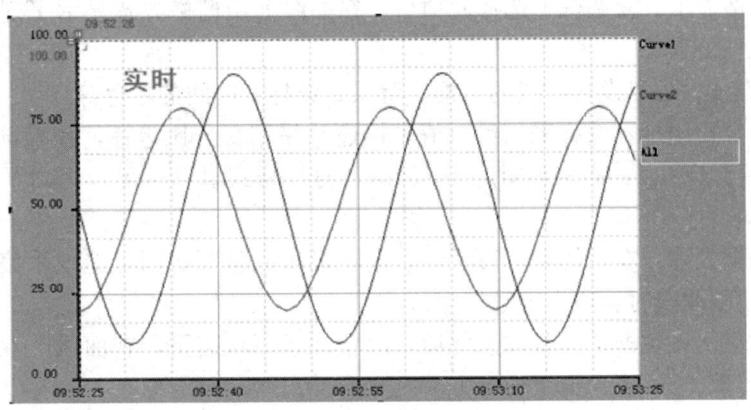

图 8-2　趋势曲线

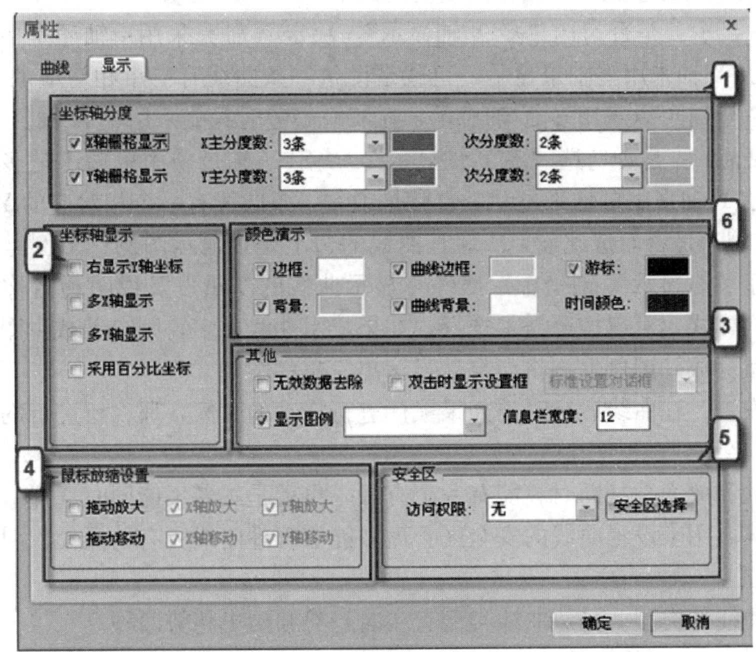

图 8-3　趋势曲线属性设置

在属性设置中有两个标签页：曲线设置和显示设置。

1. 显示设置

显示设置分坐标轴分度、坐标轴显示、颜色演示、鼠标放缩设置、其他和安全区六部分，下面给出其中一部分的设置说明。

（1）坐标轴分度。在坐标轴分度框中，可以设置 X、Y 轴的主、次分度数目。

1）X 主分度数：显示时间轴 X 的主分度，即 X 轴标记时间的刻度数，用实线连接表示。

2）X 次分度数：显示时间轴 X 上的主分度数之间的刻度数，用虚线连接表示。

3）X 轴栅格显示：该选项指的是，在曲线上用栅格方式显示 X 轴分度数，否则不显示。

4）Y 主分度数：显示 Y 轴的主分度，即 Y 轴标记数值的刻度数，用实线连接表示。

5）Y 次分度数：显示 Y 轴上的主分度数之间的刻度数的分度，用虚线连接表示。

6）Y 轴栅格显示：复选框上选择此项后，在曲线上用栅格方式显示 Y 轴分度数，否则不显示。

（2）其他设置。可以设置曲线的边框、背景、游标和时间的颜色等。

1）采用百分比坐标：选择采用绝对值坐标还是采用百分比坐标，如果选择此项后，在 Y 轴上，低限值对应 0%，高限值对应 100%的百分比样式显示标尺，否则 Y 轴采用绝对值坐标来显示。

2）无效数据去除：在系统运行过程中，由于设备故障等原因会造成采集上的数据是无效数据点（在绘制曲线时忽略无效数据点）。

3）双击时显示设置框：是否勾选此项，决定在运行状态下，在曲线上双击时是否有曲线设置对话框出现。

4）右显示 Y 轴坐标：是否勾选"右显示 Y 轴坐标"，决定 Y 轴坐标在曲线的左边还是右边。不勾选默认是在左边，否则在曲线的右边。

5）多 X 轴显示：是否勾选"多 X 轴显示"，决定 X 轴是采用单轴还是多轴，如果选择此选项，则表示 X 轴采用多轴来显示，也就是说每一条曲线有一个相对应的 X 轴。需要注意的是：历史趋势时可以采用多 X 轴显示，在实时趋势时只能采用单 X 轴。

6）多 Y 轴显示：是否勾选"多 Y 轴显示"，决定 Y 轴是采用单轴还是多轴，如果选择此选项，则表示 Y 轴采用多轴来显示，也就是说每一条曲线有一个相对应的 Y 轴。

7）显示图例：是否勾选此项，决定在曲线的边上是否显示图例；图例是在曲线的左边或右边（取决于"右显示 Y 轴坐标"属性）显示曲线的变量以及说明和名称，单击下拉列表框显示图例的样式，可以按照需求选择，如果显示曲线过多，则自动减少图例的条数，但是运行状态下鼠标放到图例上方将会自动显示出完整的图例。

（3）放缩设置。在曲线运行时，如果鼠标进行拖动的时候，那么所进行的拖动将是移动和放大该曲线。

注意：拖动和放大功能同时只能有一个有效，也就是二者不能同时选择。

（4）安全区。用来设置曲线的安全区管理，能够管理曲线所有的操作权限。

2. 曲线设置

（1）趋势曲线的类型。趋势曲线类型有实时趋势和历史趋势两种。

1）实时趋势。实时趋势是动态的，在运行期间是不断更新的，是变量的实时值随时间变化而绘制出的时间→变量关系曲线图。使用实时趋势可以查看某一个数据库点或中间点在当前时刻的状态，而且实时趋势也可以保存一小段时间的数据趋势，这样使用它就可以了解当前设备的运行状况及整个车间当前的生产情况。

2）历史趋势。历史趋势是根据保存在实时数据库中的历史数据随历史时间变化而绘制出的二维曲线图。历史趋势引用的变量必须是数据库型变量，并且这些数据库变量必须已经指定保存历史数据。

（2）数据源。数据源主要用来配置当前趋势曲线的数据源，可以是本机数据源（即系统数据源），也可以是远程节点机的数据源。

（3）曲线列表。增加曲线以后，曲线列表中会显示一条记录，该记录的内容包括曲线名称、Y 轴变量名、Y 轴范围、开始时间、时间范围。可对曲线列表中的曲线进行增加、修改、删除操作。

(4) 属性设置。

1) 画笔设置：

a. Y 轴变量：单击“?”按钮，弹出变量选择对话框，选择要绘制曲线的数据库变量。

b. Y 轴低限：可以用数值直接设置低限，也可以单击“?”弹出变量选择对话框，用数据库变量来控制低限值。

c. Y 轴高限：可以用数值直接设置高限，也可以单击“?”弹出变量选择对话框，用数据库变量来控制高限值。

d. Y 轴变量显示的小数位数的设置。

e. 类型：类型有直连线和阶梯图两种。直连线：在曲线运行时，用直线连接的方式绘制曲线。阶梯图：在曲线运行时，所绘制的曲线用阶梯图的方式显示。

f. 取值：取值包括瞬时值、最大/最小值、平均值、最大值、最小值（历史趋势有效，而且对时间长度有要求，一般要 1h 以上）。

g. 标记：在绘制曲线时，将所采集的点也描绘出来，标记类型有方形点、圆形点。

h. 样式：当所绘制的曲线采用直线连接时，连线的类型有如图 8-4 所示的几种。

i. 颜色：曲线显示的颜色。

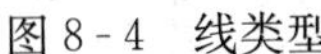

图 8-4 线类型

2) 时间设置：

“时间设置”（见图 8-5）用于设置历史曲线的开始时间、时间长度和采样间隔以及时间显示格式。

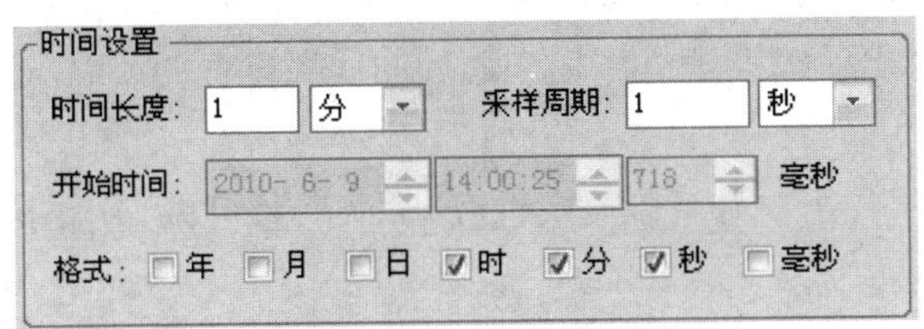

图 8-5 时间设置

a. 显示格式可以勾选是否显示年、月、日、时、分、秒、毫秒。

b. 在“时间设置”框里面可以设置曲线的开始时间和时间长度。

c. 采样周期：读取数据库中的点来绘制曲线，点与点之间的时间间隔。

(5) 曲线操作。

1) 添加曲线。添加一条新的曲线，主要是在“曲线”里进行设置，“曲线”可以设置曲线的名称、最大采样、取值（历史趋势）、样式、标记、类型、曲线颜色，设置画笔属性、变量及其高低限、小数位数。

2) 删除曲线。在曲线的列表中选中要删除的曲线，单击“删除”按钮，将选中的曲线删除。

8.1.3 曲线模板

曲线模板是利用趋势曲线及其他图形对象，通过打成智能单元的方式形成的，具有现场工程常用的曲线功能，比如添加、删除曲线等功能。在力控软件中提供了四种曲线模板用户可以根据自己的需求更改曲线模板，并生成自己独特的曲线模板保存到模板库中，方便以后的应用。

在菜单栏中选择“工具”→“复合组件”→“曲线模板”，下面介绍曲线模板的应用。

如图 8-6 所示为趋势曲线模板。

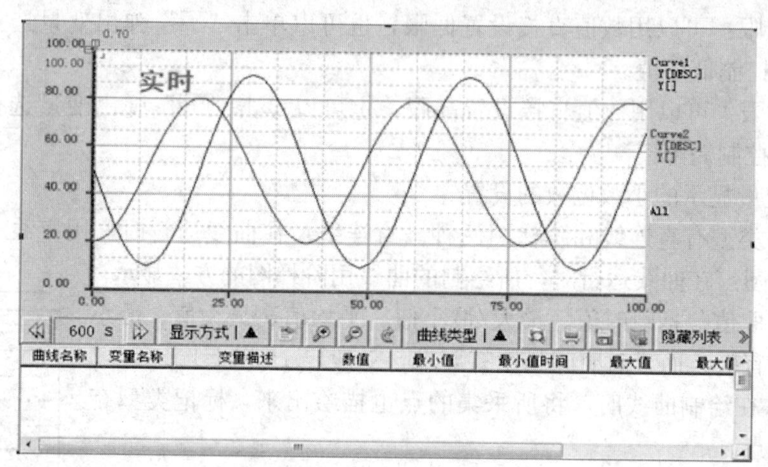

图 8-6 趋势曲线模板

1. 曲线移动

点击图标“600 s”可以来设置曲线移动的距离。中间的数值可以进行手动修改（在实时趋势状态下无法修改）。

2. 显示方式

点击“显示方式|▲”可以来设置曲线的显示方式（实时趋势/历史趋势）。

点击“ ”可以弹出曲线设置框体用来添加曲线和设置曲线。

3. 曲线缩放功能

点击“ ”，“+”号可以放大曲线，“－”号可以缩小曲线，箭头表示撤销放大或缩小功能。

4. 曲线类型选择

点击“曲线类型|▲”可以设置曲线类型为实时曲线/历史曲线。

5. 曲线其他功能

点击“ ”可以进行历史数据的查询；点击“ ”可以进行打印预览设置；点击“ ”可以进行曲线保存设置；点击“ ”可以删除指定的曲线。

8.2 其他分析曲线

8.2.1 *X-Y* 曲线

X-*Y* 曲线是 *Y* 变量的数据随 *X* 变量的数据变化而绘制出的关系曲线图。其横坐标为 *X* 变量，纵坐标为 *Y* 变量。创建 *X*-*Y* 曲线的方式有三种，与趋势曲线的创建相同。如图8-7 所示的复合组件中选择“*X*-*Y* 曲线控件”，并在窗口中单击并拖拽到合适大小后释放鼠标，结果如图 8-7 所示。

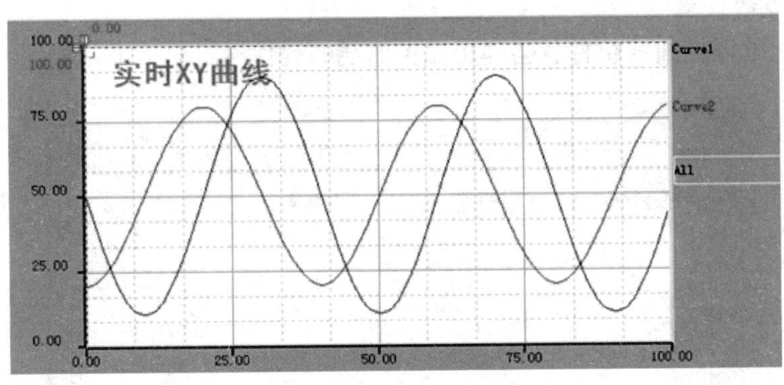

图8-7　X-Y曲线

实时X-Y曲线是动态的，是变量的实时Y值随X值变化而绘制出的曲线图；而历史X-Y曲线是根据保存在实时数据库中的Y值随X值变化而绘制的。同样，历史X-Y曲线引用的变量也必须是数据库变量，并且这些数据库变量所连接的数据库点必须是已经指定了保存历史的数据。

8.2.2　温控曲线

在生产过程中，往往需要控制温度随着时间的推移而不断地对温度进行调整。如在陶瓷、食品等行业中，在不同的时间段，需要对温度进行控制，每个阶段要求的时间长度和温度值不同，这就需要一个方便快速的调整控件。力控软件的温控曲线正是为满足这样的需求量身定做的一个组件。

力控软件的温控曲线组件每一条控制曲线对应一条采集曲线，可以自动按照设定的曲线去控制设定变量的值，同时可以参照采集曲线的值对比控制调节的效果。控制过程分很多个时间段，可以设置每一段的时间长度、目标温度值、拐点触发动作，控制的方式有手动控制和自动控制，使控制过程更加的灵活、方便。

1. 创建温控曲线

在复合组件曲线目录下，选择温控曲线控件，双击该控件，就在窗口中添加一个温控曲线控件，如图8-8所示。

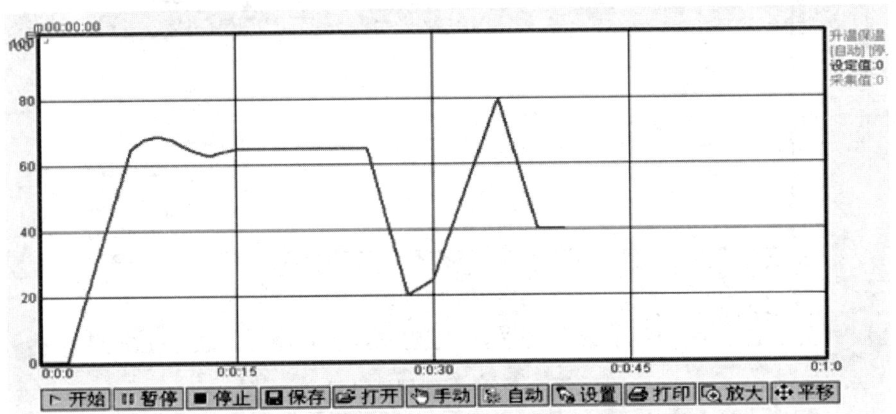

图8-8　温控曲线控件

2. 温控曲线的设置

双击窗口上的温控曲线组件就会弹出温控曲线的属性设置对话框，如图 8-9 所示。

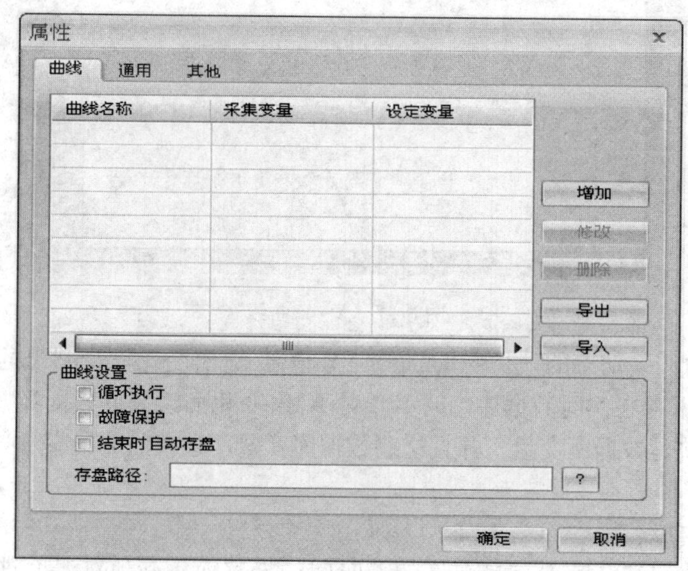

图 8-9 温控曲线的属性设置

设置对话框有曲线、通用和其他三个属性页。

(1) 曲线。曲线页用来添加、修改和删除曲线。

在曲线属性页上单击“增加”按钮就会弹出“曲线属性设置”对话框，如图 8-10 所示。

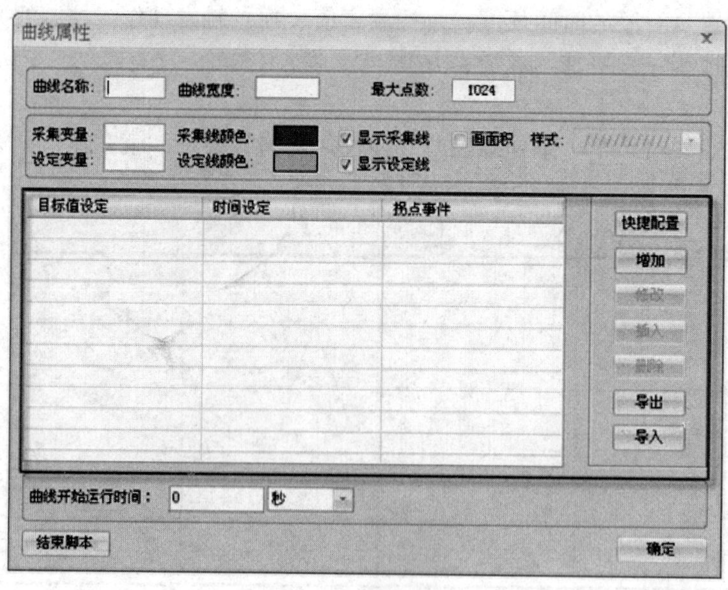

图 8-10 曲线属性设置

对“曲线属性设置”对话框中的内容说明如下：

1) 曲线名称：用来标识曲线。

2）曲线宽度：用来设置采集曲线和设定曲线的宽度，最大为 20。

3）最大点数：设置显示曲线的点数，如果超过这个值，曲线将擦除最早的数据。

4）采集变量：设置采集的变量。

5）设定变量：设置设定的变量。

6）列表：含目标值设定、时间设定、拐点事件。可以对列表进行快速配置、增加、修改、插入、删除、导入和导出操作。

在图 8 - 10 中，单击增加按钮，弹出“段设置”对话框，如图 8 - 11 所示。

a. 目标值：该时间段调节所预期达到的温度值。

b. 时间设定值：该调节段的时间跨度。

c. 时间单位：可以选择秒、分钟和小时。

d. 触发事件：可以在时间段内执行一些动作，如图 8 - 12 所示。

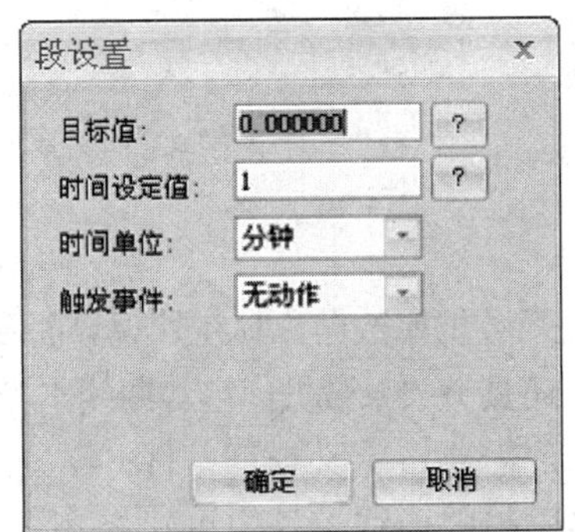

图 8 - 11　段设置

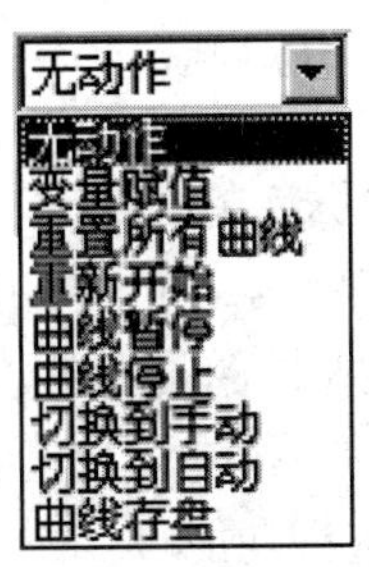

图 8 - 12　触发事件

如果添加多个时间段，那么就形成了一条温度控制曲线，如图 8 - 13 所示。

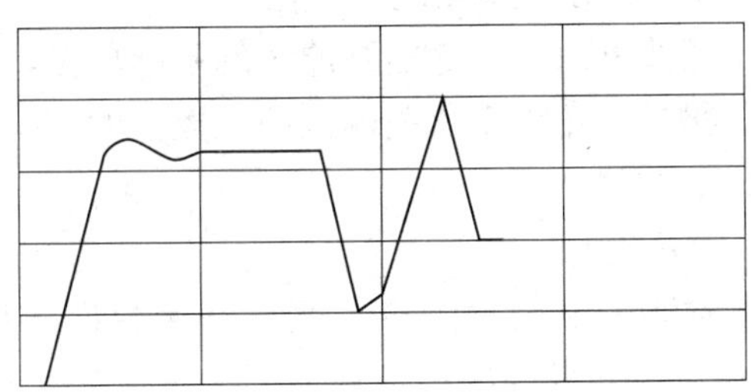

图 8 - 13　添加完成一条温度控制曲线

（2）通用。在通用属性页可以设置曲线的显示特性，如图 8 - 14 所示。

对该对话框中的内容说明如下：

1）背景参数：可以设置游标的颜色、背景的颜色以及是否绘制背景。

2）纵轴和横轴：可以设置两坐标轴的刻度数及其颜色、标签间隔及其颜色、纵轴上下限和小数位数、横轴的范围和采集、设定频率。采集频率和设定频率分别对应采集变量和设定变量的数据更新频率。选中标签右侧添加刻度值可以使刻度值在左右两边的垂直轴上同时显示。

3）运行参数：可以设置用户级别和运行时是否可以双击弹出属性对话框。

（3）其他。其他属性页可以设置运行时预定义按钮的功能，如图 8 - 15 所示。

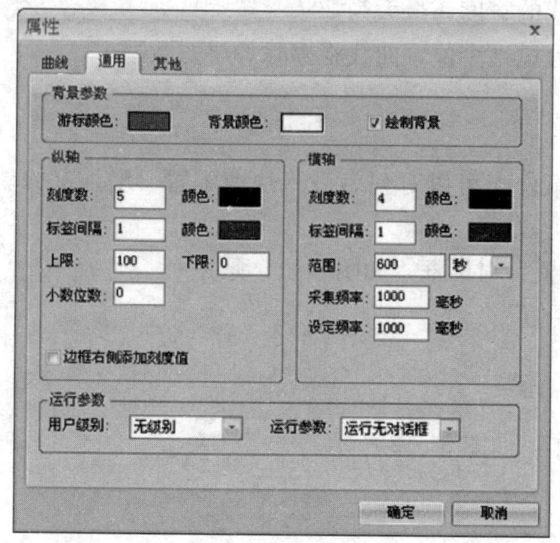

图 8-14 通用属性页

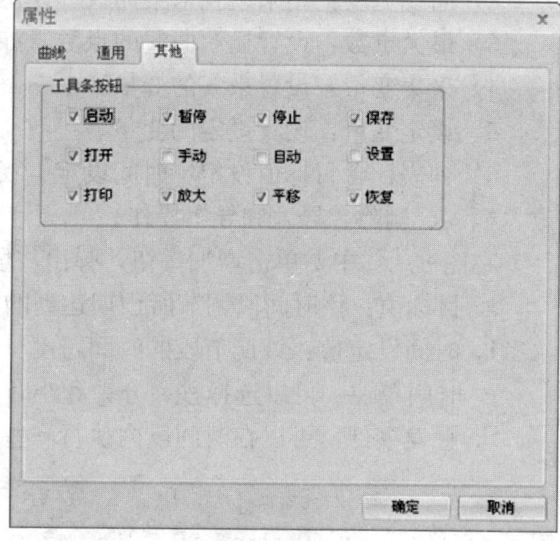

图 8-15 其他属性页

8.2.3 关系数据库趋势曲线

关系数据库趋势曲线控件主要用于浏览关系数据库数据，其在外观界面和使用上与趋势曲线比较相似，除了提供基本的曲线浏览功能外，还具有关系数据库趋势曲线本身的一些特点：

(1) 提供强大的数据查询功能：根据用户需要自定义查询条件。

(2) 提供多表查询功能：一个关系数据库趋势曲线控件内可建立多个关系数据库表页的查询。

(3) 提供数据更新和追加功能：根据关系数据库里表页数据变化情况，实时更新曲线。

(4) 提供大量的属性和方法：方便高级用户使用。

在关系数据库趋势曲线控件里面，画笔是画曲线的基本单位，关系数据库里面的数据需要以曲线的形式显示出来，就必须先将字段关联到曲线控件的一个画笔上。

8.2.4 关系数据库 *X*-*Y* 曲线

1. 关系数据库 *X*-*Y* 曲线介绍

关系数据库 *X*-*Y* 曲线控件主要用于浏览关系数据库数据，其在外观界面和使用上与 *X*-*Y* 曲线比较相似，除了提供基本的曲线浏览功能外，还具有关系数据库 *X*-*Y* 曲线本身的一些特点，与关系数据库趋势曲线的自身特点相同。

2. 名词解释

画笔：在关系数据库 *X*-*Y* 曲线控件里面，画笔是画曲线的基本单位，关系数据库里面的数据需要以曲线的形式显示出来，就必须先将字段关联到曲线控件的一个画笔上。

8.3 存储罐液位监控实验系统（七）

8.3.1 应用曲线母版创建曲线

该实验中的曲线窗口是用曲线模板来完成的。

选择主菜单栏中的“新建”，然后选择“由母版来创建界面”，再选择“趋势曲线 - DCS

style”，写入新建的界面名称“曲线”，即弹出如图 8-16 所示的“界面母版管理”窗口。选择“确定”，即出现趋势曲线模板，如图 8-17 所示。

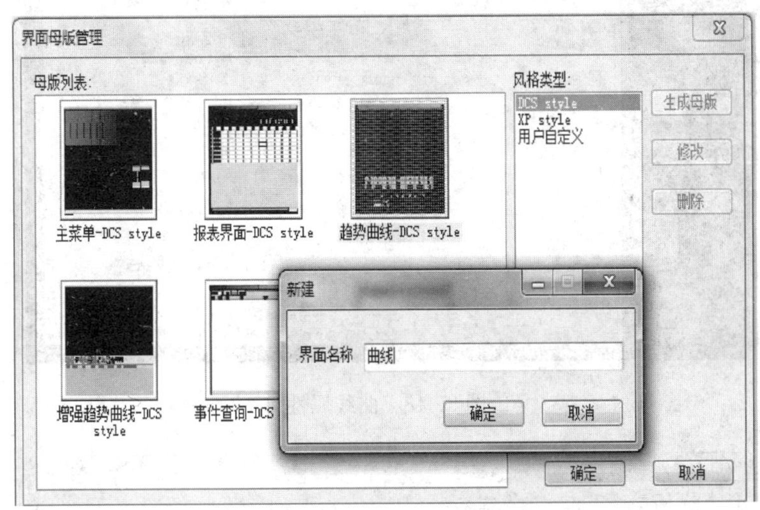

图 8-16 “界面母版管理”窗口

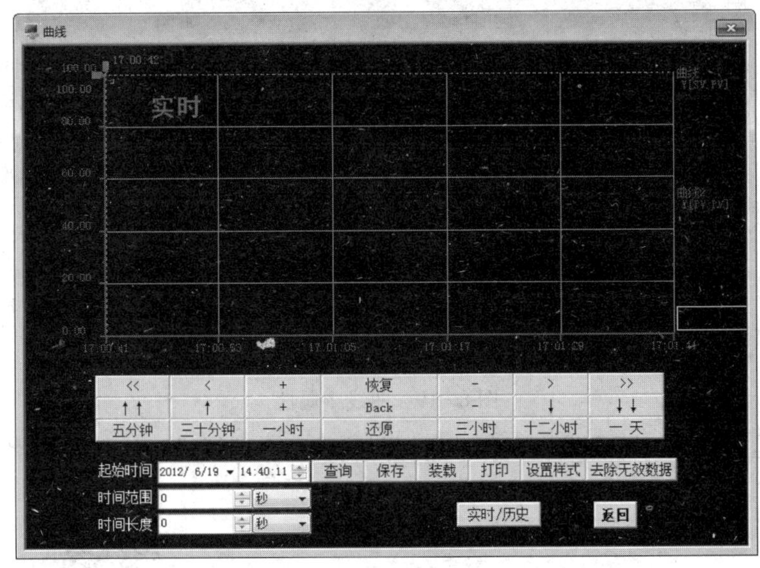

图 8-17 趋势曲线模板

8.3.2 曲线属性设置

曲线母版新建完成后，还需建立与数据库的动画连接。

双击曲线，设置对象动画，如图 8-18 所示。属性项中，选择“Y 轴变量”后的“?”，弹出变量选择窗口，选择变量 SV. PV。输入 Y 轴低限为 0，Y 轴高限为 100，其他设置默认值即可。即曲线表示变量 SV 随时间的趋势曲线。

选择“增加”，即增加另一条曲线 2。对曲线 2 的设置同曲线， “Y 轴变量”选择 PV. PV，如图 8-19 所示。曲线 2 表示变量 PV 随时间的趋势曲线。

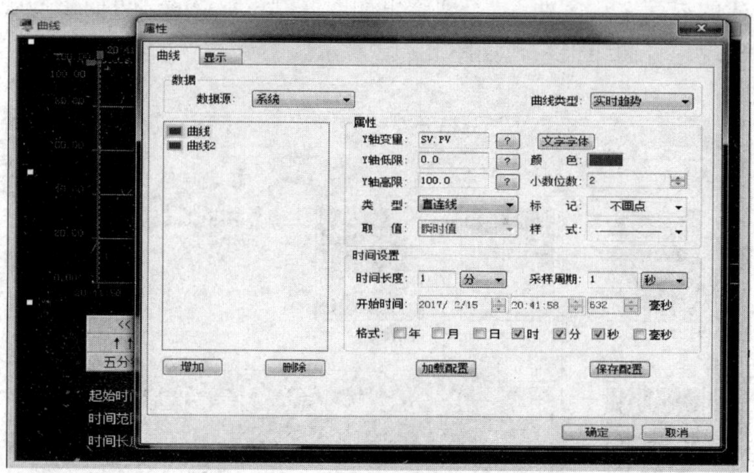

图 8-18 曲线属性

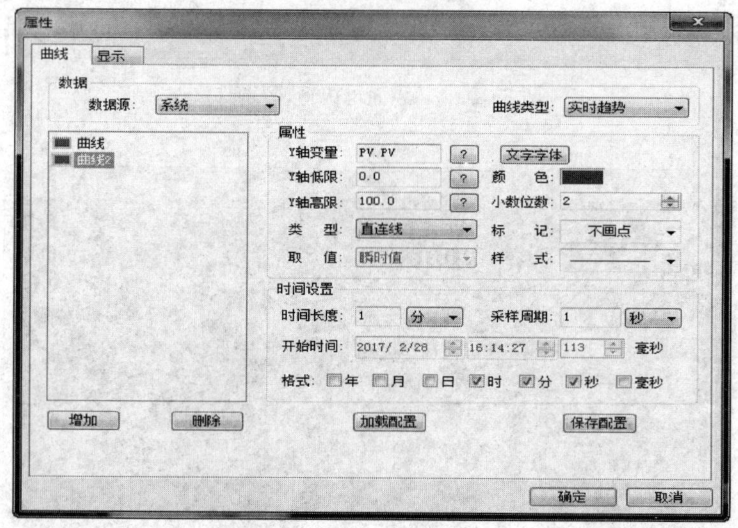

图 8-19 曲线 2 属性

因为 SV 是预设值，不会发生变化，所以只是将两个曲线进行比较，观察实际值与预设值的差距。

本章实验教学视频请观看视频文件“第 8 章　分析曲线”。

第9章 专 家 报 表

专家报表提供类似 Excel 的电子表格功能，可实现形式更为复杂的报表格式，它的目的是提供一个方便、灵活、高效的报表设计系统。

9.1 概 述

专家报表主要适用于工业自动化领域，是解决实际开发过程中的图表、报表显示，输入，打印输出等问题的最理想的解决方案。采用专家报表可以极大地减少报表开发工作量，改善报表的人机界面，提高组态效率。非专业人员采用专家报表组件可以开发出专业的报表；而专业的开发人员采用专家报表组件，则可以更快地进行报表编辑。

1. *报表介绍*

力控专家报表具有如下典型功能：

（1）专业的报表向导。通过多年来总结用户的使用习惯和使用频率，开发报表向导功能，无论是制作本地数据库报表还是关系数据库报表，都可在最短的时间内完成。

（2）丰富的单元格式与设计。通过专家报表组件，用户可以将数据转化为具有高度交互性的内容，报表的单元格多种多样，如按钮、下拉框、单选钮、复选框、滚动条，丰富了报表的功能。

（3）强大的图表功能。只要指定图表数据在表上的位置，一个精致的图表就完成了。

（4）支持多种格式导入导出。在专家报表中支持“.CSV”“.XLS”“.PDF”“.HTML”“.TXT”等文件格式的导出，以及支持“.CSV”“.XLS”“.TXT”等文件格式的导入，提高了组件数据的共享能力。

（5）与 Excel、Word 表格数据兼容的复制和粘贴。专家报表支持剪切、复制和粘贴，其基本格式与 Excel、Word 表格相同，用户采用这个功能可以实现 Excel、Word 表格和专家报表交换数据。

（6）别具一格的选择界面。专家报表采用特有的颜色算法，能够清晰地区分选择区域。

（7）强大的打印及打印预览。专家报表对打印的支持非常丰富。提供了设置页眉、页脚、页边距、打印预览无级缩放、多页显示、逐行打印等功能。

（8）高效的处理数据机制。在创建专家报表的时候会自动创建后台历史数据中心，通过历史数据中心将数据库里的数据缓存到本地，减少实时数据库的压力，缩短网络延时，增加效率，使报表能快速准确地获取到数据。

2. *名词解释*

（1）表页。专家报表中的每一张表格称表页，是存储和处理数据最重要的部分，其中包含排列成行和列的单元格。使用表页可以对数据进行组织和分析。可以同时在多张工作表上输入并编辑数据，并且可以对来自不同工作表的数据进行汇总计算。在创建图表之后，既可以将其置于源数据所在的工作表上，也可以放置在单独的图表工作表上。

（2）单元格。单元格是指表页中的一个格子，行以阿拉伯数字编号、列以英文字母编号，如第一行第一列为 A1。

（3）区域。区域是指表页中选定的矩形块。可以对它进行各种各样的编辑。如拷贝、移动、删除等。引用一个区域可用它左上角单元格和右下角编号来表示，中间用冒号作分隔符，如 D1：G5。

（4）模板。专家报表中的模板分两种：普通模板和替换模板。

1）普通模板指的是将整个制作完的报表保存成一个模型，可以在不同工程中的报表里进行加载。

2）替换模板主要用于报表里的变量替换，它又分运行模板和组态模板。运行模板是在运行环境下通过函数调用此模板来达到替换表页中变量的目的，这样只要制作一个表页就可以显示不同的变量；组态模板主要用于报表编辑环境下对表页中的变量进行替换，如果报表中有多个分布于不同区域的变量需要替换成其他变量，通过此模板可以达到快速编辑报表的目的。

9.2 专家报表的创建

首先在力控软件的工具箱中“常用组件”里选择“专家报表”，如图 9 - 1 所示。

图 9 - 1 工具箱的常用组件

在生成报表时后台会自动添加后台组件历史数据中心，双击报表组件或右键选择“对象属性”打开报表编辑环境，在打开的报表编辑环境中会弹出报表向导组态窗口，如图 9 - 2 所示，本节主要利用此向导快速的生成报表。

注意事项：此报表向导只是在首次添加报表控件的时候才会自动弹出，如果需要打开此报表向导，可从下拉菜单“向导”中选择“报表向导（R）”或单击菜单栏上的“ ”图标。

9.2.1 本地数据库报表的创建

本地数据库报表创建的具体步骤如下。

（1）进入报表编辑环境，打开报表向导，选择“力控数据库报表向导”，单击下一步。

（2）对行列数以及单元格大小进行设置，在此例中采用默认值，单击下一步。

（3）选择要创建的报表类型，在此例中选择创建“自定义报表”，单击下一步。步骤如图 9 - 3 所示。

（4）设置报表的时间格式和基准行列，在此例中采用默认值，单击下一步。

（5）选择要显示的数据库点添加到右边列表框中，单击完成，如图 9 - 4 所示。

（6）保存并退出报表编辑环境。

（7）运行后查询数据后的效果如图 9 - 5 所示。

9.2.2 关系数据库报表的创建

关系数据库报表创建的具体步骤如下。

（1）进入报表编辑环境，打开报表向导，选择“关系数据库报表向导”，单击下一步。

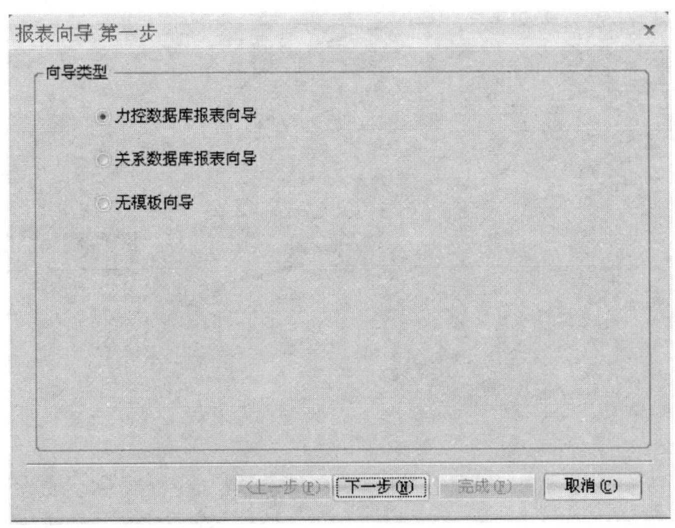

图 9-2　报表向导

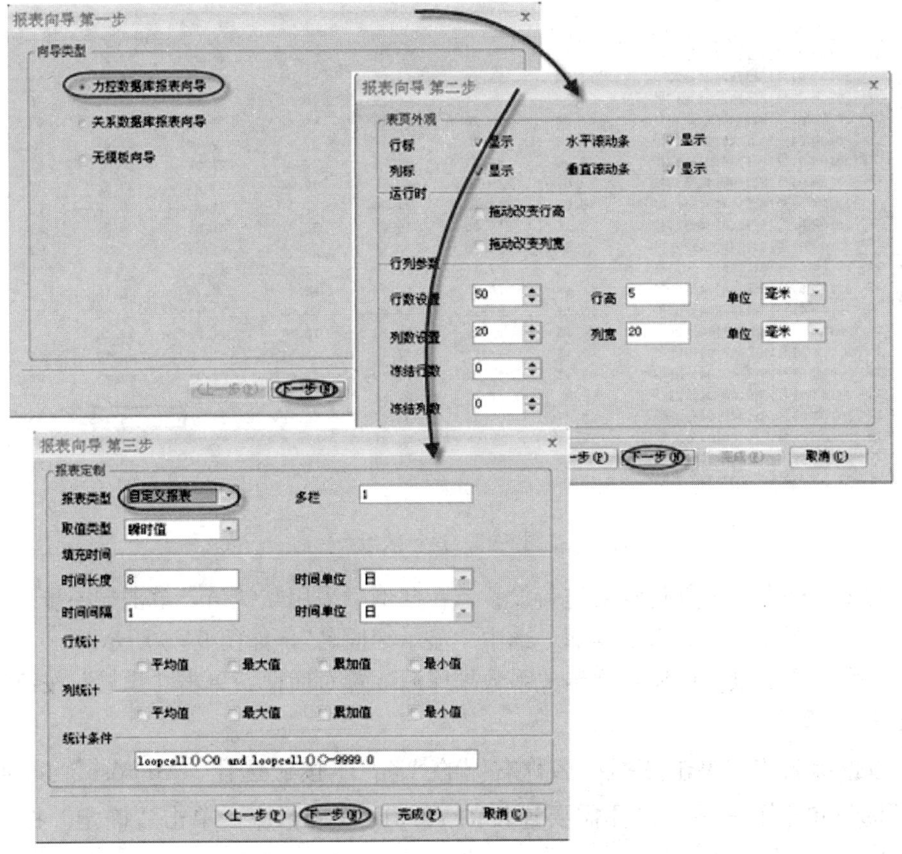

图 9-3　本地数据库报表的创建

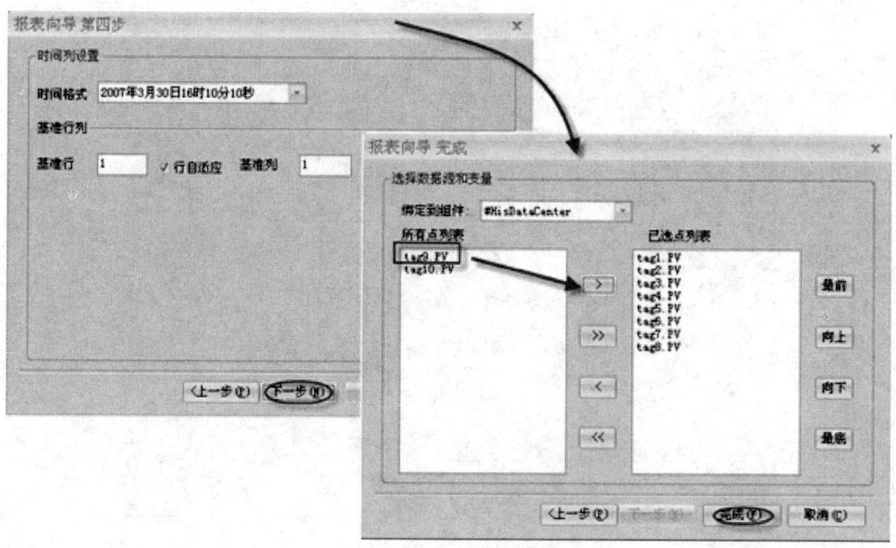

图 9-4 报表向导完成

	A	B	C	D	E	F	G	H
1	2010年01月18日14时04分11秒	76.11	3.31	30.21	27.50	46.99	51.20	10
2	2010年01月18日14时04分12秒	14.20	95.10	55.24	51.28	47.13	49.32	13
3	2010年01月18日14时04分13秒	20.30	80.16	46.29	70.19	88.14	22.23	5
4	2010年01月18日14时04分14秒	46.30	85.25	20.15	94.32	38.24	73.14	56
5	2010年01月18日14时04分15秒	67.16	45.25	14.18	29.42	0.24	37.21	69
6	2010年01月18日14时04分16秒	25.25	49.47	63.28	77.27	37.29	73.33	91
7	2010年01月18日14时04分17秒	23.51	69.24	85.31	32.22	79.32	23.18	37
8	2010年01月18日14时04分18秒	96.21	78.18	21.20	38.27	27.31	30.19	83
9	2010年01月18日14时04分19秒	90.11	79.25	76.86	53.32	87.21	74.20	61
10	2010年01月18日14时04分20秒	7.32	25.23	33.17	49.39	51.16	65.17	23
11	2010年01月18日14时04分21秒	91.24	7.17	39.14	63.32	88.22	3.41	72
12	2010年01月18日14时04分22秒	47.18	23.31	86.98	10.35	35.28	26.15	2
13	2010年01月18日14时04分23秒	18.18	91.16	59.22	69.69	32.14	42.77	57
14	2010年01月18日14时04分24秒	54.25	83.26	76.10	38.17	37.23	41.15	3
15	2010年01月18日14时04分25秒	8.15	14.16	34.14	65.71	57.18	44.15	54
16	2010年01月18日14时04分26秒	98.18	81.28	19.29	77.49	52.31	86.20	97
17	2010年01月18日14时04分27秒	2.21	2.22	84.14	46.33	50.99	19.16	61
18	2010年01月18日14时04分28秒	46.27	4.21	33.17	19.18	20.11	15.10	60
19	2010年01月18日14时04分29秒	12.31	7.84	48.31	30.16	15.16	7.20	57
20	2010年01月18日14时04分30秒	95.13	42.32	11.20	10.25	92.31	98.59	62

第1页

图 9-5 运行效果

（2）对单元格大小及其他参数进行设置，在此例中采用默认值，单击下一步。

（3）设置需要连接的关系数据库，选中“显示字段名”，如图 9-6 所示。

单击“数据源配置”按钮，弹出关系数据库源配置对话框，单击“添加”按钮添加数据源，如图 9-7 所示。

添加数据源名称，单击数据源名称右侧的“...”按钮选择“Microsoft Jet 4.0 OLE DB Provider”单击下一步。选择需要连接的 ACCESS 数据库，单击“确定”按钮，如图 9-8所示。

（4）从数据表下拉框中选择需要查询的数据表，在字段名中选择需要查询的字段，单击下一步。

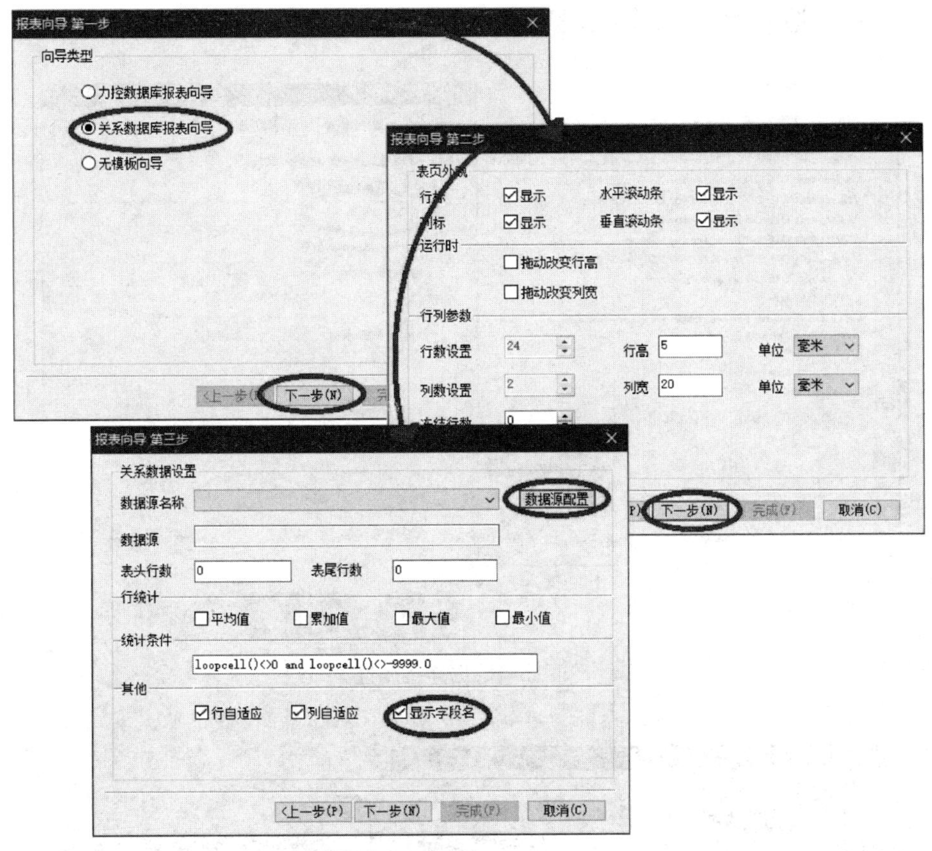

图 9-6 关系数据库报表的创建

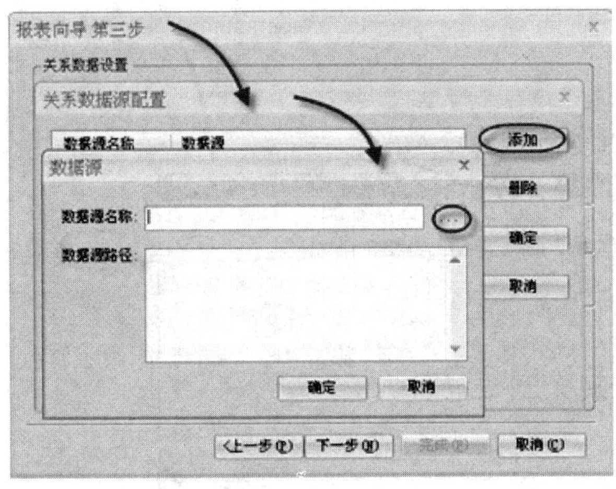

图 9-7 关系数据库源配置

(5) 设置查询条件，这里选择“全选”，单击下一步。

(6) 可以查看并修改查询脚本，这里选择默认值，单击完成，如图 9-9 所示。

(7) 查询后的效果如图 9-10 所示。

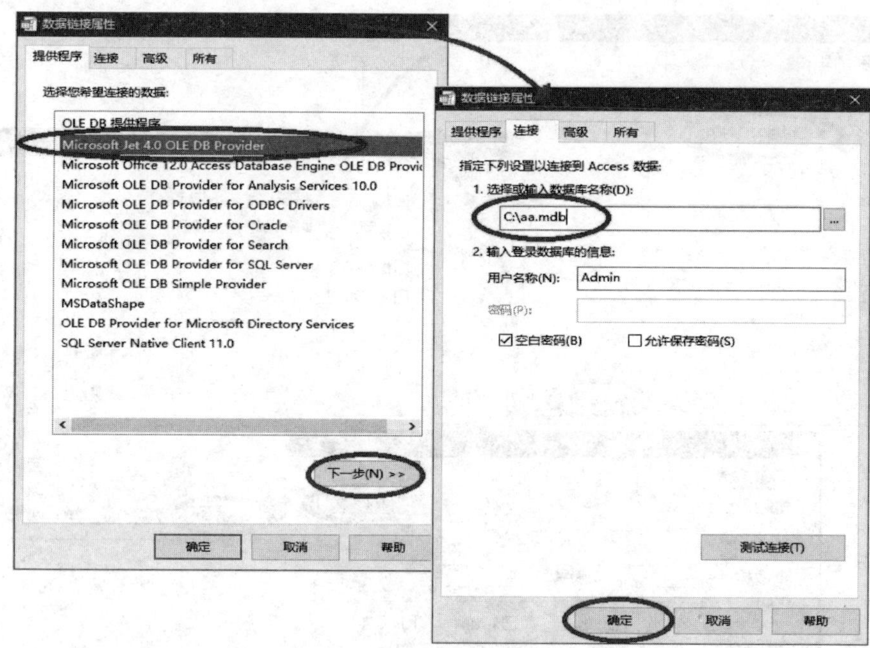

图 9-8 数据连接属性

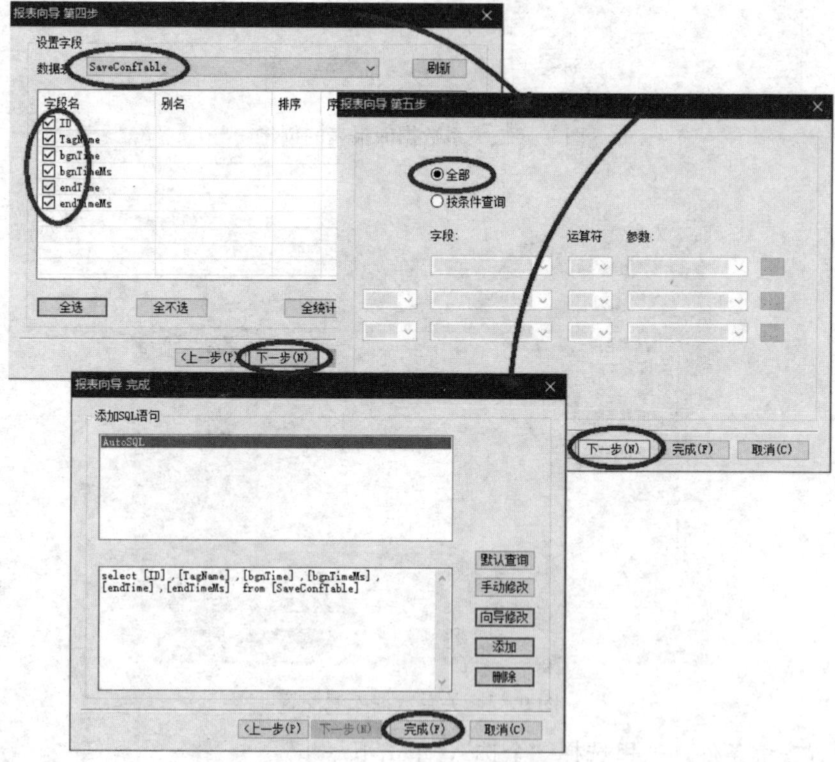

图 9-9 报表向导完成

	A	B	C	D	E	F	G	H	I
1	时间	标签1	标签2	标签3	标签4	标签5	标签6	标签7	标签8
2	2010-1-18 1	0.55	38.30	42.17	21.31	15.11	30.17	44.31	59.46
3	2010-1-18 1	74.15	93.14	11.61	9.15	81.33	70.25	37.30	16.31
4	2010-1-18 1	84.98	94.15	45.12	22.29	21.27	85.14	33.26	54.15
5	2010-1-18 1	42.26	12.20	66.82	77.81	50.99	12.29	48.20	63.20
6	2010-1-18 1	57.16	96.57	1.19	90.31	60.11	73.25	10.12	43.65
7	2010-1-18 1	75.30	83.26	5.22	12.89	81.12	14.24	30.30	67.29
8	2010-1-18 1	1.37	11.26	95.29	81.27	78.30	59.15	52.19	80.26
9	2010-1-18 1	53.91	63.17	47.23	46.25	80.60	91.22	40.19	79.11
10	2010-1-18 1	89.19	19.88	1.17	74.46	25.13	98.17	85.47	9.22
11	2010-1-18 1	24.10	14.45	33.28	36.19	19.12	35.28	21.13	13.25
12	2010-1-18 1	83.34	59.54	21.22	3.32	87.28	90.19	16.12	82.59
13	2010-1-18 1	0.23	14.18	65.11	17.74	99.20	61.15	28.26	15.16
14	2010-1-18 1	91.69	16.80	68.28	21.50	28.11	48.10	94.23	72.41
15	2010-1-18 1	9.17	74.20	81.17	99.43	3.29	35.29	85.10	97.24
16	2010-1-18 1	16.10	30.94	13.70	6.27	86.33	79.20	6.31	77.32
17	2010-1-18 1	18.15	55.82	54.13	89.27	54.17	58.18	0.17	86.11
18	2010-1-18 1	5.21	10.32	64.18	23.92	7.31	87.13	38.19	36.22
19	2010-1-18 1	24.32	94.31	4.20	57.22	71.15	37.21	60.90	19.35
20	2010-1-18 1	99.28	43.79	67.11	97.25	48.46	30.79	73.22	70.31
21	2010-1-18 1	64.38	77.94	10.21	99.25	36.16	6.32	18.33	47.11
22	2010-1-18 1	88.23	52.21	55.85	39.94	8.29	16.28	63.74	76.10
23	2010-1-18 1	45.11	25.21	43.54	10.11	60.15	65.32	32.24	92.20
24	2010-1-18 1	82.16	18.44	5.29	43.22	40.15	72.11	72.15	89.30

第1页

图 9-10　查询后的效果

9.3　存储罐液位监控实验系统（八）

9.3.1　应用报表母版创建专家报表

在如图 9-11 所示的界面母版管理窗口，选择新建“报表界面-DCS style”，设置界面名称为报表，数据源选择系统（见图 9-12），即生成如图 9-13 所示的报表界面。

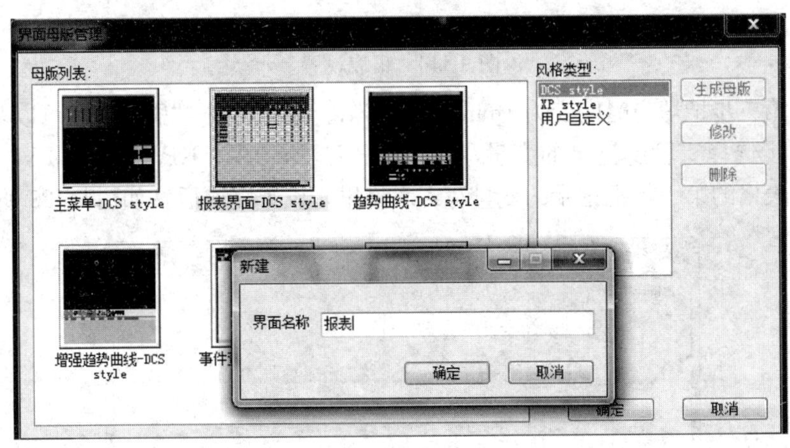

图 9-11　新建报表母版

9.3.2　设置报表向导

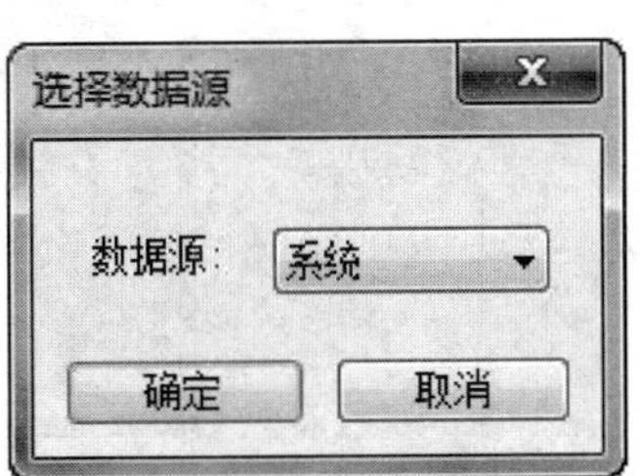

图 9-12　选择数据源

对报表进行对象动画连接，单击工具栏里的“ ”图标，或者单击菜单栏里的“向导（T）”，选择“报表向导”，来完成报表向导，如图 9-14 所示。

对报表向导的设置如图 9-15～图 9-19 所示，第一步的向导类型选择“力控数据报表向导”，第二步把“行数设置”的

报表

历史数据　刷新　导出　查询　打印

1	时间	数据1	数据2	数据3	数据4	数据5	数据6	数据7	数据8	数据9	数据10
2	2010/02/05	0	0	0	0	0	0	0	0	0	
3	2010/02/06	0	0	0	0	0	0	0	0	0	
4	2010/02/07	0	0	0	0	0	0	0	0	0	
5	2010/02/08	0	0	0	0	0	0	0	0	0	
6	2010/02/09	0	0	0	0	0	0	0	0	0	
7	2010/02/10	0	0	0	0	0	0	0	0	0	
8	2010/02/11	0	0	0	0	0	0	0	0	0	
9	2010/02/12	0	0	0	0	0	0	0	0	0	

图 9 - 13　报表

报表设置

文件(F)　编辑(E)　视图(V)　格式(S)　公式(M)　表页(P)　向导(T)　帮助(H)

单元格:4.2(D2)　0

1	时间	数据1	数据2	数据3	数据4	数据5	数据6	数据7	数据8	数据9	数据10
2	2010/02/05	0	0	0	0	0	0	0	0	0	0
3	2010/02/06	0	0	0	0	0	0	0	0	0	0
4	2010/02/07	0	0	0	0	0	0	0	0	0	0
5	2010/02/08	0	0	0	0	0	0	0	0	0	0
6	2010/02/09	0	0	0	0	0	0	0	0	0	0
7	2010/02/10	0	0	0	0	0	0	0	0	0	0
8	2010/02/11	0	0	0	0	0	0	0	0	0	0
9	2010/02/12	0	0	0	0	0	0	0	0	0	0

图 9 - 14　报表设置

行数改大些，第三步把填充时间变为 1min1s，这样在运行时单击“刷新”就可以及时看见数据变化。最后一步选择实验要记录的变量，即 PV. PV，SV. PV，KP. PV，U. PV，UT. PV。设置完成后，在表格的第一行把记录的变量写入表格里，设置完成后，如图 9 - 20 所示。

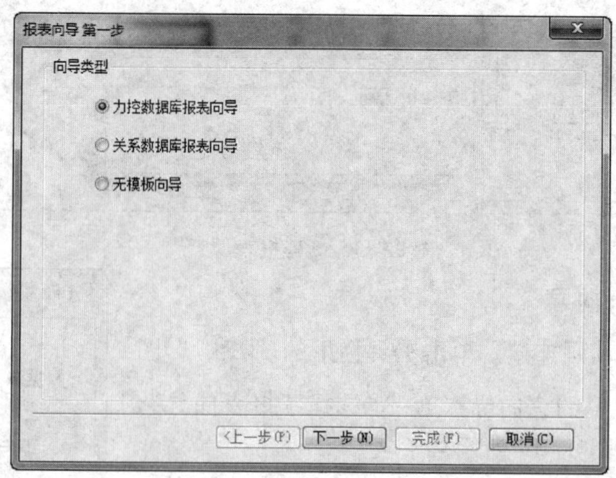

图 9 - 15　报表向导第一步

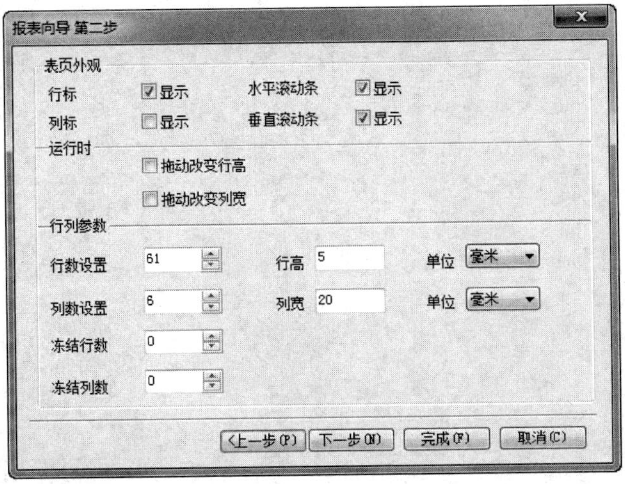

图 9 - 16　报表向导第二步

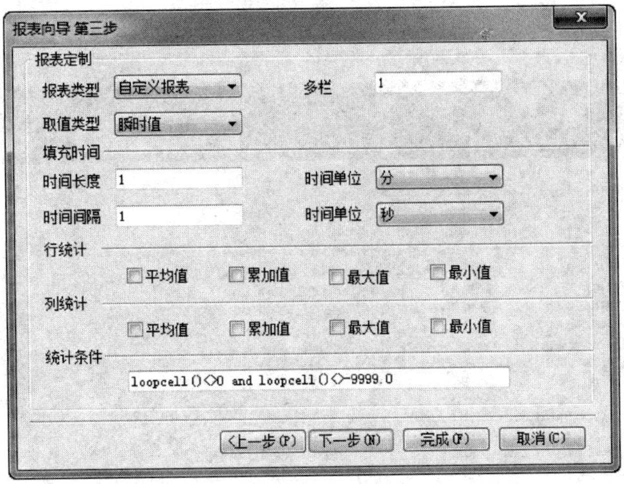

图 9 - 17　报表向导第三步

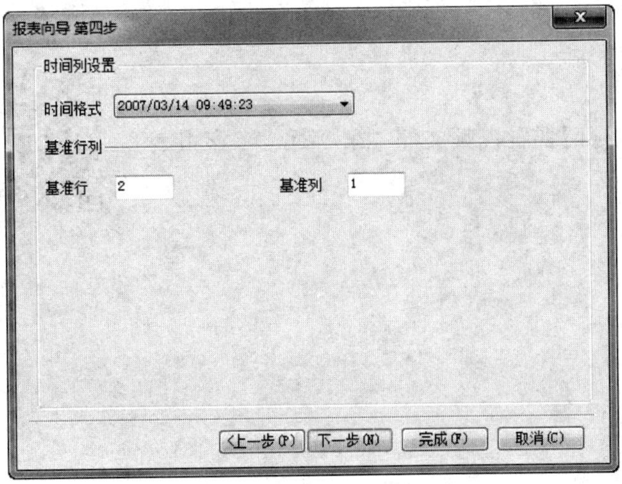

图 9 - 18　报表向导第四步

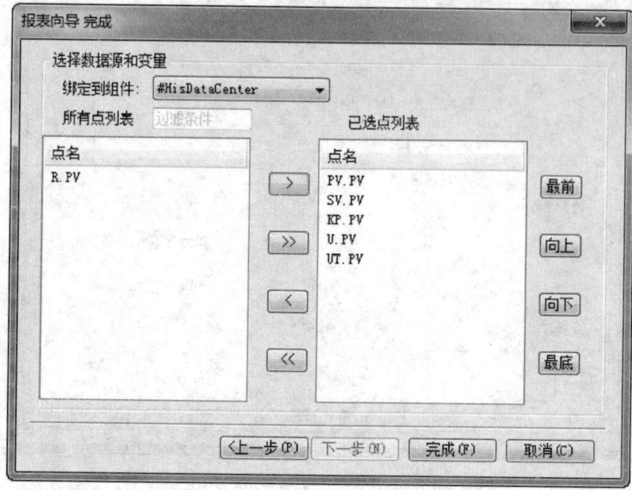

图 9-19 报表向导完成

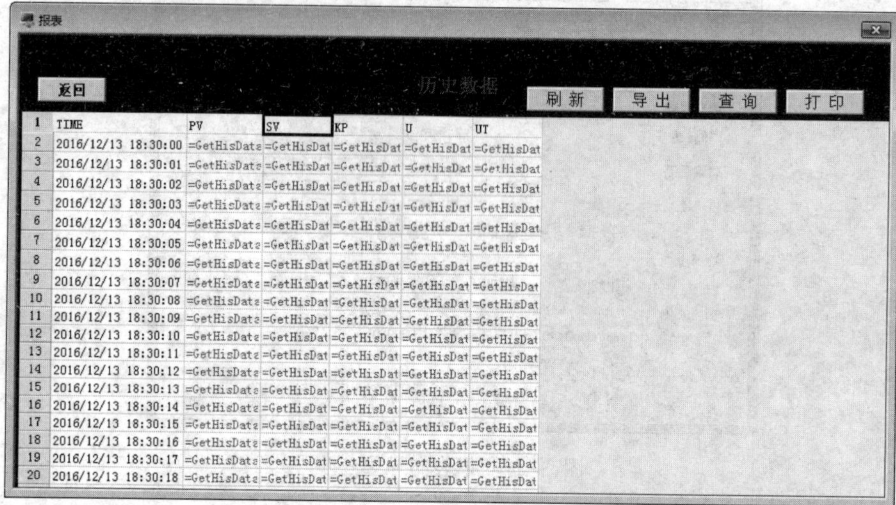

图 9-20 报表界面

本章实验教学视频请观看视频文件“第 9 章 专家报表”。

第10章　报警和事件记录

力控软件能及时将控制过程或系统的运行情况通知给操作人员。力控支持过程报警、系统报警和事件记录的显示、记录和打印。本章介绍有关报警和事件记录方面的设置与组态过程。

10.1　报　　警

力控报警机制是指数据库中的点数据，即PV参数的值发生异常，系统以不同方式进行通知的机制，通常在过程值超过用户定义的极限时触发。过程报警是过程情况的警告，比如数据超过规定的报警限值，系统会自动提示和记录。用户根据需要还可以设置是否产生声音报警、是否发送短信以及是否发送E-mail等。系统报警是当系统运行错误、I/O设备通信错误或出现设备故障而产生的报警。

10.1.1　报警简介

报警主要是由实时数据库通过处理报警参数的形式来进行处理的。报警参数同时也是力控软件留给用户的设置接口，用户可以通过设置数据库变量的相关参数来进行报警设置。表10-1所示为报警类型与参数表。

表10-1　　报警类型与参数表

模拟量报警		
低5报报警	低5报限参数L5	低5报限报警优先级L5PR
低4报报警	低4报限参数L4	低4报限报警优先级L4PR
低3报报警	低3报限参数L3	低3报限报警优先级L3PR
低低限报警	低低限参数LL	低低限报警优先级LLPR
低限报警	低限参数LO	低限报警优先级LOPR
高高限报警	高高限参数HH	高高限报警优先级HHPR
高限报警	高限参数HI	高限报警优先级HIPR
高3报报警	高3报限参数H3	高3报限报警优先级H3PR
高4报报警	高4报限参数H4	高4报限报警优先级H4PR
高5报报警	高5报限参数H5	高5报限报警优先级H5PR
变化率报警	限值RATE和周期RATECYC	变化率报警优先级RATEPR
偏差报警	偏差限值DEV和设定值SP	偏差报警优先级DEVPR
报警死区	死区限值DEADBAND	
延时报警	延时时间ALARMDELAY	
开关量报警		
开关量状态报警	报警逻辑NORMALVAL	异常报警优先级ALARMPR

1. 报警类型

模拟量主要是指整型变量和实型变量。模拟量的报警类型主要有限值报警、偏差报警和变化率报警三种。对于限值报警和偏差报警可以定义报警延时和报警死区。下面一一介绍。

（1）限值报警。当过程测量值超出了这十类报警设定的限值时，相应的报警产生。

（2）偏差报警。当过程测量值（PV）与设定值（SP）的偏差超出了偏差限值 DEV 时，报警产生。

（3）变化率报警。模拟量的值在固定时间内的变化超过一定量值时产生的报警，即变量变化太快时产生的报警。当模拟量的值发生变化时，就计算变化率以决定是否报警。变化率的时间单位是 s。

变化率报警利用如下公式计算：（测量值的当前值—测量值上一次的值）/（这一次产生测量值的时间—上一次产生测量值的时间），取其整数部分的绝对值作为结果。若计算结果大于变化率（RATE）/变化率周期（RATECYC），则产生报警。

（4）死区。死区设定值 DEADBAND 防止了由于过程测量值在限值上下变化，不断地跨越报警限值造成的反复报警。

（5）延时报警。延时报警保证只有当超过延时时间 ALARMDELAY 后，PV 值仍超出限值时，才产生限值报警。

（6）开关量状态报警。只要当前值与预先组态的报警逻辑（NORMALVAL）不同，就会产生报警。如某一点的报警逻辑（NORMALVAL）设为 0→1，0 为正常状态，不产生报警，当它的过程值（PV 值）从 0 变成 1 数值时的时候即产生报警。

（7）雪崩过滤点状态报警。确定雪崩过滤点是否处理报警的总开关，报警逻辑是规定的，不可编辑，为 0→1，0 为正常状态，表示雪崩条件不满足，不产生报警，当雪崩条件满足时为 1，即产生报警。

2. 报警优先级

报警优先级的不同取值分别代表各类不同级别，优先级范围是从 1～9999，其中 9999 表示最严重。在报警控件中可以将不同的优先级用不同的颜色来显示，更加直观。

在实时报警显示和系统报警窗口显示中，首先显示高优先级的报警。以上涉及的关于报警优先级参数，必须在数据库点组态中正确组态。关于详细信息请参考数据库组态的内容。报警优先级是处理和显示各类报警先后顺序的依据。它标志着报警的严重程度，可以用后台报警中心的方法获得报警的优先级，然后根据优先级来进行其他处理。

3. 报警组和标签

每个报警点都会有报警组和标签。报警组和标签都是按照实际意义来对不同的报警点进行分类，以便轻松地进行跟踪和管理，在报警组件中还可以将已定义的报警组号或标签内容进行过滤查询。

报警组是以数字表示，可取 0～99。标签可以自己来定义不同的文字，一个点最多支持 10 个标签。例如按照设备来分类报警，可以把所有连接到一个设备 plc 的报警点的某个标签，如标签 1 都定义相同的内容，即如 plc1，查询时以标签 1＝plc1 为条件就可以查询到此设备的所有报警。一个报警点可以定义多个标签，从而属于不同的类别。

4. 报警状态

（1）当数据处于报警状态时，用户可选择的提示方式：声音报警；播放音乐或语音（语音自己录制），由 Playsound 函数播放；发送 E-mail 或短信；本地报警控件进行实时和历史显示。

（2）一个数据库组态变量确定是否处于报警状态的方式有：使用 GetCurAlm 函数；使用变量 AlmStat 来表示；使用数据库变量来表示。

10.1.2　报警组态

报警数据在实时数据库中处理和保存。各种报警参数是数据库点的基本参数，用户可在进行点组态的同时设置点的报警参数。

复合报警是用来显示和确认报警数据的窗口。由开发系统 Draw 在工程画面中创建，而由界面运行系统 View 运行显示。复合报警是利用访问实时数据库的报警信息来进行查询的，不但可以访问本地的历史报警数据，还可以访问远程数据库的历史报警数据。

1. 过程报警

力控过程报警的初始配置是在数据库组态界面中配置完成的，配置界面如图 10-1 所示。在此界面中可以配置报警限值、报警优先级、报警死区、报警延时时间、偏差报警和变化率报警等。

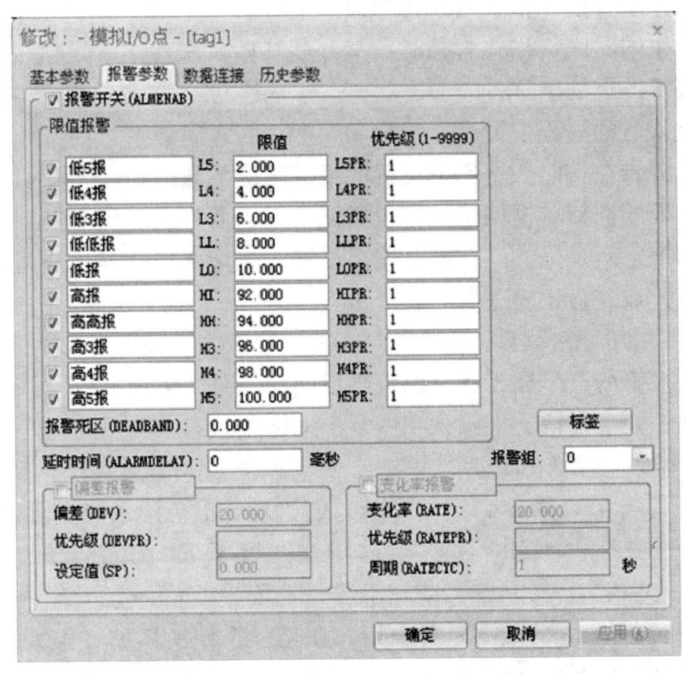

图 10-1　报警参数的基本配置界面

2. 系统报警

系统报警是指当运行系统中有报警产生时会进行提示。系统报警的方式有记录、标准报警声音、弹出提示框、系统报警窗、打印等。

下面对报警设置中的五种报警方式进行说明。

（1）记录：当工程在运行中有报警产生时，会写入力控软件的 blog 日志中。

(2) 标准报警声音：当运行系统中有报警产生时，计算机的蜂鸣器会产生提示音。

(3) 弹出提示框：当系统运行中有报警产生时，会弹出提示框。

(4) 系统报警窗：系统报警记录为长条形的顶层窗口，始终显示在屏幕上，不会因为切换画面而关闭。系统报警记录分为左右两个显示区，左边显示的是最近发生的系统报警记录，右边显示的是最近发生过的过程报警记录。

(5) 打印：运行系统中有报警产生后，会自动输出到打印机，将报警信息打印出来。

3. 复合报警

复合报警有实时报警和历史报警两种预定义的类型。实时报警只反映当前未确认、确认和恢复的报警，如果经过处理后一个报警返回到正常状态，则这个变量的报警状态变为“恢复”状态，它前面产生的报警状态从显示中消失。“历史报警”反映了所有发生过的报警，历史报警记录可显示出报警发生的时间、确认的时间和报警状态返回到正常状态时的时间。

(1) 复合报警记录。力控软件允许配置报警记录，包括显示字体、确认未确认项的显示颜色等。

报警记录由以下字段组成：“日期＋时间＋位号＋数值＋限值＋类型＋级别＋报警组＋确认＋操作员”。各个字段在运行时是否显示是可选择的，如果报警设有标签的话可以加上标签。

日期：报警发生的日期，格式为某年/某月/某日。

时间：报警发生的时间，格式为某时：某分：某秒．毫秒。

位号：当前报警的点的名称。

数值：产生报警时的过程值。

限值：当前报警点在实时数据库中设置的报警限值的数值。

类型：发生报警的类型，模拟量报警包括低5报、低4报、低3报、低低报、低报、高报、高高报、高3报、高4报、高5报、偏差报警、变化率报警等，开关量报警实际上就是异常值报警，当开关点复合报警逻辑时就产生报警。

级别：发生报警的优先级别。

报警组：产生报警的点是属于哪个报警组里面的，总共可设99个报警组。

确认：报警是否处于确认、未确认和恢复、未恢复状态。

操作员：报警确认的操作员级别。

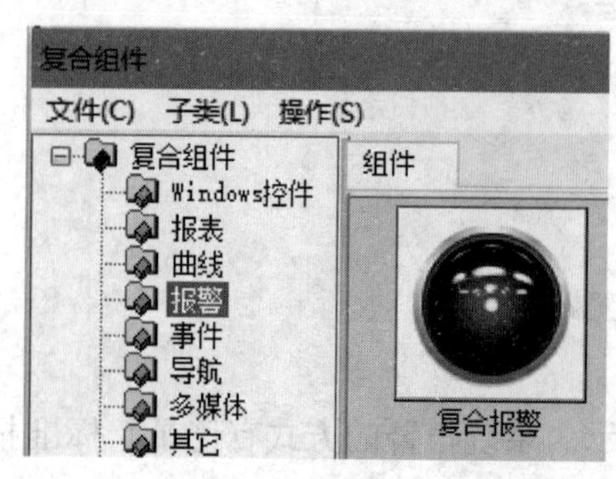

图10-2 复合报警

(2) 创建复合报警记录的步骤为：

1) 在开发环境下，顺序点击“工具→复合组件”或“工程→工程导航栏→复合组件”，可打开复合组件窗口。在复合组件窗口的“报警”子目录下，可找到复合报警控件。如图10-2所示。

2) 选择复合报警控件，即可将一个本地报警控件添加到当前活动窗口上，如图10-3所示。

(3) 复合报警配置。

1) 报警配置。报警配置是产生报警时对是否发出报警声音，是否蜂鸣报警，报警确认后是否停止播放的配置，以及发出报警时的报警优先级、报警文字、确认文字和恢复文字等一些属性的添

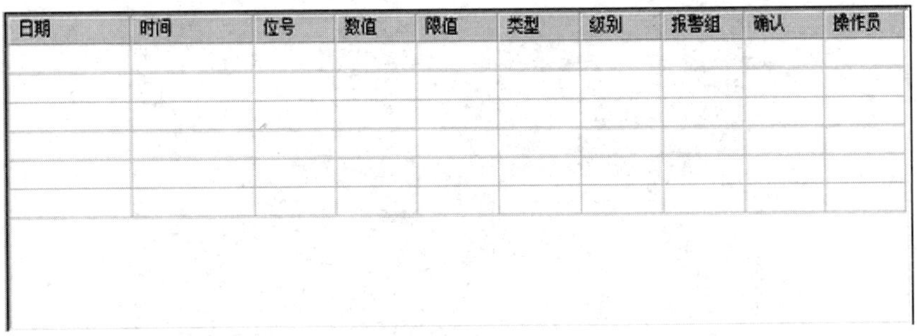

日期	时间	位号	数值	限值	类型	级别	报警组	确认	操作员

图 10 - 3　添加到当前活动窗口

加设置，如图 10 - 4 所示。

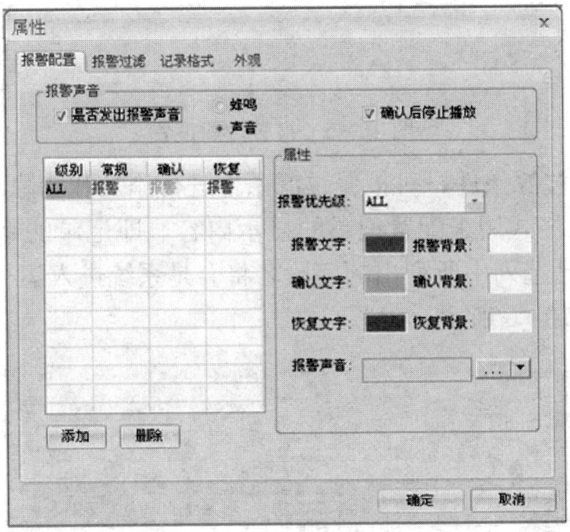

图 10 - 4　报警参数的基本配置

a. 报警声音：选择是否发出报警声音，模式为蜂鸣报警/声音报警，是否确认后停止播放报警。

b. 属性：对不同优先级报警的报警文字、确认文字、恢复文字和报警声音等一些属性的设置。

报警优先级：选择不同的报警优先级，如果是全部的话就写 ALL。

报警文字：生成报警时文字颜色的设置。

报警背景：生成报警时背景颜色的设置。

确认文字：确认报警后文字颜色的设置。

确认背景：确认报警后背景颜色的设置。

恢复文字：过程值恢复到不报警状态时文字的颜色。

恢复背景：过程值恢复到不报警状态时背景的颜色。

报警声音：选择对应的声音文件，格式为“*.wav”。

2）报警过滤。可以设置不同的过滤条件从报警中心查询符合条件的报警记录，界面如图 10 - 5 所示。

a. 报警类型：报警类型分实时报警和历史报警。

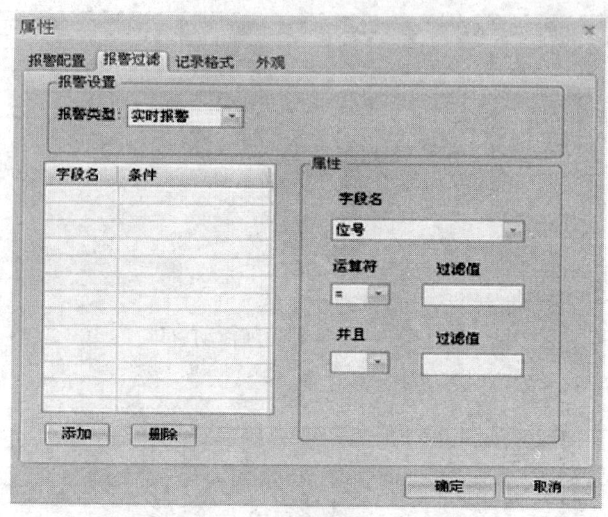

图 10-5 报警过滤设置

b. 属性：设置报警过滤条件，对报警过滤条件进行添加和删除。

3）记录格式。记录格式用来配置记录的显示内容，即记录的字段名，还可以对字段名进行不同方式的排序。已选列中所列出的字段名将会是系统进入运行时复合报警组件所显示的字段。配置界面如图 10-6 所示。

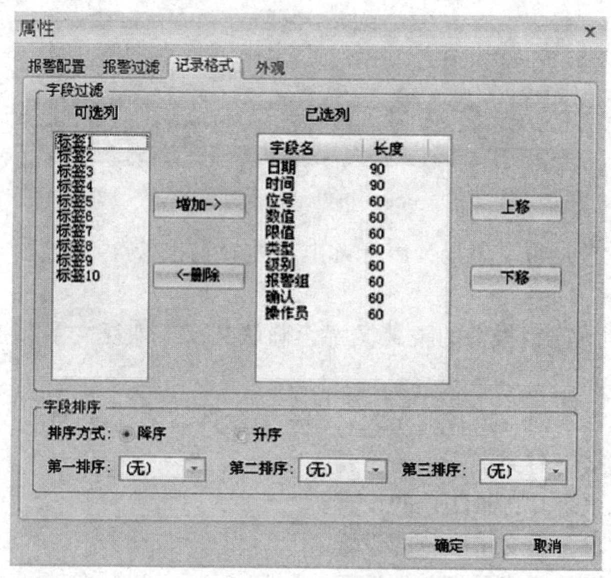

图 10-6 记录格式设置

4）外观。外观选项卡可设置该控件在运行状态的显示样式，配置界面如图 10-7 所示。

a. 颜色：设置表头背景颜色、表头文字颜色和窗口背景颜色。

b. 风格：设置报警组件的风格样式以及报警字体。

（a）操作栏：可以在运行状态下显示报警的操作按钮，便于操作显示。

（b）状态栏：用于显示报警信息的状态。

（c）水平线/垂直线：可以在运行状态下显示报警表格的水平/垂直线。

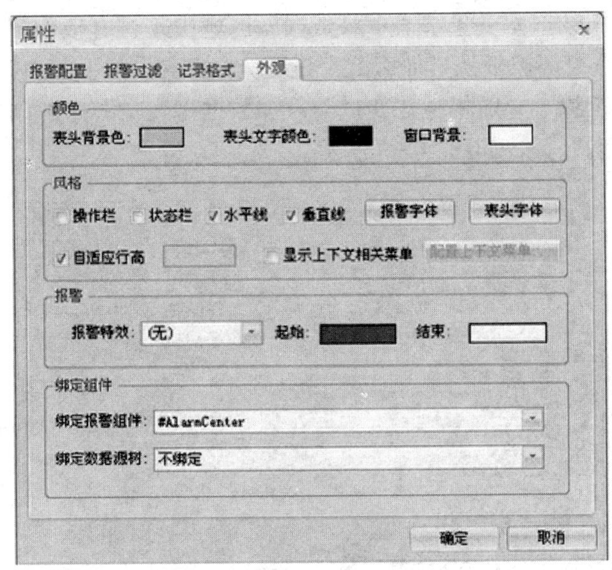

图 10-7　外观设置

(d) 报警字体与表头字体：用于设置报警不同位置的报警字体。

(e) 自适应行高：设定报警内容区所显示报警的行高。

(f) 显示上下文相关菜单：用于显示报警内容区右键菜单操作方式包括如图 10-8 所示。其中，确认已选表示确认已选中的报警信息；确认全部表示确认全部的报警信息；确认可见表示确认内容区可见报警信息；确认已选组表示确认所选组内的报警信息；确认已选层表示确认所选层的报警信息；确认所选点名表示确认所选中点名的报警信息；确认已选类型表示确认所选中类型的报警信息；排序表示对报警的排序进行设置。

c. 报警：设置产生报警时是否有其他动作产生，比如闪烁和渐变等，起始报警和结束报警时颜色的设置。

d. 绑定组件：选择绑定后台报警组件和是否绑定数据源树。

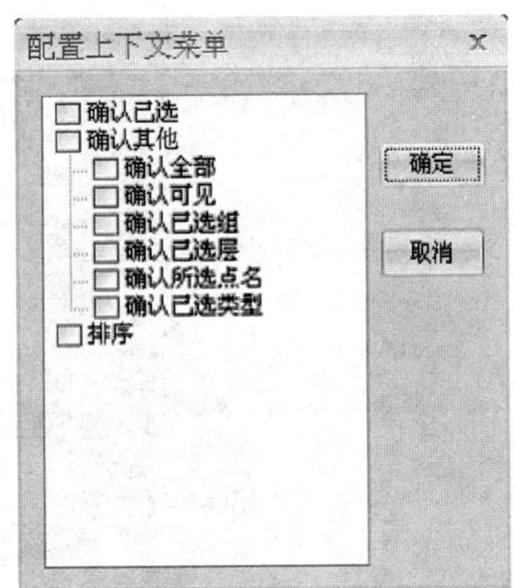

图 10-8　配置上下文菜单

(4) 报警显示。报警显示包括实时报警以及历史报警。实时报警是实时显示报警的类型、级别等；历史报警显示力控软件运行后所产生的所有报警的历史记录，通过相关按钮可以进行查询。

1) 确认报警。对于实时报警可以选择“确认”和“全确认”按钮，对当前产生的报警信息进行确认处理。

2) 历史报警的查询。在左侧的下拉框中选择历史报警后，可以通过设置起始时间和结束时间进行历史报警的简单查询。

3) 打印。选择“打印”按钮，可以打印当前对话框中的内容。

4) 消音。选择“消音”按钮，当有报警产生时报警声音会消除。

4. 参数报警

参数报警包括过程报警和 I/O 报警两种。

（1）过程报警。用数据库变量来表示某数据库区域中是否有报警产生，如果有报警产生则此变量为1，如果报警都被确认，那么此变量变为0，操作如下：

在开发系统的“工程”导航栏→“变量”→“数据库变量”中，添加一个新的数据库变量，选择“数据库状态”页，如图10-9所示。

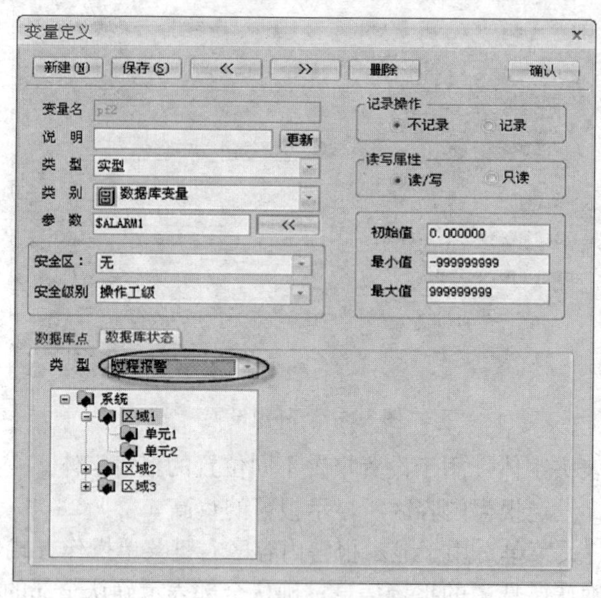

图10-9 过程报警数据库定义

（2）I/O报警。用数据库变量来表示某I/O设备是否通信正常，0代表正常，1代表异常，操作如图10-10所示。

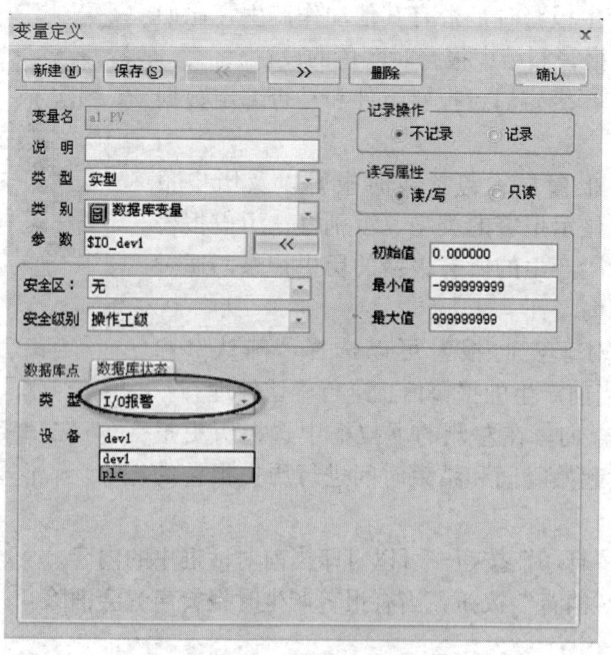

图10-10 I/O报警数据库定义

10.2 事 件 记 录

力控软件的事件处理功能模块能记录系统各种状态的变化和操作人员的活动情况。当产生某一特定系统状态时，比如某操作人员的登录、注销，站点的启动、退出，用户修改了某个变量值等事件产生时，事件记录即被触发。

力控软件的日志程序可以对操作人员的操作过程进行记录，并可记录力控软件相关程序的启动、退出及异常的详情。

事件记录共有以下几项内容。

(1) 将操作员的登录、注销详情记入指定的关系数据库或日志系统。

(2) 将站点的启动、退出详情记入日志系统。

(3) 将力控软件组件的启动、停止详情记入日志系统。

(4) 将力控软件工程运行过程中产生的消息、报警、错误等记入日志系统。

(5) 对于某些用户指定的变量，事件记录系统可以将用户对变量的操作详情记入指定的关系数据库或日志系统。

10.2.1 事件记录的配置

1. 变量产生的事件记录配置

力控软件事件记录系统可以记录用户对变量的操作详情。如果用户想记录操作员对变量的操作详情，首先需要确定此变量在窗口上有数值输入连接，然后在开发系统的“工程→导航栏→变量”中再找到需要设置事件记录的变量（如数据库变量 a1），点选记录即可。设置界面如图 10-11 所示。

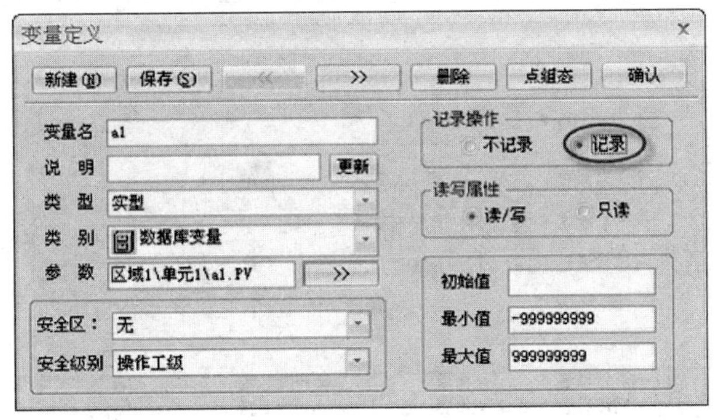

图 10-11 变量产生的事件记录配置

对于中间变量和间接变量，用户也可直接在建立变量的同时设置是否记录操作。

2. 本地时间及其记录的配置

使用本地事件组件显示当前运行的系统中所有的系统日志和操作日志的内容。本地事件的创建方法如下：

(1) 在开发系统“工程→工程导航栏→复合组件”中，选择“事件”下的“本地事件”，如图 10-12 所示。

(2) 双击“本地事件”，在窗口画中显示“本地事件组件”界面，如图 10-13 所示。

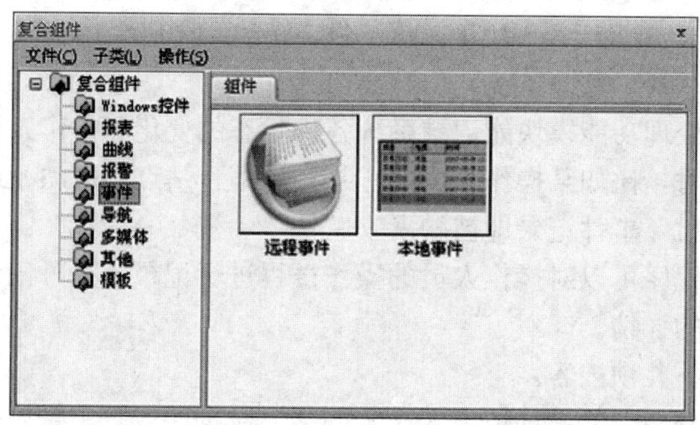

图 10-12 本地事件

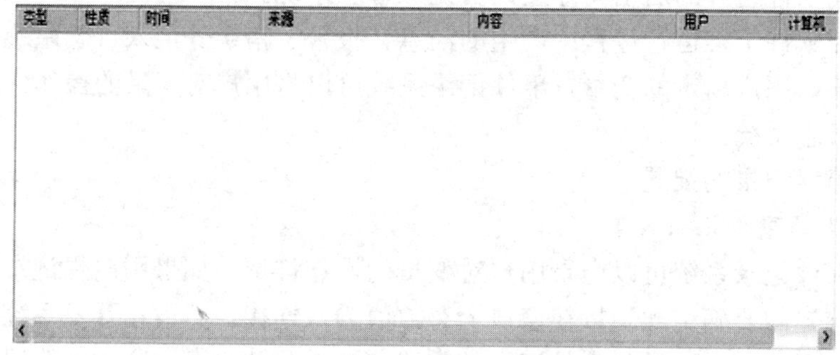

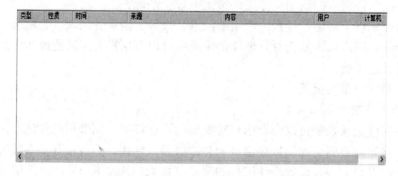

图 10-13 本地事件组件界面

（3）双击“本地事件组件”，弹出本地事件属性配置对话框，如图 10-14 所示。

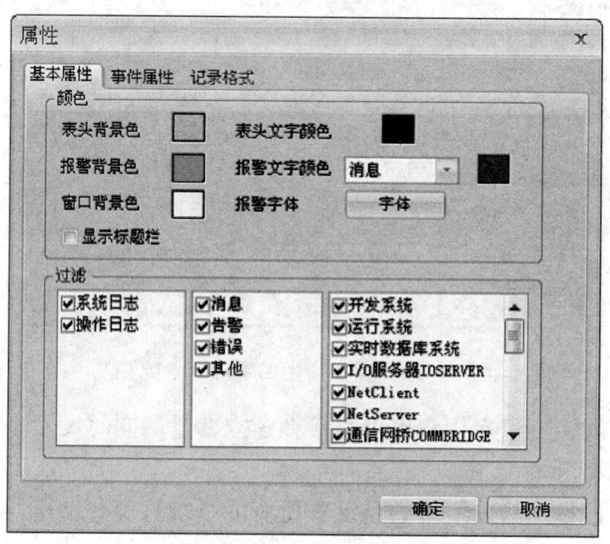

图 10-14 本地事件属性配置

1）基本属性。其包括颜色和过滤两部分属性设置，过滤主要是在本地事件组中显示的内容设置，在复选框中选中的，则显示，反之不显示。

2）事件属性。事件属性页用来配置事件类型和连接的关系数据库，如图 10 - 15 所示。

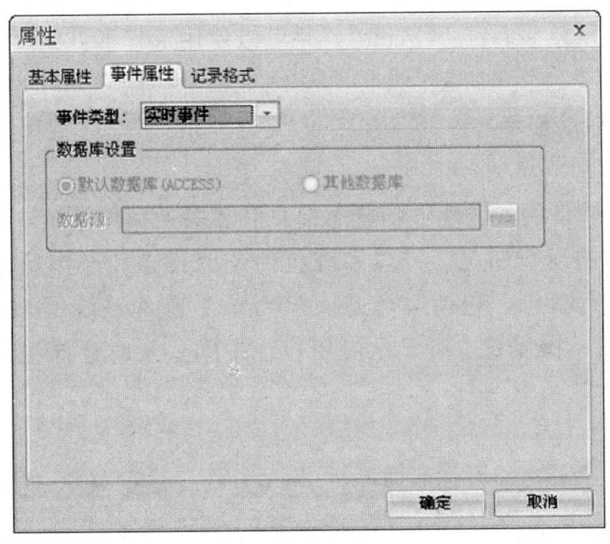

图 10 - 15　本地事件的事件属性

a. 实时事件：设置实时事件属性，本地事件组件中实时更新显示系统运行中显示的系统日志及操作日志。

b. 事件查询：选择事件查询可根据用户设置的日期、时间等，查询出历史事件记录。

c. 默认数据库：此时本地事件查询的是力控软件的日志文件，所在的路径为当前工程路径\log.mdb。

d. 其他数据库：使用此选项可以通过本地事件查询力控软件其他工程中的 log.mdb 日志文件，包括本地的其他工程和远程操作站上所运行的力控软件的工程。

3）记录格式。记录格式用来配置本地事件组件所显示的字段名，如图 10 - 16 所示。

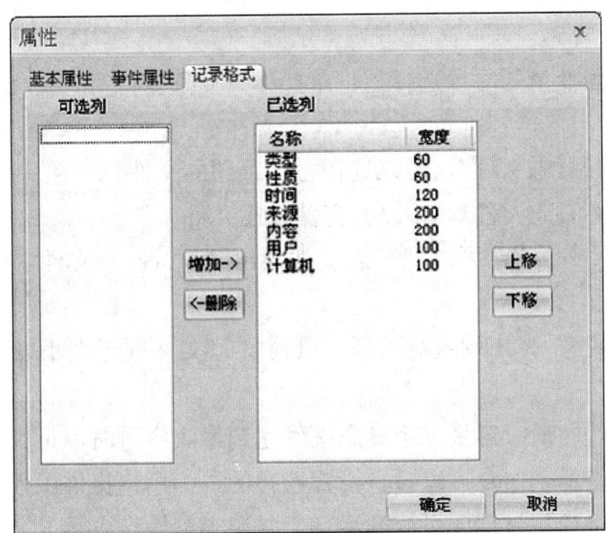

图 10 - 16　本地事件的记录格式

3. 分布式事件记录及远程事件的配置

力控软件的运行系统产生的系统事件和操作事件不仅能存入到日志中，同时也可以存入到关系数据库中（如 SQL server、Orcale），并可以使用远程事件组件显示在异地系统窗口画面上。

10.2.2　事件记录的显示

1. 日志系统

日志系统将力控软件的各种组件的状态信息和相关通信信息统一管理起来，用户可以通过日志来了解软件的运行情况。日志系统包括系统日志和操作日志两部分。系统日志记录了力控软件的运行状态，包括运行系统 View、数据库系统 DB、IO 监控器的运行状态，如图 10-17 所示；操作日志可显示由用户在中间变量时选择记录操作的变量的变化内容。

图 10-17　日志系统界面

2. 本地事件记录显示

当用户在定义中间变量的时候选择了记录操作、变量变化时，变化内容就可以在操作日志中显示。

选择“文件→打开日志文件”，可以选择之前存储的文件。

选择“文件→另存日志文件”，可以另存储日志文件。

选择“文件→导出列表”，可以把日志文件导出到“.csv”文件，可以直接用表格方式打开查看。

选择“文件→设置”，弹出设置对话框，可对日志文件进行大小设置及属性设置，如图 10-18 所示。

可以选择日志文件的最大容量，当日志文件达到最大容量时，可以覆盖原文件，也可以另存到别的文件。这些都是用户可以自行设置选择的，为用户提供了很大的方便。

力控软件能及时将控制过程或系统的运行情况通知给操作人员。

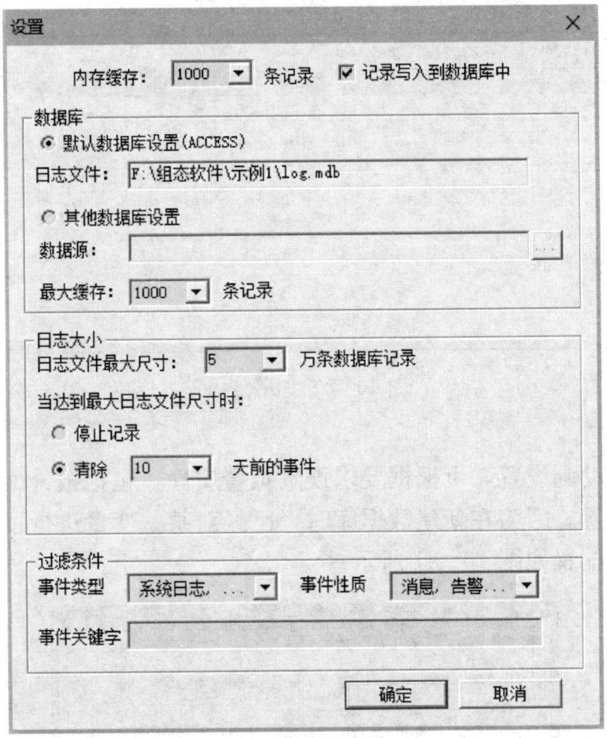

设置

内存缓存：1000 条记录　☑ 记录写入到数据库中

数据库

◉ 默认数据库设置(ACCESS)

日志文件：F:\组态软件\示例1\log.mdb

○ 其他数据库设置

数据源：

最大缓存：1000 条记录

日志大小

日志文件最大尺寸：5 万条数据库记录

当达到最大日志文件尺寸时：

○ 停止记录

◉ 清除 10 天前的事件

过滤条件

事件类型 系统日志，... 　事件性质 消息，告警...

事件关键字

确定　取消

图 10-18　日志文件属性设置

10.3　存储罐液位监控实验系统（九）

10.3.1　应用报警母版创建报警查询

新建报警母版方法同报表和曲线，选择“报警查询-DCS style”，数据源依旧选择系统，即分别出现图 10-19、图 10-20 所示的报警界面。

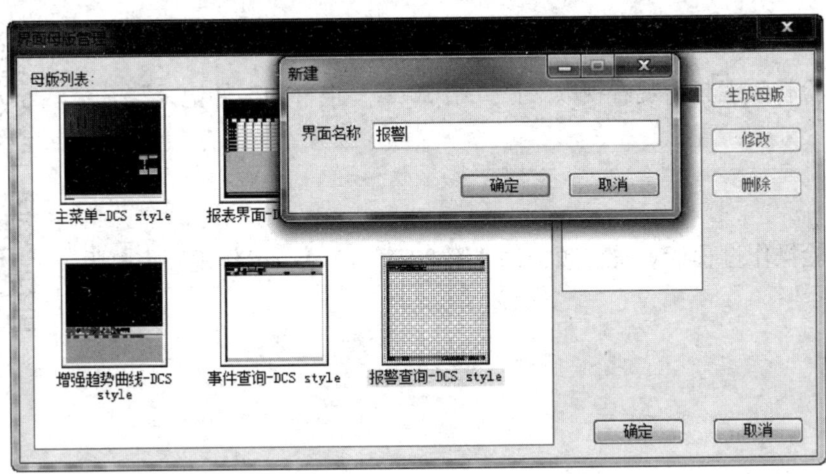

图 10-19　新建报警母版

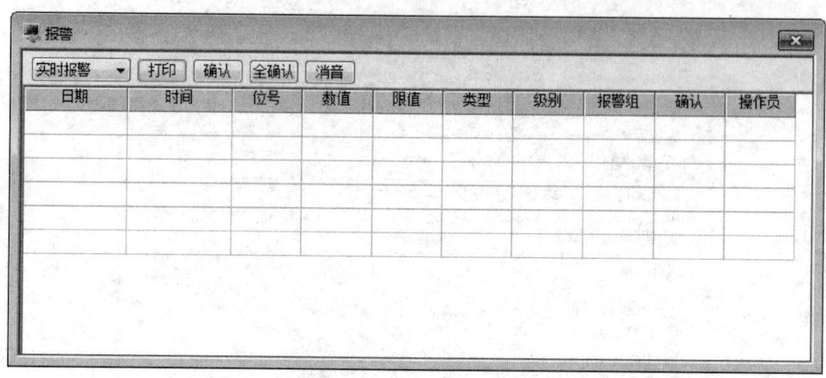

图 10 - 20 报警界面

10. 3. 2 报警属性

对报警界面进行动画设置，可根据要求设置报警属性，包括报警配置、报警过滤、记录格式、外观及其他设置。因为在新建数据库时，已经对某些变量进行了报警设置，因此报警属性默认即可。报警配置如图 10 - 21 所示。

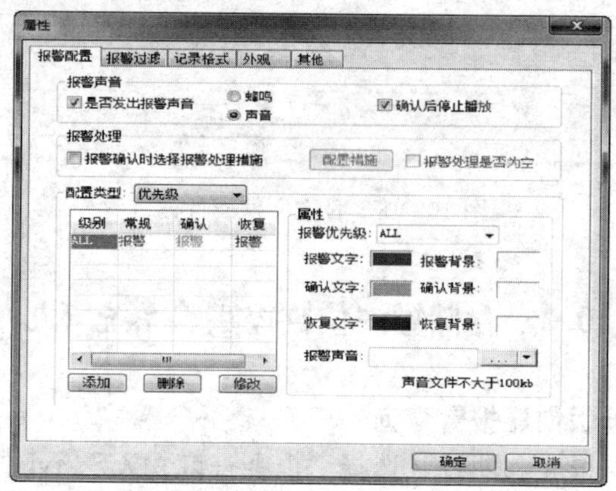

图 10 - 21 报警配置

本章实验教学视频请观看视频文件“第 10 章 报警和事件记录”。

完整实验操作过程请观看视频文件“第 2～第 10 章 操作视频完整版”。

第 11 章　运行系统与安全管理

力控监控组态软件的运行系统由多个组件组成，包括 View、DB、I/O 等组件，所有运行系统的组件统一由力控监控组态软件进程管理器管理，进行启动、停止、监视等操作。

运行系统 View 是用来运行由开发系统 Draw（见第 2 章）创建的画面工程，主要完成 HMI 部分的画面监控；区域实时数据库 DB 是数据处理的核心，是网络节点的数据服务器，运行时完成数据处理、历史数据存储及报警的产生等功能；IO 程序是负责和控制设备通信的服务程序，支持多种通信方式的网络，包括串口、以太网、无线通信等。

力控监控组态软件提供了一系列的安全保护功能以保证生产过程的安全可靠性，在运行系统 View 中，通过设置安全管理功能，可以防止意外地、非法地进入开发系统修改参数及关闭系统等操作，同时避免对未授权数据的误操作。

11.1 运　行　系　统

本节主要介绍力控监控组态软件的运行系统 View。在工程运行之前首先在界面开发系统中设计画面工程，然后再进入运行环境中运行工程。

1. 进入运行系统

进入运行系统的方式有以下三种：

（1）选择工程管理器工具栏的“ ”。

（2）单击开发环境中工具栏中的“ ”进入运行系统。

（3）选择菜单命令“文件→进入运行”。

2. 运行系统的管理

在缺省情况下，运行系统 View 提供了如图 11 - 1 所示的标准菜单。

运行系统（演示方式，剩余时间：60 分钟）
文件(F)　特殊功能(S)　帮助(H)

图 11 - 1　运行系统的标准菜单

（1）“文件”菜单包括以下八个命令项。

打开：弹出“选择窗口”对话框，单击要打开的窗口名称，选中后背景色变蓝，点击“确认”按钮，选择的窗口为当前运行的窗口。

关闭：关闭当前运行的窗口。

全部关闭：关闭当前所有运行的窗口。

快照：运行系统 View 提供的快照功能可以记录某一时刻的窗口内容。

快照浏览：浏览以前形成的窗口快照内容。当浏览完毕后，可以返回运行系统 View 运行窗口。

打印：将当前运行窗口的内容打印到系统默认打印机上。

进入组态状态：系统自动进入到开发系统 Draw，并打开运行系统 View 中的窗口画面。

退出：运行系统 View 程序关闭。

(2)“特殊功能”菜单：

事件记录显示：显示“PCAuto 日志系统”窗口。

登录：可以进行用户登录。

注销：注销当前登录的用户。

禁止用户操作：当以某一用户身份登录后，可以选择菜单命令“特殊功能/禁止用户操作”，禁止或允许对所有数据的下置操作。

漫游图：漫游图可以预览运行系统 View 中打开的画面，可以选择不同大小的预览画面。在预览时部分的控件不能在漫游图中显示。

通信初始化：初始化通信。

3. 自定义菜单

顶层菜单：是位于窗口标题下面的菜单，运行时一直存在，也称作主菜单。顶层菜单中可以包括多级下拉式菜单。

弹出菜单：是右键点击窗口中对象时出现的菜单，当选取完菜单命令后，立即消失。

分隔线：菜单按功能分类的标志，是一条直线，它使菜单列表更加清晰。

快捷键：快捷键是与菜单功能相同的键盘按键或按键组合，例如 F1 键、Ctrl + C。

自定义菜单分为两种：一种为主菜单，另一种为右键菜单。其中主菜单是显示的运行系统标题下的菜单；右键菜单是针对某一图形对象，单击右键时弹出的菜单。

(1) 创建自定义菜单。

1) 在开发系统“工程”导航栏中选择“菜单”→“主菜单”，或者在导航栏中选择“菜单”→“右键菜单”，双击，如图 11-2 所示。

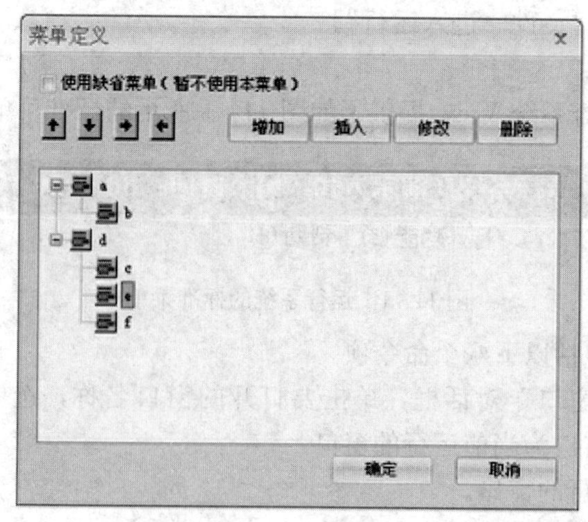

图 11-2　菜单定义

a. “使用缺省菜单”：系统将不会使用自定义菜单，而是使用标准菜单。

b. “增加/插入”按钮，或者选择某一菜单项后按“修改”按钮，弹出菜单项定义框，如图 11-3 所示。

c. 选中某一菜单项后，按“删除”按钮可以删除选择的菜单项。

d. 通过“↑ ↓ → ←”按钮可以调整菜单项的位置。

2）菜单项定义对话框，如图 11-3 所示。

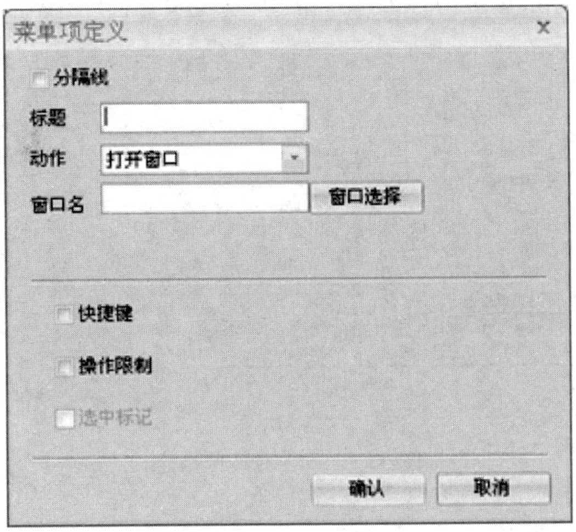

图 11-3　菜单项定义

a. “分隔线”：表示此菜单项与上一菜单项之间采用分隔线进行分隔。

b. 标题：在菜单中所见到的菜单项文本。

c. 动作：选择运行时菜单项执行的动作，有些动作需要另外的参数，例如选择打开窗口将提示输入窗口名称。

d. 快捷键：焦点移到右面输入框中，然后直接按下要选用的键盘按键或键组合，例如 Ctrl+Shift+X。

e. 操作限制：选中操作限制后，右面将出现“条件定义”按钮，点击该按钮，如图 11-4 所示，在该对话框中可以输入限制条件的表达式。

图 11-4　条件定义

f. 选中标记：勾中标记后，在运行系统中，被选择的右键菜单命令前会出现所选中的标记。

（2）删除右键菜单。在“工程”导航栏中“菜单”下，选中要删除的菜单，单击右键，在右键菜单中取删除，将删除中的右键弹出菜单。

（3）使用右键菜单。先定义右键菜单，然后在窗口中选择某一对象，双击后出现“动画连接”对话框，单击“右键菜单”按钮，出现“右键菜单指定”对话框，如图 11-5 所示，输入或选择弹出菜单名称，再选择弹出菜单与光标对齐方式后，单击“确认”返回。在运行系统 View 时，用鼠标右键单击图形对象将弹出选择的右键菜单名。

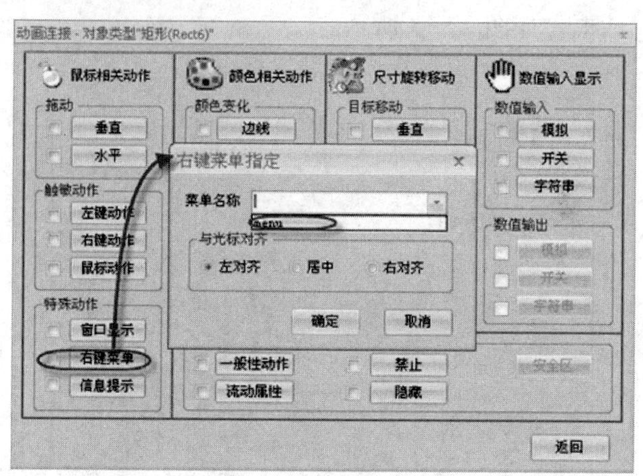

图 11-5 右键菜单指定

4. 系统参数

运行系统 View 在运行时，涉及许多系统参数，这些参数主要包括运行系统参数、打印参数等，会对运行系统 View 的运行性能产生很大影响。

在系统进入运行前，根据现场的实际情况，需要对运行系统的参数进行设置，设置的方法如下：

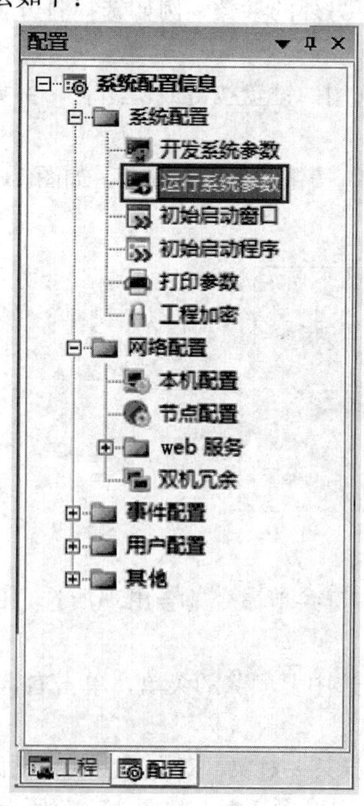

图 11-6 运行系统参数

在开发系统 Draw 中，选择配置导航栏中的“系统配置”→“运行系统参数”，如图 11-6 所示：

(1) 参数设置。图 11-7 所示的是系统参数设置对话框的参数设置页。

1）数据刷新周期：运行系统 View 对数据库 DB 实时数据的访问周期，缺省为 200ms，建议使用默认值。

2）动作周期：运行系统 View 执行动作脚本动作的基本周期，缺省为 100ms，建议使用默认值。

3）数据包请求超时周期：在运行系统中，请求接收数据包的超时时间超过设定值即为超时，缺省为 120s，建议使用默认值。

4）触敏动作重复延时时间：在运行系统 View 中鼠标按下时对象触敏动作周期执行的时间间隔，缺省为 1000ms。

5）立体效果：设置运行时立体图形对象的立体效果，包括优、良、中、低和差五个级别，立体效果越好对计算机资源的使用越多。

6）闪烁速度：组态环境中动画连接的闪烁速度可选择快、适中和慢三种。而每一种对应的运行时速度是在这里设定的，缺省值分别为 500、1000、2000ms。

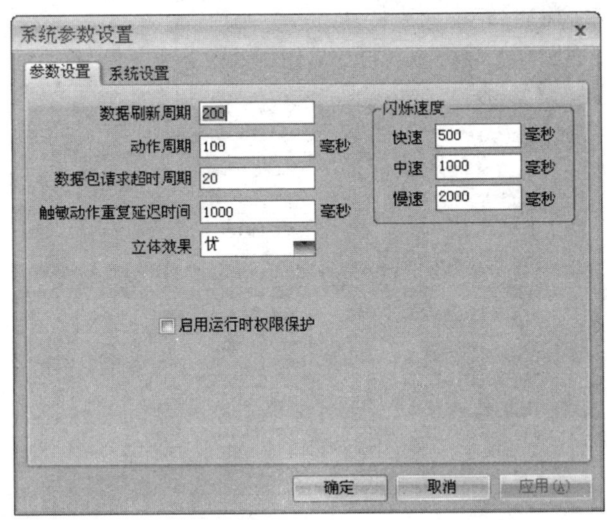

图 11-7 系统参数设置对话框的参数设置页

7）启动运行时权限保护：选中此项设置后，当进入运行系统时，需要输入用户管理中设置的用户名和密码。选择了某种用户级别后，只有该级别以上的用户才可以进入运行系统。

（2）系统设置。图 11-8 所示的是系统参数设置对话框的系统设置页。

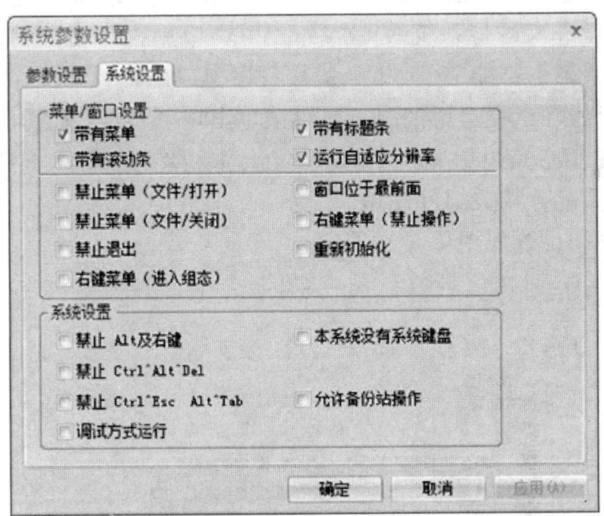

图 11-8 系统参数设置对话框的系统设置页

1）菜单/窗口设置。菜单/窗口设置如图 11-9 所示。

带有菜单：进入运行系统 View 后显示菜单栏。

带有标题条：进入运行系统 View 后显示标题条。

带有滚动条：进入运行系统 View 后，如果画面内容超出当前 view 窗口显示范围，则显示滚动条，可以滚动画面。

运行自适应分辨率：运行系统 View 自动将窗口的分辨率调节为 PC 桌面的分辨率。

禁止菜单（文件/打开）：进入运行系统 View 时，菜单“文件［F］/打开”项隐藏，以防止随意打开窗口。

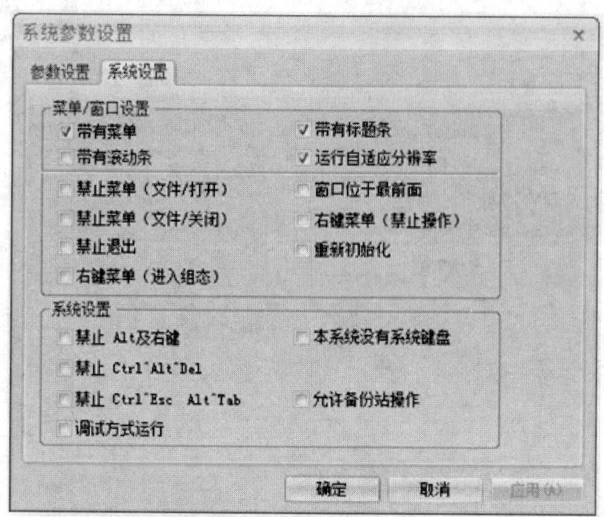

图 11-9 菜单/窗口设置

禁止菜单（文件/关闭）：进入运行系统 View 时，菜单“文件［F］/关闭”项隐藏，以防止随意关闭窗口。

禁止退出：在进入运行系统 View 时，禁止退出运行系统。

右键菜单（进入组态）：在运行情况下可以通过右键菜单进入开发系统 Draw。

窗口位于最前面：进入运行系统 View 后，View 应用程序窗口始终处于顶层窗口。其他应用程序即使被激活，也不能覆盖 View 应用程序窗口。

右键菜单（禁止操作）：在运行情况下右键菜单出现“禁止/允许用户操作”。

重新初始化：一些情况下 DB 重启后，View 会重新连接 DB，使界面上数据连续刷新。此功能为特殊应用，需配合相关组件使用。

2）系统设置。系统设置如图 11-10 所示。

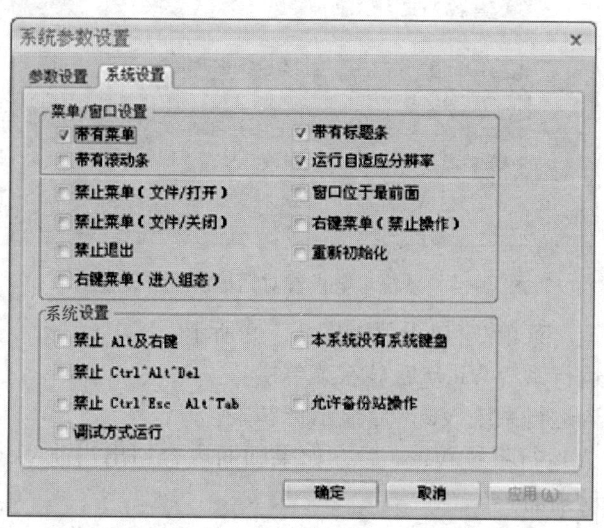

图 11-10 系统设置

①禁止 Alt 及右键：在进入运行系统 View 后，系统功能热键“Alt + F4”、右键失效；

运行系统 View 的系统窗口控制菜单中的关闭命令、系统窗口控制的关闭按钮失效。

②禁止 Ctrl+Alt+Del：在进入运行系统 View 后，操作系统不响应热启动键“Alt+Ctrl+Del”，可以防止力控监控组态软件运行系统被强制关闭。

③禁止 Ctrl+Esc Alt+Tab：在进入运行系统 View 后，不响应系统热键“Ctrl+Esc”和“Alt+Tab”。

④调试方式运行：可以设置调试方式进行脚本调试。

⑤本系统没有系统键盘：在进入运行系统 View 后，对所有输入框进行输入操作时，系统自动出现软键盘提示，仅用鼠标点击就可以完成所有字母和数字的输入，此参数项适用于不提供键盘的计算机。

⑥允许备份站操作：用于双机冗余系统中，选择后，从站也可以操作。

11.2　进程管理与开机自动运行

当系统进入运行系统时，力控监控组态软件进程管理器会自动启动，可以监控着在开发系统的“系统配置”中的“初始启动程序”中所选择的需要启动的进程程序，同时对这些程序进行启动、停止和监视。

1. 管理方式

力控监控组态软件采用的是多进程的管理的方式。主要的进程有 NetServer（网络服务器）、DB（实时数据库）、IoMonitor（I/O 监控器）、CommBridge（网桥）、View（运行环境）、DDEServer（DDE 服务器）、OPCServer（OPC 服务器）、ODBCRouter（数据转储组件）、RunLog（控制策略）、httpsvr（Web 服务器）、commserver（数据交互服务器）等。

2. 进程运行时图标及画面

DB（实时数据库）：在数据库运行时，可以直接在 DB 的运行界面进行调试，例如，假设在 DB 运行界面包含了数据库变量 tag1 _ 1 的状态值，现在想将 tag1 _ 1 点的 PV 值设定为 12。具体操作步骤如下：

在 tag1 _ 1 点的参数 PV 值处双击，弹出如图 11 - 11 所示的对话框，在对话框中输入 12，单击“确定”按钮。

IoMonitor（I/O 监控器）：用于 I/O 通信状态的监控窗口，在任务栏上显示的图标为“ ”。

NetServer（网络服务器）：用于管理力控监控组态软件的 C/S、B/S 和双机冗余等网络结构的网络通信，在任务栏上的图标为“ ”。

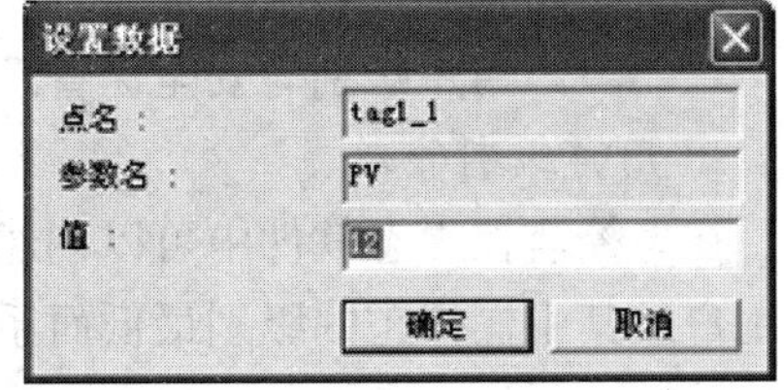

图 11 - 11　设置数据

3. 启动与停止进程管理

（1）进程的加载。加载要启动和停止的进程，方式如下：在力控监控组态软件的开发系统中，依次点击“配置导航栏”→“系统配置”→“初始启动程序”，来加载进程管理器中要启动和停止的进程，如图 11 - 12 所示。

（2）进程管理器。启动与停止进程需要在力控监控组态软件进程管理器中进行。

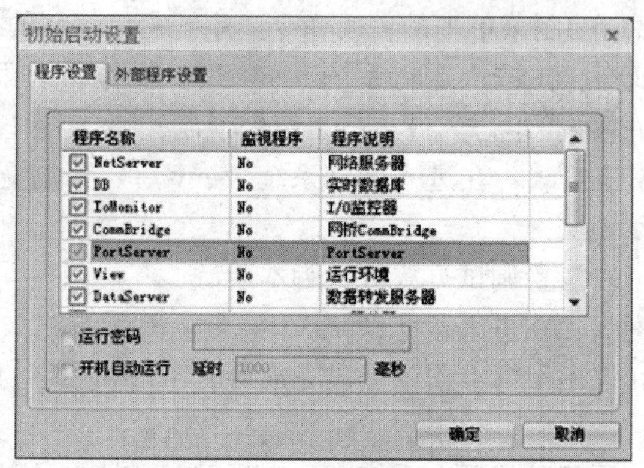

图 11 - 12 初始启动程序

1）停止所有进程：在进程管理器中选择菜单命令“监控/退出”，就可以同时关闭所有进程了。

2）停止单一的进程：在进程管理器中选择菜单命令“监控→查看”，就可以停止所选择的单一进程了。

4. 进程管理器的看门狗功能

进程管理器的看门狗功能是指进程管理器中管理着的程序，如果由于人为或其他任何原因退出后，经过 2s 后进程管理器会自动将该退出的程序自动启动，保证了系统运行的连续性。此功能需要在初始启动程序中的力控监控组态软件程序设置中的监视程序选为“Yes”。

下面简单介绍一下开机自动运行功能的操作步骤。在生产现场运行的系统，很多情况下要求启动计算机后就自动运行力控软件的程序，要实现这个功能，需如下配置方法：在开发系统中，依次点击“配置导航栏”→“系统配置”→“初始启动程序”，将开机自动运行功能选中即可。

11.3 安 全 管 理

安全保护是现场应用系统不可忽视的问题，对于有不同类型的用户共同使用的大型复杂应用工程，必须解决好授权与安全性的问题，系统必须能够依据用户的使用权限允许或禁止其对系统进行操作。力控监控组态软件提供的安全管理主要包括：用户访问管理、系统权限管理、系统安全管理及工程加密管理。

11.3.1 用户级别与安全区管理

1. 用户级别管理

在力控监控组态软件中可以创建操作工级、班长级、工程师级和系统管理员级四个级别的用户。其中操作工的级别最低而系统管理员的级别最高，高级别的用户可以修改低级别用户的属性。

在进入运行系统时，没有一个已创建用户登录时，系统缺省提供的访问权限为操作工权限。

2. 安全区管理

为了保护控制对象不接受未授权的写操作，提供了安全区的功能。可以将安全区看作是一组带有同样安全级别的数据库块，有特定的安全区操作权限的操作员可以对该安全区的任何数据进行写操作。

（1）安全区功能。

1）力控监控组态软件中最多可以设置安全区 256 个，其中前 26 个默认为 A～Z，但所有的安全区的命名都是可以更改的。

2）安全区支持中文名称。安全区名字不能超过 32 个字节的长度（汉字为 16 个汉字），每一个用户名可以对应多个安全区，每个安全区也可以对应多个用户名，一个对象也可以对应多个安全区。

（2）安全区与用户级别的关系。对于某个对象，既可以用安全区限制对它的操作，也可以用用户级别限制对它的操作，也可以两方面同时限制。

3. 用户管理和安全区的配置方法

若要创建用户和安全区，选择开发系统 Draw 菜单命令“特殊功能”→“用户管理”或配置导航栏中“用户配置”→“用户管理”，弹出“用户管理”对话框，如图 11-13 所示。

图 11-13　用户管理

对于“用户管理”对话框中的内容说明如下：

（1）用户信息。

用户名：所创建的用户的名称。

级别：选择所建用户的级别。

口令：所创建的用户对应的密码。

核实口令：对口令进行进一步的确认。

登录超时：设定每个用户可以在登录以后，在指定的时间后自动超时注销，默认为－1，表示不会注销所登录的客户。

列出用户列表：运行系统时，在登录窗口用户下拉菜单框中出现。

设置登录方式：与 IE（IIS）发布相关，详细内容请查看与 IE 发布相关的在线帮助。

（2）添加用户。将用户信息填写完成后，单击“添加”后，会在左侧的对应用户级别的树下面出现所建的用户名，然后再单击“保存”，退出用户管理配置。

（3）修改用户。在左侧的树中选中要修改的用户，此时可以对用户的信息进行修改，修改完成后，单击“修改”，然后再单击“保存”，退出用户管理配置。

（4）删除用户。在左侧的树中选中要删除的用户，单击“删除”，将会在左侧树中删除该用户。

(5) 安全区的设置。在安全区的列表框中，选择用户对应的安全区，选中后，安全区的名称复选框中是用对号的选中状态。

(6) 说明。左面用户列表采用树形结构描述用户级别，选中某个用户后右侧列出用户的各种设定，包括安全区和系统权限，修改后点击修改按钮修改用户的设定情况。新增加的登录超时功能可以设定用户登录以后多长时间后自动注销登录。为了兼容以前的操作方式默认设置为－1，－1 表示用户登录以后永不超时。用户的安全区和系统权限可以逐个制定。选中的表示有此权限，其上面的全选功能可以全部选择和全部取消选择。

4. 用户管理和安全区的脚本函数

(1) 用户管理的脚本函数。力控监控组态软件提供相关的函数和变量以实现更为灵活的用户管理。这里仅提供简要说明，具体用法请参考函数手册。

1) 函数：

a. UserPass。说明：修改用户口令，调用该函数时将出现一用户口令修改对话框，在该对话框中，用户可以改变当前已登录用户的口令。

b. UserMan。说明：增加或删除用户。调用该函数时将出现一用户管理对话框，在该对话框中，用户可以添加新的用户或删除已有用户。

2) 系统变量：

a. $UserLevel。说明：当前登录的用户的用户级别。

b. $UserName。说明：当前用户名。

3) 结合实例说明用户管理函数和变量的使用。在开发系统 Draw 中的用户管理器中按上面的方法建立 4 个用户，分别为："a"，操作工级，口令"aaa"；"b"，班长级，口令"bbb"；"c"，工程师级，口令"ccc"；"d"，系统管理员级，口令"ddd"。

在开发系统 Draw 的窗口中创建两个文本显示内容，分别是"当前用户名称"和"当前用户级别"，以及两个变量显示文本框"＃＃＃＃＃＃＃＃"，分别显示系统变量"$Username"和"$Userlevel"，如图 11-14 所示。

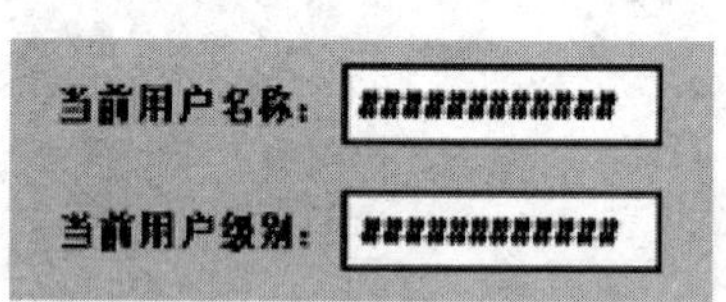

图 11-14　在 Draw 的窗口中创建两个文本

创建两个按钮"修改当前用户密码""添加/删除用户"。

在"修改当前用户口令"按钮创建动画连接"左键动作"，在动作编辑器里，输入如下内容：Userpass（$Username）；在"添加/删除用户"按钮创建动画连接"左键动作"，在动作编辑器里，输入如下内容：Userman（）。

进入运行后，以用户"c"登录，则画面显示如图 11-15 所示。

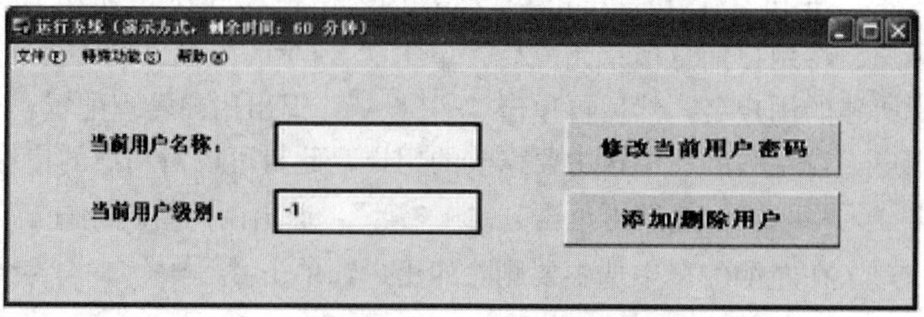

图 11-15　运行系统

当前用户名为“c”，用户级别为“2”，表示级别为工程师级。单击“修改当前用户口令”按钮，在如下的对话框中，将原口令修改为“123”，单击“确定”按钮，在登录时，用户“c”的口令变为“123”。

单击“添加/删除用户”按钮，出现图 11-16 所示的对话框：可以添加、修改用户。但要注意的是，因为是以用户“c”登录的，用户“c”的级别为工程师级，所以只能对低于工程师级的用户进行“添加/删除/修改”操作。

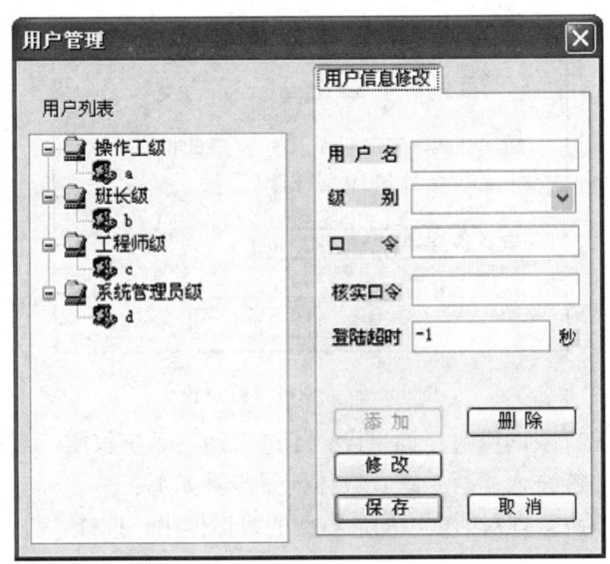

图 11-16　用户管理

11.3.2　系统安全管理

系统安全管理包括屏蔽菜单和键盘功能键。当用户在开发系统 Draw 的系统参数中设置了“禁止退出”“禁止 Alt”和“禁止 Ctrl + Alt + Del”选项时，运行系统 View 在运行时将提供系统安全保障，以防止意外地或非法地关闭系统，进入开发系统修改参数等操作。

11.3.3　数据安全管理

在很多情况下，用户工程应用中的组态数据和运行数据都涉及安全性问题。例如，需要禁止普通人员进入组态环境查看或修改组态参数；在系统运行时，某些重要运行参数（如重要的控制参数）不允许普通人员进行修改等。

为了解决上述安全问题，力控提供了数据安全管理功能。

1. 系统权限的配置

系统权限配置主要是配置进入开发系统的权限、进入运行系统的权限、退出运行系统的权限。

(1) 进入开发系统权限的设置：如果设置了进入开发系统权限，当进入开发系统时，只有具有此权限的用户才能进入开发系统，对工程应用进行修改和配置，具体配置步骤如下：

在创建用户时，用户管理对话框中的最右侧的对话框中，选择“进入组态”，如图 11-13 所示。

选择“配置导航栏中”→“系统配置”→“系统参数设置”，如图 11-17 所示，将“启用组态时的权限保护”中，则在进入开发环境时会根据用户管理中的系统权限对进入组态时的用户进行控制。

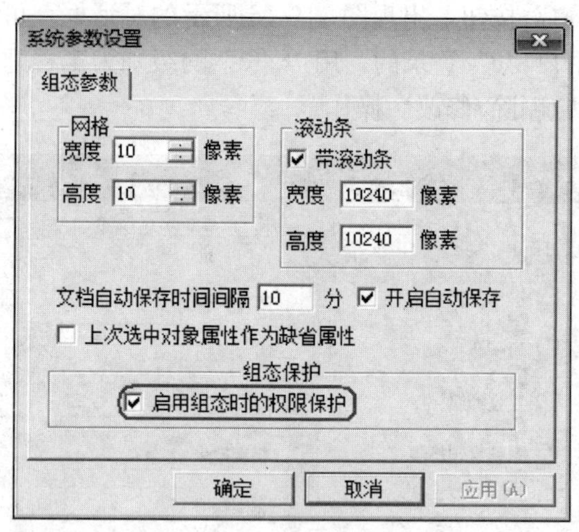

图 11-17　系统参数设置

（2）进入运行系统权限的设置：如果设置了进入运行系统权限，当进入运行系统时，只有具有此权限的用户才能进入运行系统，具体配置步骤如下：

在创建用户时，用户管理对话框中的最右侧的对话框中，选择“进入运行”，如图 11-13 所示。

在开发系统 Draw 的配置导航栏中选择“系统配置”→“运行系统参数”，如图 11-18 所示，在“参数设置”页中将“启用运行时权限保护”选中，则进入运行系统时会根据在用户管理中的配置对进入运行系统的用户进行权限控制。

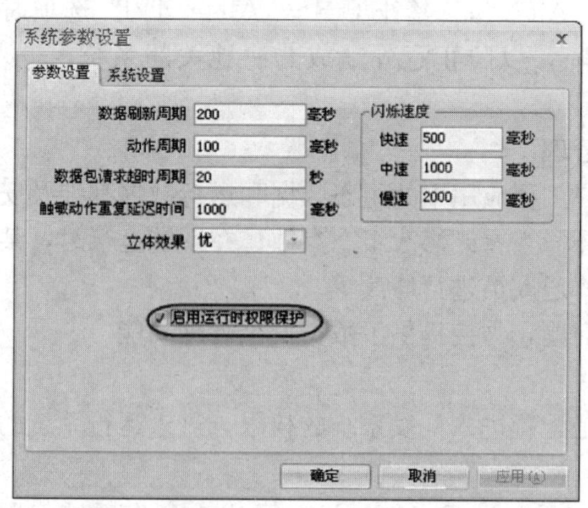

图 11-18　运行系统参数设置

（3）退出运行系统权限的设置：如果设置了退出运行系统权限，当退出运行系统时，只有具有此权限的用户才能退出运行系统，具体配置步骤如下：在创建用户时，用户管理对话框中的最右侧的对话框中，选择“退出运行”，如图 11-13 所示。

2. 变量访问级别与安全区的配置

（1）变量访问级别的配置：与用户级别相对应，力控变量也有 4 个安全级别：操作工级、班长级、工程师级、系统管理员级，设置了变量的访问级别后，只符合此安全级别或高于此安全级别的用户才能对变量进行操作。

变量的访问级别在开发系统 Draw 中进行变量定义时进行指定，配置的步骤如下：

下面以中间变量为例进行说明。在开发系统 Draw 工程导航栏中，选择“变量”→“中间变量”，新建中间变量，在安全级别处选择“工程师级”，如图 11 - 19 所示。

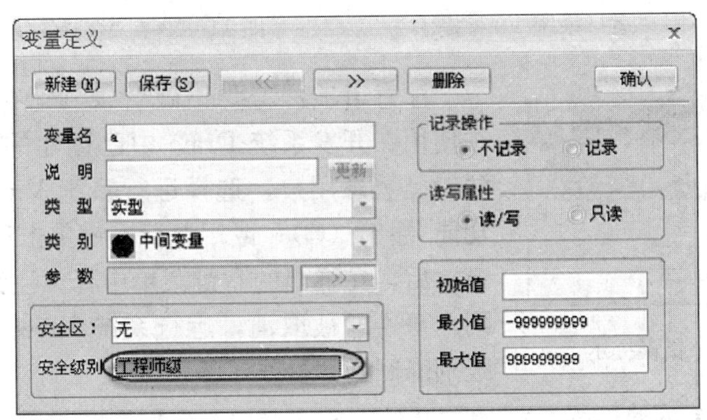

图 11 - 19　变量定义安全级别设置

（2）变量访问安全区的配置：每个变量可以指定属于一个安全区，也可以不指定安全区。指定安全区后只有具有此安全区操作权限的用户登录以后才可以修改此变量的数值，如图 11 - 20 所示。

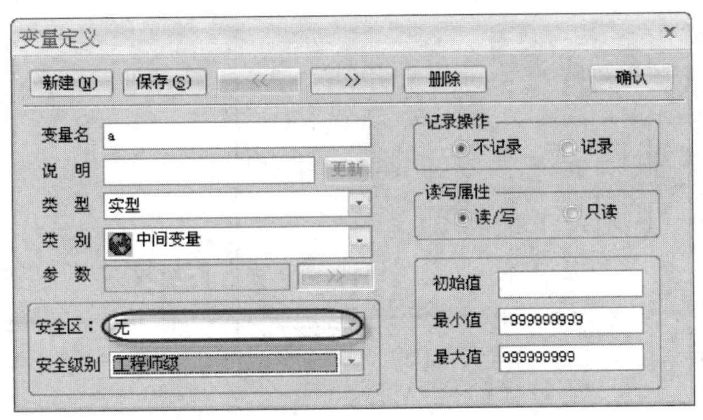

图 11 - 20　变量定义安全区设置

3. 用户登录与注销

运行系统 View 在初始启动后，若没有任何用户登录，此时运行系统 View 对变量数据的访问级别最低，即“操作工级”级别，也就是说，只有具备“操作工级”级别的变量可以被修改。对于设定了更高级别的变量，当要被越权修改时，运行系统 View 会出现如图 11 - 21 所示的提示。

单击“确定”，出现“登录”窗口，如图 11 - 22 所示。

在对话框中分别输入用户名和用户口令（用户名和用户口令标识不区分大小写），然后单击“确定”按钮。如果用户口令不正确，系统出现提示，如图 11 - 23 所示。

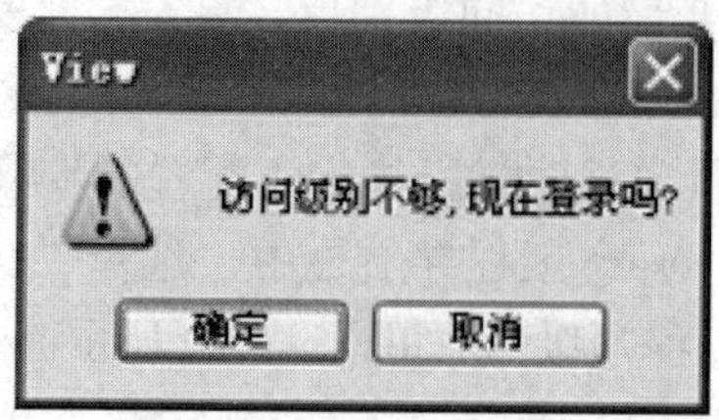

图 11 - 21　运行系统 View 提示

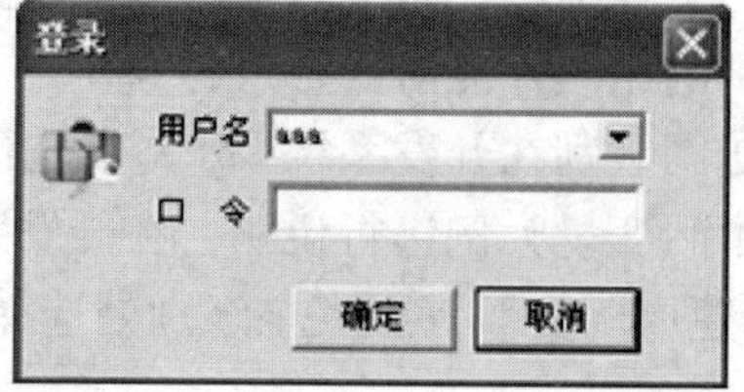

图 11 - 22　“登录”窗口

图 11 - 23　口令错误提示

注意事项：若要正确登录到运行系统 View 上，必须使用在开发系统 Draw 中已创建的用户及口令。若要注销已登录用户，选择运行系统 View 菜单命令“特殊功能/注销（O）”或用鼠标右键单击运行系统 View 工作窗口后，在弹出的右键菜单中择“注销”，上一次登录的用户身份即被取消，运行系统 View 对变量数据的访问级别降回到“操作工级”。

4. 动画连接安全区的配置

可以组态图元动画连接中指定的用户安全区。只有用户指定了操作动作的图元才可以指定安全区。每一个图元可以指定多个安全区，运行中只要用户有其中一个安全区的操作权限就可以操作此图元。如果任何安全区都不设置表示没有安全区的保护限制。设置方法如图 11 - 24 所示。打开对象的动画连接对话框，安全区设定对话框。

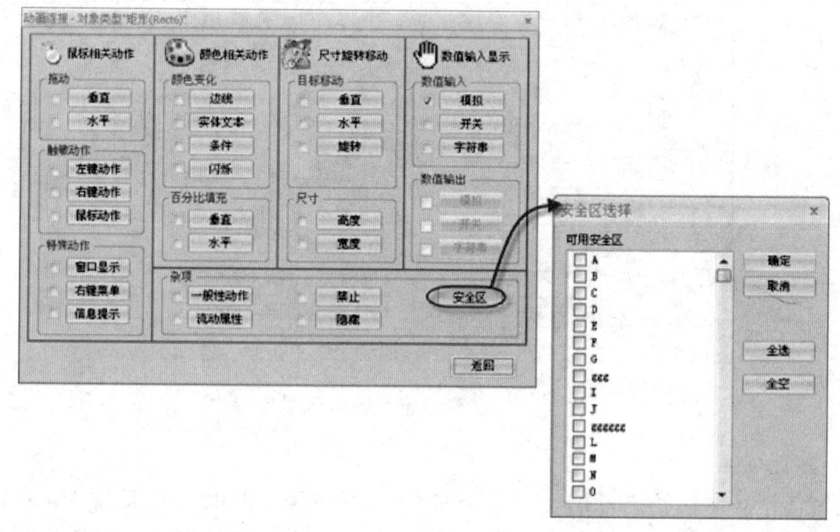

图 11 - 24　动画连接安全区的配置方法

注意事项：对于用户操作图元修改某个变量值的时候请注意要修改的变量也要对变量的安全区和用户权限进行再次验证。

11.3.4　工程加密

在开发系统里可以对工程进行加密，打开工程时只有输入密码正确时才能进入该工程的开发系统。

为了更好地进行安全管理，力控监控组态软件提供了工程加密，设置了工程加密后，在进入开发系统时，提示输入密码对话框，只有密码正确后，才能进入开发系统进行组态。

1. 设置工程加密

单击菜单命令“特殊功能”→“工程加密”项或配置导航栏中“系统配置”→“工程加密”，如图 11 - 25 所示。

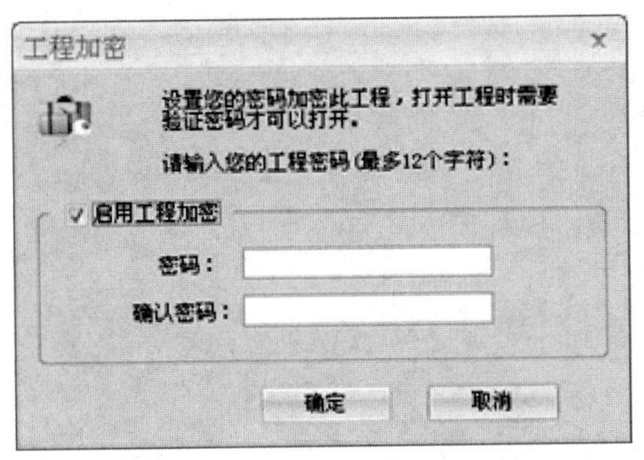

图 11 - 25　工程加密设置

2. 无加密锁运行

由于工程加密是配合加密锁使用，如果没有加密锁，会出现如图 11 - 26 所示的提示。

图 11 - 26　没有加密锁提示

3. 加密运行

加密成功后，在进入组态的时候会出现输入口令对话框，如图 11 - 27 所示。

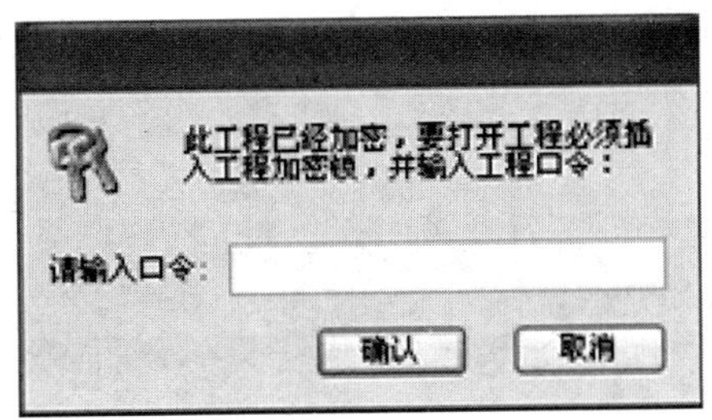

图 11 - 27　输入口令对话框

11.4 存储罐液位监控实验系统（十）

11.4.1 运行系统

在工程管理器界面中，选中本实验，单击菜单栏中的“运行”图标，或者在开发系统界面单击“文件”→“进入运行”，即进入运行系统界面，如图 11-28 所示。

图 11-28 运行系统界面

选择“文件”→“打开”，即弹出如图 11-29 所示的界面浏览，选择“进入”窗口，进入实验，如图 11-30 所示。单击进入实验，即进入“运行”窗口，如图 11-31 所示。

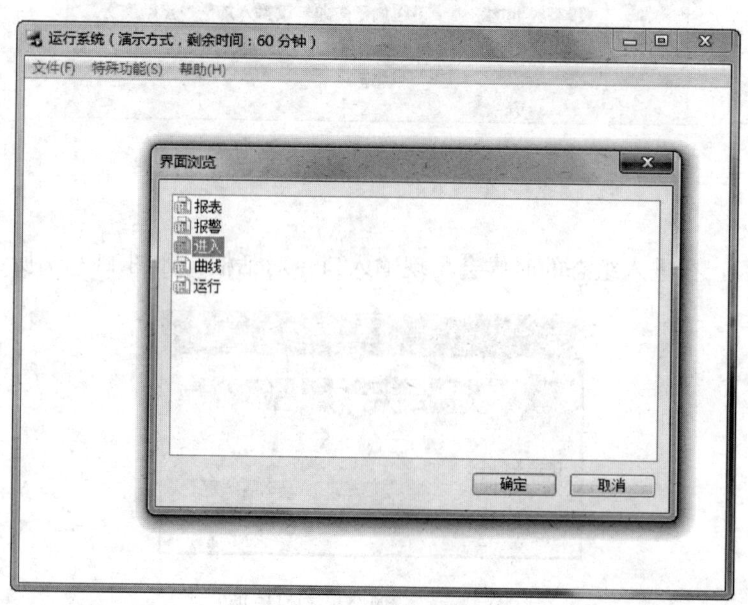

图 11-29 界面浏览

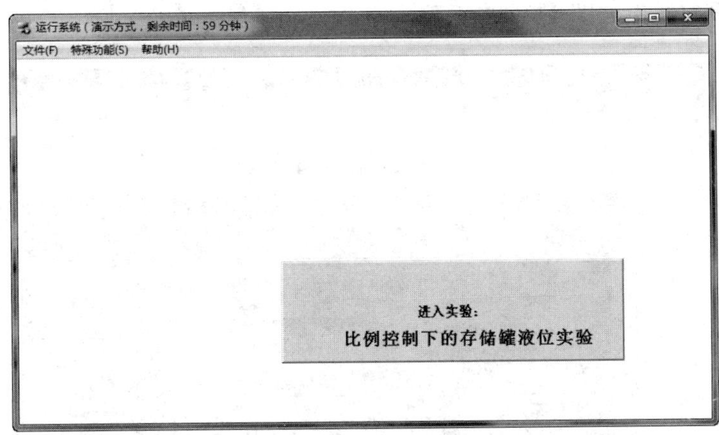

图 11 - 30　进入实验

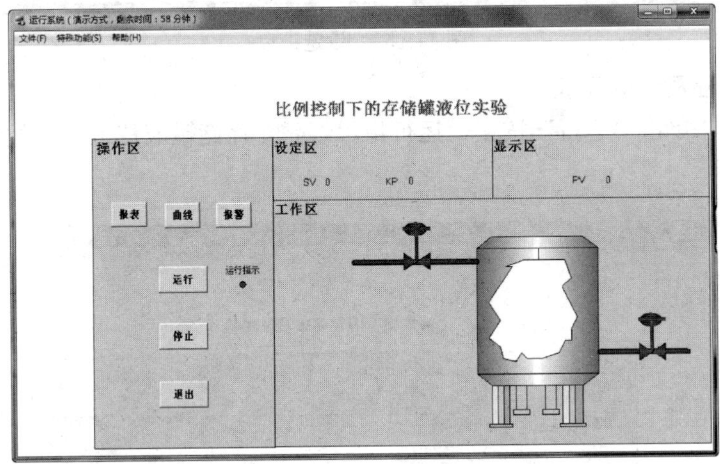

图 11 - 31　运行界面

11.4.2　设定数据

对设定区的 SV 及 K_P进行数值输入，如图 11 - 32 所示。下面的实验过程及结果以 SV=80，

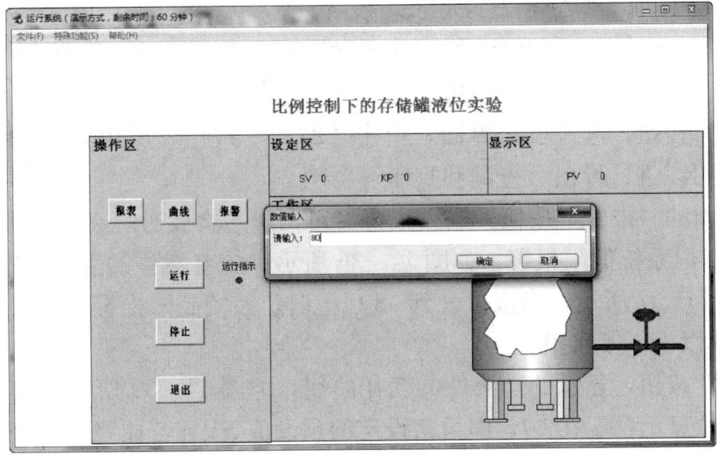

图 11 - 32　设定数值

$K_P=25$ 为例，设定结束如图 11 - 33 所示。

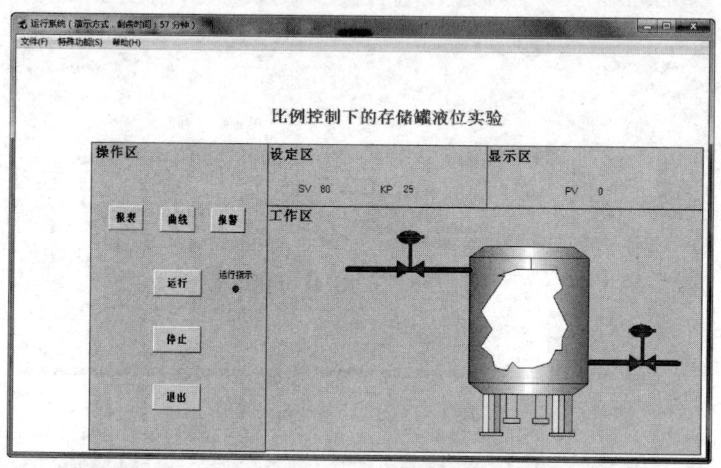

图 11 - 33　设定结束

11.4.3　过程及结果展示

设定结束后，单击“运行”按钮，运行指示灯亮，存储罐液位上升。过程中的一张截图如图 11 - 34 所示。

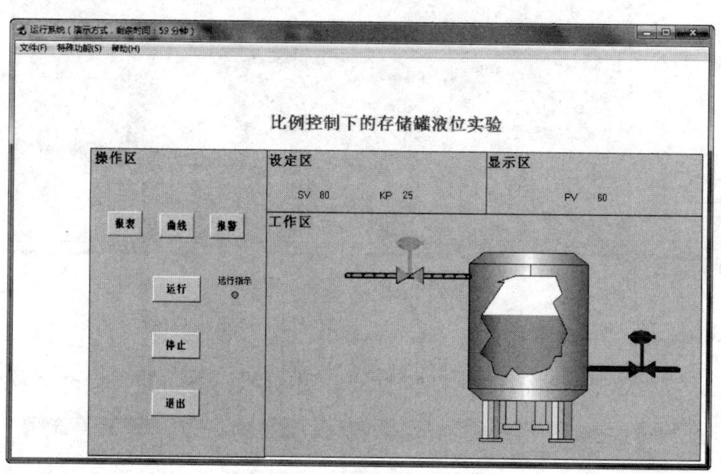

图 11 - 34　实验过程

单击“报表”按钮，进入报表界面，单击“刷新”按钮，历史数据即显示出来，如图 11 - 35 所示。还可以进行导出、查询和打印等功能。

单击运行界面的“报警”按钮，进入报警窗口，因实验最初的液位是从 0 开始增加，液位小于低限 8，所以系统低限报警，如图 11 - 36 所示；随着液位的上升，当液位高于 8 时，报警停止，如图 11 - 37 所示；当液位升到 98 以上时，系统高限报警，如图 11 - 38 所示；当液位再次降到 98 以下，停止报警。

单击“曲线”按钮，显示的是液位的变化曲线，如图 11 - 39 所示。在比例控制下的阶跃曲线，最终液位显示稳定在 80，即最初设定的预设值 SV。若曲线一直处于振荡，无法达到稳定，则试着改变比例系数 K_P的值，直到最终达到稳态。

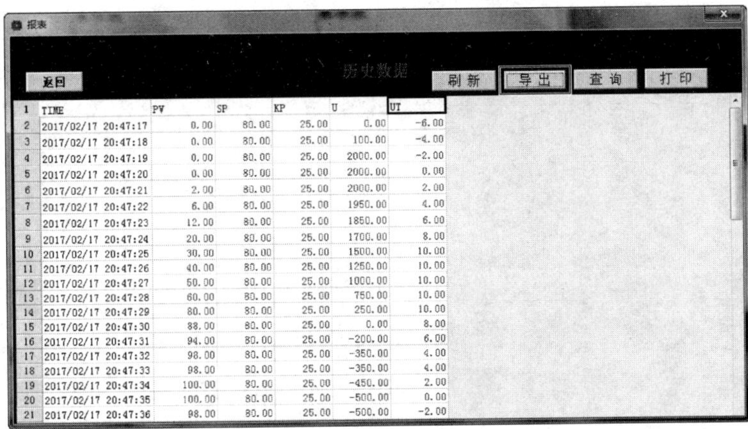

1	TIME	PV	SP	KP	U	UT
2	2017/02/17 20:47:17	0.00	80.00	25.00	0.00	-6.00
3	2017/02/17 20:47:18	0.00	80.00	25.00	100.00	-4.00
4	2017/02/17 20:47:19	0.00	80.00	25.00	2000.00	-2.00
5	2017/02/17 20:47:20	0.00	80.00	25.00	2000.00	0.00
6	2017/02/17 20:47:21	2.00	80.00	25.00	2000.00	2.00
7	2017/02/17 20:47:22	6.00	80.00	25.00	1950.00	4.00
8	2017/02/17 20:47:23	12.00	80.00	25.00	1850.00	6.00
9	2017/02/17 20:47:24	20.00	80.00	25.00	1700.00	8.00
10	2017/02/17 20:47:25	30.00	80.00	25.00	1500.00	10.00
11	2017/02/17 20:47:26	40.00	80.00	25.00	1250.00	10.00
12	2017/02/17 20:47:27	50.00	80.00	25.00	1000.00	10.00
13	2017/02/17 20:47:28	60.00	80.00	25.00	750.00	10.00
14	2017/02/17 20:47:29	80.00	80.00	25.00	250.00	10.00
15	2017/02/17 20:47:30	88.00	80.00	25.00	0.00	8.00
16	2017/02/17 20:47:31	94.00	80.00	25.00	-200.00	6.00
17	2017/02/17 20:47:32	98.00	80.00	25.00	-350.00	4.00
18	2017/02/17 20:47:33	98.00	80.00	25.00	-350.00	4.00
19	2017/02/17 20:47:34	100.00	80.00	25.00	-450.00	2.00
20	2017/02/17 20:47:35	100.00	80.00	25.00	-500.00	0.00
21	2017/02/17 20:47:36	98.00	80.00	25.00	-500.00	-2.00

图 11 - 35　报表数据

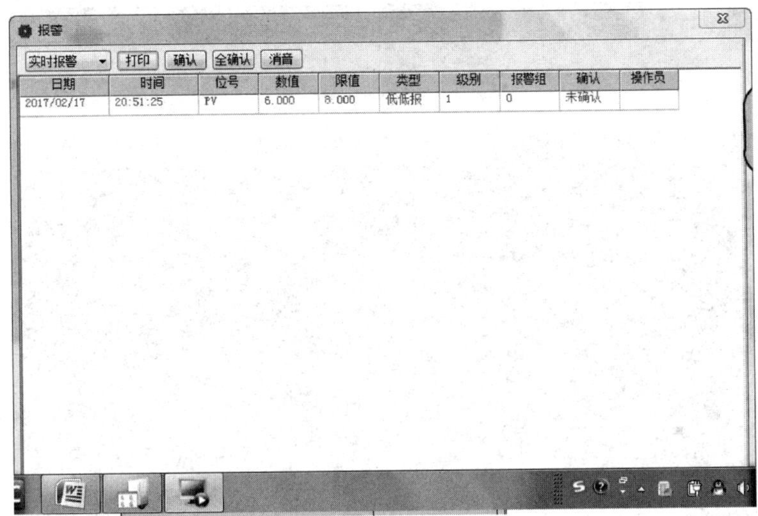

日期	时间	位号	数值	限值	类型	级别	报警组	确认	操作员
2017/02/17	20:51:25	PV	6.000	8.000	低低报	1	0	未确认	

图 11 - 36　低限报警

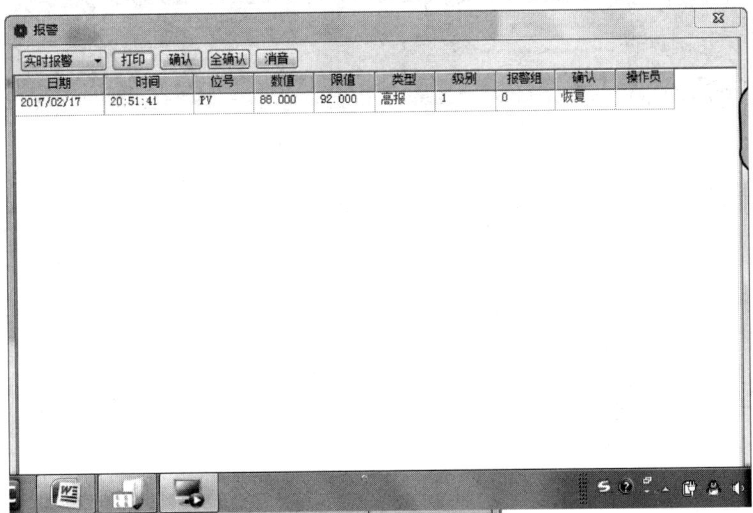

日期	时间	位号	数值	限值	类型	级别	报警组	确认	操作员
2017/02/17	20:51:41	PV	88.000	92.000	高报	1	0	恢复	

图 11 - 37　未报警

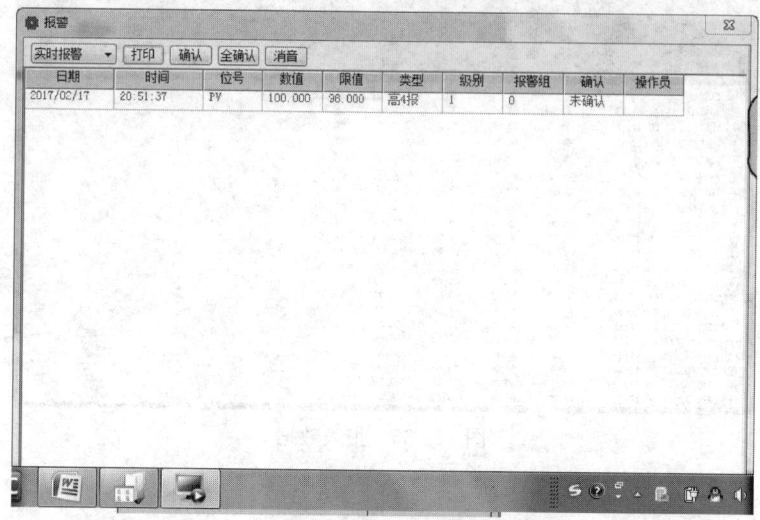

图 11 - 38　高限报警

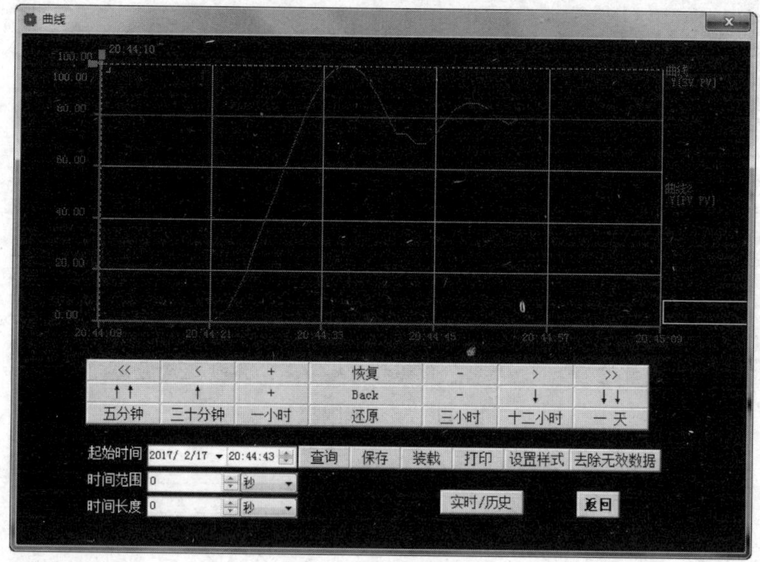

图 11 - 39　趋势曲线

本章实验教学视频请观看视频文件“第 11 章　运行系统与安全管理”。

第 12 章　典型工程仿真实验实操训练

12.1　存储罐液位监控系统

12.1.1　组态实现

1. 设计要求

(1) 设计一个存储罐液位监控系统：通过启停按钮控制系统状态；

(2) 灌内液位的高度超过报警上限预设值时，入水阀门自动关闭，出水阀门自动打开；当低于报警下限预设值时，则相反；

(3) 屏幕上动态显示液位高度。

2. 罐体液位监控系统流程图

罐体液位监控系统流程图，如图 12-1 所示。

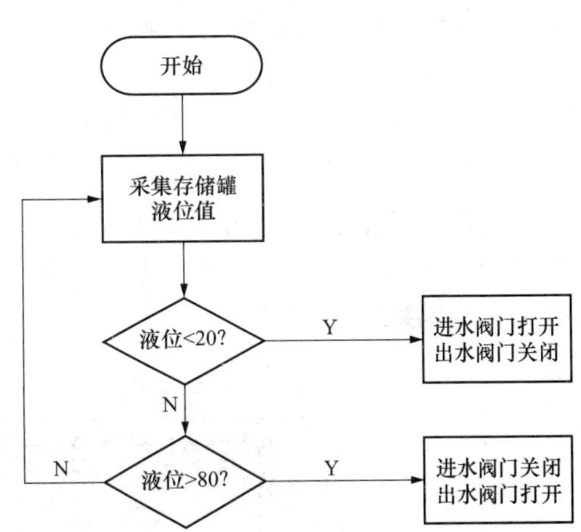

图 12-1　存储罐液位监控系统流程图

3. 创建实时数据库

整个系统的数据处理是由实时数据库负责的，其也需要存储历史数据，如图 12-2 所示。

数据库中共有 5 个节点，其中有 1 个模拟节点“液位”和 4 个数字节点（入口阀门状态、出口阀门状态、系统启动、系统停止）。其中 in_value 和 out_value 是控制阀门状态的，选择的是状态寄存器用来控制阀门的开关；run 是系统启动按钮；end 是系统停止按钮；level 是代表液位的高度，选择是常量寄存器。

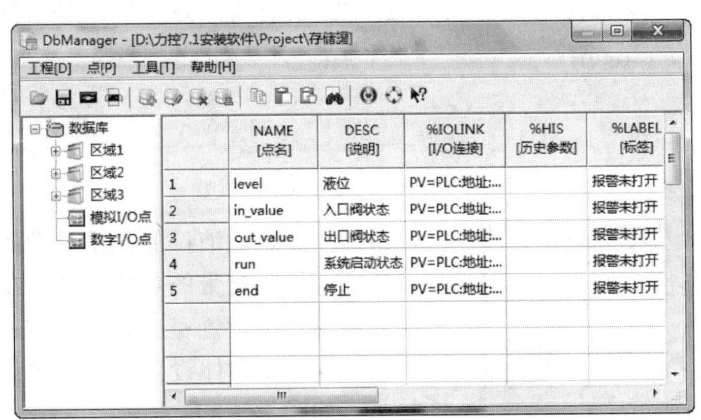

	NAME [点名]	DESC [说明]	%IOLINK [I/O连接]	%HIS [历史参数]	%LABEL [标签]
1	level	液位	PV=PLC:地址:...		报警未打开
2	in_value	入口阀状态	PV=PLC:地址:...		报警未打开
3	out_value	出口阀状态	PV=PLC:地址:...		报警未打开
4	run	系统启动状态	PV=PLC:地址:...		报警未打开
5	end	停止	PV=PLC:地址:...		报警未打开

图 12-2　存储罐液位监控系统实时数据库

4. 建立动画连接

按照生产现场的要求绘制好的画面到目前为止还没有对象连接的，这一步就是建立这个连接，也就是将画好的工程画面与已经定义好的实时数据库中的那些节点连接起来，这些动画就能随着 PLC 控制量的变化而改变。

本系统中选择绿色为阀门的开状态，红色为关状态，具体设计如图 12 - 3 所示。

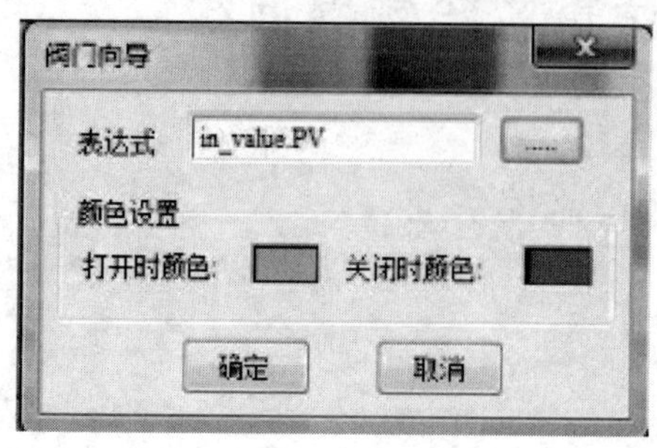

(a)

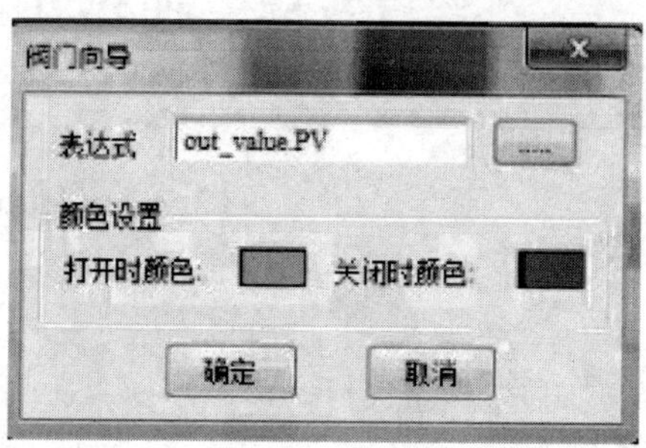

(b)

图 12 - 3　进出口阀门的动画连接

(a) 进口阀门的动画连接；(b) 出口阀门的动画连接

选用液位的数值显示是文本字符“＃＃＃”，首先双击工具箱中“A”文本选项并拖入窗口中，再键入“＃＃＃”，以及设置属性为模拟输出并键入“level. PV”来表示存储罐的液位，如图 12 - 4 所示。

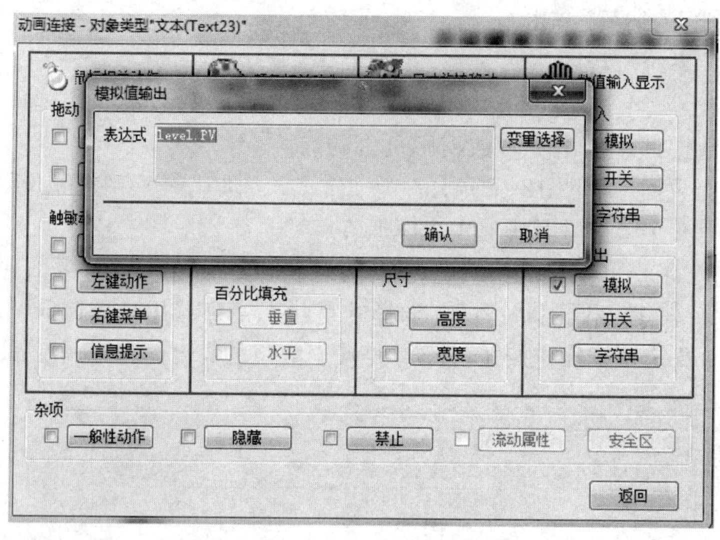

图 12 - 4　液位数值输出的设置

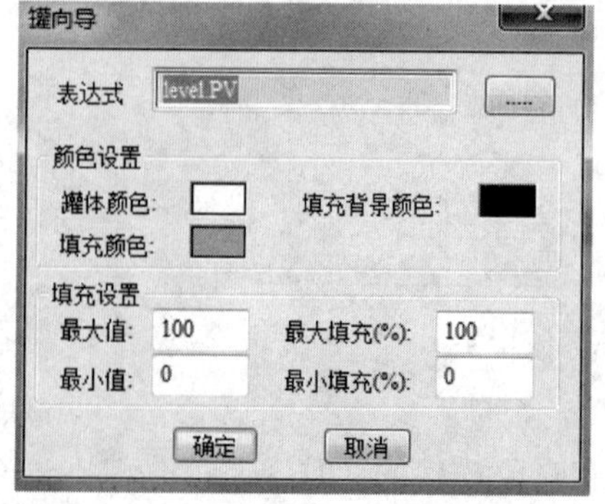

图 12 - 5　液位显示的动画连接

最后一步就是液位的显示画面的动态连接了。这里，选择存储罐自带的功能模块，在双击鼠标所出现的灌导向窗口中设置表达式为“level. PV”，填充颜色为绿色。这样就大体设置完了本次系统所需要的动画连接了，如图 12 - 5 所示。

5. 脚本程序设计

双击项目窗口下拉栏中的应用程序动作进入脚本编辑界面。在进入程序中，设置变量初始值如下：

```
run. PV= 0; level. PV= 0; in_ value. PV= 0; out
```

```
_ value. PV= 0; end. pv= 0;
```

（1）进入运行画面，按下开关，系统开始运行。液面高度从 0 开始增加，达到 80 时入口阀门会自动关闭，而出口阀门会同时自动打开，具体程序如下：

```
If run. PV= = 1
then
if level. PV> = 80
then
in_ value. PV= 0;
out_ value. PV= 1;
endif
if level. PV< = 20
then
in_ value. PV= 1
out_ value. PV= 0;
endif
endif
if in_ value. PV= = 1
then
level. PV= level. PV+ 5;
endif
if out_ value. PV= = 1
then
level. PV= level. PV- 5;
endif
```

（2）系统每执行一个周期，为保证下次运行的准确，程序需要清空变量，其清单如下：

```
Ifend. PV= = 1
then
in_ value. PV= 0;
out_ value. PV= 0;
run. PV= 0;
end. PV= 0;
endif
```

6. 存储罐整体组态界面

存储罐整体组态界面具体如图 12 - 6 所示。

本节教学视频请观看视频文件“12.1　存储罐开发”。

12.1.2　组态与 PLC 的连接

1. 组态与 PLC 通信

利用组态软件进行模拟广义对象，而采用 PLC 进行控制，二者之间的数据交互通过 I/O 数据点与 PLC 点的数据连接来实现。

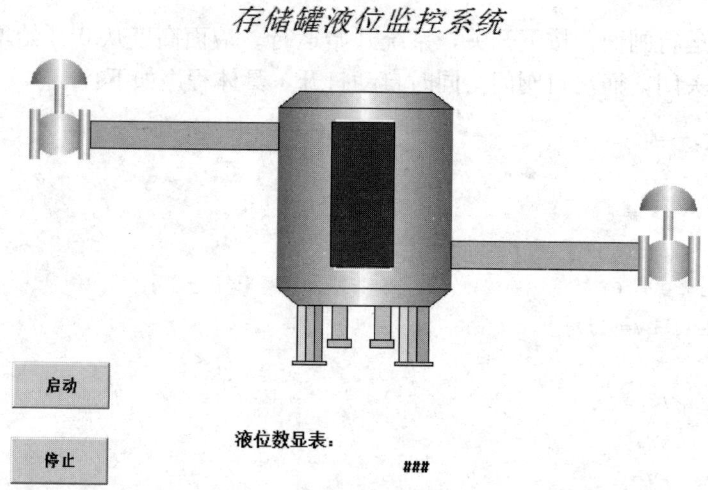

图 12 - 6　存储罐整体组态界面

首先设计各个变量的 I/O 数据点（数字 \ 模拟），然后设计各个变量对应的 PLC 点（I \ Q \ V \ M），最后通过数据库的数据连接将它们建立起关联，以实现控制器与控制对象的实时数据交互。

由于组态软件无法写入 PLC 的 I 点，因此使用 M 点代替。PLC 与力控的非布尔量通信只支持字的交互。

进行组态模拟时，需要对对象的状态在每次运行时进行初始化。当两次运行之间没有联系时，也要对控制器的状态进行初始化。

与上一小节实现不同，本实现不是采用组态模拟控制，而是采用西门子 SIMATIC S7 - 200 SMART PLC 进行实际控制，所以改变其 I/O 设备组态，具体如图 12 - 7 所示。

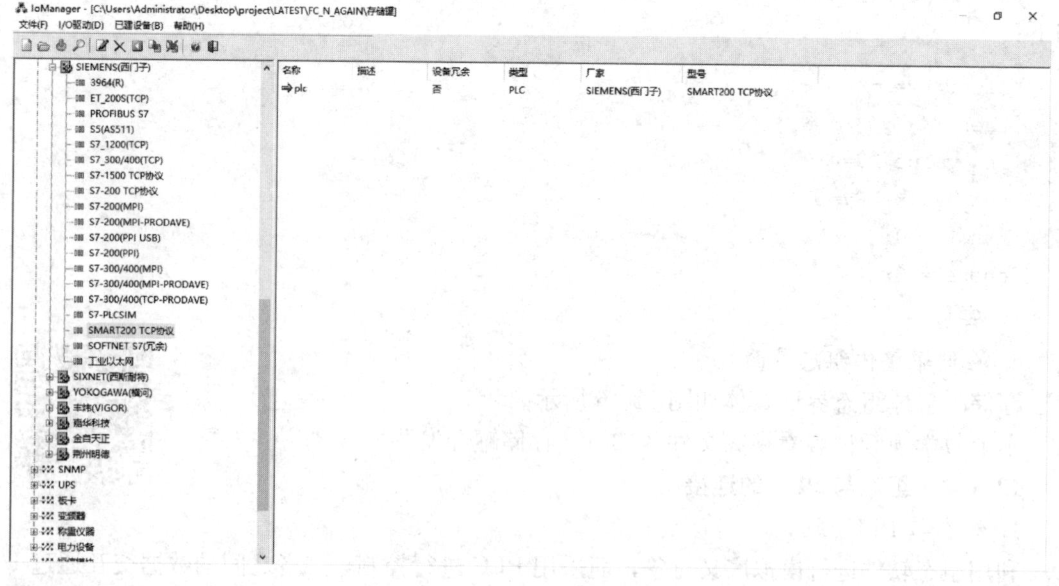

图 12 - 7　I/O 设备组态

如图 12-7 所示，在力控中，依次选择 I/O 设备组态、I/O 设备、PLC、SIEMENS（西门子）、SMART200 TCP 协议，设备组态的具体设置步骤分别如图 12-8～图 12-10 所示。

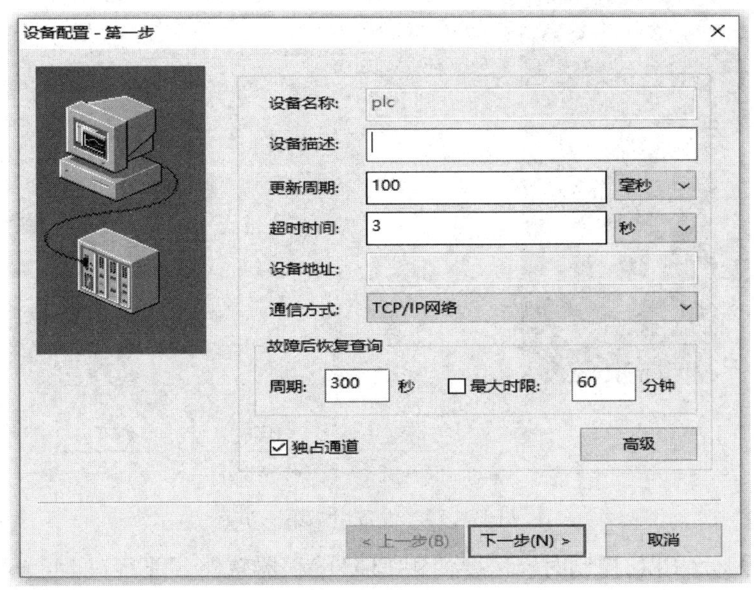

图 12-8 设备组态第一步

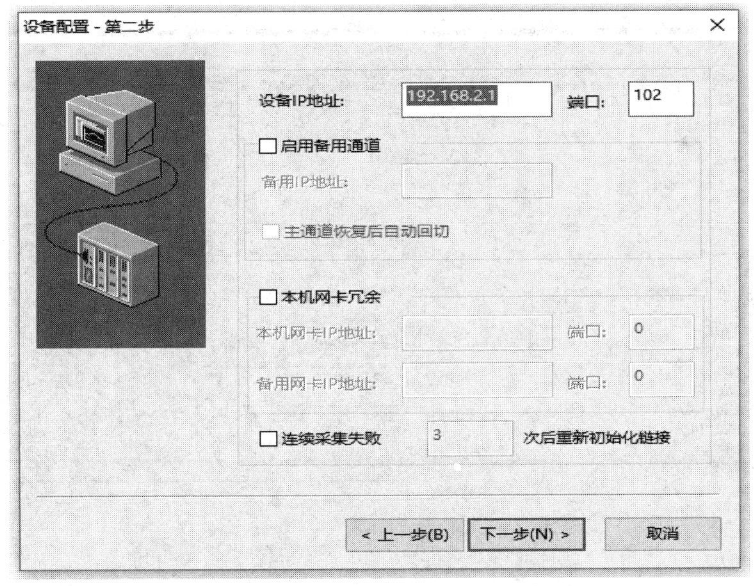

图 12-9 设备组态第二步

2. PLC 与软件 STEP 7-MicroWIN SMART 的通信

（1）硬件连接。这里所使用开关电源（输入 AC 220V、50/60Hz，输出 DC 24V）的型号为 HY-26B，PLC 的型号选择为 SIMATIC S7-200 SMART（CPU ST60；SUPPLY 24VDC；DI 36×24VDC；DI 24×24VDC）。用 24V 的电源给 PLC 供电，用网线把 PLC 与计算机相连。

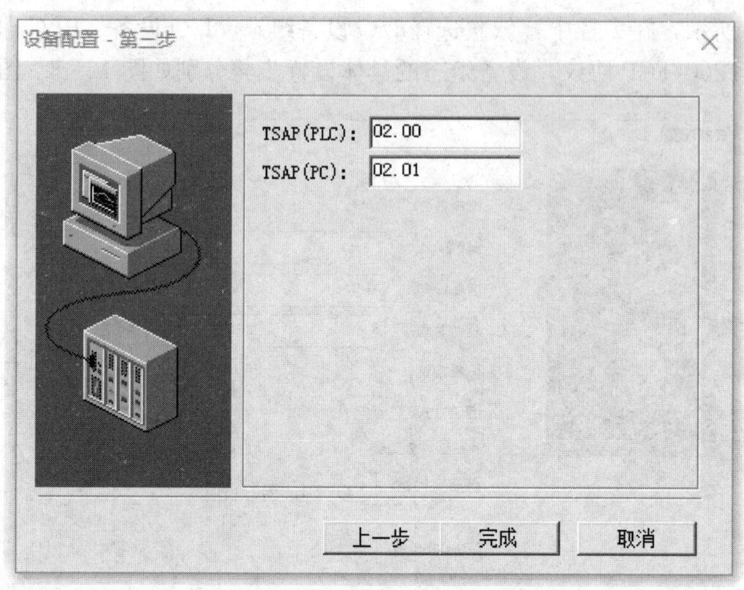

图 12 - 10 设备组态第三步

（2）软件设计。PLC 控制时，需要使用 PLC 编程器软件 STEP 7 - MicroWIN SMART，所以要对西门子 SMART200 的系统块进行具体设置，如图 12 - 11 所示：CPU 选择“CPU ST60（DC/DC/DC）”，选中“IP 地址数据固定为下面值，不能通过其他方式更改”。

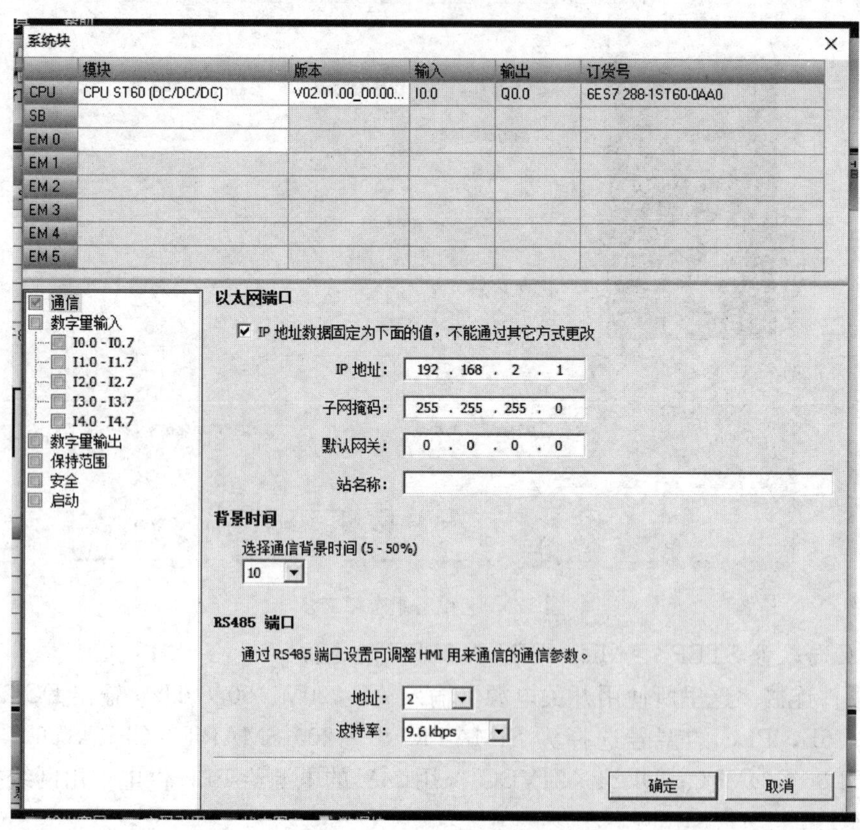

图 12 - 11 PLC 系统块设置

为实现 PLC 与软件 STEP 7 - MicroWIN SMART 之间的连接，需要进行网络接口卡参数设置：单击图 12 - 12 中的“查找”按钮，再查找到 CPU 192.168.2.1，通信参数设置如图 12 - 13 所示。

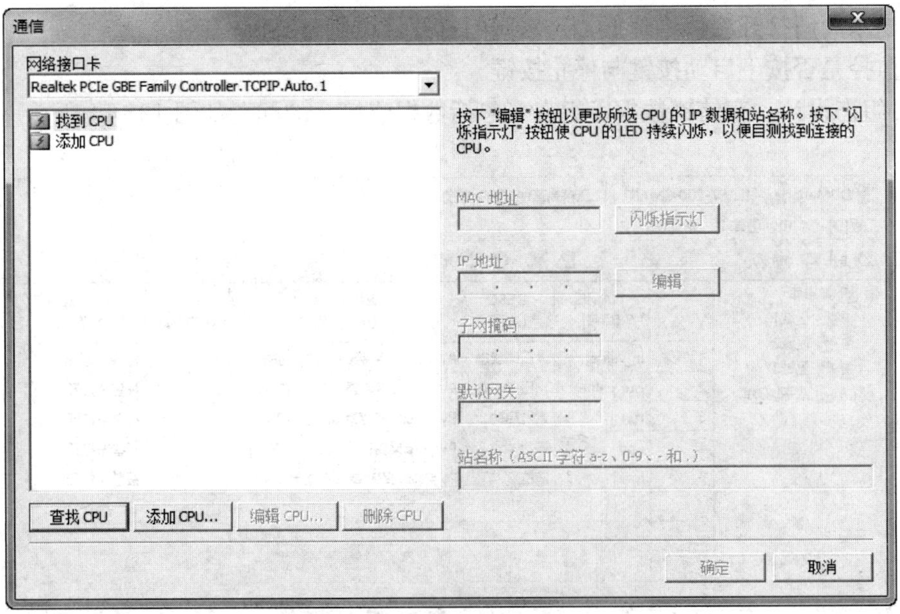

图 12 - 12　网络接口卡参数设置

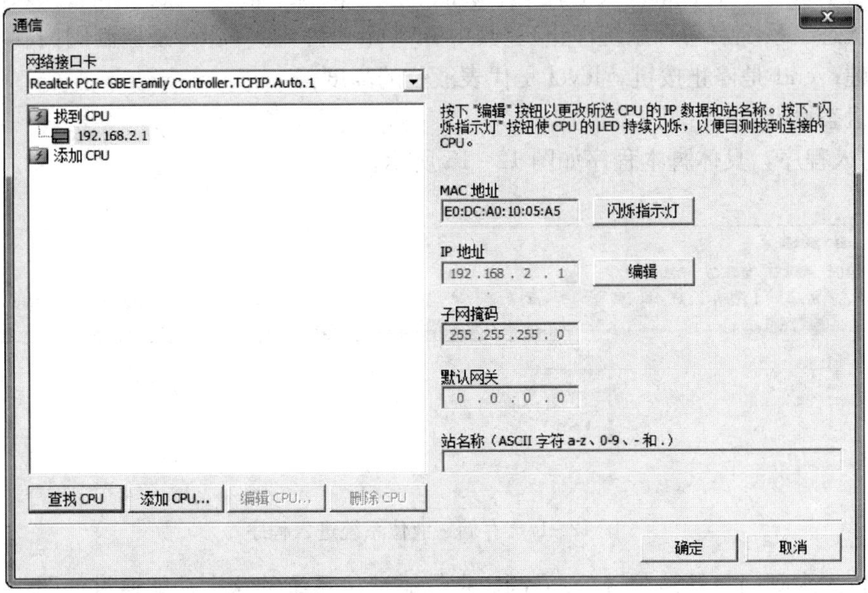

图 12 - 13　通信参数设置

最后要说明的是，本书中的有关 PLC 与组态软件之间的连接步骤都是一样的，将不再赘述。

12.1.3 组态与 PLC 共同实现

1. 对象模拟

(1) 对象特性：

1) 实时监控液位并显示。

2) 出水阀门打开液位将降低，入水阀门打开液位则升高。

3) 监控是否按下启动按键与停止按键。

(2) 组态设计。存储罐数据库组态（包括数据连接）的配置如图 12-14 所示。

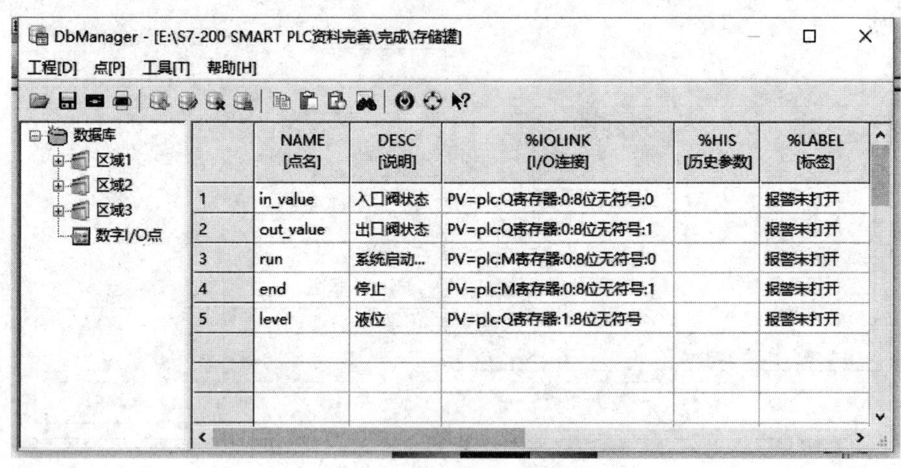

	NAME [点名]	DESC [说明]	%IOLINK [I/O连接]	%HIS [历史参数]	%LABEL [标签]
1	in_value	入口阀状态	PV=plc:Q寄存器:0:8位无符号:0		报警未打开
2	out_value	出口阀状态	PV=plc:Q寄存器:0:8位无符号:1		报警未打开
3	run	系统启动...	PV=plc:M寄存器:0:8位无符号:0		报警未打开
4	end	停止	PV=plc:M寄存器:0:8位无符号:1		报警未打开
5	level	液位	PV=plc:Q寄存器:1:8位无符号		报警未打开

图 12-14 存储罐数据库组态

数据库中共有 5 个节点，其中有 1 个模拟节点“液位”和 4 个数字节点（入阀门状态、出口阀门状态、系统启动、系统停止）。其中 in_value 和 out_value 是控制阀门状态的；run 是启动按键；end 是停止按键；level 是代表液位的高度。

其他组态设计：

1) 进入程序，具体脚本程序如图 12-15 所示。

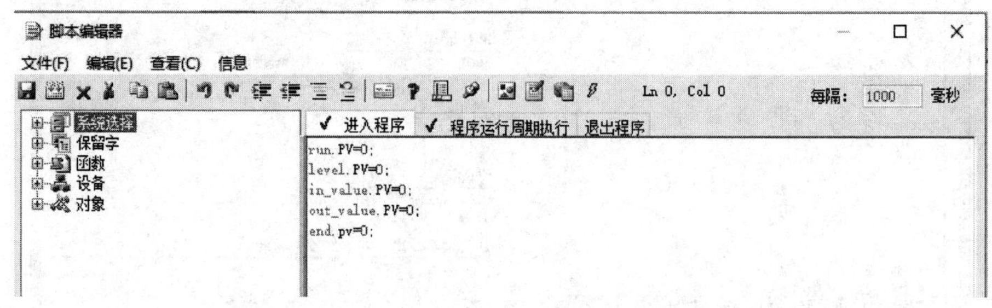

图 12-15 存储罐液位系统进入程序

2) 出/入水阀门打开液位降低/升高。存储罐液位系统的这个功能通过如图 12-16 所示的脚本程序实现。

3) 按键监控。按下按键 run.pv＝1；释放按键 run.pv＝0。它们的具体脚本程序由图 12-17、图 12-18 分别给出。

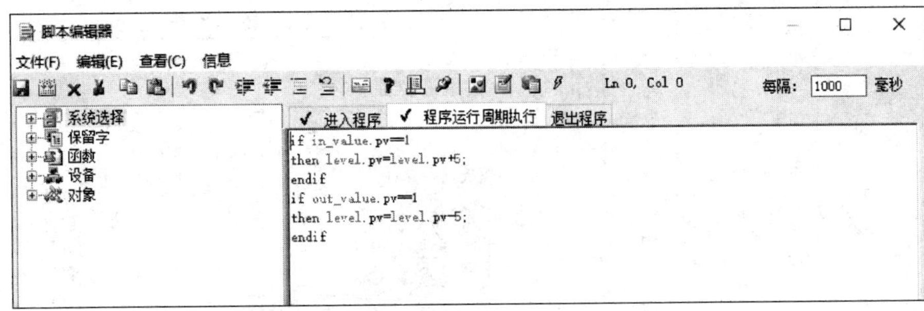

图 12-16　存储罐液位系统脚本程序

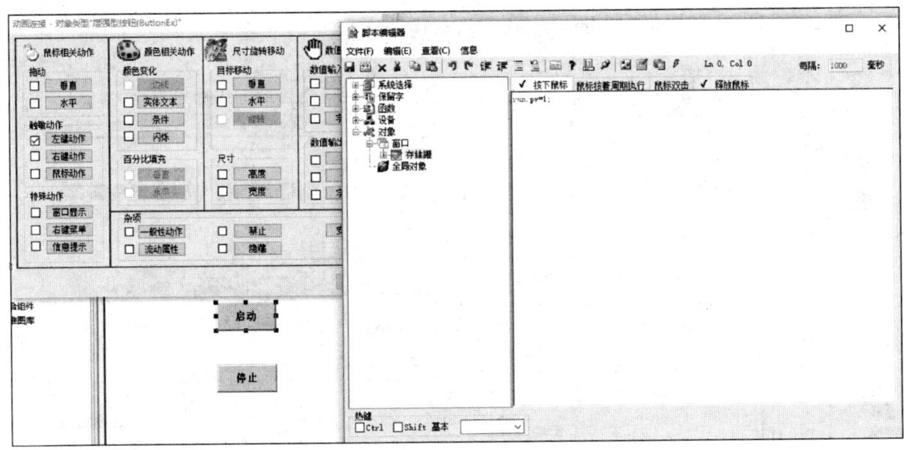

图 12-17　存储罐液位系统按键脚本程序

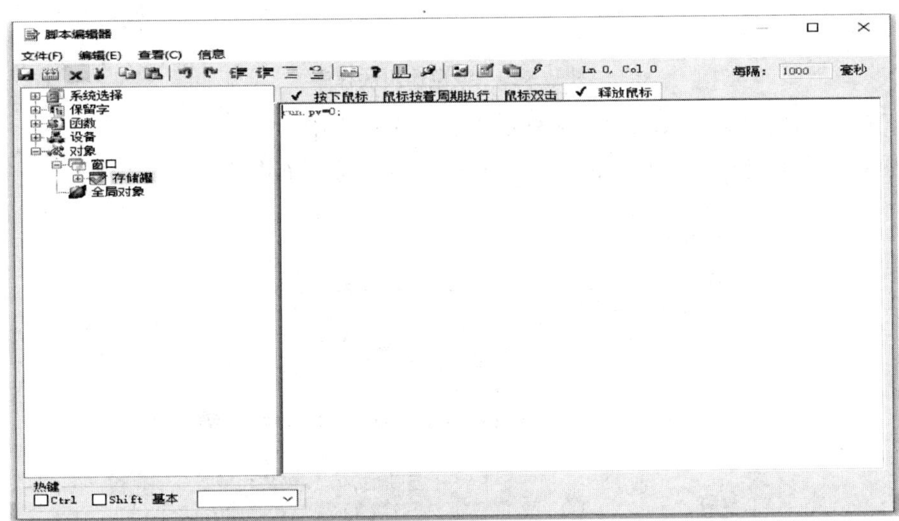

图 12-18　存储罐液位系统释放按键程序

按键按下与释放会使相应的组态点的值变化。

4）液位监控。存储罐液位系统的液位监控程序分别如图 12-19、图 12-20 所示。

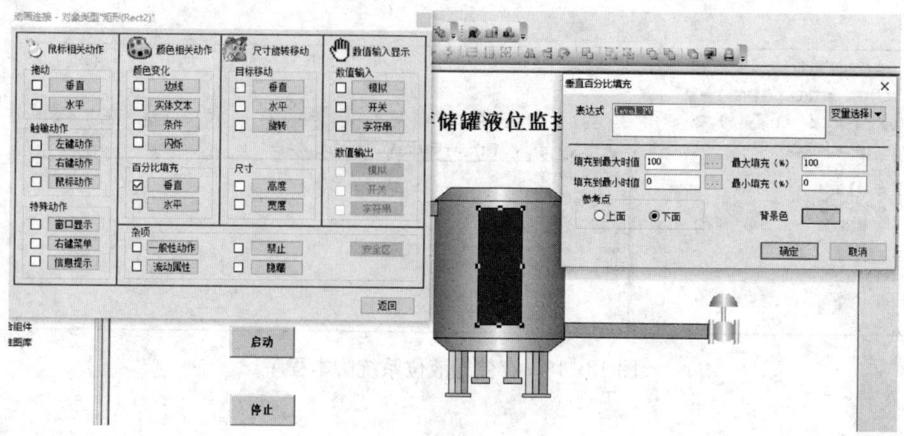

图 12 - 19　液位填充的程序

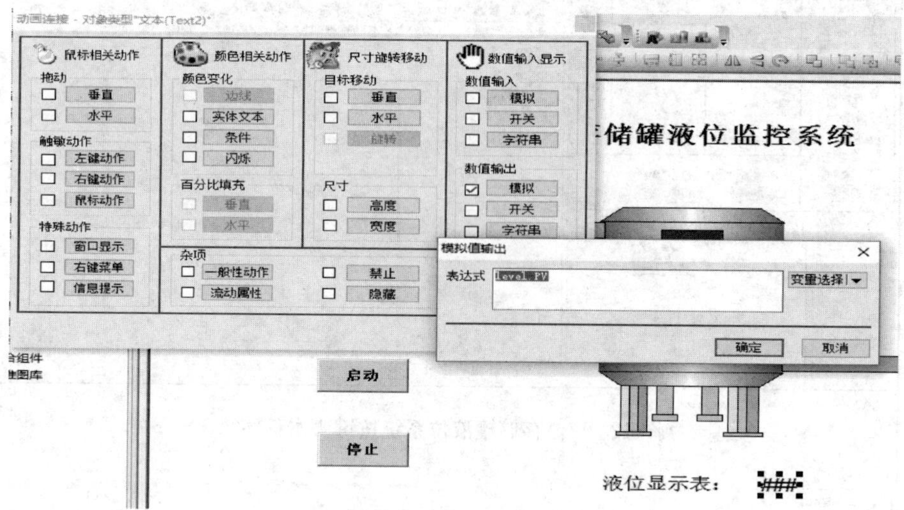

图 12 - 20　液位输出的程序

液位值实时记录在点 level 中，并显示在液位显示表中。

5）阀门的开关受相应组态点的控制。阀门向导的程序如图 12 - 21 所示。

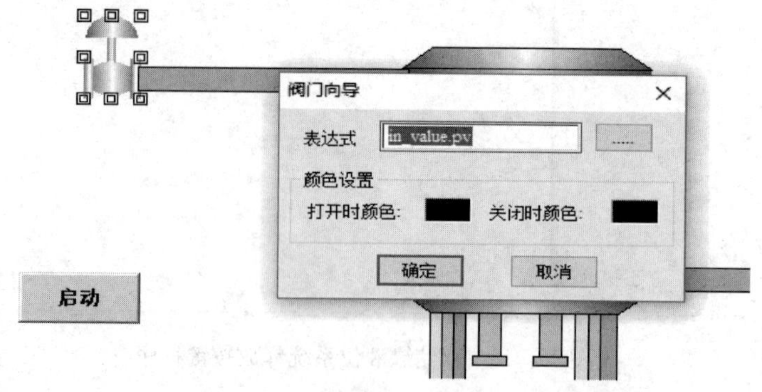

图 12 - 21　阀门向导的程序

6）最终组态画面。存储罐液位系统最终得到的组态画面如图 12 - 22 所示。

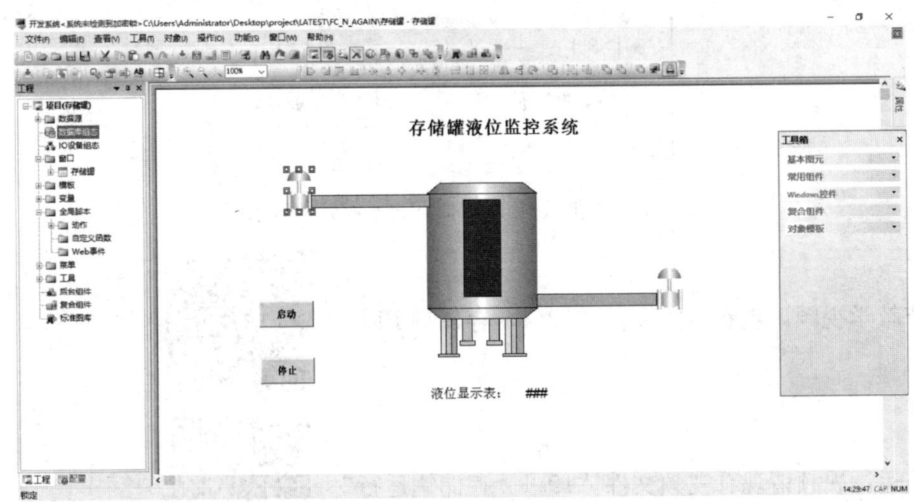

图 12-22 存储罐液位系统最终组态画面

2. 控制器设计

(1) 控制逻辑：

1) 按下启动按键则系统运行。

2) 按下停止按键则系统停止。

3) 系统运行中，若液位大于 80（量化单位），输出出水阀开信号，入水阀关信号，并保持至液位低于 20。

4) 系统运行中，若液位低于 20，输出出水阀关信号，入水阀开信号，并保持至液位大于 80。

(2) PLC 实现。存储罐液位系统的 PLC 点设计（符号表）如图 12-23 所示。

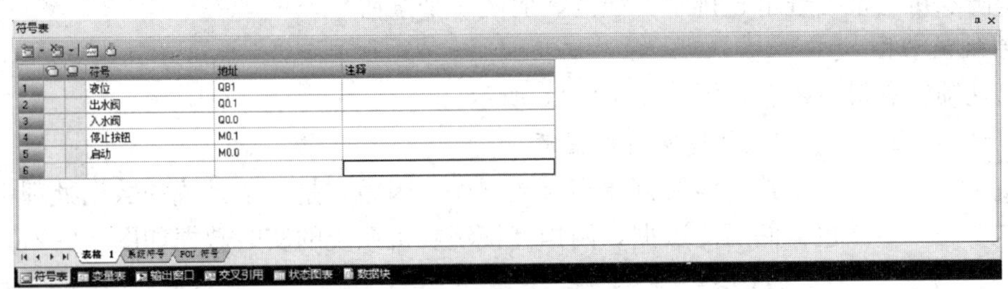
符号表

	符号	地址	注释
1	液位	QB1	
2	出水阀	Q0.1	
3	入水阀	Q0.0	
4	停止按钮	M0.1	
5	启动	M0.0	
6			

图 12-23 存储罐液位系统的 PLC 点设计（符号表）

PLC 程序设计：

1) 当液位低于 20 时，入水阀开，出水阀关，梯形图如图 12-24 所示。

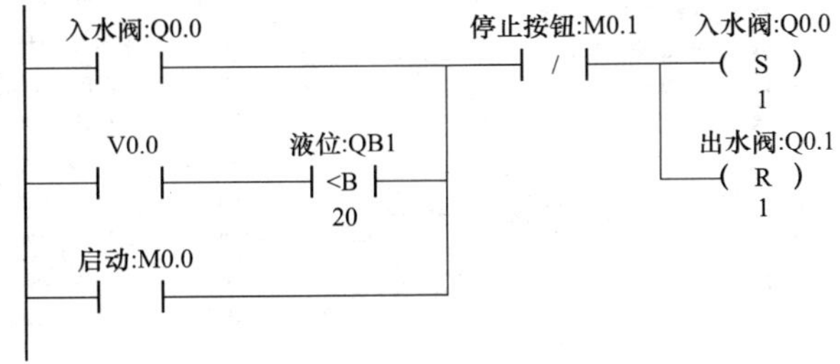

图 12-24 当液位低于 20 时，入水阀开，出水阀关

2) 当液位高于 80 时，出水阀开，入水阀关，其梯形图如图 12-25 所示。

液位:QB1　停止按钮:M0.1　出水阀:Q0.1
>B　/　(S)
80　1
出水阀:Q0.1　入水阀:Q0.0
(R)
1

图 12-25　当液位高于 80 时，出水阀开，入水阀关

本节教学视频请观看视频文件“12.1　存储罐 PLC”。

系统运行视频请观看视频文件“12.1　存储罐运行”。

12.2　洗衣机控制系统

12.2.1　组态实现

1. 设计内容

(1) 进水后，洗衣机开始工作，排水时，洗衣机停止工作。

(2) 强洗 a 轮转，弱洗 b 轮转，互锁防止同时转动。

(3) 洗衣机上带有进水、排水、强洗、弱洗 4 个按钮。

2. 系统流程图

两挡互锁洗衣机系统流程图如图 12-26 所示。

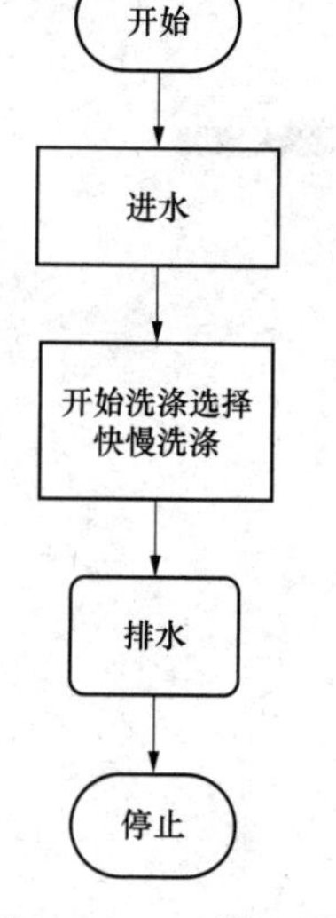

图 12-26　两挡互锁洗衣机系统流程图

3. 创建实时数据库

首先需要创建实时数据库，因为它是整个系统的数据处理中心。其也存储历史数据，两挡互锁洗衣机系统的实时数据如图 12-27 所示。

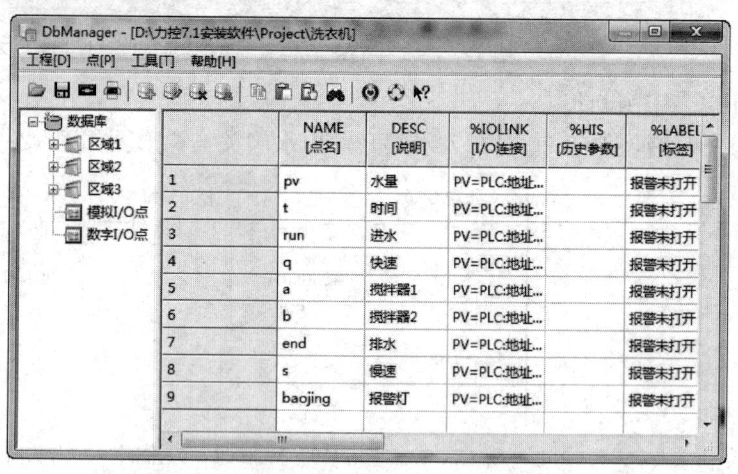

	NAME [点名]	DESC [说明]	%IOLINK [I/O连接]	%HIS [历史参数]	%LABEL [标签]
1	pv	水量	PV=PLC:地址...		报警未打开
2	t	时间	PV=PLC:地址...		报警未打开
3	run	进水	PV=PLC:地址...		报警未打开
4	q	快速	PV=PLC:地址...		报警未打开
5	a	搅拌器1	PV=PLC:地址...		报警未打开
6	b	搅拌器2	PV=PLC:地址...		报警未打开
7	end	排水	PV=PLC:地址...		报警未打开
8	s	慢速	PV=PLC:地址...		报警未打开
9	baojing	报警灯	PV=PLC:地址...		报警未打开

图 12-27　两挡互锁洗衣机系统的实时数据库

数据库中共有 9 个节点，其中包含了 1 个模拟节点水量 PV 和 8 个数字节点。水量 PV 选择常量寄存器，通过数值的增减来代表液位的高低；a 代表强和弱洗对应转轮，选择状态寄存器，通过 1 和 0 之间的转换改变其状态；强洗 q，弱洗 s 分别控制着两个转轮的转动，同样选择状态寄存器来改变其状态。

4. 动画连接

选择组态自带的功能模块表示洗衣机的水量，点击灌向导，设置其表达式为“pv. PV”，让其具有流动的属性，具体如图 12 - 28 所示。

强洗 q、弱洗 s 通过按钮控制，如图 12 - 29 所示。

洗衣机搅拌器强、弱两种选择采用用两个转轮 a、b 分别表示，如图 12 - 30 所示。

图 12 - 28　洗衣机水量的属性设置

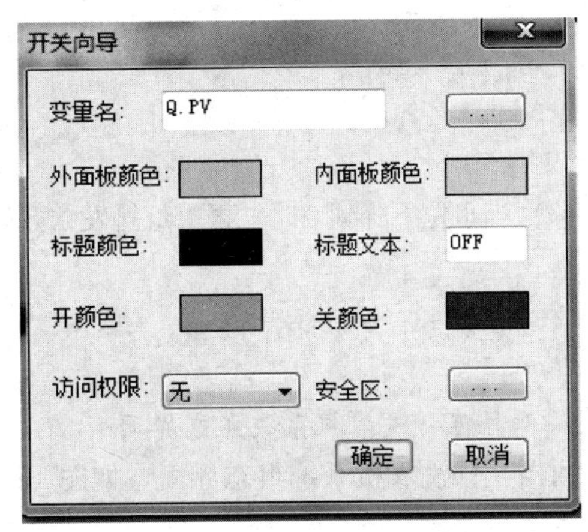

图 12 - 29　洗衣机强弱洗按钮属性设置

5. 脚本程序设计

本系统主要有 3 个单元模块，即机洗时间与水量显示、进水/出水控制模块以及强/弱洗选择模块。

（1）洗涤时间的显示通过常量寄存器加 1 的方法实现，而洗衣机水量采用常量寄存器加 10 实现，点击水开关后，程序开始进入起始状态，具体程序如下：

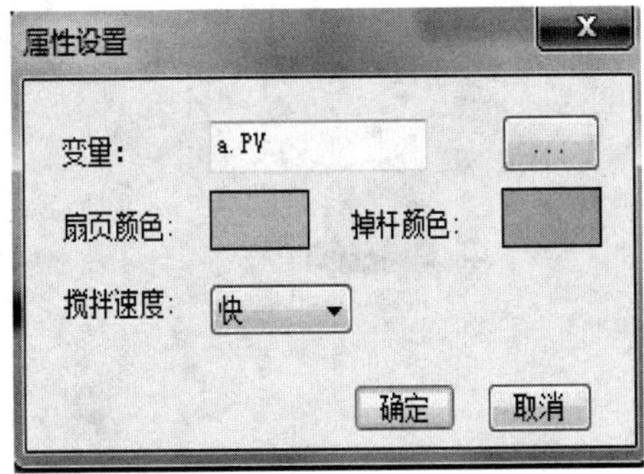

图 12 - 30　洗衣机的转轮属性设置

```
if run.pv= = 1
then
pv.pv= pv.pv+ 10;
t.pv= t.pv+ 1;
baojing.pv= 0;
endif
if t.pv> = 10&&pv.pv> = 100
then
run.pv= 0;
t.pv= t.pv+ 1;
endif
```

（2）强弱洗的切换主要就是切换 a、b 两个转轮的运行与停止，采用互锁来防止两个转轮同时转动，每种洗涤方式都可以手动控制开始或停止，具体程序如下：

```
if q.pv= = 1
thena.pv= 1; b.pv= 0;
endif
if q.pv= = 0
then a.pv= 0;
endif
if s.pv= = 1
thenb.pv= 1; a.pv= 0;
endif
if s.pv= = 0
thenb.pv= 0;
endif
```

（3）当水位下降到 0 时，报警灯触发并开始闪烁，同时排水开关自动断开，具体程序如下：

```
if pv.pv< = 0
thenend.pv= 0; baojing.pv= 1;
endif
```

6. 两挡互锁洗衣机系统组态界面

两挡互锁洗衣机系统组态界面，如图 12 - 31 所示。

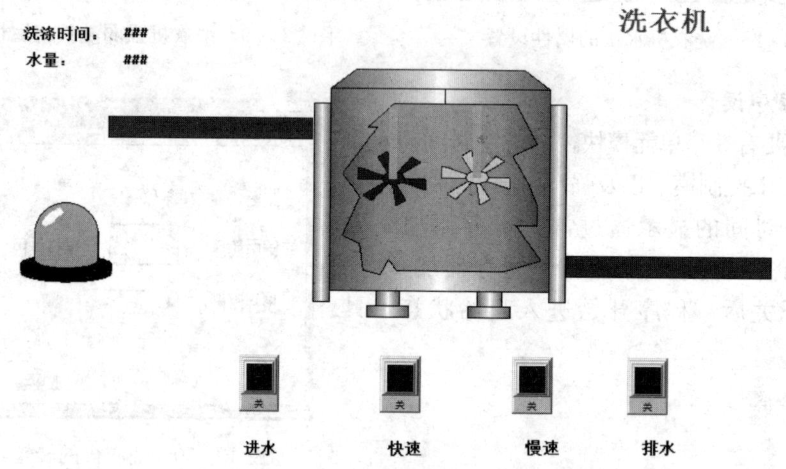

图 12 - 31　两挡互锁洗衣机系统组态界面

本节教学视频请观看视频文件“12.2 洗衣机开发”。

12.2.2　组态与 PLC 共同实现

1. 对象模拟

（1）对象特性：

1）实时监控水位。

2）监控各按键状态。

3）出水阀开液位降低、入水阀开液位升高。

4）当控制器发出报警信号时进行报警。

（2）组态设计。洗衣机系统数据库组态（包括数据连接）如图 12-32 所示。

DbManager - [E:\S7-200 SMART PLC资料完善\完成\洗衣机]

工程[D]　点[P]　工具[T]　帮助[H]

数据库：区域1　区域2　区域3　数字I/O点

	NAME [点名]	DESC [说明]	%IOLINK [I/O连接]	%HIS [历史参数]	%LABEL [标签]
1	PV	水量	PV=plc:Q寄存器:1:8位无符号		报警未打开
2	t	洗涤时间	PV=plc:VS寄存器:1:2:8位无符号		报警未打开
3	run	进水	PV=plc:M寄存器:0:8位无符号:0		报警未打开
4	end	出水	PV=plc:M寄存器:0:8位无符号:1		报警未打开
5	q	快速	PV=plc:M寄存器:0:8位无符号:2		报警未打开
6	s	慢速	PV=plc:M寄存器:0:8位无符号:3		报警未打开
7	a	强搅拌器	PV=plc:Q寄存器:0:8位无符号:2		报警未打开
8	b	弱搅拌器	PV=plc:Q寄存器:0:8位无符号:3		报警未打开
9	rushui	入水阀	PV=plc:Q寄存器:0:8位无符号:0		报警未打开
10	chushui	出水阀	PV=plc:Q寄存器:0:8位无符号:1		报警未打开
11	baojing	报警灯	PV=plc:Q寄存器:0:8位无符号:4		报警未打开

图 12-32　洗衣机系统数据库组态

数据库中共有 11 个节点，其中包含 1 个模拟节点水量 PV 和 10 个数字节点。水量 PV 通过数值的增减来代表液位的高低；a、b 分别代表强和弱洗对应的转轮，通过 1 和 0 之间的转换改变其状态；快速 q、慢速 s 分别控制着两个转轮的转动，同样通过 1 和 0 之间的转换改变其状态。

其他组态设计：

1）进入程序，洗衣机系统的进入程序的脚本如图 12-33 所示。

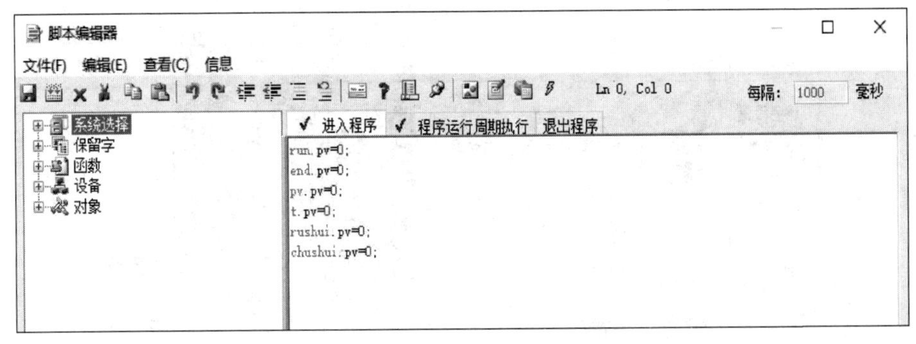

图 12-33　洗衣机系统进入程序的脚本

2）实现出水阀开液位降低、入水阀开液位升高。洗衣机系统的实现出水阀开液位降低、入水阀开液位升高的脚本程序如图 12-34 所示。

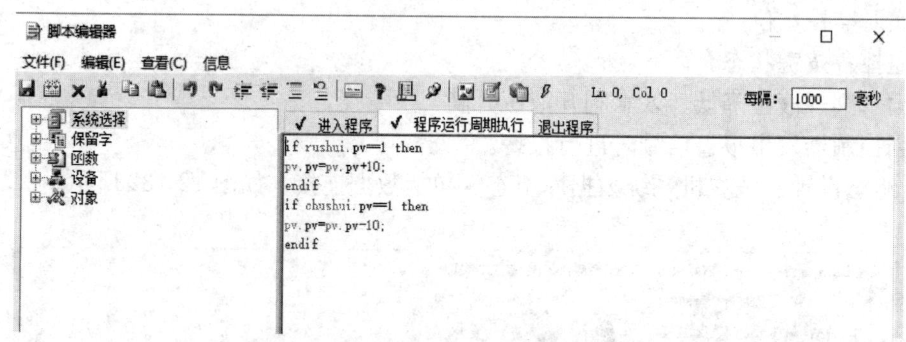

图 12-34 出水阀开液位降低、入水阀开液位升高的脚本程序

3）按键监控。洗衣机系统的按键监控程序的脚本如图 12-35 所示。

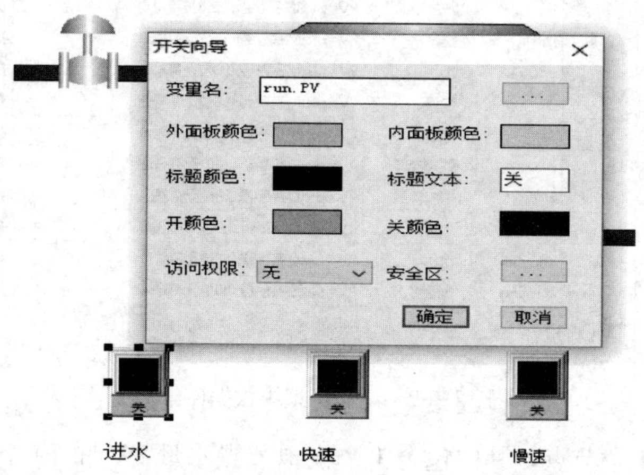

图 12-35 按键监控程序的脚本

按键是否按下会改变数据库中的组态点的数值，以此来进行按键的监控。

4）液位监控。本系统的液位监控脚本程序如图 12-36 所示。水位的实时监控值记录在点 PV 中。

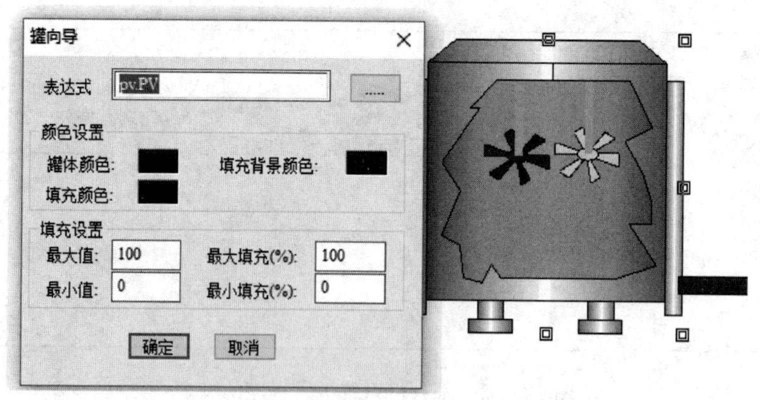

图 12-36 液位监控脚本程序

5）显示值包括水位。本系统水位输出显示的脚本程序如图 12-37 所示。

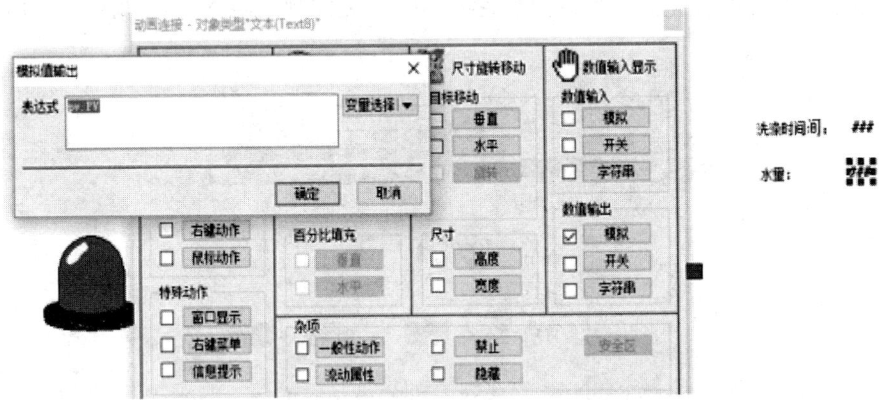

图 12 - 37　水位输出显示的脚本程序

控制器计算传回的洗涤时间输出脚本程序如图 12 - 38 所示。

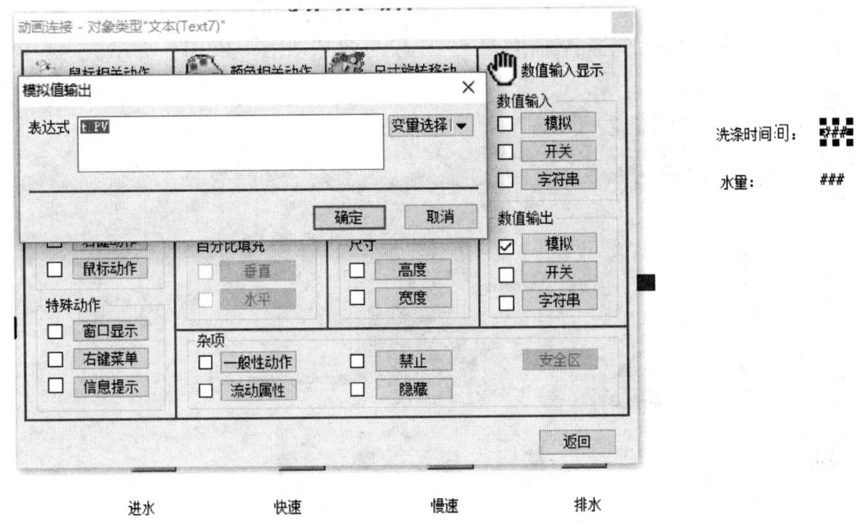

图 12 - 38　洗涤时间输出脚本程序

6）报警灯受 PLC 控制是否报警。PLC 控制报警的设置如图 12 - 39 所示。

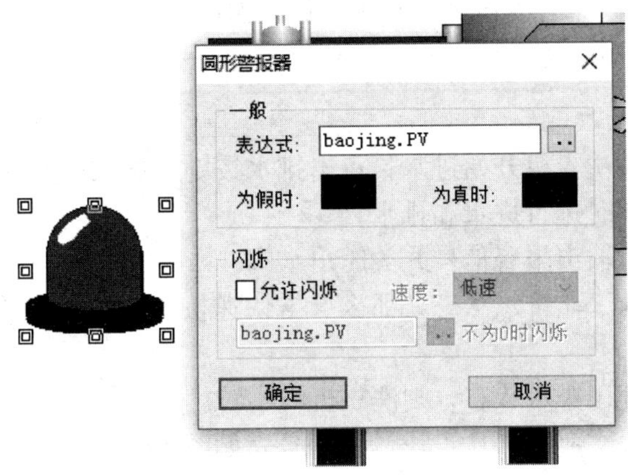

图 12 - 39　PLC 控制报警的设置

7）阀门的开关受相应点的控制。本系统阀门开关控制的脚本程序如图 12-40 所示。

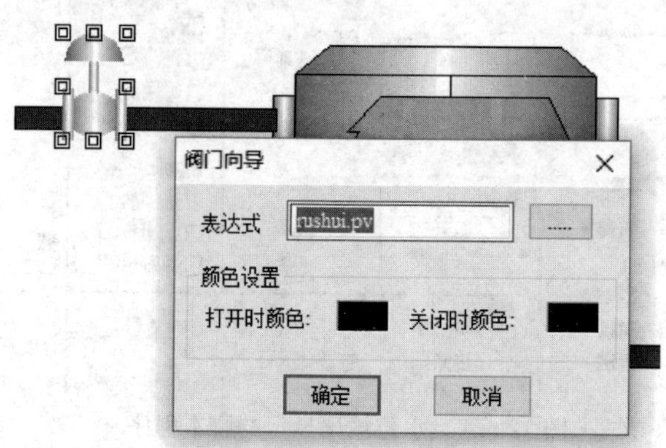

图 12-40 阀门开关控制的脚本程序

8）最终组态画面。本系统监控画面最终组态的效果如图 12-41 所示。

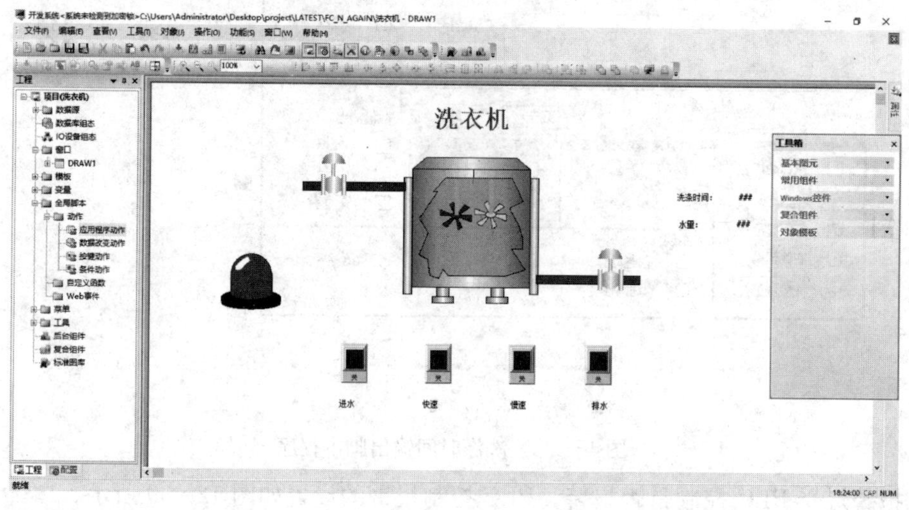

图 12-41 监控画面最终组态的效果

2. 控制器设计

(1）控制逻辑：

1）点击进水按键洗衣机开始进水，点击排水按键，洗衣机开始排水。

2）洗衣机不能同时进行进水和排水。

3）水位低至零时输出报警信号并关闭出水阀。

4）如果洗衣机处于非排水状态，那么点击快速按键时洗衣机将切换为快转，而点击慢速按键则切换为慢转。

5）如果洗衣机处于排水状态，则洗衣机将不转。

(2）PLC 实现。本系统 PLC 点设计的符号表如图 12-42 所示。

PLC 程序设计：

1）计算洗涤时间并输出，其梯形图如图 12-43 所示。

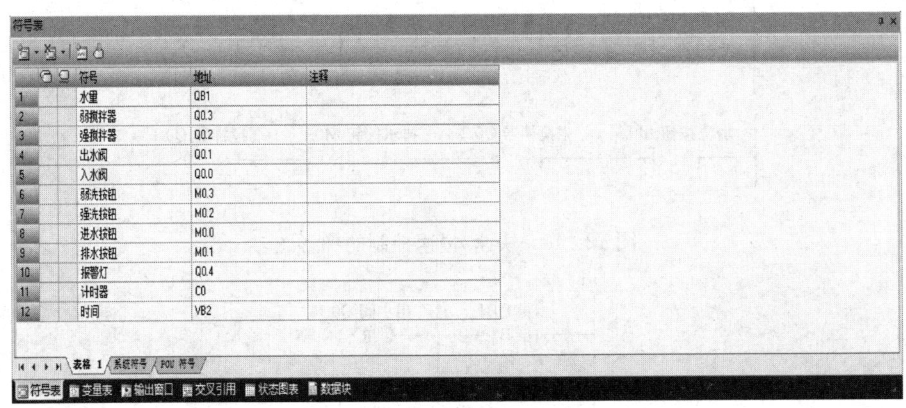

符号表

	符号	地址	注释
1	水量	QB1	
2	弱搅拌器	Q0.3	
3	强搅拌器	Q0.2	
4	出水阀	Q0.1	
5	入水阀	Q0.0	
6	弱洗按钮	M0.3	
7	强洗按钮	M0.2	
8	进水按钮	M0.0	
9	排水按钮	M0.1	
10	报警灯	Q0.4	
11	计时器	C0	
12	时间	VB2	

表格 1　系统符号　POU 符号

符号表　变量表　输出窗口　交叉引用　状态图表　数据块

图 12 - 42　洗衣机系统 PLC 点设计的符号表

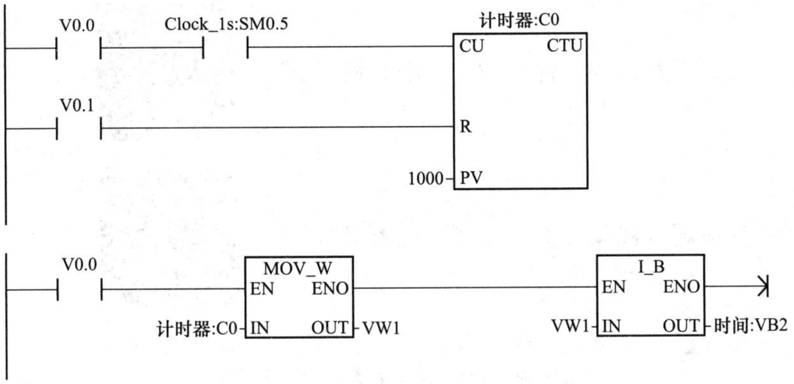

V0.0　Clock_1s:SM0.5　计时器:C0　CU　CTU
V0.1　R
1000　PV

V0.0　MOV_W　EN　ENO　计时器:C0　IN　OUT　VW1
I_B　EN　ENO　VW1　IN　OUT　时间:VB2

图 12 - 43　计算洗涤时间并输出的梯形图

2）点击进水按键洗衣机将开始进水，而点击排水按键则开始排水，同时洗衣机不能同时进行进水和排水。其梯形图如图 12 - 44 所示。

3）液位高于 100 自动停止进水，其梯形图如图 12 - 45 所示。

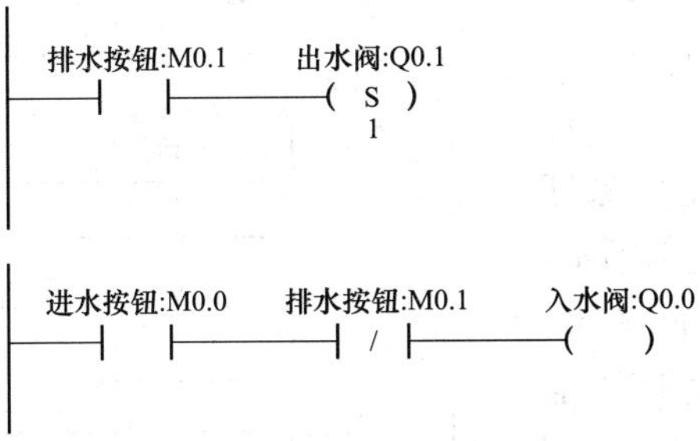

排水按钮:M0.1　出水阀:Q0.1　(S)　1

进水按钮:M0.0　排水按钮:M0.1　/　入水阀:Q0.0　(　)

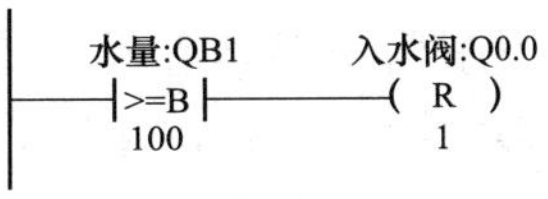

图 12 - 44　进水与排水按键控制的梯形图

水量:QB1　>=B　100　入水阀:Q0.0　(R)　1

图 12 - 45　液位高于 100 自动停止进水梯形图

4）如果洗衣机处于非排水状态，那么点击快速按键洗衣机将切换为快转，而点击慢速按键则切换为慢转，二者构成互锁。其梯形图如图 12 - 46 所示。

5）液位低于 0 时进行报警，其梯形图如图 12 - 47 所示。

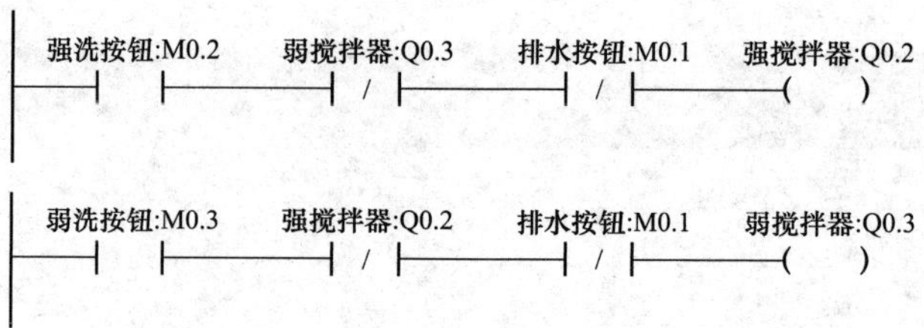

图 12-46　快速/慢速控制的梯形图

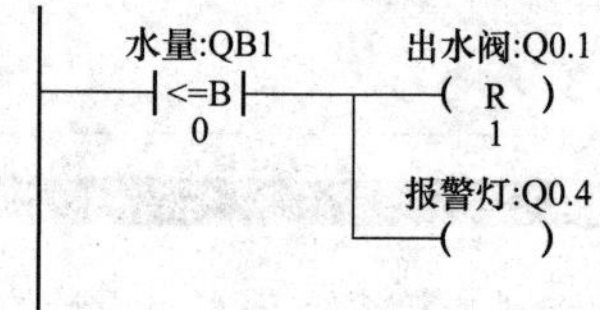

图 12-47　液位低于 0 时报警控制梯形图

本节教学视频请观看视频文件“12.2　洗衣机 PLC”。

系统运行视频请观看视频文件“12.2　洗衣机运行”。

12.3　交通灯控制系统

12.3.1　组态实现

1. 设计内容

（1）系统设置一个开关，负责控制系统的运行：当开关接通时，数码管显示的交通灯控制系统开始工作；

（2）系统运行时，南北红灯亮 10s，东西绿灯亮 7s，7s 后东西黄灯开始闪烁 3s；

（3）步骤二结束后，东西亮红灯 10s，南北亮绿灯 7s，7s 钟后南北黄灯开始闪烁 3s，之后循环上述动作；

（4）当按下东西车多按钮后，东西绿灯一直亮起，以缓解东西车多的情况，而且在以后的每一次循环中都执行，直至按下东西车多停止按钮。

2. 系统流程图

数码管显示的交通灯系统流程图如图 12-48 所示。

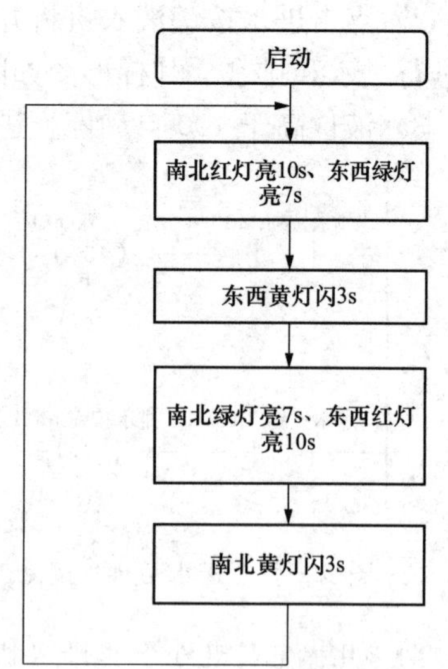

图 12-48　数码管显示的交通灯系统流程图

3. 创建实时数据库

首先需要创建实时数据库，它负责整个系统的数据处理，也存储历史数据。数码管显示的交通灯系统的实时数据库如图 12-49 所示。

DbManager - [D:\力控7.1安装软件\Project\交通灯1]

工程[D]　点[P]　工具[T]　帮助[H]

数据库
- 区域1
- 区域2
- 区域3
- 数字I/O点

	NAME [点名]	DESC [说明]	%IOLINK [I/O连接]	%HIS [历史参数]	%LABEL [标签]
1	t	时间	PV=PLC:地址...		报警未打开
2	run	开关	PV=PLC:地址...		报警未打开
3	a	南北绿灯	PV=PLC:地址...		报警未打开
4	b	南北黄灯	PV=PLC:地址...		报警未打开
5	c	南北红灯	PV=PLC:地址...		报警未打开
6	d	东西绿灯	PV=PLC:地址...		报警未打开
7	e	东西黄灯	PV=PLC:地址...		报警未打开
8	f	东西红灯	PV=PLC:地址...		报警未打开
9	aa	数码管1a	PV=PLC:地址...		报警未打开
10	bb	数码管1b	PV=PLC:地址...		报警未打开
11	cc	数码管1c	PV=PLC:地址...		报警未打开
12	dd	数码管1d	PV=PLC:地址...		报警未打开
13	ee	数码管1e	PV=PLC:地址...		报警未打开
14	ff	数码管1f	PV=PLC:地址...		报警未打开
15	gg	数码管1g	PV=PLC:地址...		报警未打开
16	aaa	数码管2a	PV=PLC:地址...		报警未打开
17	bbb	数码管2b	PV=PLC:地址...		报警未打开
18	ccc	数码管2c	PV=PLC:地址...		报警未打开
19	ddd	数码管2d	PV=PLC:地址...		报警未打开
20	eee	数码管2e	PV=PLC:地址...		报警未打开
21	fff	数码管2f	PV=PLC:地址...		报警未打开
22	ggg	数码管2g	PV=PLC:地址...		报警未打开
23	biaozhiwei	东西车多...	PV=PLC:地址...		报警未打开
24	ew_run	东西开关	PV=PLC:地址...		报警未打开

图 12-49　数码管显示的交通灯系统的实时数据库

系统中包含了 24 个节点，时间 t 选择增量寄存器，用于记录时间，6 组数码管显示的交通灯则分别由状态寄存器 a 到 f 控制；两组 14 个数码管由状态寄存器 aa～gg 和 aaa～ggg 控制；biaozjowe 则是记录东西车多的开关状态，同样选择状态寄存器，用于标记状态；两个开关 run、ew_run 分别控制系统的启停、东西绿灯时间加 5s，只需要状态变化就可以达到控制目的。

4. *动画连接*

本系统中所建立的动画连接包括 6 组 12 个红黄绿灯和 2 个控制按钮以及 14 个数码管。

设置开关的属性为：打开时为浅绿色，关闭时为绿色，变量名设置为 run. PV，具体设置如图 12-50 所示。

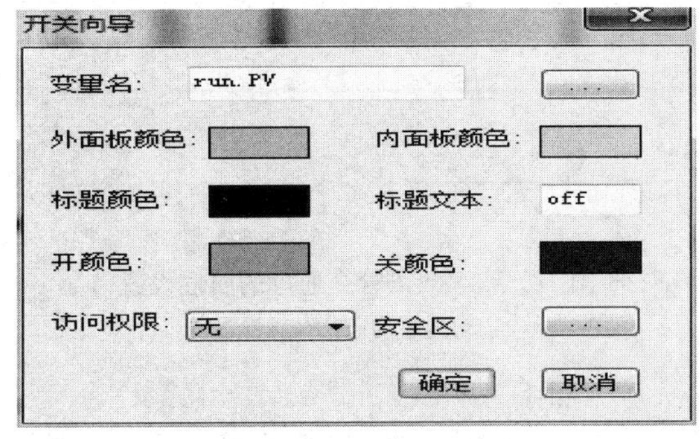

图 12-50　开关的属性设置

本系统需要的灯有红黄绿三种颜色，具体设置如图 12-51 所示。

数码管用工具箱里的矩形画出来，利用实体文本改变其颜色（红色、绿色、黄色和白

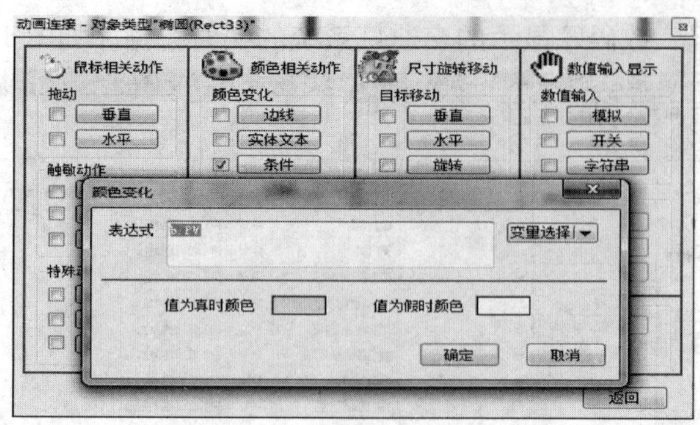

图 12 - 51　交通灯的属性设置

色），具体设置分别如图 12 - 52 所示。

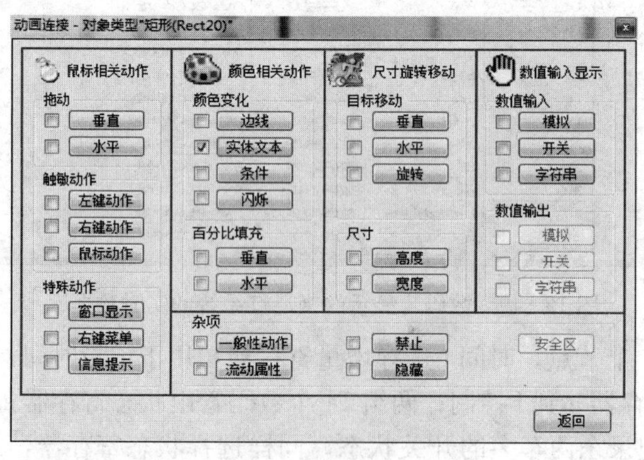

（a）

颜色变化

表达式 bbb.PV　　变量选择

最小值	最大值	颜色	闪烁
0.0000	20.0000		无 闪 烁
20.0000	40.0000		无 闪 烁
40.0000	60.0000		无 闪 烁
60.0000	80.0000		无 闪 烁
80.0000	100.0000		无 闪 烁

无闪烁　插入行　删除行　确定　取消

（b）

图 12 - 52　数码管交通灯的属性设置

（a）动画连接；（b）属性设置

5. 脚本程序设计

本系统的脚本主要分为时间处理单元、数码管处理单元、交通灯处理单元、车多加时单元（东西）四大功能模块。

初始程序如下：

```
t.pv= 20; run.pv= 0; ew_ run.pv = 0;
```

（1）时间单元利用 t 记录，通过初始值减 1 计数，在按下启动按钮时，开始自动减 1 计时，具体程序如下：

```
ifrun.pv= 1
thent.pv= t.PV- 1;
endif
```

（2）数码管根据时间 t 的变化而改变，从 $t=20$ 开始数码管显示 10，之后自动减 1，减至 1 后自动变成 10 进行循环，数码管从 10 减到 1 的程序如下：

```
ift.pv = = 10 then
aa.PV= 0; bb.PV= 70; cc.PV= 70; dd.PV= 0; ee.PV= 0; ff.PV= 0; gg.PV= 0;
aaa.PV= 70; bbb.PV= 70; ccc.PV= 70; ddd.PV= 70; eee.PV= 70; fff.PV= 70;
ggg.PV= 0;
endif
ift.pv = = 9 then
aa.PV= 0; bb.PV= 0; cc.PV= 0; dd.PV= 0; ee.PV= 0; ff.PV= 0; gg.PV= 0;
aaa.PV= 70; bbb.PV= 70; ccc.PV= 70; ddd.PV= 0; eee.PV= 0; fff.PV= 70;
ggg.PV= 70;
endif
ift.pv = = 8 then
aa.PV= 0; bb.PV= 0; cc.PV= 0; dd.PV= 0; ee.PV= 0; ff.PV= 0; gg.PV= 0;
aaa.PV= 70; bbb.PV= 70; ccc.PV= 70; ddd.PV= 70; eee.PV= 70; fff.PV= 70;
ggg.PV= 70;
endif
ift.pv = = 7 then
aa.PV= 0; bb.PV= 0; cc.PV= 0; dd.PV= 0; ee.PV= 0; ff.PV= 0; gg.PV= 0;
aaa.PV= 70; bbb.PV= 70; ccc.PV= 70; ddd.PV= 0; eee.PV= 0; fff.PV= 0;
ggg.PV= 0;
endif
ift.pv = = 6 then
aa.PV= 0; bb.PV= 0; cc.PV= 0; dd.PV= 0; ee.PV= 0; ff.PV= 0; gg.PV= 0;
aaa.PV= 0; bbb.PV= 0; ccc.PV= 70; ddd.PV= 70; eee.PV= 70; fff.PV= 70;
ggg.PV= 70;
endif
ift.pv = = 5 then
aa.PV= 0; bb.PV= 0; cc.PV= 0; dd.PV= 0; ee.PV= 0; ff.PV= 0; gg.PV= 0;
aaa.PV= 70; bbb.PV= 0; ccc.PV= 70; ddd.PV= 70; eee.PV= 0; fff.PV= 70;
ggg.PV= 70;
endif
```

```
ift.pv = = 4 then
aa.PV= 0; bb.PV= 0; cc.PV= 0; dd.PV= 0; ee.PV= 0; ff.PV= 0; gg.PV= 0;
aaa.PV= 0; bbb.PV= 70; ccc.PV= 70; ddd.PV= 0; eee.PV= 0; fff.PV= 70;
ggg.PV= 70;
endif
ift.pv = = 3 then
aa.PV= 0; bb.PV= 0; cc.PV= 0; dd.PV= 0; ee.PV= 0; ff.PV= 0; gg.PV= 0;
aaa.PV= 30; bbb.PV= 30; ccc.PV= 30; ddd.PV= 30; eee.PV= 0; fff.PV= 0;
ggg.PV= 30;
endif
ift.pv = = 2 then
aa.PV= 0; bb.PV= 0; cc.PV= 0; dd.PV= 0; ee.PV= 0; ff.PV= 0; gg.PV= 0;
aaa.PV= 30; bbb.PV= 30; ccc.PV= 0; ddd.PV= 30; eee.PV= 30; fff.PV= 0;
ggg.PV= 30;
endif
ift.pv = = 1 then
aa.PV= 0; bb.PV= 0; cc.PV= 0; dd.PV= 0; ee.PV= 0; ff.PV= 0; gg.PV= 0;
aaa.PV= 0; bbb.PV= 30; ccc.PV= 30; ddd.PV= 0; eee.PV= 0; fff.PV= 0;
ggg.PV= 0;
enidf
```

(3) 交通灯的变化主要由时间 t 控制，具体程序如下：

```
ift.pv> = 13&&t.PV< = 25 then
a.PV = 0; b.PV= 0; c.PV= 1; d.PV= 1; e.PV= 0; f.PV= 0;
endif
if t.PV> = 11&&t.PV< = 13 then
a.PV 0; b.PV= 0; c.PV= 1; d.PV= 0; e.PV= 1; f.PV= 0;
endif
if t.pv > = 3&&t.PV< = 10 then
a.PV = 1; b.PV= 0; c.PV= 0; d.PV= 0; e.PV= 0; f.PV= 1;
endif
if t.pv > = 1&&t.PV< = 3 then
a.PV = 0; b.PV= 1; c.PV= 0; d.PV= 0; e.PV= 0; f.PV= 1;
endif
```

(4) 东西车多单元控制着东西绿灯一直点亮的时间，具体程序如下：

```
if ew_ run.PV= = 1 thent.PV= 25; run.pv= 0; endif
```

6. 交通灯系统的整体组态界面

交通灯系统的整体组态界面如图 12 - 53 所示。

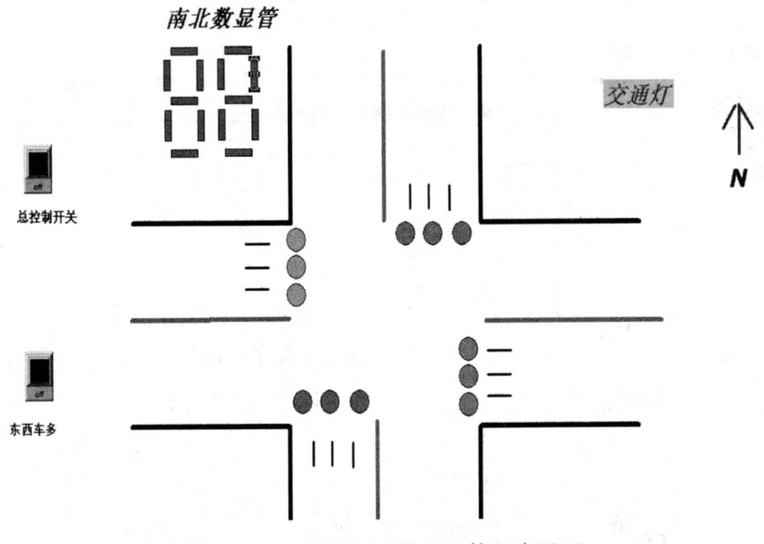

图 12 - 53　交通灯系统的整体组态界面

本节教学视频请观看视频文件“12.3　交通灯开发”。

12.3.2　组态与 PLC 共同实现

1. 对象模拟

（1）对象特性。

1）监控各按键状态。

2）响应交通灯的控制信号，当某一控制信号为 1 时，其对应的交通灯点亮，否则不亮。

（2）组态设计。交通灯系统的数据库组态（包括数据连接）的组态界面如图 12 - 54 所示。

DbManager - [C:\Users\Administrator\Desktop\project\LATEST\FC_N_AGAIN\交通灯]

工程[D]　点[P]　工具[T]　帮助[H]

数据库
- 区域1
- 区域2
- 区域3
- 数字I/O点

	NAME [点名]	DESC [说明]	%IOLINK [I/O连接]	%HIS [历史参数]	%LABEL [标签]
1	M00	启动按钮	PV=PLC:M寄存器:0:8位无符号:0		报警未打开
2	M01	东西车多按钮	PV=PLC:M寄存器:0:8位无符号:1		报警未打开
3	Q00	东西绿灯	PV=PLC:Q寄存器:0:8位无符号:0		报警未打开
4	Q01	东西黄灯	PV=PLC:Q寄存器:0:8位无符号:1		报警未打开
5	Q02	东西红灯	PV=PLC:Q寄存器:0:8位无符号:2		报警未打开
6	Q03	南北绿灯	PV=PLC:Q寄存器:0:8位无符号:3		报警未打开
7	Q04	南北黄灯	PV=PLC:Q寄存器:0:8位无符号:4		报警未打开
8	Q05	南北红灯	PV=PLC:Q寄存器:0:8位无符号:5		报警未打开

图 12 - 54　交通灯系统的数据库组态界面

系统中共有 8 个节点。启动按键对应的组态点记为 M00，东西车多按键对应的组态点为 M01，按键按下则对应的数字点值改变；东西绿、黄、红灯对应组态点分别为 Q00、Q01、Q02，而南北绿、黄、红灯对应组态点分别为 Q03、Q04、Q05，数字点的值随控制器输出信号而改变。

其他组态设计：

1）进入程序。交通灯系统进入程序的脚本如图 12 - 55 所示。

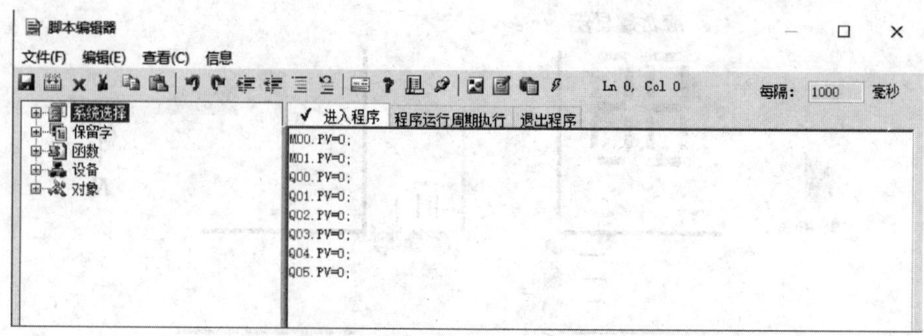

图 12-55　交通灯系统进入程序的脚本

2）按键监控。本系统按键监控的组态界面如图 12-56 所示。

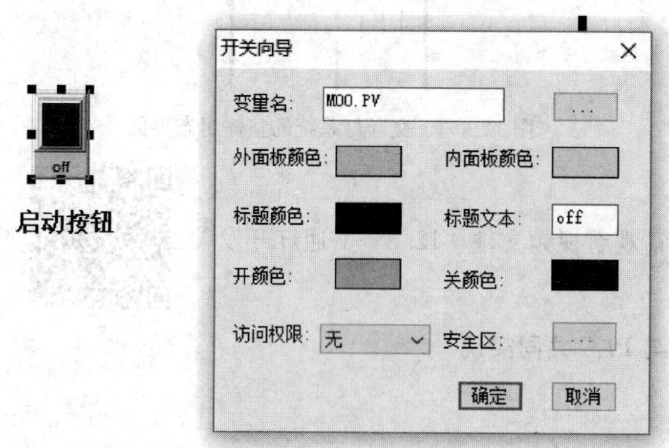

图 12-56　按键监控的组态界面

按键（示例中为启动按键）按下或松开，则对应数字点（示例为 M00）的值随之变化。

3）交通灯受控制器信号控制。信号灯颜色动作的组态设置如图 12-57 所示。

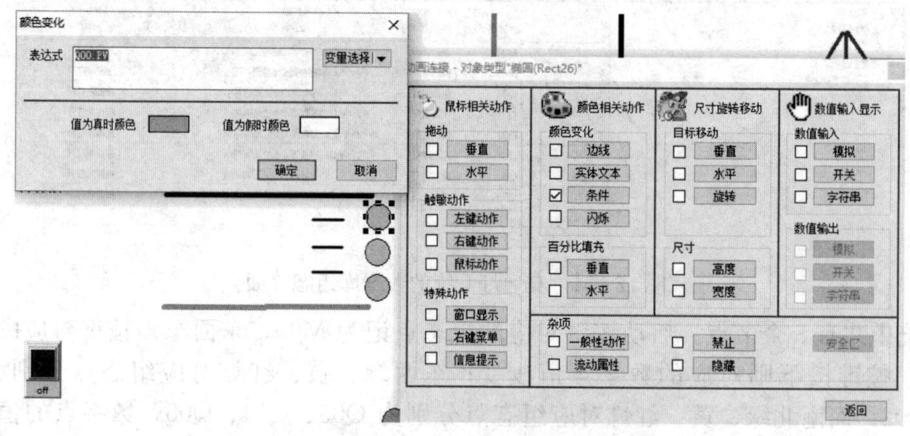

图 12-57　信号灯颜色动作的组态设置

当某一交通灯对应的数字点（示例中为 Q00）的值发生变化，该交通灯（示例中为东西绿灯）也进行相应变化（点亮或灭）。

4）最终组态画面。交通灯系统最终的组态界面如图 12 - 58 所示。

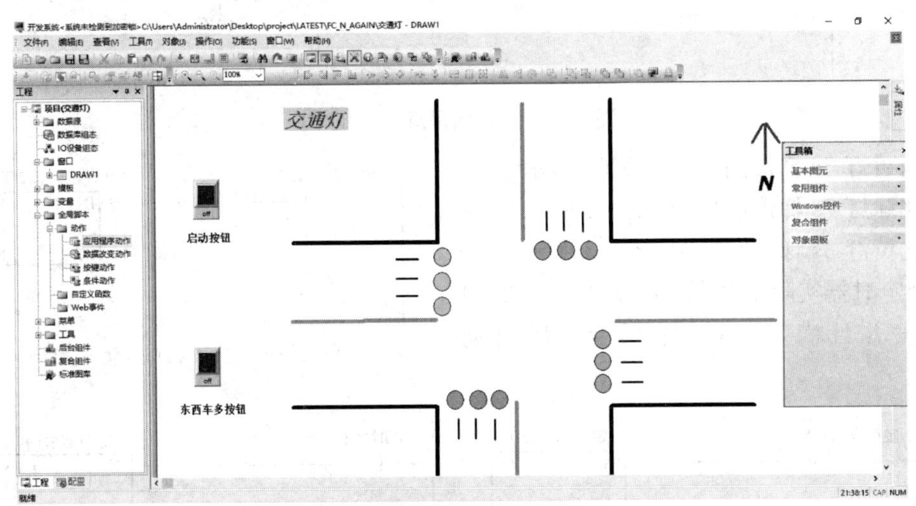

图 12 - 58　交通灯系统最终的组态画面

2. 控制器设计

（1）控制逻辑：

1）若启动按键被按下，而东西车多按键未按下，则循环执行下列步骤：南北亮红灯 10s，东西亮绿灯 7s，7s 后东西黄灯亮 3s。东西亮红灯 10s，南北亮绿灯 7s，7s 后南北黄灯亮 3s。

2）若启动按键按下，而东西车多按键按下，则东西绿灯南北红灯亮起直至东西车多按键松开为止。

3）若未按下启动按键，则交通灯都不亮。

（2）PLC 实现。本系统 PLC 点设计（符号表）如图 12 - 59 所示。

符号表

			符号	地址	注释
1			启动按钮	M0.0	
2			东西车多按钮	M0.1	
3			东西绿灯	Q0.0	
4			东西黄灯	Q0.1	
5			东西红灯	Q0.2	
6			南北绿灯	Q0.3	
7			南北黄灯	Q0.4	
8			南北红灯	Q0.5	
9			定时器1	T37	
10			定时器2	T38	
11			定时器3	T39	
12			定时器4	T40	

图 12 - 59　交通灯系统 PLC 点设计（符号表）

程序设计：

1）定时器。东西绿灯 7s 梯形图如图 12 - 60 所示。

图 12 - 60　东西绿灯 7s 梯形图

东西黄灯 3s 梯形图如图 12 - 61 所示。

南北绿灯 7s 梯形图如图 12 - 62 所示。

南北黄灯 3s 梯形图如图 12 - 63 所示。

4 个定时器实际串联，定时器 1、2、3、4 相互触发并计满 10s（一个周期）后自动归零。

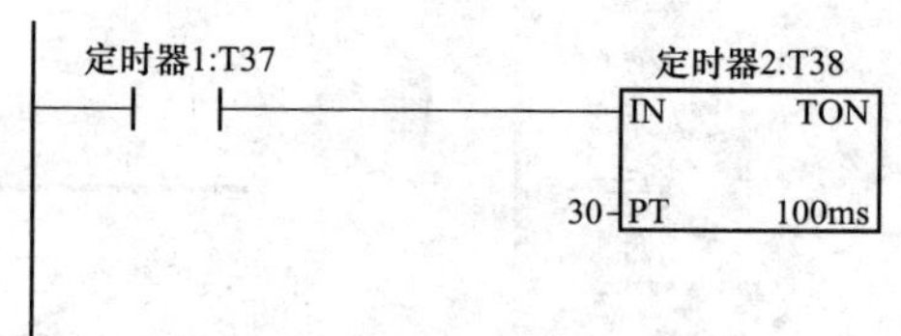

图 12 - 61　东西黄灯 3s 梯形图

图 12 - 62　南北绿灯 7s 梯形图

图 12 - 63　南北黄灯 3s 梯形图

2）点亮交通灯信号。系统启动才发出点亮交通灯信号。系统刚启动时，首先点亮东西绿灯，若东西车多按键按下，一直点亮东西绿灯，具体梯形图如图 12 - 64 所示。

图 12 - 64　点亮东西绿灯梯形图

根据定时器，依次点亮东西红灯、东西绿灯，具体梯形图如图 12 - 65 所示。

图 12 - 65　点亮东西红灯与东西绿灯梯形图

根据东西向交通灯点亮情况，点亮南北向交通灯的梯形图如图 12 - 66 所示。

本节教学视频请观看视频文件“12.3　交通灯 PLC”。

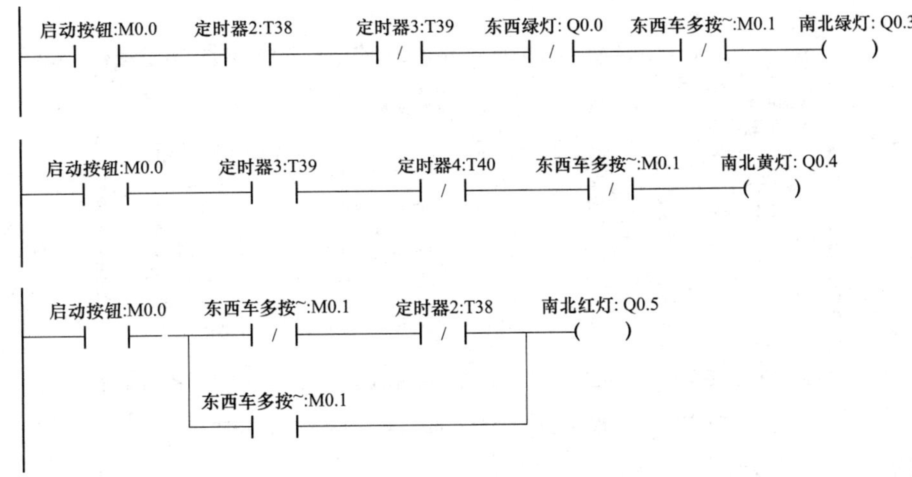

图 12-66　点亮南北向交通灯的梯形图

试验运行视频请观看视频文件“12.3　交通灯运行”。

12.4　停车场收费系统

12.4.1 组态实现

1. 设计内容

(1) 停车场可以同时供 4 辆车停放，每个停车位设置一个计时收费按钮。

(2) 停车场开始计时，设置停车按钮，当停车按钮按下后，停车位占用。

(3) 设置复位按钮，当其按下后，停车位清空。

(4) 每停一辆车，车位减少一个。

(5) 每停 1h，收费 1 元，超过 20h，收费 40 元。

2. 停车场收费系统流程图

停车场收费系统流程图如图 12-67 所示。

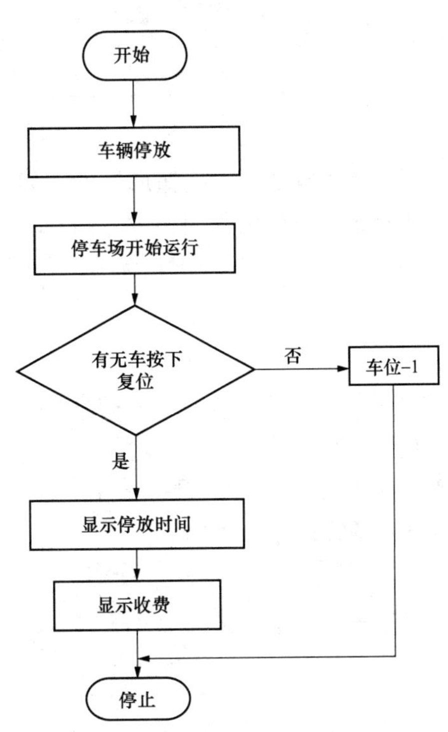

图 12-67　停车场收费系统流程图

3. 创建实时数据库

首先创建实时数据库，它负责整个系统的数据处理，也存储历史数据。停车场收费系统数据库中共有 7 个数字节点，实时数据库组态界面如图 12-68 所示。

4. 动画连接

本系统的动画连接有 5 个小车动画，小车属

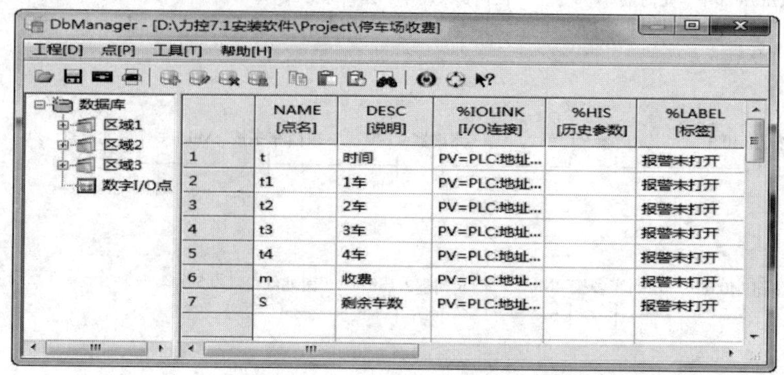

图 12 - 68　停车场收费系统的实时数据库组态界面

性设置如图 12 - 69 所示。

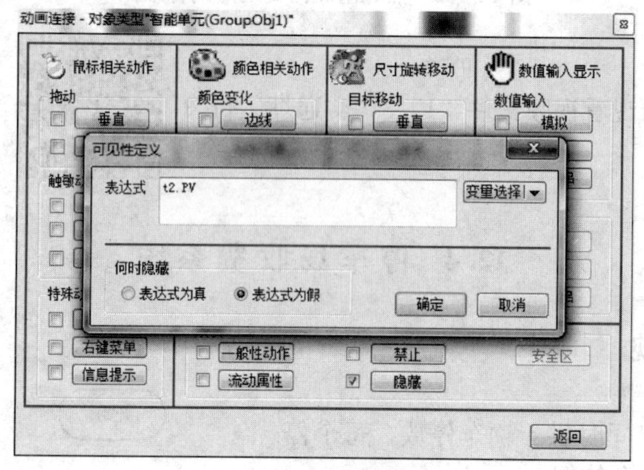

图 12 - 69　小车属性设置

部分停车收费开关按钮属性设置如图 12 - 70 所示。

部分文本属性设置如图 12 - 71 所示。

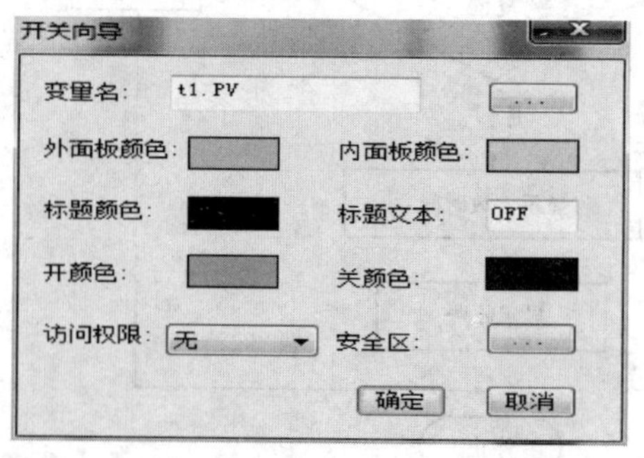

图 12 - 70　停车收费开关按钮属性设置

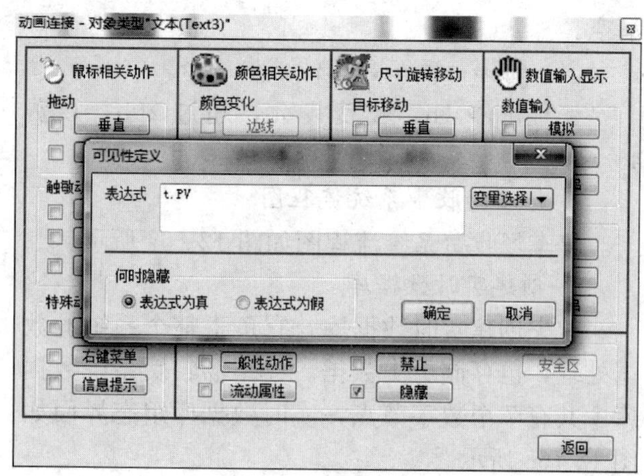

图 12 - 71　文本属性设置

5. 脚本程序设计

本系统主要包含 3 大功能单元。

第 1 个为时间功能单元，记录时间程序清单如下：

```
if t1.pv> = 1 then t1.pv= t1.pv+ 1; endif
if t2.pv> = 1 then t2.pv= t2.pv+ 1; endif
if t3.pv> = 1 then t3.pv= t3.pv+ 1; endif
if t4.pv> = 1 then t4.pv= t4.pv+ 1; endif
```

第 2 个为收费功能单元，程序清单如下：

```
if t.pv< = 20 then m.pv= t.pv; endif if t.pv> = 20 then m.pv= 40; endif
```

第 3 个为车位功能单元，程序清单如下：

```
if t1.pv= = 2 then S.pv= S.pv- 1; endif if t2.pv= = 2 then S.pv= S.pv- 1; endif
if t3.pv= = 2 then S.pv= S.pv- 1; endif if t4.pv= = 2 then S.pv= S.pv- 1; endif
```

6. 停车场收费系统的组态界面

停车场收费系统的组态界面如图 12 - 72 所示。

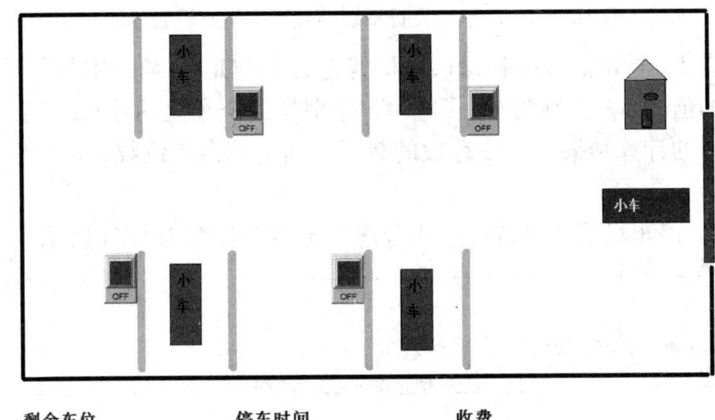

图 12 - 72　停车场收费系统的组态界面

本节教学视频请观看视频文件“12.4　停车场开发”。

12.4.2　组态与 PLC 共同实现

1. 对象模拟

（1）对象特性：

1）模拟小车停放，车位被使用的状态。

2）监控车位上有没有车并把监控结果实时上传至控制器。

3）接受控制器计算传回的时间、金额、剩余车位数据，并显示。

（2）组态设计。停车场收费系统的数据库组态（包括数据连接）设置界面如图 12 - 73 所示。

DbManager - [E:\S7-200 SMART PLC资料完善\完成\停车场收费]

工程[D] 点[P] 工具[T] 帮助[H]

数据库
区域1
区域2
区域3
数字I/O点

	NAME [点名]	DESC [说明]	%IOLINK [I/O连接]	%HIS [历史参数]	%LABEL [标签]
1	M1	1车占位	PV=plc:M寄存器:0:8位无符号:1		报警未打开
2	M2	2车占位	PV=plc:M寄存器:0:8位无符号:2		报警未打开
3	M3	3车占位	PV=plc:M寄存器:0:8位无符号:3		报警未打开
4	M4	4车占位	PV=plc:M寄存器:0:8位无符号:4		报警未打开
5	T1	1车时间	PV=plc:VS寄存器:1:1:8位无符号		报警未打开
6	T2	2车时间	PV=plc:VS寄存器:1:2:8位无符号		报警未打开
7	T3	3车时间	PV=plc:VS寄存器:1:3:8位无符号		报警未打开
8	T4	4车时间	PV=plc:VS寄存器:1:4:8位无符号		报警未打开
9	F1	1车收费	PV=plc:VS寄存器:1:5:8位无符号		报警未打开
10	F2	2车收费	PV=plc:VS寄存器:1:6:8位无符号		报警未打开
11	F3	3车收费	PV=plc:VS寄存器:1:7:8位无符号		报警未打开
12	F4	4车收费	PV=plc:VS寄存器:1:8:8位无符号		报警未打开
13	S	剩余车位	PV=plc:VS寄存器:1:18:8位无符号		报警未打开

图 12-73 停车场收费系统的数据库组态设置界面

数据库中共有 13 个节点。其中 M1、M2 是监控车位是否被使用的数字点，点击车位上有车时，其对应的值为 1，否则为 0；T1～T4 分别是四个车位的停车时间；F1～F4 分别是四个车位停车费用的计算结果；点 S 存放的数是当前的剩余车位数。

其他组态设计：

1）进入程序。停车场收费系统的进入程序脚本清单如图 12-74 所示。

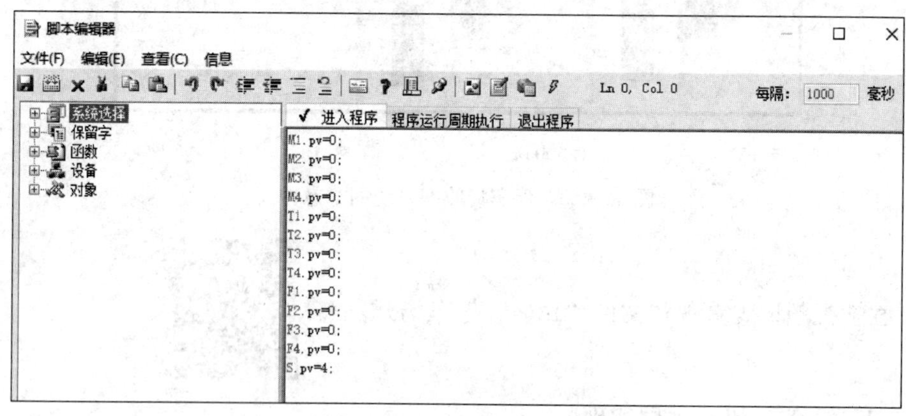

图 12-74 停车场收费系统的进入程序脚本清单

2）模拟小车停放及车位的实时监控。通过自锁开关模拟小车停放，开关按下即相当于车位被使用时，开关的状态会改变相应数字点的值，通过该点的值向控制器的传送就可以达到实时监控车位使用状态的目的。模拟开关的组态设置、小车的可见性设置分别如图 12-75、图 12-76 所示。

3）显示时间、费用及剩余车位数。显示时间、费用及剩余车位数的模拟值输出设置如图 12-77 所示。

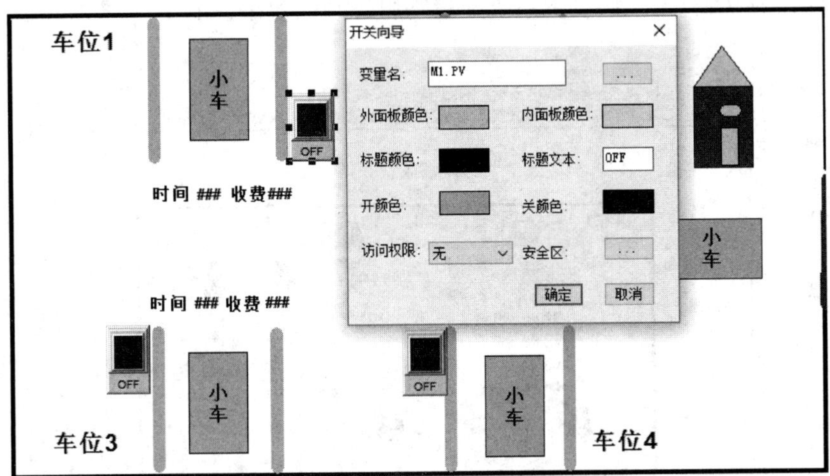

图 12-75　模拟开关的组态设置

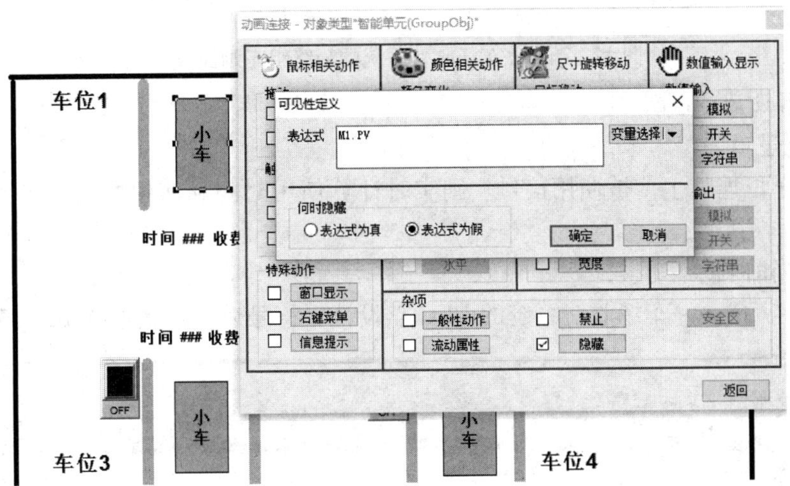

图 12-76　小车的可见性设置

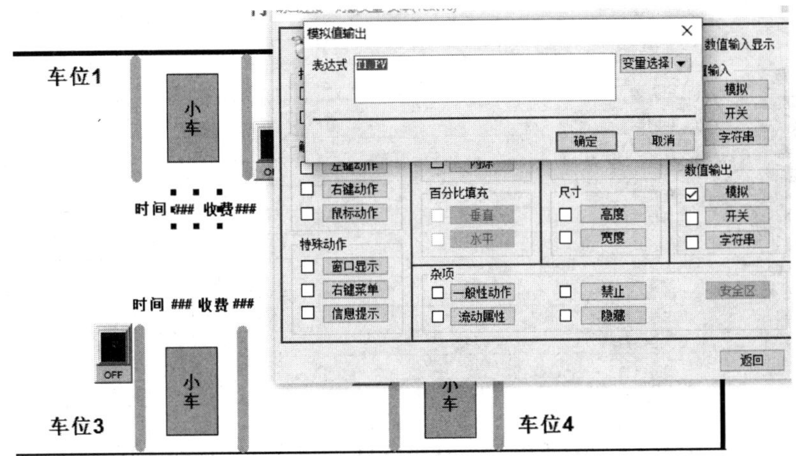

图 12-77　显示时间、费用及剩余车位数的模拟值输出设置

4）最终组态画面。停车场收费系统的最终组态画面效果如图 12-78 所示。

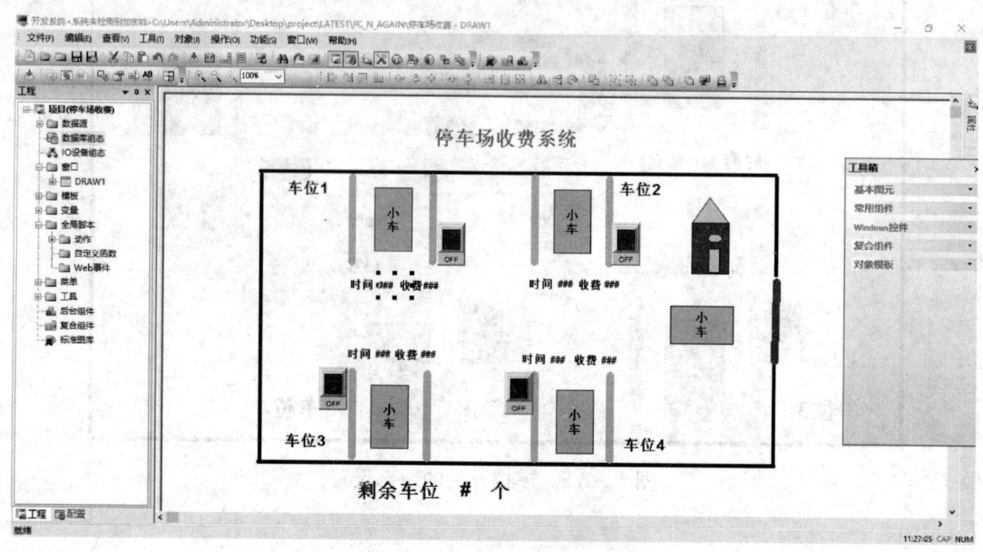

图 12-78 停车场收费系统的最终组态画面效果

2. 控制器设计

（1）控制逻辑。

1）若某车位连续上传被使用信号，则实时计算使用时间和使用费用，车辆离开后时间费用清零。

2）计算当前剩余车位数。

（2）PLC 实现。停车场收费系统的 PLC 点设计（符号表）列表如图 12-79 所示。

符号表

	符号	地址	注释
1	一车位占用	M0.1	
2	二车位占用	M0.2	
3	三车位占用	M0.3	
4	四车位占用	M0.4	
5	一车计时器	C1	
6	二车计时器	C2	
7	三车计时器	C3	
8	四车计时器	C4	
9	一车时间	VB1	
10	二车时间	VB2	
11	三车时间	VB3	
12	四车时间	VB4	
13	一车收费	VB5	
14	二车收费	VB6	
15	三车收费	VB7	
16	四车收费	VB8	
17	一车是否有车	VW10	0有车1无车
18	二车是否有车	VW12	
19	三车是否有车	VW14	
20	四车是否有车	VW16	
21	相加结果	VB18	
22			

图 12-79 停车场收费系统的 PLC 点设计（符号表）列表

点 M0.1～M0.4 表示接收车位是否被占用的信号。

PLC 程序设计：

1）计算车位被占用的时间，车辆离开后清零，其梯形图如图 12－80 所示。

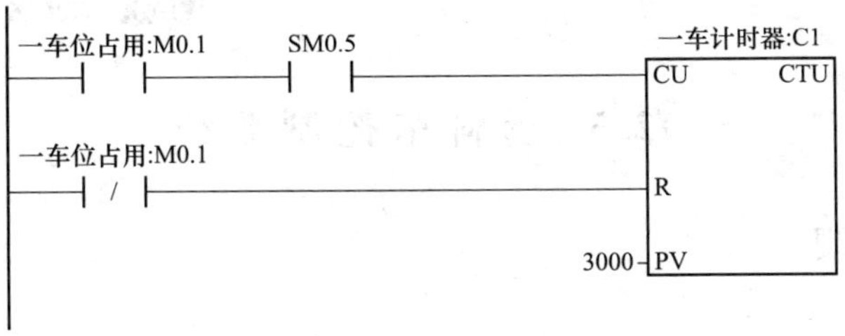

一车位占用:M0.1　SM0.5　一车计时器:C1
CU　CTU
一车位占用:M0.1
R
3000　PV

图 12－80　计算车位被占用的时间

2）车位使用费用的计算，车辆离开后清零，其梯形图如图 12－81 所示。

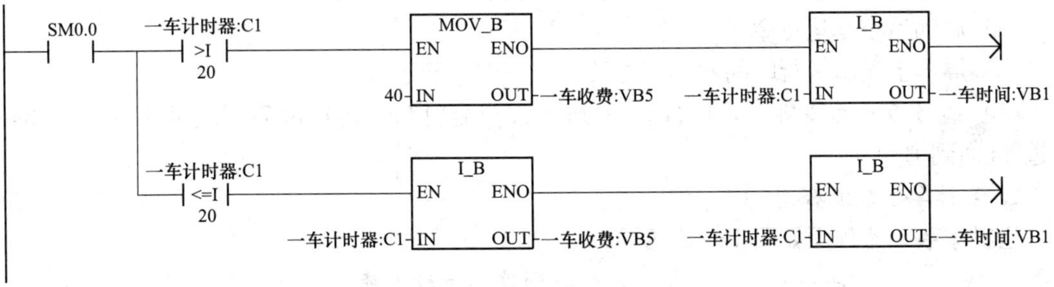

SM0.0　一车计时器:C1 >I 20　MOV_B EN ENO　40 IN OUT 一车收费:VB5　I_B EN ENO　一车计时器:C1 IN OUT 一车时间:VB1
一车计时器:C1 <=I 20　I_B EN ENO　一车计时器:C1 IN OUT 一车收费:VB5　I_B EN ENO　一车计时器:C1 IN OUT 一车时间:VB1

图 12－81　车位使用费用的计算

3）因为 PLC 与力控的非布尔量通信只支持字的交互，所以先将各车位占用状态改为字的格式，其梯形图如图 12－82 所示。

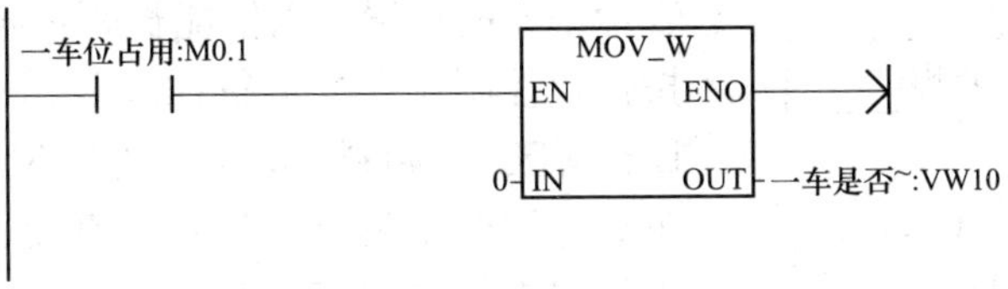

一车位占用:M0.1　MOV_W EN ENO
0 IN OUT 一车是否~:VW10

图 12－82　车位占用状态字

再对该字进行运算，计算出剩余车位数，其梯形图如图 12－83 所示。

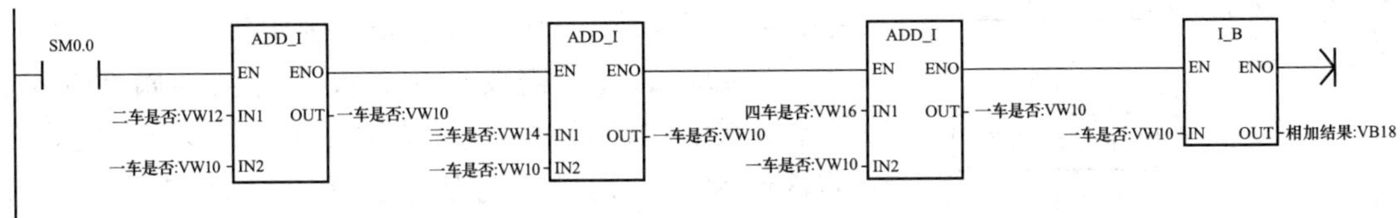

图 12－83　计算剩余车位数

本节教学视频请观看视频文件“12.4　停车场 PLC”。

系统运行视频请观看视频文件“12.4 停车场运行”。

12.5 运料车控制系统

12.5.1 组态实现

1. 设计内容

(1) 启动后小车自动运行。

(2) 总控制开关控制着小车的运动状态。

(3) 无论小车处于何种状态，按下复位按钮后均返回原点。

(4) 启动后小车运行 20s。

(5) 屏幕上显示运行时间和小车位置，小车能循环运行。

(6) 到 B 点开始装料 2s，后行驶 3s 到达 A 点装料 2s，再经过 7s 到达点 C 处卸料 3s 后又过 3s 回到 B 点。

2. 运料车系统流程图

运料车系统流程图如图 12-84 所示。

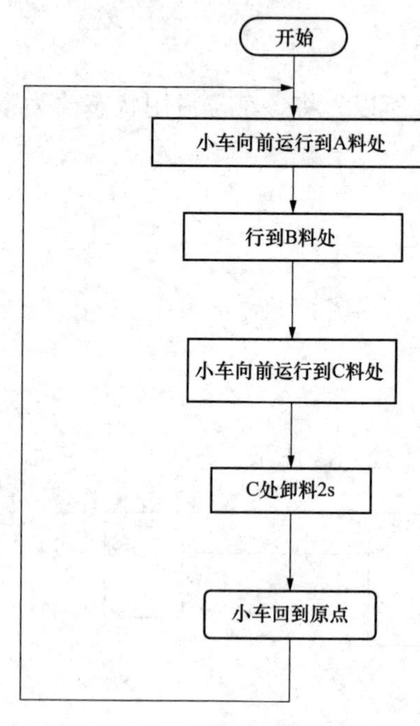

图 12-84 运料车系统流程图

3. 创建实时数据库

首先需要创建实时数据库，它主要负责整个系统的数据处理，也存储历史数据。

本系统中的数据库共有 7 个节点，其中节点 place 表示小车的位置，以便能长距离移动小车；run 为启动按钮，控制小车的运行；a 、b 、c 分别代表 A 装料区、B 装料区、C 卸料区；stop 为复位按钮，按下后能使小车立即回到出发点。运料车系统的实时数据库组态界面如图 12-85 所示。

4. 动画连接

本系统小车水平移动时需要把最左端与最右端分别设置为 100 与－500，其动画连接如图 12-86 所示。

装卸料的过程需要把矩形设置为流动属性即可：A 、B 装料区装料时，选择流动方向从上到下，而 C 卸料区卸料时，则设置为从下到上，具体如图 12-87 所示。

5. 脚本设计

本设计程序主要分为装卸料、小车移动、时间单元以及复位共 4 个部分。

时间单元由 t.PV 控制，在按下启动按钮后开始加 1，具体程序如下：

```
if run.PV= = 1 thent.PV= t.PV+ 1; end if;
```

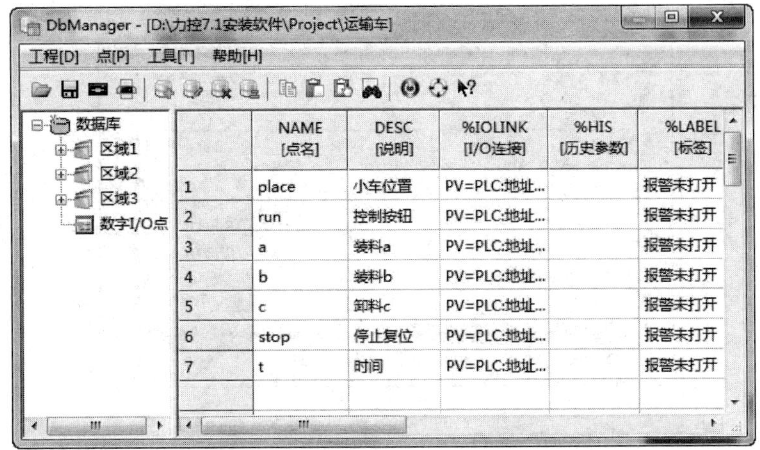

图 12-85　运料车系统的实时数据库组态界面

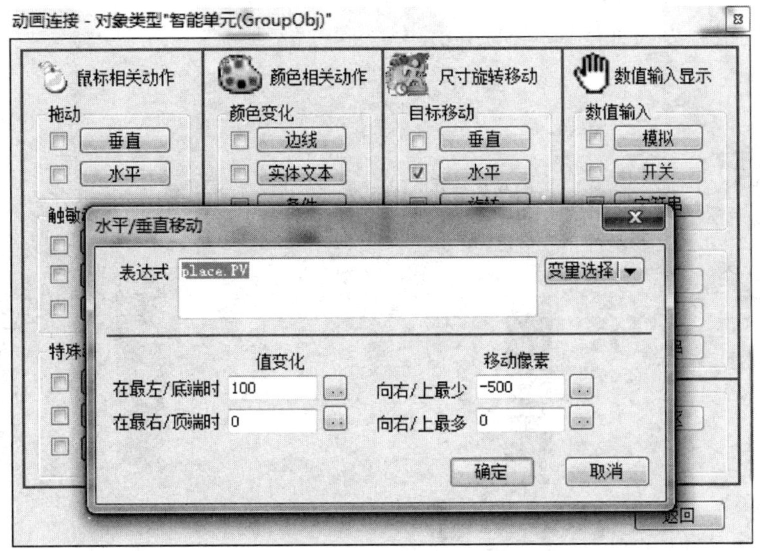

图 12-86　小车水平移动的动画连接

小车根据时间来移动，变量为 place. PV，前 5s 由 B 点移动到 A 点，等待 2s 后由 A 点再移动到 C 点，再过 3s 钟回到 B 点，具体程序如下：

```
if t. PV> 0&&t. PV< = 2 then a. PV= 0; b. pv= 1; c. PV= 0; endif
if t. PV> 2&&t. PV< = 5 then b. PV= 0; place. PV= place. PV+ 10; endif
if t. PV> 5&&t. PV< = 7 then a. PV= 1; b. pv= 0; c. PV= 0; endif
if t. PV> 7&&t. PV< = 14 then a. PV= 0; place. PV= place. PV+ 10; endif
if t. PV> 14&&t. PV< = 17 then a. PV= 0; b. pv= 0; c. PV= 1; endif
```

无论何时，按下复位按钮，小车回到原点，具体程序如下：

```
if stop. PV= = 1then
run. PV= 0; a. PV= 0; b. PV= 0; c. PV= 0; place. PV= 0; t. PV= 0; stop. PV= 0;
endif
```

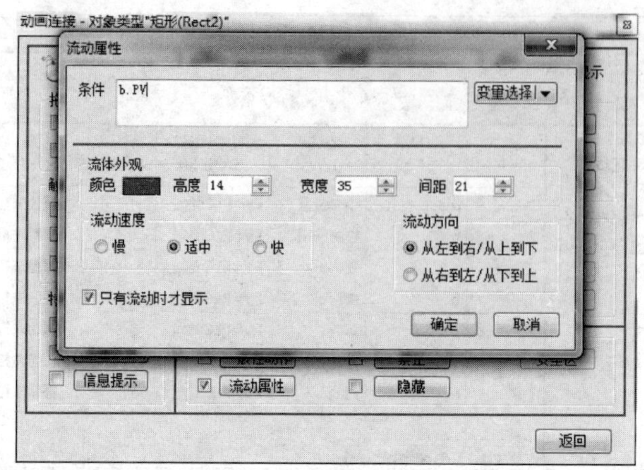

图 12-87　装卸料流动属性的设置

6. 运料车系统组态界面

运料车系统组态界面如图 12-88 所示。

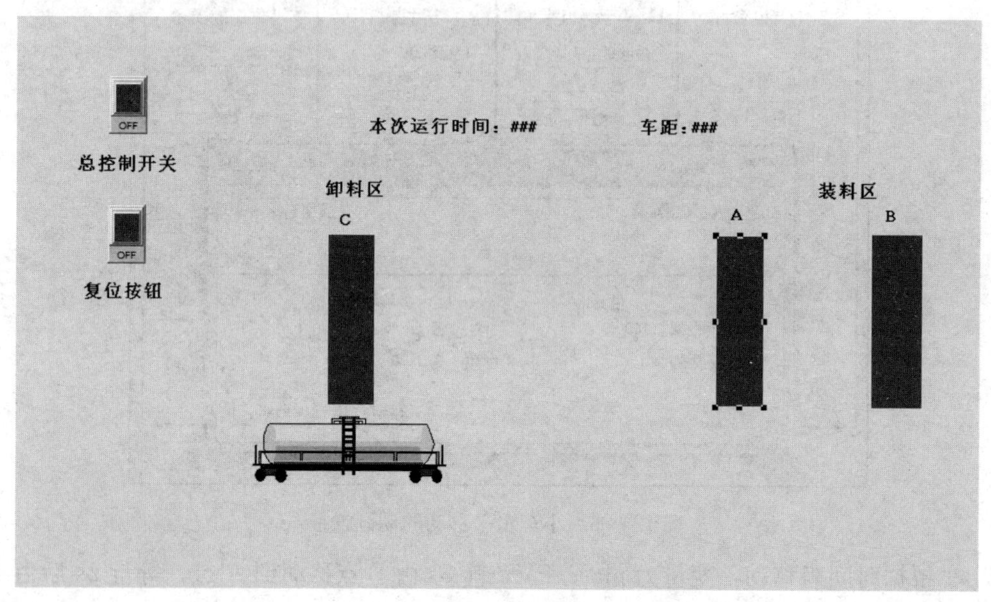

图 12-88　运料车系统组态界面

本节教学视频请观看视频文件“12.5　运料车开发”。

12.5.2　组态与 PLC 共同实现

1. 对象模拟

(1) 对象特性：

1) 启动后小车开始运行，关闭开关小车停止运行。

2) 实时监控车辆的位置。

3）模拟小车运行。
4）模拟装料与卸料的动作。
5）显示本次运行时间及本次运行里程数。
（2）组态设计。运料车系统的实时数据库组态（包括数据连接）界面如图 12-89 所示。

DbManager - [E:\S7-200 SMART PLC资料完善\完成\运料车]

工程[D]　点[P]　工具[T]　帮助[H]

数据库：区域1、区域2、区域3、数字I/O点

	NAME [点名]	DESC [说明]	%IOLINK [I/O连接]	%HIS [历史参数]	%LABEL [标签]
1	M00	A区	PV=PLC:M寄存器:0:8位无符号:0		报警未打开
2	M01	B区	PV=PLC:M寄存器:0:8位无符号:1		报警未打开
3	M02	C区	PV=PLC:M寄存器:0:8位无符号:2		报警未打开
4	M03	启动按钮	PV=PLC:M寄存器:0:8位无符号:3		报警未打开
5	Q00	小车从B到C左移	PV=PLC:Q寄存器:0:8位无符号:0		报警未打开
6	Q01	小车右移	PV=PLC:Q寄存器:0:8位无符号:1		报警未打开
7	PLACE	小车位置			报警未打开
8	S	小车运行路程			报警未打开
9	VB1	小车运行时间	PV=PLC:VS寄存器:1:1:8位无符号		报警未打开
10	Q02	小车从A到B左移	PV=PLC:Q寄存器:0:8位无符号:2		报警未打开
11	M04	运行方向标志...			报警未打开

图 12-89　运料车系统的实时数据库组态界面

其中 M00～M02 用来判断小车是否处于 A、B、C 地，而 M04 判断小车运行的方向，当二者皆满足条件时则执行相应装料或卸料的动作；M03 为启动按钮，监控并记录开关状态；Q00～Q02 负责发出小车如何移动的命令；PLACE 记录小车位置；S 及 VB1 表示的是小车的运行路程和时间。

其他组态设计：

1）进入程序。运料车系统进入程序的脚本清单表如图 12-90 所示。

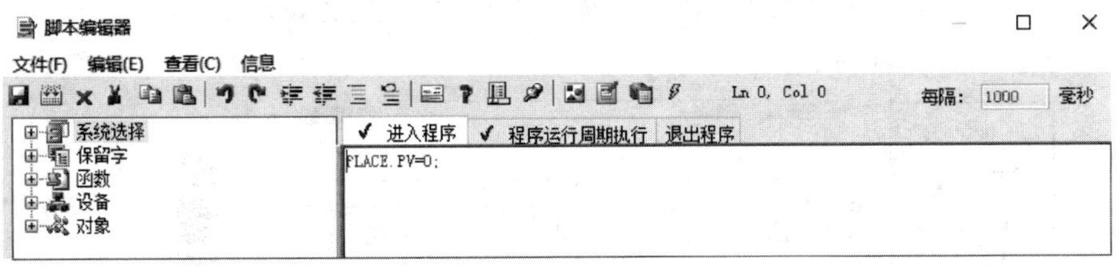

图 12-90　运料车系统进入程序的脚本清单表

2）程序运行脚本。运料车系统在程序运行时的脚本清单如图 12-91 所示。
3）监控开关状态。运料车系统的监控开关状态组态设置如图 12-92 所示。
4）模拟装卸料动作。运料车系统的模拟装卸料动作的流动属性设置如图 12-93 所示。
5）模拟小车移动。模拟小车移动的动画连接如图 12-94 所示。
6）显示运行时间和里程。运料车系统的显示运行时间与里程的模拟量输出如图 12-95 所示。
7）最终组态画面。运料车系统的最终组态画面的设置效果如图 12-96 所示。

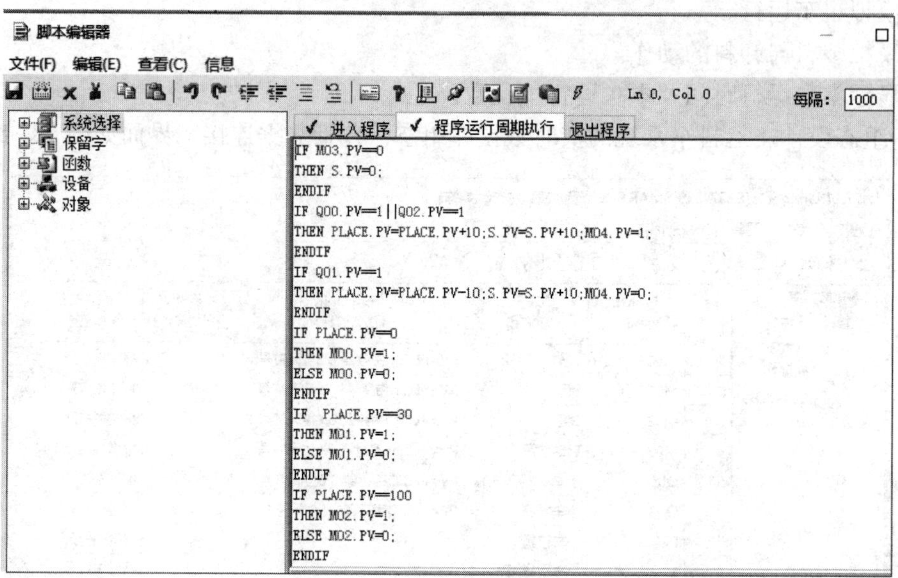

图 12-91 运料车系统在程序运行时的脚本清单

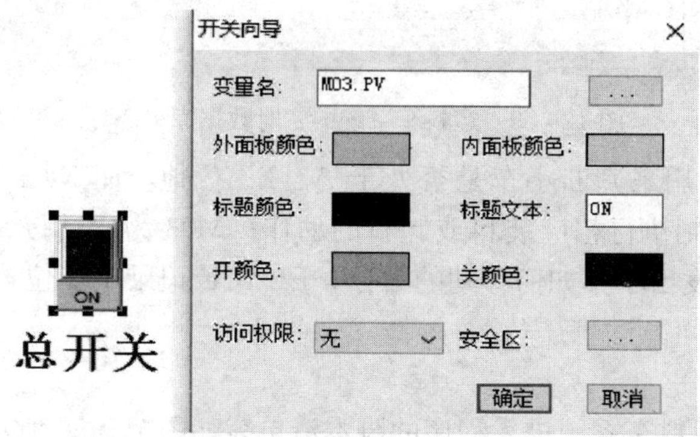

图 12-92 运料车系统的监控开关状态组态设置

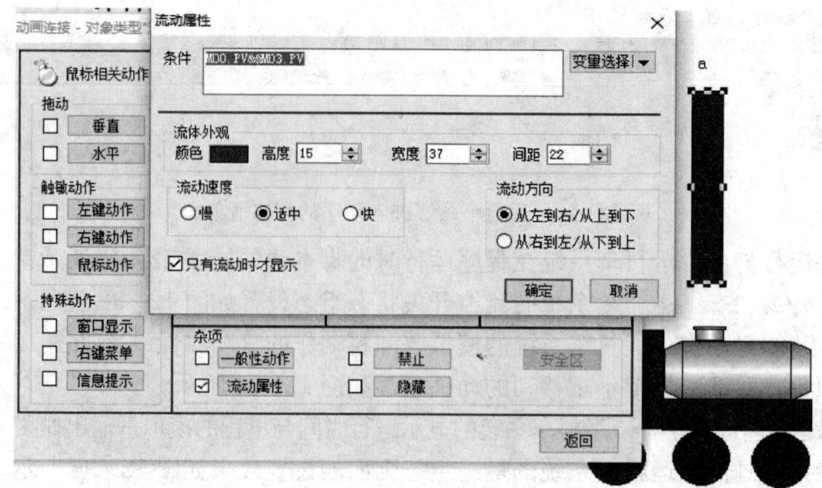

图 12-93 运料车系统的模拟装卸料动作的流动属性设置

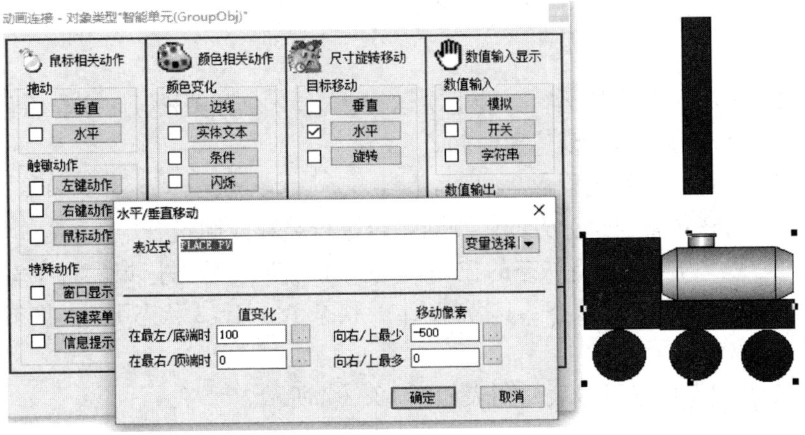

图 12－94　模拟小车移动的动画连接

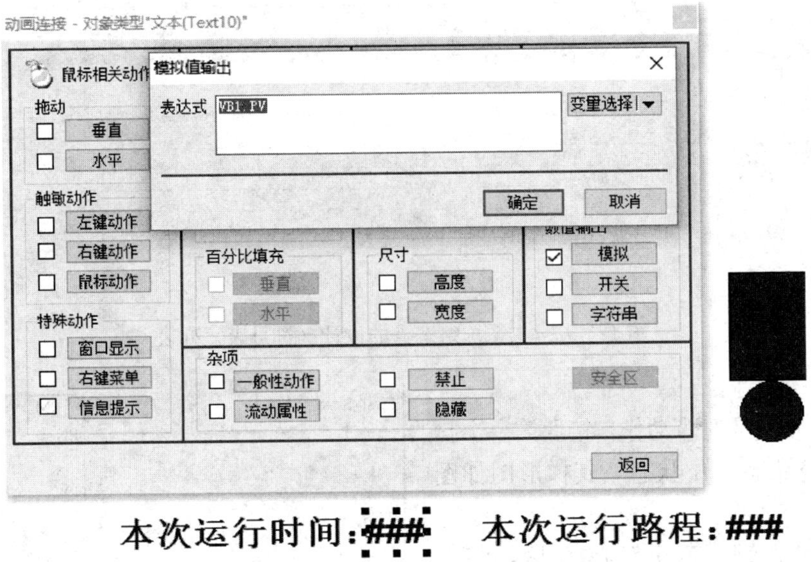

本次运行时间：###　　本次运行路程：###

图 12－95　运料车系统的显示运行时间与里程的模拟量输出

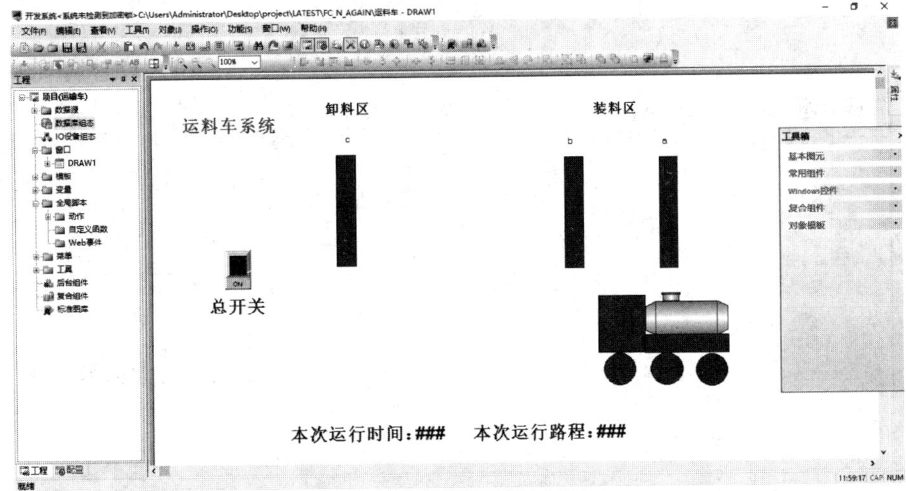

图 12－96　运料车系统的最终组态画面的设置效果

2. 控制器设计

(1) 控制逻辑:

1) 总开关按下时小车开始运行(接上次运行状态),总开关松开时小车将停止运行。

2) 控制小车移动方向速度及停留时间。

3) 计算本次运行时间及里程。

4) 根据小车所在位置及运行方向,判断是否进行装料或卸料。

(2) PLC 实现。为实现运行状态的控制,定义了小车的状态标识,将小车的运行方向所处位置综合起来定义了 6 个状态:1 状态 A;2 状态 A→B;3 状态 B;4 状态 B→C;5 状态 C;6 状态 C→A。

本系统组态点的设计(符号表)列表如图 12-97 所示。

符号表

	符号	地址	注释
1	状态4左移	Q0.0	
2	状态2左移	Q0.2	
3	状态	VB0	1状态A;2状态A⟶B;3状态B;4状态B⟶C;5状态C;6状态C⟶A
4	运行时间	VB1	
5	右移	Q0.1	
6	限位C	M0.2	
7	限位B	M0.1	
8	限位A	M0.0	
9	启停按钮	M0.3	

图 12-97 本系统组态点的设计(符号表)列表

PLC 程序设计:

1) 状态切换及对应动作:接通第一个扫描周期,运行状态为 1 状态,其梯形图如图 12-98 所示。

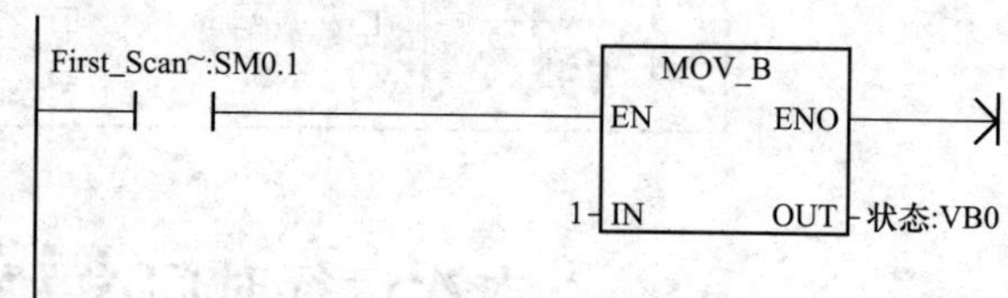

图 12-98 运行状态为 1 状态

按下启动按键,若小车在 A 区,装料 2s,小车进入 2 状态。其梯形图如图 12-99 所示。

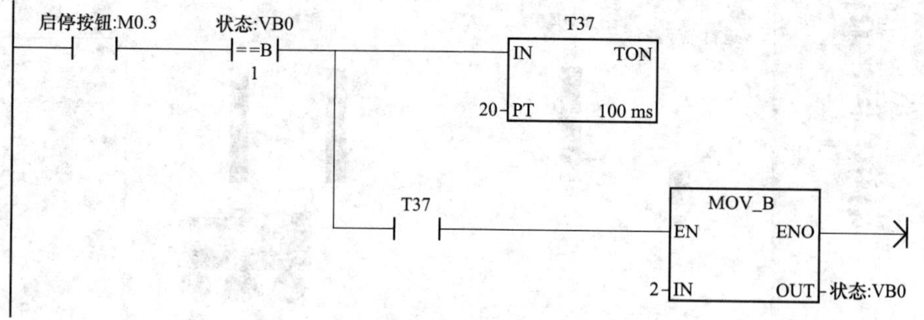

图 12-99 若小车在 A 区,装料 2s,小车进入 2 状态

若小车在 2 状态,向左运行。其梯形图如图 12-100 所示。

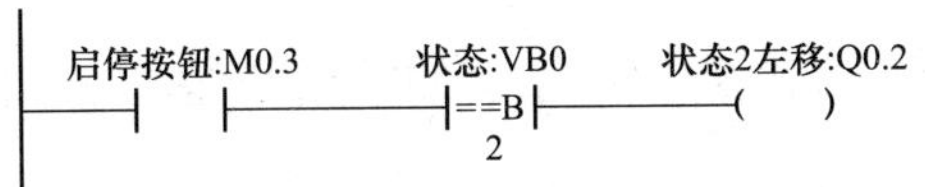

图 12-100　若小车在 2 状态，向左运行

4、5、6 状态切换同理，最后再进入 1 状态，开始循环。

2）计算运行时间及运行里程，停止运行后清零。运料车系统的计算运行时间及运行里程的梯形图如图 12-101 所示。

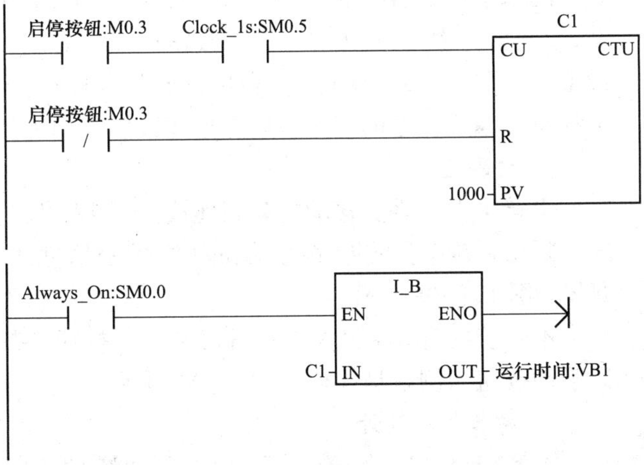

图 12-101　运料车系统的计算运行时间及运行里程的梯形图

本节教学视频请观看视频文件“12.5 运料车 PLC”。

系统运行视频请观看视频文件“12.5 运料车运行”。

12.6　机械臂控制系统

12.6.1　组态实现

1. 设计内容

（1）具有手动和自动两种控制模式的机械搬运手臂，对应有两个开关控制。

（2）选自动模式时，机械搬运手臂系统自动运行，手臂从初始位置合爪、上升、右移、下降、松爪完成一个循环的动作。

（3）机械搬运手臂可以切换到手动控制。

（4）当机械搬运手臂从 B 传送带上移时，货物自动消失在 B 传送带上。

（5）当机械搬运手臂左移时，新的货物出现在 A 传送带上。

（6）由上升、下降、右移、左移、合爪、松爪 6 个开关分别控制这 6 个动作。

2. 自动模式系统流程图

自动模式系统流程图如图 12-102 所示。

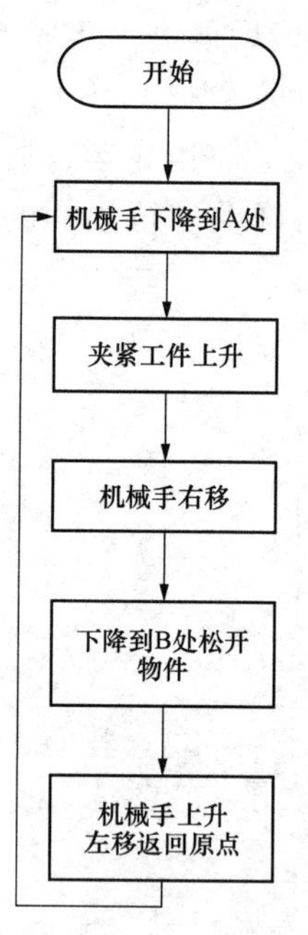

图 12-102 自动模式机械臂系统流程图

3. 创建实时数据库

首先需要创建实时数据库，它负责整个系统的数据处理，也存储历史数据。

本设计的实时数据库共有 20 个节点，其中 x、x1、lhand_x、rhand_x、y、y1、lhand_y、rhand_y 分别表示机械臂、货物、左爪、右爪的水平和竖直位置；up、down、left、right 分别代表上下左右移动；a 表示货物；run 为自动开关按钮；shoudong_run 为手动开关按钮设置；hezhua、songzhua 代表爪松开还是闭合；a_yinxing 表示控制货物是否隐形状态的变量。以上这些数据点如图 12-103 所示。

4. 动画连接

手臂水平、垂直移动的动画连接如图 12-104 所示。

货物 a 具有水平/竖直移动和隐形的属性，所以需要设置 3 个变量，具体如图 12-105 所示。

本系统共有 8 个开关，设置浅绿色为打开状态，绿色为关闭状态。以手动按钮为例，具体如图 12-106 所示。

5. 脚本程序设计

本系统包含自动控制、手动控制、时间控制、货物的隐藏 4 大单元。通过合爪、松爪的互锁来控制货物的隐形，程序设计如下：

DbManager - [D:\力控7.1安装软件\Project\机械手]

工程[D] 点[P] 工具[T] 帮助[H]

数据库
- 区域1
- 区域2
- 区域3
- 数字I/O点

	NAME [点名]	DESC [说明]	%IOLINK [I/O连接]	%HIS [历史参数]	%LABE [标签]
1	x	横向	PV=PLC:地址...		报警未打开
2	y	纵向	PV=PLC:地址...		报警未打开
3	x1	工件横	PV=PLC:地址...		报警未打开
4	y1	工件纵	PV=PLC:地址...		报警未打开
5	run	开关	PV=PLC:地址...		报警未打开
6	a	工件	PV=PLC:地址...		报警未打开
7	up	上升	PV=PLC:地址...		报警未打开
8	down	下降	PV=PLC:地址...		报警未打开
9	left	左	PV=PLC:地址...		报警未打开
10	right	右	PV=PLC:地址...		报警未打开
11	shou_run	手动开关	PV=PLC:地址...		报警未打开
12	t	时间	PV=PLC:地址...		报警未打开
13	lhand_x	左爪横	PV=PLC:地址...		报警未打开
14	lhand_y	左爪纵	PV=PLC:地址...		报警未打开
15	rhand_x	右爪横	PV=PLC:地址...		报警未打开
16	rhand_y	右爪纵	PV=PLC:地址...		报警未打开
17	hezhua	合爪	PV=PLC:地址...		报警未打开
18	songzhua	松爪	PV=PLC:地址...		报警未打开

图 12-103 机械臂实时数据库的 20 个数据点

```
shou_ run.pv= 0;
if hezhua.pv= = 1 then songzhua.pv= 0; endif
```

只在自动控制时才使用时间单元。通过时间单元操控手臂动作，在手动按钮按下后，t.PV 加 1 开始计时，程序设计如下：

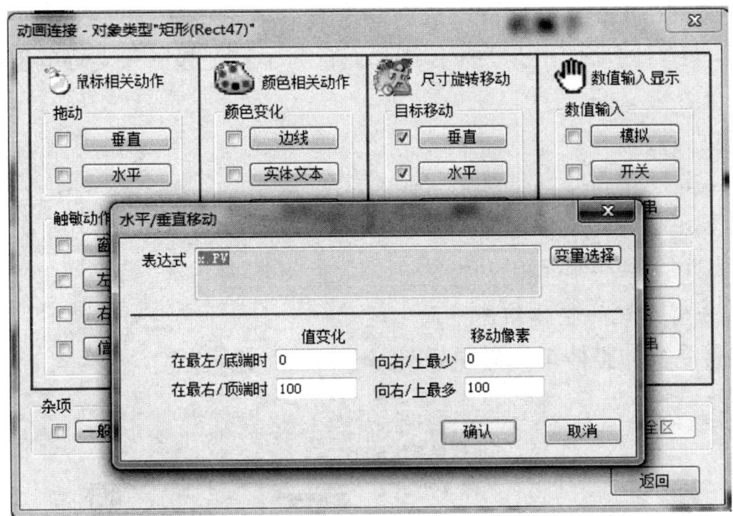

图 12 - 104　手臂水平、垂直移动的动画连接

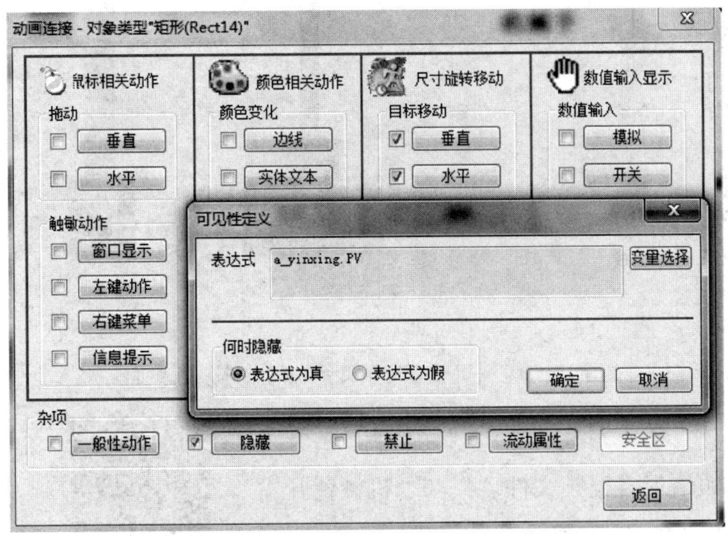

图 12 - 105　货物的属性设置

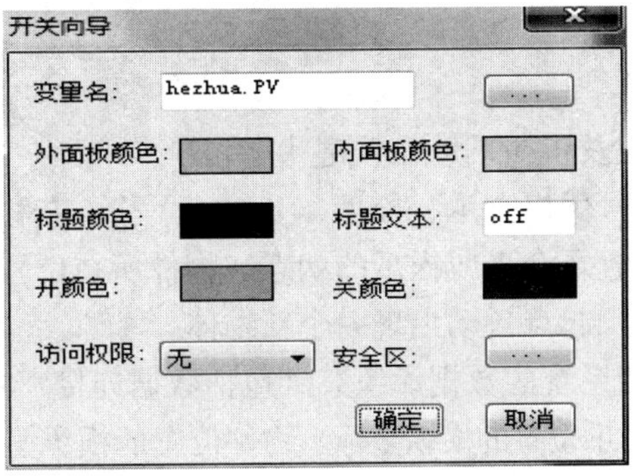

开关向导

变量名:	hezhua.PV		...
外面板颜色:		内面板颜色:	
标题颜色:		标题文本:	off
开颜色:		关颜色:	
访问权限:	无	安全区:	...

确定　取消

图 12 - 106　8 个开关属性设置

```
ifrun.PV = = 1 thent.PV = t.PV + 1; endif
```

手动控制时，手臂的动作由开关来控制，而且为了安全起见只支持单步操作，以上移为例，程序设计如下：

```
ifup.PV= = 1then
y.PV= y.PV+ 50; y1.PV= y1.PV+ 50; lhand_ y.PV= lhand_ y.PV+ 50;
rhand_ y.PV= rhand_ y.PV+ 50; up.PV= 0; down.PV= 0; left.PV= 0; right.PV= 0;
hezhua.PV= 1; songzhua.PV= 0; endif
```

6. 机械搬运手臂系统的整体组态界面

机械搬运手臂系统的整体组态界面如图 12 - 107 所示。

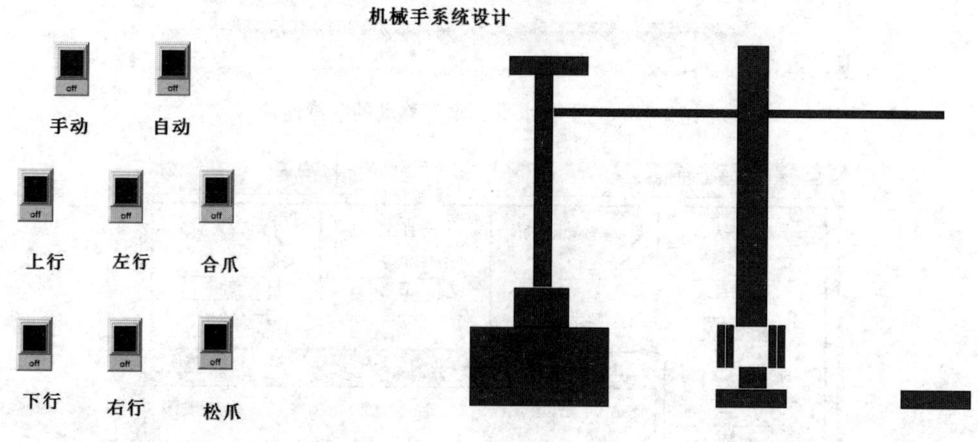

图 12 - 107 机械搬运手臂系统的整体组态界面

本节教学视频请观看视频文件“12.6 机械臂开发”。

12.6.2 组态与 PLC 共同实现

1. 对象模拟

(1) 对象特性：

1) 监控手动/自动按键及机械爪动作按键状态。

2) 机械爪响应控制信号做出合爪、松爪、上移、下移、左移、右移的动作。

3) 监控机械爪所处位置及合爪或松爪的状态、物件所在位置及其是否被抓牢状态。

4) 物体到达目的地后，起点自动出现一个新物体。

(2) 组态设计。机械臂系统的数据库组态（包括数据连接）界面如图 12 - 108 所示。

GX、GY、X、Y 分别是爪位置的横纵坐标、物件位置的横纵坐标；IA～IO 为机械爪手动/自动按键和动作按键，按下这些按键，则机械爪执行相应的动作；QU～QO 为控制信号给出的机械爪动作信号；IFOC 表示监控机械爪是否合拢，而 IFOK 表示监控机械爪是否抓牢物体。

DbManager - [E:\S7-200 SMART PLC资料完善\完成\机械手]

	NAME	DESC [说明]	%IOLINK [I/O连接]	%HIS [历史参数]	%LABEL [标签]
1	GX	水平位置	PV=plc:VS寄存器:1:0:8位无符号		报警未打开
2	GY	垂直位置	PV=plc:VS寄存器:1:1:8位无符号		报警未打开
3	X	水平动作			报警未打开
4	Y	垂直动作			报警未打开
5	IA	手自动按钮	PV=plc:M寄存器:0:8位无符号:0		报警未打开
6	IU	上行按钮	PV=plc:M寄存器:0:8位无符号:1		报警未打开
7	ID	下行按钮	PV=plc:M寄存器:0:8位无符号:2		报警未打开
8	IL	左行按钮	PV=plc:M寄存器:0:8位无符号:3		报警未打开
9	IR	右行按钮	PV=plc:M寄存器:0:8位无符号:4		报警未打开
10	IC	合爪按钮	PV=plc:M寄存器:0:8位无符号:5		报警未打开
11	IO	松爪按钮	PV=plc:M寄存器:0:8位无符号:6		报警未打开
12	QU	上行动作输出	PV=plc:Q寄存器:0:8位无符号:1		报警未打开
13	QD	下行动作输出	PV=plc:Q寄存器:0:8位无符号:2		报警未打开
14	QL	左行动作输出	PV=plc:Q寄存器:0:8位无符号:3		报警未打开
15	QR	右行动作输出	PV=plc:Q寄存器:0:8位无符号:4		报警未打开
16	QC	合爪动作输出	PV=plc:Q寄存器:0:8位无符号:5		报警未打开
17	QO	松爪动作输出	PV=plc:Q寄存器:0:8位无符号:6		报警未打开
18	IFOC	机械手的松(0)合(1)标志	PV=plc:VS寄存器:1:2:8位无符...		报警未打开
19	IFOK	机械手抓着物件的标志			报警未打开

图 12-108　机械臂系统的数据库组态界面

其他组态设计：

1）进入程序。机械臂系统的进入程序的脚本清单如图 12-109 所示。

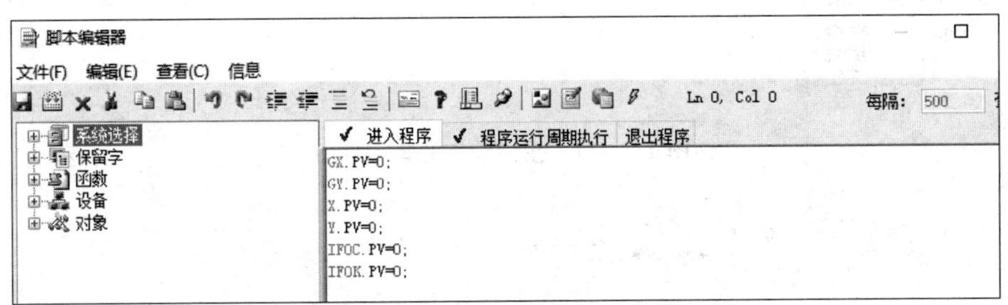

图 12-109　机械臂系统的进入程序的脚本清单

2）监控各按键。本系统监控各按键的组态界面如图 12-110 所示。

需要说明的是，手动/自动按键选用的是自锁按键。其按钮动作的脚本界面如图 12-111 所示。

按下按钮 IU.PV=1；释放按钮 IU.PV=0。在这里，动作按键使用的是由增强型按键制作而成的自复位按键。

3）模拟机械爪运动。水平运动：模拟机械爪水平运动的动画连接如图 12-112 所示。

垂直运动：模拟机械爪垂直运动的动画连接如图 12-113 所示。

合爪/松爪：机械爪合爪/松爪的可见性组态设置如图 12-114 所示。

4）模拟物块移动。模拟物块移动的动画连接如图 12-115 所示。模拟物块移动同机械手移动。

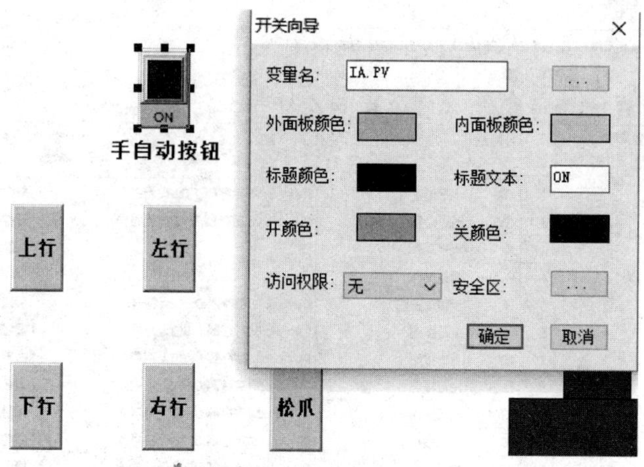

图 12-110 监控各按键的组态界面

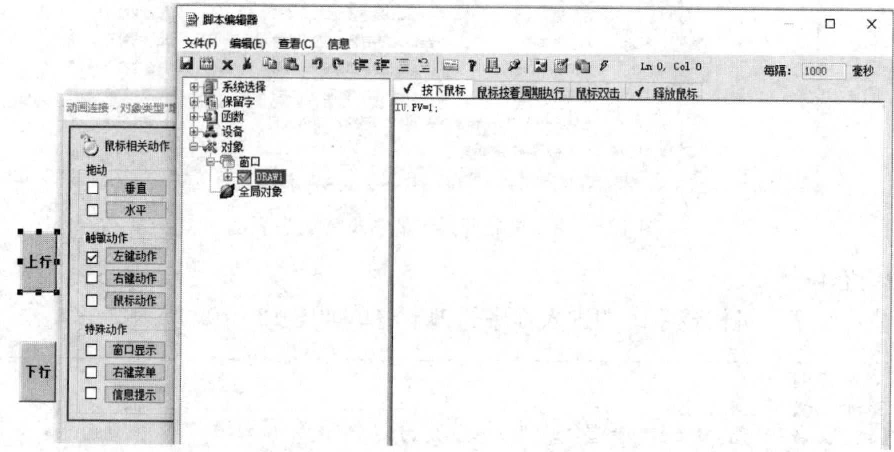

图 12-111 按钮动作的脚本界面

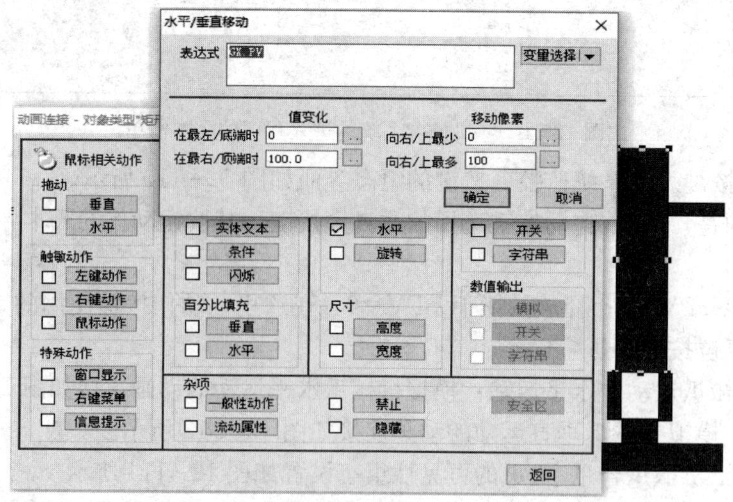

图 12-112 模拟机械爪水平运动的动画连接

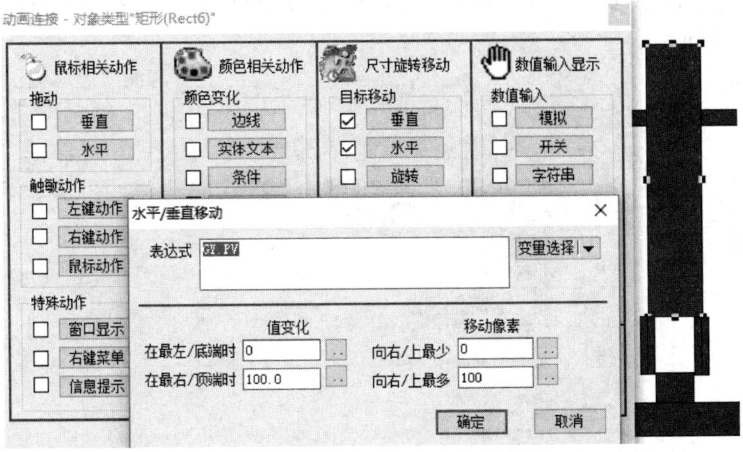

图 12 - 113　模拟机械爪垂直运动的动画连接

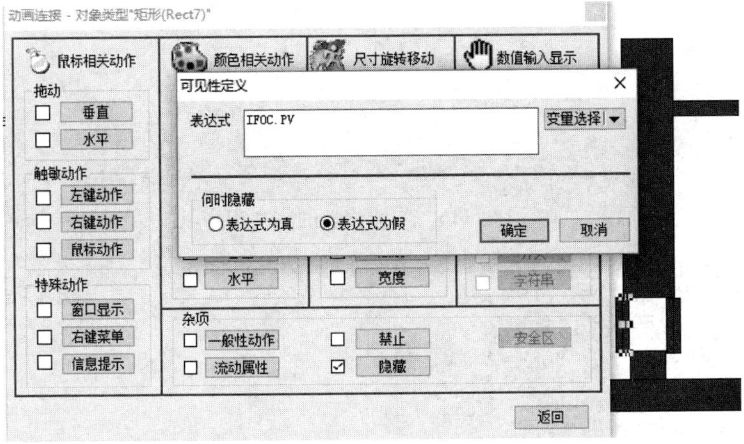

图 12 - 114　机械爪合爪/松爪的可见性组态设置

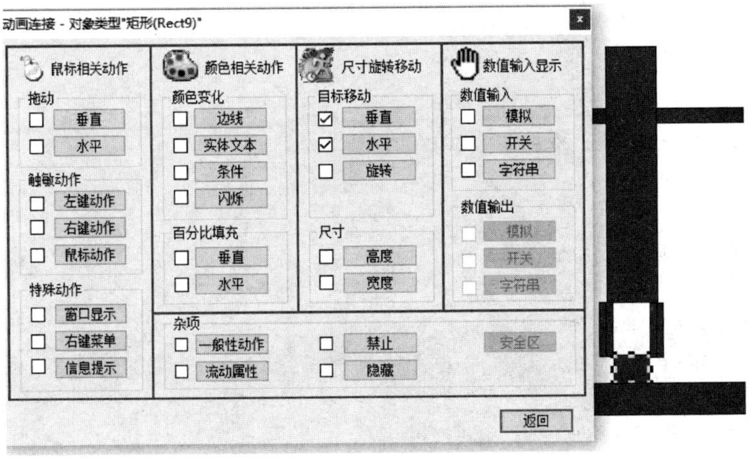

图 12 - 115　模拟物块移动的动画连接

5）响应控制器移动命令，并模拟实际物理系统判断物体是否移动与如何移动。其脚本程序如图 12 - 116 所示。

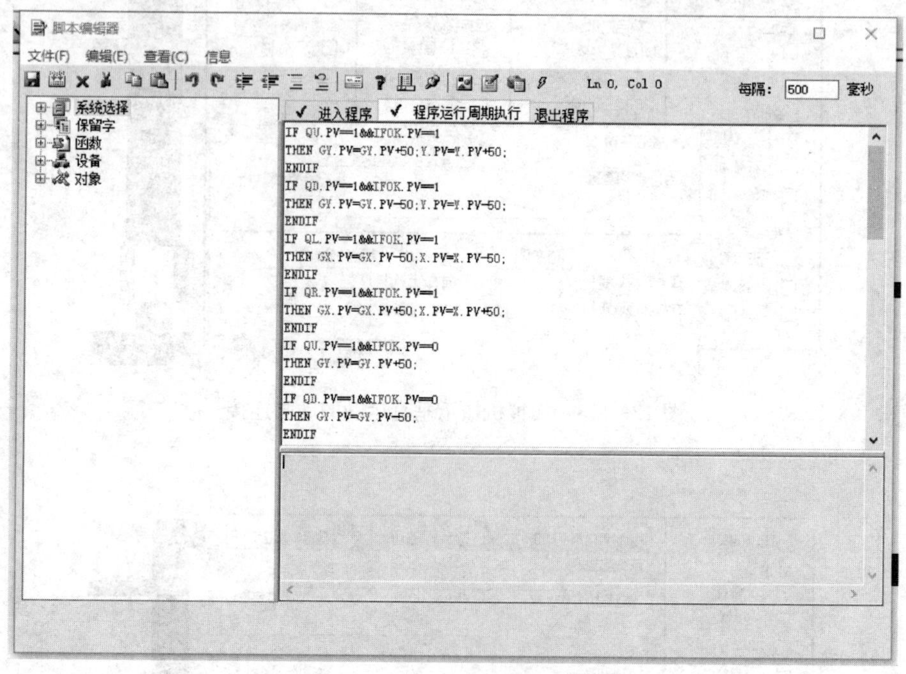

图 12 - 116 物体移动的脚本程序

具体脚本程序如下：

```
IF QU. PV= = 1&&IFOK. PV= = 1
THEN GY. PV= GY. PV+ 50; Y. PV= Y. PV+ 50;
ENDIF
IF QD. PV= = 1&&IFOK. PV= = 1
THEN GY. PV= GY. PV- 50; Y. PV= Y. PV- 50;
ENDIF
IF QL. PV= = 1&&IFOK. PV= = 1
THEN GX. PV= GX. PV- 50; X. PV= X. PV- 50;
ENDIF
IF QR. PV= = 1&&IFOK. PV= = 1
THEN GX. PV= GX. PV+ 50; X. PV= X. PV+ 50;
ENDIF
IF QU. PV= = 1&&IFOK. PV= = 0
THEN GY. PV= GY. PV+ 50;
ENDIF
IF QD. PV= = 1&&IFOK. PV= = 0
THEN GY. PV= GY. PV- 50;
ENDIF
IF QL. PV= = 1&&IFOK. PV= = 0
THEN GX. PV= GX. PV- 50;
ENDIF
```

```
IF QR.PV= = 1&&IFOK.PV= = 0
THEN GX.PV= GX.PV+ 50;
ENDIF
IF IFOC.PV= = 1&&GX.PV= = X.PV&&GY.PV= = Y.PV
THEN IFOK.PV= 1;
ELSE IFOK.PV= 0;
ENDIF
IF QC.PV= = 1
THEN IFOC.PV= 1;
ENDIF
IF QO.PV= = 1
THEN IFOC.PV= 0;
ENDIF
IF (X.PV> 0| | Y.PV> 0) &&IFOK.PV= = 0
THEN X.PV= 0; Y.PV= 0;
ENDIF
IF GX.PV> 100
THEN GX.PV= 100;
ENDIF
IF GY.PV> 100
THEN GY.PV= 100;
ENDIF
IF X.PV> 100
THEN X.PV= 100;
ENDIF
IF Y.PV> 100
THEN Y.PV= 100;
ENDIF
IF GX.PV< 0
THEN GX.PV= 0;
ENDIF
IF GY.PV< 0
THEN GY.PV= 0;
```

6）最终组态画面。机械臂系统的最终组态画面的效果图如图 12 - 117 所示。

2. 控制器设计

（1）控制逻辑：

1）机械臂在极限位置不再向外移动；

2）手动状态：某一动作按键动作，则执行相应的动作；

3）自动状态：机械臂复位，然后按顺序执行预定动作，达到物体搬运的目的。

（2）PLC 实现。采用子程序进行 PLC 编程，根据手动/自动按键状态选择执行手动程序模块还是自动程序模块，执行自动程序模块时，需先执行复位程序模块，再执行循环程序。

机械臂系统的 PLC 点设计（符号表）列表如图 12 - 118 所示。

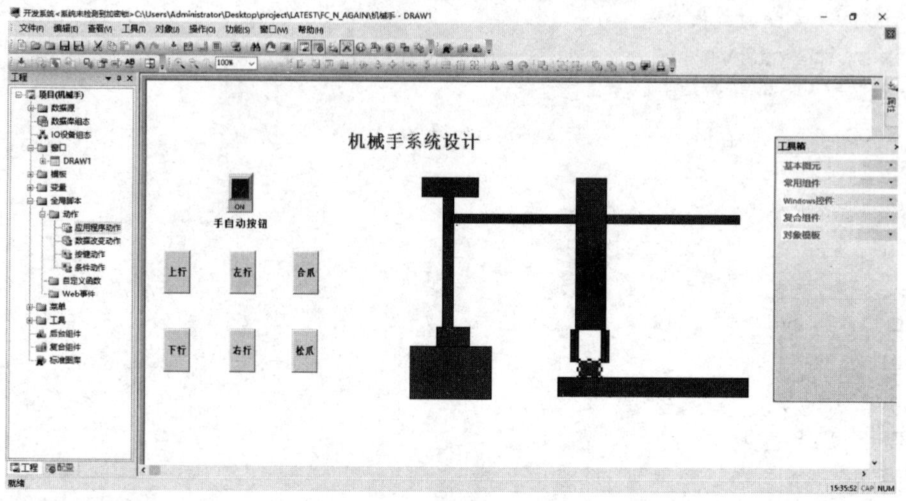

图 12-117　机械臂系统的最终组态画面的效果

	符号	地址	注释
1	手自动按钮IA	M0.0	0手动1自动（自锁）
2	上行按钮IU	M0.1	（复位）
3	下行按钮ID	M0.2	
4	左行按钮IL	M0.3	
5	右行按钮IR	M0.4	
6	合爪按钮IC	M0.5	
7	松爪按钮IO	M0.6	
8	上行输出QU	Q0.1	
9	下行输出QD	Q0.2	
10	左行输出QL	Q0.3	
11	右行输出QR	Q0.4	
12	合爪输出QC	Q0.5	
13	松爪输出QO	Q0.6	
14	GX	VB0	
15	GY	VB1	
16	IFOC	V2.0	0开1合
17	复位标志	V2.1	
18	计数	C1	
19	复位计时	T38	
20			

图 12-118　机械臂系统的 PLC 点设计（符号表）列表

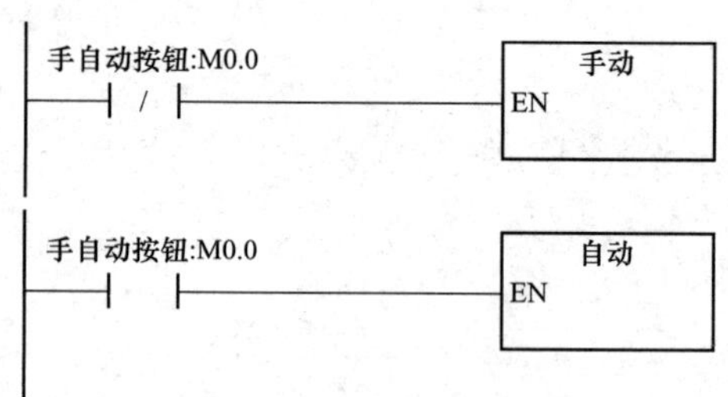

图 12-119　系统主程序清单

程序设计：

1）主程序。系统主程序清单如图 12-119 所示。

2）手动程序。执行对应按键动作（包括机械爪限位）的手动程序如图 12-120 所示。其余动作相同。

3）自动程序。机械臂系统的自动程序如图 12-121所示。

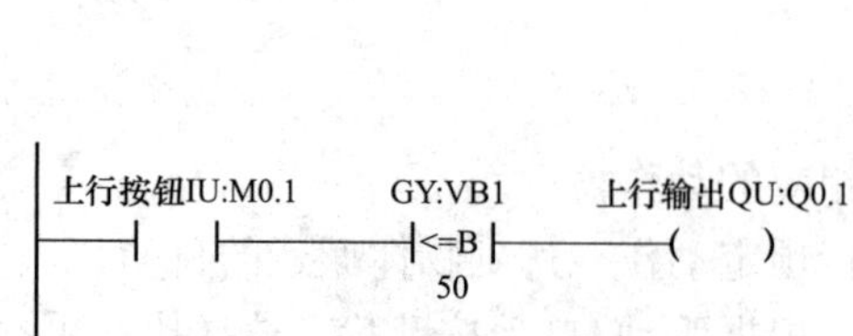

图 12-120　执行对应按键动作（包括机械爪限位）的手动程序

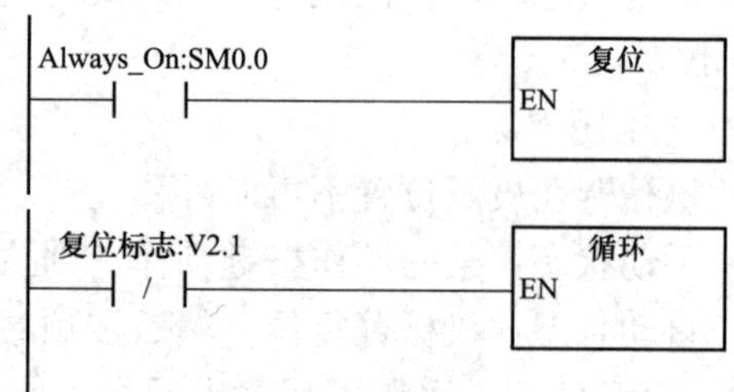

图 12-121　机械臂系统的自动程序

4）复位程序。按下手动按键，取上升沿动作，复位标志置 1，其梯形图如图 12 - 122 所示。

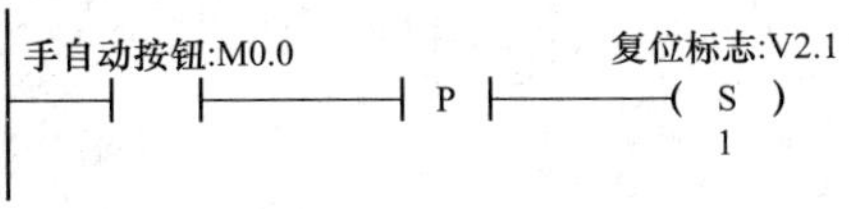

手自动按钮:M0.0　P　复位标志:V2.1　(S)　1

图 12 - 122　按下手动按键，取上升沿动作，复位标志置 1

复位标志位为 1，启动计时器，等待组态动作时间，进行复位操作，其梯形图如图 12 - 123所示。

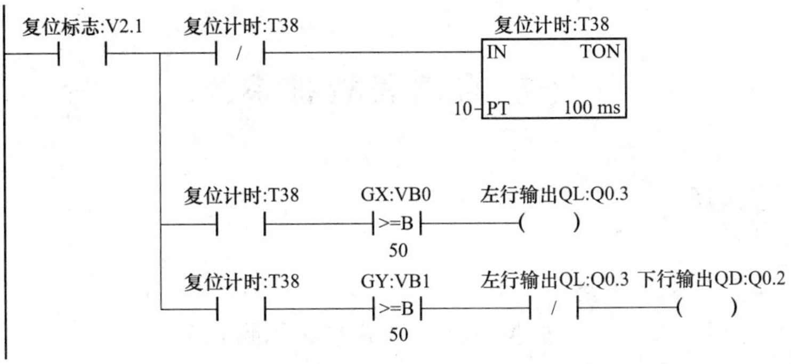

复位标志:V2.1　复位计时:T38 /　复位计时:T38　IN TON　10 PT 100 ms

复位计时:T38　GX:VB0 >=B 50　左行输出QL:Q0.3 ( )

复位计时:T38　GY:VB1 >=B 50　左行输出QL:Q0.3 /　下行输出QD:Q0.2 ( )

图 12 - 123　启动计时器，等待组态动作时间

复位标志位 1，位置到达起点，则复位完成，并把计数器当前值记 0，进行循环子程序中的合爪动作。其梯形图如图 12 - 124 所示。

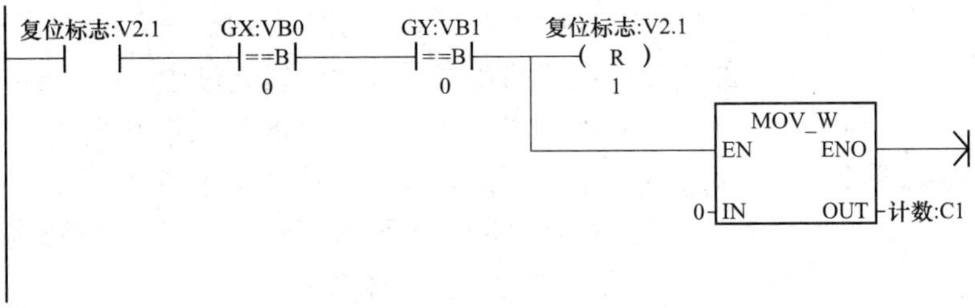

复位标志:V2.1　GX:VB0 ==B 0　GY:VB1 ==B 0　复位标志:V2.1 (R) 1

MOV_W　EN ENO　0 IN OUT 计数:C1

图 12 - 124　复位操作与合爪动作

5）循环程序。循环程序清单如图 12 - 125 所示。顺序执行合爪、上行、左行、下行、松爪、右行动作，使用计数器计数。

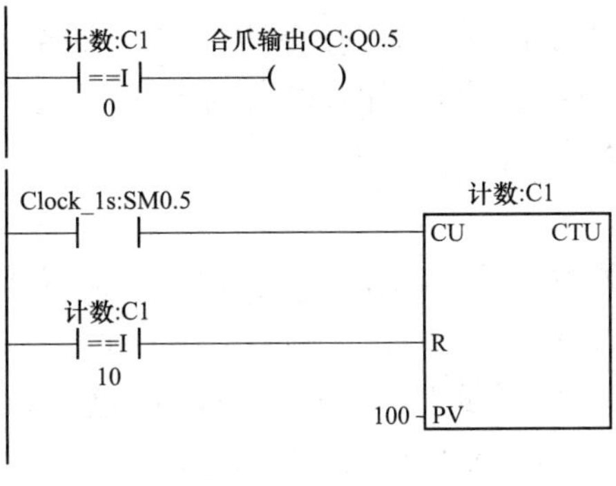

计数:C1 ==I 0　合爪输出QC:Q0.5 ( )

Clock_1s:SM0.5　计数:C1　CU CTU

计数:C1 ==I 10　R

100 PV

图 12 - 125　循环程序清单

本节教学视频请观看视频文件“12.6　机械臂PLC”。

系统运行视频请观看视频文件“12.6　机械臂运行”。

12.7　自动售货机系统

12.7.1　组态实现

1. 设计内容

（1）零售机按钮有提示闪烁；

（2）可以投1、5 、10元三种类型的钱币，并会累积到总金额中。

（3）能够出售水、可乐、薯片三种物品，分别为1、3 、5元，用以供给客户购买。

（4）按下投币按钮后，屏幕上显示投币总钱数、消费金额、剩余额。当总金额大于商品的钱数时，对应的商品指示灯点亮以提示可以购买对应的商品。

（5）在购买商品后，相应的剩余金额会减去购买商品花费的金额，花费的钱会累积到消费金额中。

（6）当买完商品后，买完的商品会从出货口吐出，如果剩余金额大于0可以找零，钱币从出币口吐出。

（7）找零之后，系统恢复初始状态，钱数显示延时消失。

2. 自动售货机系统流程图

自动售货机系统流程图如图12-126所示。

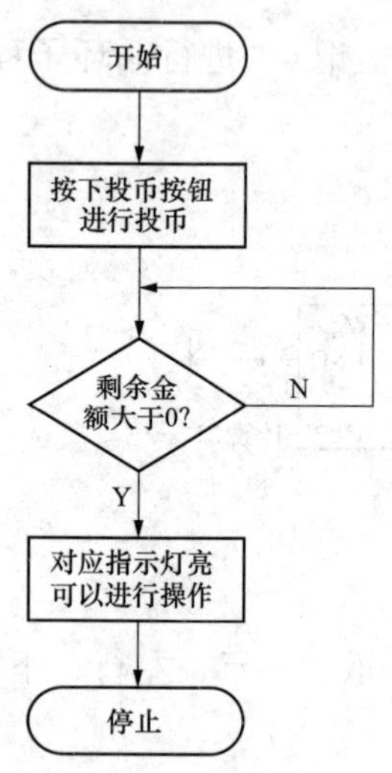

图12-126　自动售货机系统流程图

3. 创建实时数据库

实时数据库各个数据点的参数设置如图12-127所示。

本系统中共有14个节点，其中run代表投币按钮；all 、have 、use分别代表总金额、消费金额、剩余金额；one 、five 、ten代表投币的钱数；s1～s4分别为水、可乐、薯片、找钱按钮；shui 、ke 、shu代表出货口显示的商品。

4. 动画连接

本系统中，按下对应货物按钮后，显示的对应货物带有隐藏属性，具体设置如图12-128所示。

投币按钮分为1、5、10元3个选项，选用程序脚本编辑的方法，达到按钮的延时复位，否则会发生连续投币的情况。具体属性设置如图12-129所示。

商品可以购买指示灯点亮属性设置如图12-130所示。

DbManager - [D:\力控7.1安装软件\Project\自动售货机]

工程[D] 点[P] 工具[T] 帮助[H]

数据库
区域1
区域2
区域3
数字I/O点

	NAME [点名]	DESC [说明]	%IOLINK [I/O连接]	%HIS [历史参数]	%LABEL [标签]
1	run	投币	PV=PLC:地址...		报警未打开
2	ues	消费金额	PV=PLC:地址...		报警未打开
3	all	总金额	PV=PLC:地址...		报警未打开
4	have	剩余金额	PV=PLC:地址...		报警未打开
5	one	一元	PV=PLC:地址...		报警未打开
6	five	五元	PV=PLC:地址...		报警未打开
7	ten	十元	PV=PLC:地址...		报警未打开
8	s1	水	PV=PLC:地址...		报警未打开
9	s2	可乐	PV=PLC:地址...		报警未打开
10	s3	薯片	PV=PLC:地址...		报警未打开
11	end	找钱	PV=PLC:地址...		报警未打开
12	shui	出水	PV=PLC:地址...		报警未打开
13	ke	出可乐	PV=PLC:地址...		报警未打开
14	shu	出薯片	PV=PLC:地址...		报警未打开

图 12-127 实时数据库各个数据点的参数设置

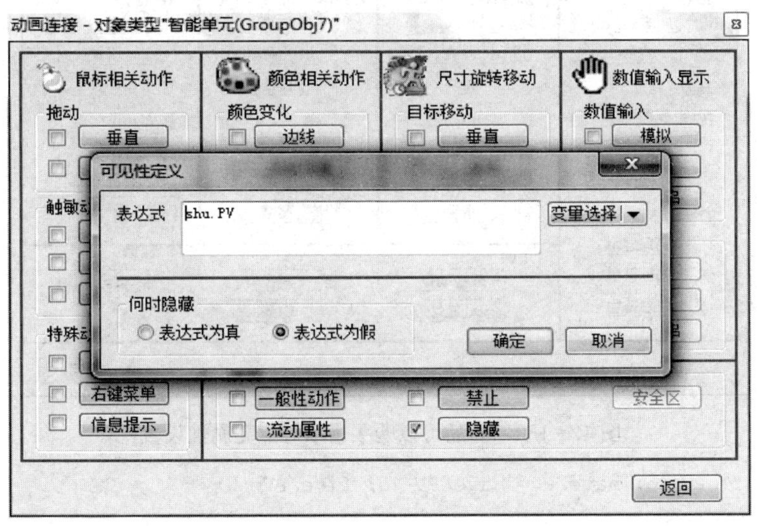

图 12-128 货物隐藏显示属性设置

5. 脚本设计

本系统的程序主要分为投币、购买商品、找零 3 个部分，我们以 1 元投币为例，程序设计如下：

```
ifrun. PV= = 1 then
ifone. PV= = 1 then
all. PV= all. PV+ 1; have. PV= have. PV+ 1; one. PV= 0;
endif
iffive. PV= = 1 then
```

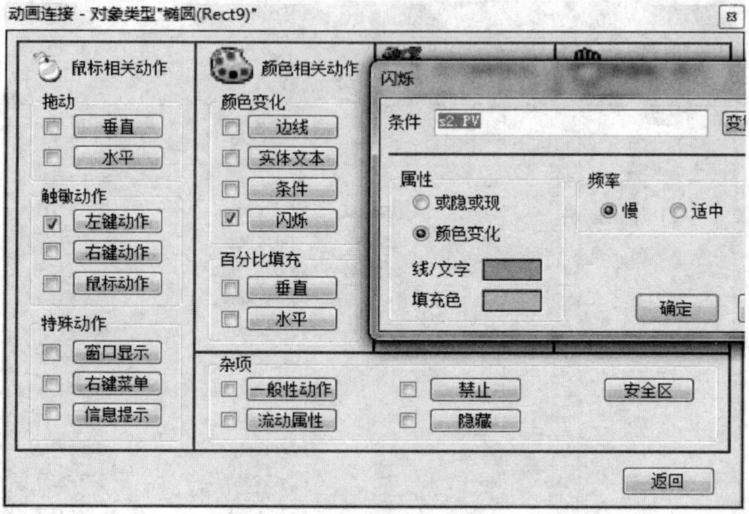

图 12-129　投币按钮属性设置

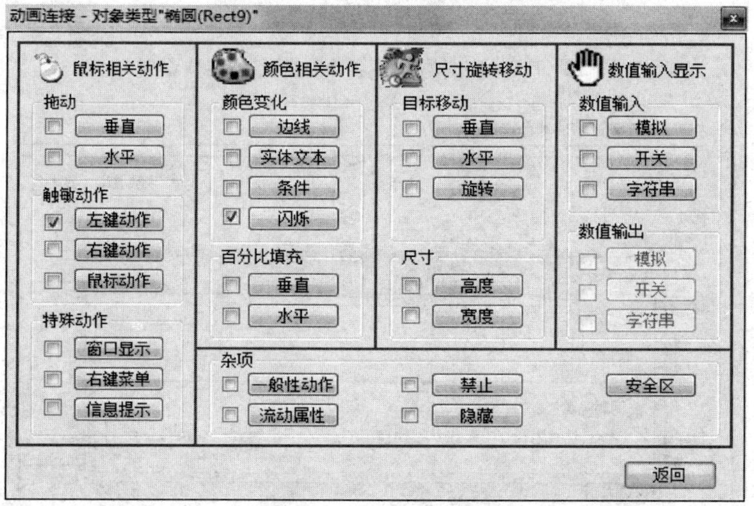

图 12-130　商品可以购买指示灯点亮属性设置

```
all.PV= all.PV+ 5; have.PV= have.PV+ 5; five.PV= 0;
endif
iften.PV= = 1 then
all.PV= all.PV+ 10; have.PV= have.PV+ 10; ten.PV= 0;
endif
endif
```

在购买商品时，根据顾客剩余金额多少才能购买相应的商品，在这里以剩余金额在 3～5 元之间为例，此时顾客只能选择水或者可乐，否则只能找零，具体程序设计如下：

```
ifs1.pv= = 1&&have.PV> = 1then
shui.pv= 1; have.pv= have.PV- 1; ues.pv= ues.pv+ 1;
endif
```

```
ifs2.pv= = 1&&have.PV> = 3then
ke.pv= 1; have.pv= have.PV- 3; ues.pv= ues.pv+ 3;
endif
ifs3.pv= = 1&&have.PV> = 5then
shu.pv= 1; have.pv= have.PV- 5; ues.pv= ues.pv+ 5;
endif
```

找零的操作具有延时功能，程序设计如下：

```
ifend.pv= = 1then
all.PV= 0; ues.pv= 0; s3.pv= 0; s2.pv= 0; s1.pv= 0; shui.pv= 0; ke.pv= 0; shu.pv=
0; run.PV= 0;
endif
if end.pv> = 1&&end.pv< 5 then
end.pv= end.pv+ 1; endif if end.pv= = 5 then end.pv= 0; have.pv= 0;
endif
```

6. 自动售货机系统的组态界面

自动售货机系统的组态界面如图 12 - 131 所示。

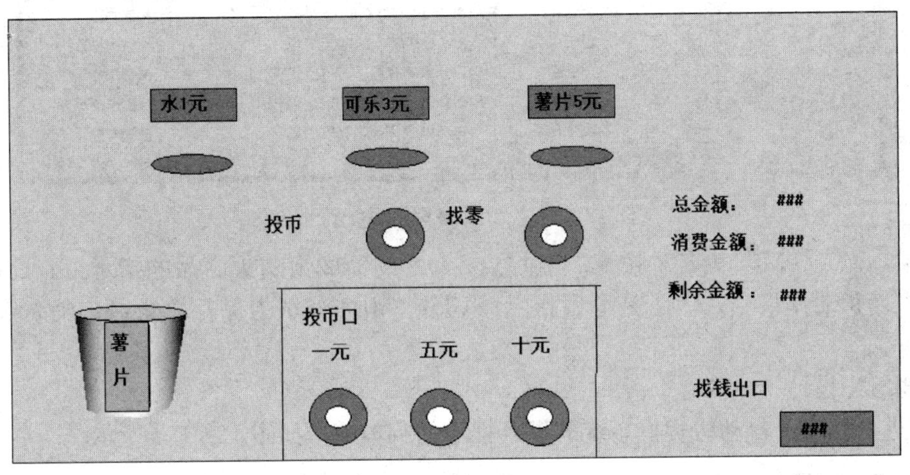

图 12 - 131　自动售货机系统的组态界面

本节教学视频请观看视频文件“12.7　自动售货机开发”。

12.7.2　组态与 PLC 共同实现

1. 对象模拟

(1) 对象特性：

1) 监控按键状态，包括投币，找钱，1、5、10 元，水、可乐、薯片。

2) 显示总金额、消费金额和剩余金额。

3) 点击找钱后，三种金额均清零，找钱窗口显示找钱数额。

4) 控制器给出卖水命令后，在购物篮中显示水。

（2）组态设计。

自动售货机系统数据库组态（包括数据连接）的符号表如图 12 - 132 所示。

DbManager - [E:\S7-200 SMART PLC资料完善\完成\自动售货机]

工程[D] 点[P] 工具[T] 帮助[H]

数据库：区域1、区域2、区域3、数字I/O点

	NAME [点名]	DESC [说明]	%IOLINK [I/O连接]	%HIS [历史参数]	%LABEL [标签]
1	M00	投币	PV=PLC:M寄存器:0:8位无符号:0		报警未打开
2	M01	投1元	PV=PLC:M寄存器:0:8位无符号:1		报警未打开
3	M02	投5元	PV=PLC:M寄存器:0:8位无符号:2		报警未打开
4	M03	投10元	PV=PLC:M寄存器:0:8位无符号:3		报警未打开
5	M04	买水	PV=PLC:M寄存器:0:8位无符号:4		报警未打开
6	M05	买可乐	PV=PLC:M寄存器:0:8位无符号:5		报警未打开
7	M06	买薯片	PV=PLC:M寄存器:0:8位无符号:6		报警未打开
8	M07	退币按钮	PV=PLC:M寄存器:0:8位无符号:7		报警未打开
9	Q00	水灯	PV=PLC:Q寄存器:0:8位无符号:0		报警未打开
10	Q01	可乐灯	PV=PLC:Q寄存器:0:8位无符号:1		报警未打开
11	Q02	薯片灯	PV=PLC:Q寄存器:0:8位无符号:2		报警未打开
12	Q03	倒水	PV=PLC:Q寄存器:0:8位无符号:3		报警未打开
13	Q04	倒可乐	PV=PLC:Q寄存器:0:8位无符号:4		报警未打开
14	Q05	倒薯片	PV=PLC:Q寄存器:0:8位无符号:5		报警未打开
15	Q07	退币指示	PV=PLC:Q寄存器:0:8位无符号:7		报警未打开
16	VB0	总金额	PV=PLC:VS寄存器:1:0:8位无符号		报警未打开
17	VB1	消费金额	PV=PLC:VS寄存器:1:1:8位无符号		报警未打开
18	VB2	剩余金额	PV=PLC:VS寄存器:1:2:8位无符号		报警未打开

图 12 - 132　自动售货机系统符号表

图中，M00～M07 为各种按键的监控点；Q00～Q02 为购买商品的指示灯；Q03～Q05 是售货机卖货动作指令；Q07 是退币指示；VB0～VB2 分别为保存总金额、消费金额和剩余金额。

其他组态设计：

1）进入程序。自动售货机系统的进入程序的脚本清单如图 12 - 133 所示。

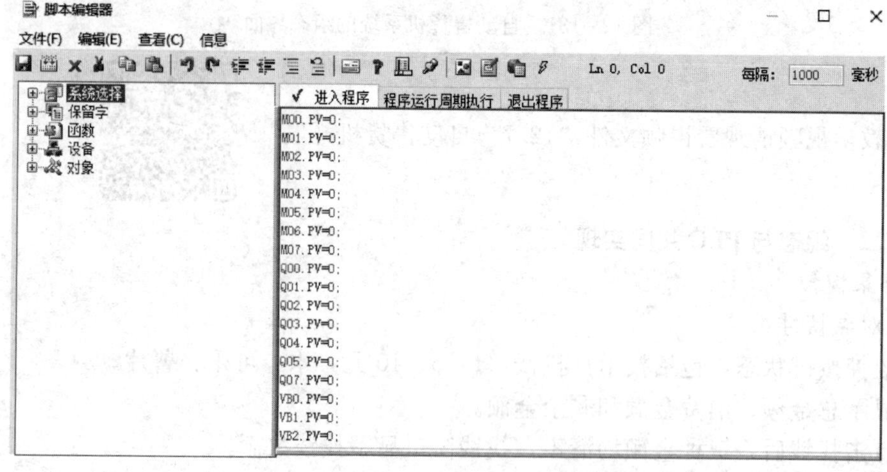

图 12 - 133　自动售货机系统的进入程序的脚本清单

2）监控按键状态。按下按键 M04. pv＝1；释放按键 MO4. pv＝0。其具体界面分别如图 12 - 134、图 12 - 135 所示。

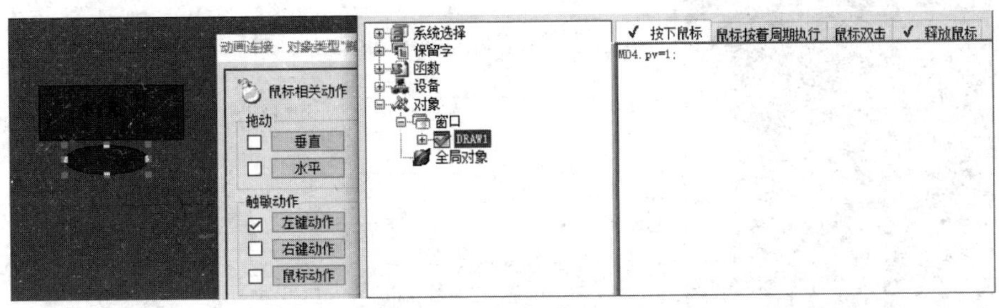

图 12 - 134　按下按键脚本

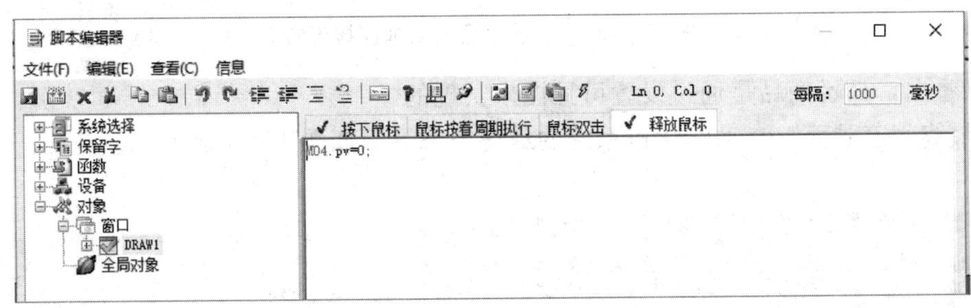

图 12 - 135　释放按键脚本

上图显示的是对买水按键的监控，当买水按键按下后，即对控制器发出一个买水指令，由控制器计算决定是否出货。

3）显示金额。显示金额的动画连接设置如图 12 - 136 所示。

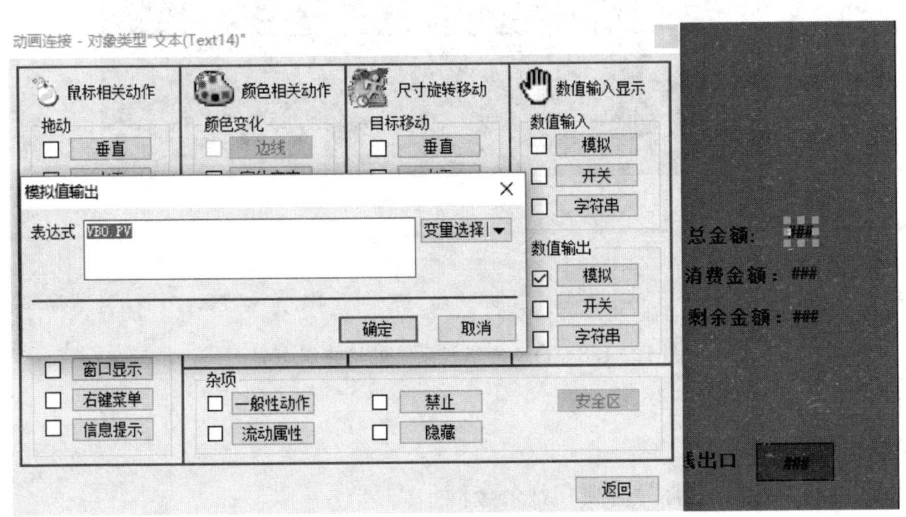

图 12 - 136　显示金额的动画连接设置

4）显示商品。显示商品的动画连接设置如图 12 - 137 所示。

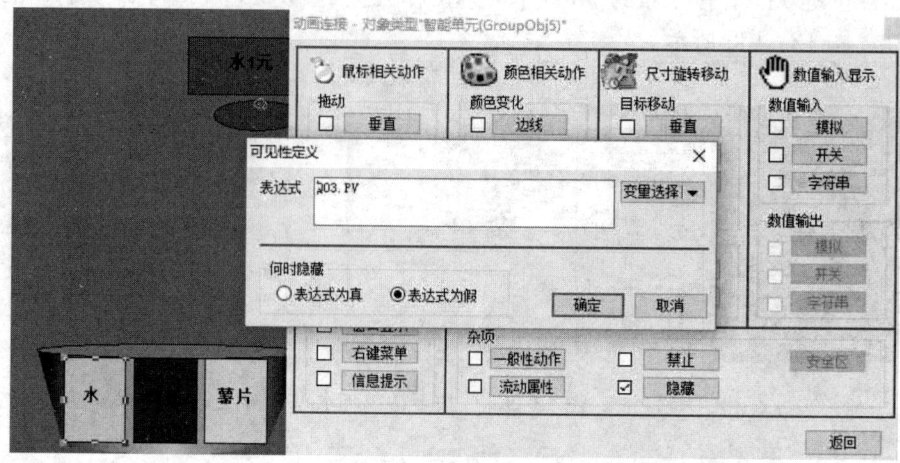

图 12-137 显示商品的动画连接设置

可以看出，显示商品是通过设置可见性来实现的。

5）最终组态画面。自动售货机系统的最终组态界面如图 12-138 所示。

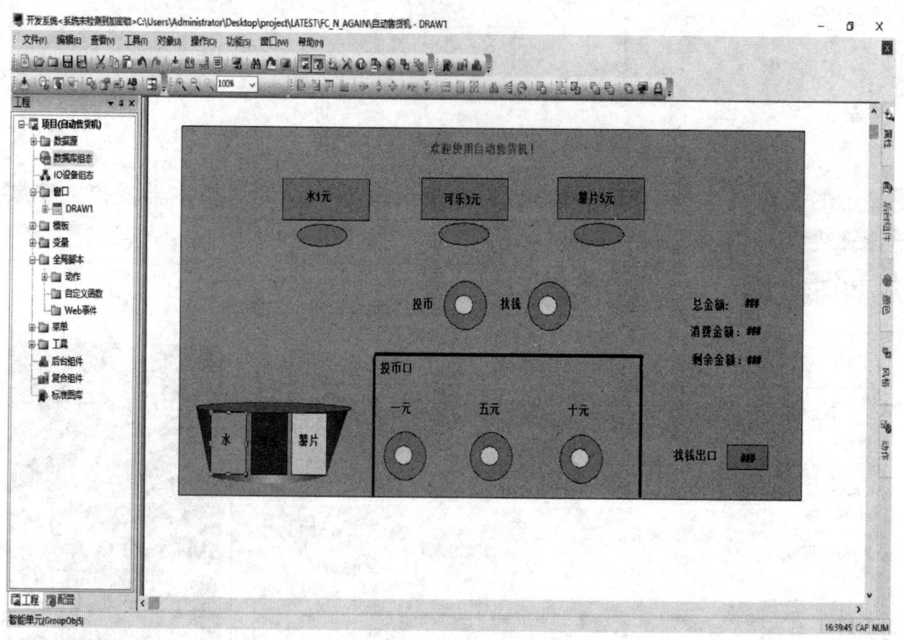

图 12-138 自动售货机系统的最终组态界面

2. 控制器设计

(1) 控制逻辑：

1）计算当前总金额、消费金额、剩余金额。

2）点击投币按钮开始运行，点击找钱按钮停止运行。

3）接收购买请求后，判断是否出货。

(2) PLC 实现。自动售货机系统的 PLC 点设计（符号表）的设置如图 12-139 所示。

	符号	地址	注释
1	暂存总金额	VW4	
2	暂存消费金额	VW6	
3	暂存剩余金额	VW8	
4	投币	M0.0	
5	投1元	M0.1	
6	投5元	M0.2	
7	投10元	M0.3	
8	买水	M0.4	
9	买可乐	M0.5	
10	买薯片	M0.6	
11	退币按钮	M0.7	
12	钱数大于等于1的标志	M1.0	
13	钱数大于等于3的标志	M1.1	
14	钱数大于等于5的标志	M1.2	
15	水灯	Q0.0	
16	可乐灯	Q0.1	
17	薯片灯	Q0.2	
18	倒水	Q0.3	
19	倒可乐	Q0.4	
20	倒薯片	Q0.5	
21	退币	Q0.7	
22	总金额	VB0	
23	消费金额	VB1	

图 12-139　自动售货机系统的 PLC 点设计（符号表）的设置

PLC 程序设计：

1）初始化。本系统初始化的 PLC 程序清单如图 12-140 所示。

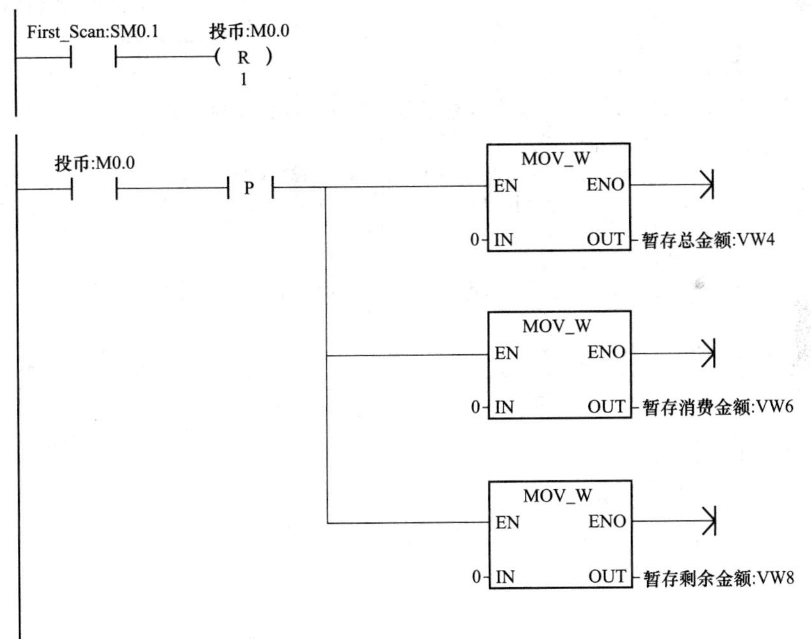

图 12-140　系统初始化的 PLC 程序清单

2）把暂存的总金额、消费金额和剩余金额分别传送给组态中的总金额、消费金额、剩余金额变量。其梯形图如图 12-141 所示。

3）投币时暂存金额加相应金额。投币时暂存金额与投币额相加的梯形图如图 12-142 所示。

4）判断钱数是否足够购买。判断钱数是否足够购买的梯形图如图 12-143 所示。

5）购买出货，以水为例。以水为例购买出货的梯形图如图 12-144 所示。

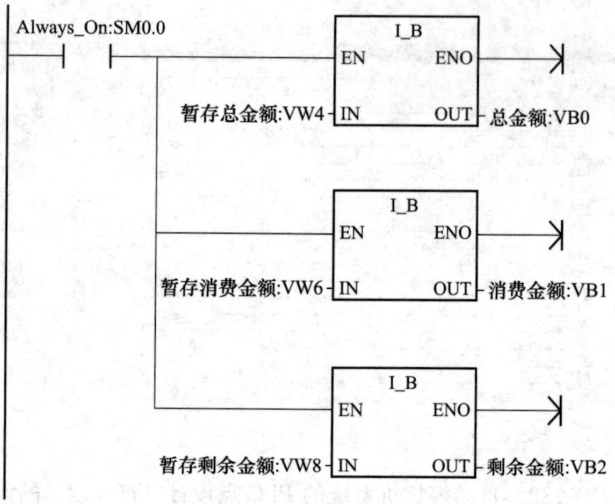

Always_On:SM0.0
I_B
EN ENO
暂存总金额:VW4 IN OUT 总金额:VB0
I_B
EN ENO
暂存消费金额:VW6 IN OUT 消费金额:VB1
I_B
EN ENO
暂存剩余金额:VW8 IN OUT 剩余金额:VB2

图 12-141 总金额、消费金额和剩余金额的传送

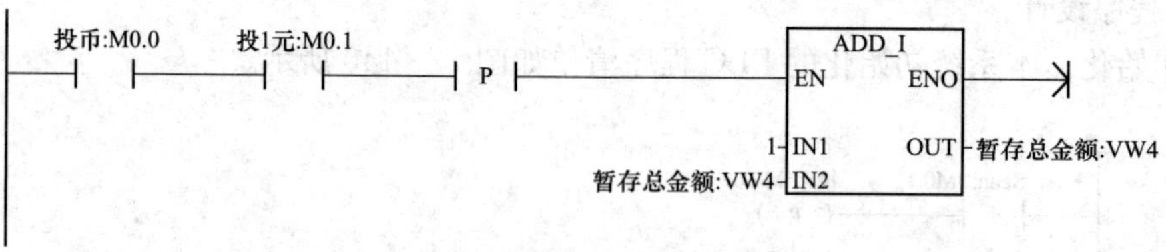

投币:M0.0 投1元:M0.1 P
ADD_I
EN ENO
1 IN1 OUT 暂存总金额:VW4
暂存总金额:VW4 IN2

图 12-142 投币时暂存金额与投币额相加的梯形图

暂存剩余金额:VW8 钱数大于或等于:M1.0
>=I
1

图 12-143 判断钱数是否足够购买的梯形图

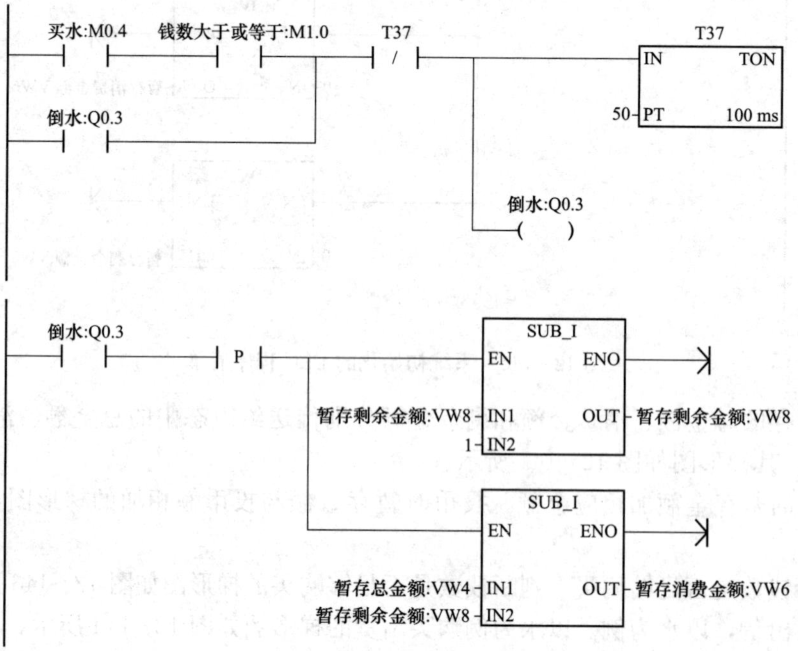

买水:M0.4 钱数大于或等于:M1.0 T37 /
T37
IN TON
50 PT 100 ms
倒水:Q0.3
倒水:Q0.3

倒水:Q0.3 P
SUB_I
EN ENO
暂存剩余金额:VW8 IN1 OUT 暂存剩余金额:VW8
1 IN2
SUB_I
EN ENO
暂存总金额:VW4 IN1 OUT 暂存消费金额:VW6
暂存剩余金额:VW8 IN2

图 12-144 以水为例购买出货的梯形图

本节教学视频请观看视频文件“12.7　自动售货机 PLC”。

系统运行视频请观看视频文件“12.7　自动售货机运行”。

12.8　锅炉供水控制系统

12.8.1　组态实现

1. 设计内容

(1) 挡位选择分为自动挡和手动挡两种。

(2) 自动挡时，水泵和出水阀门的开关是根据锅炉内的水位自动控制的。

(3) 手动挡时，可以手动操控水泵和出水阀门的开关。

(4) 水泵打开供水时，出水阀门打开，则水位保持不变。

2. 锅炉供水系统的流程图

锅炉供水系统的流程图如图 12-145 所示。

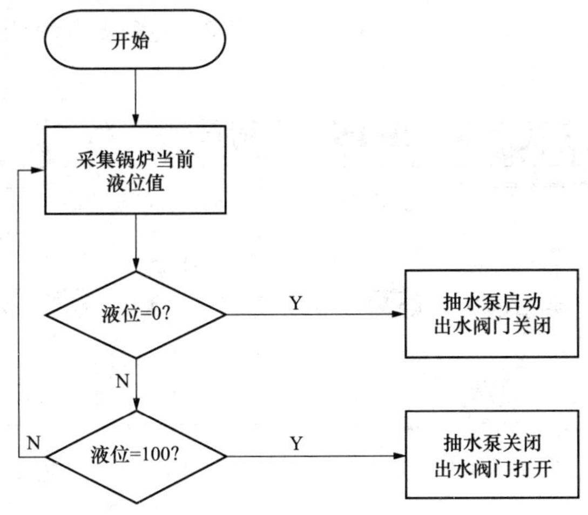

图 12-145　锅炉供水系统的流程图

3. 创建实时数据库

锅炉供水系统的实时数据库如图 12-146 所示。

本系统中共有 5 个节点，其中 AI1 代表锅炉液位，D01、D02、D03、D04 分别为水泵、出水阀门、自动控制以及标志位。

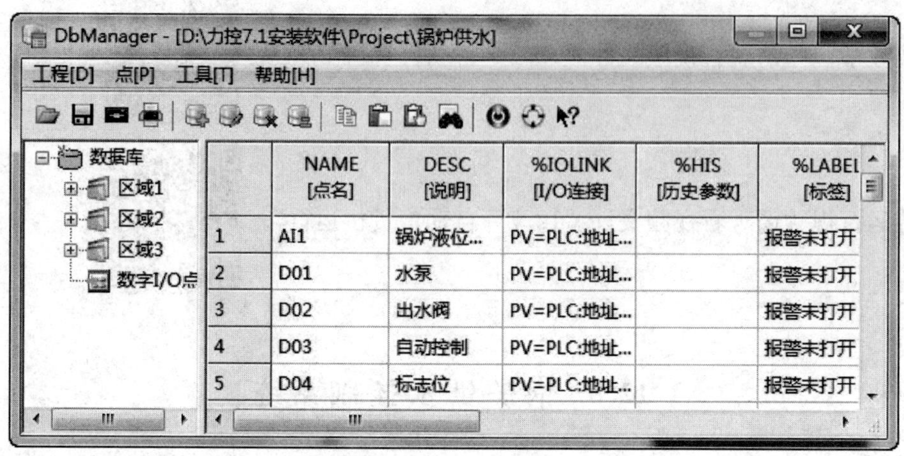

图 12-146 锅炉供水系统的实时数据库

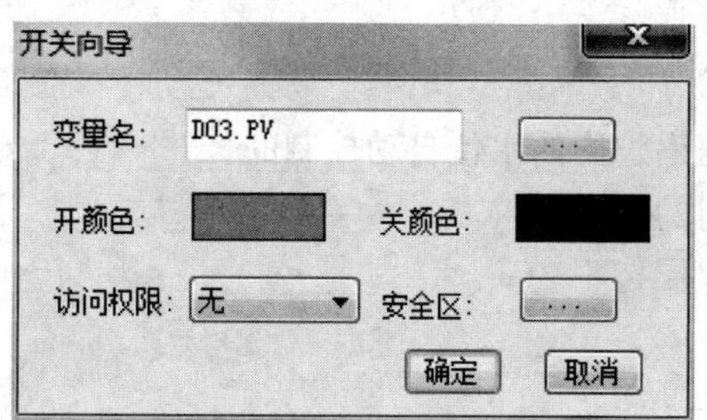

图 12-147 自动开关的动画连接

4. 动画连接

自动开关的动画连接如图 12-147 所示。

水泵的属性设置如图 12-148 所示。

出水阀门的属性设置如图 12-149 所示。

5. 脚本设计

本系统的程序主要分为自动控制和手动控制 2 部分，其中自动控制部分系统的操作是自动运行的，而手动控制部分系统则需要手动控制水泵的开关以及阀门的开关状态，程序设计如下所示：

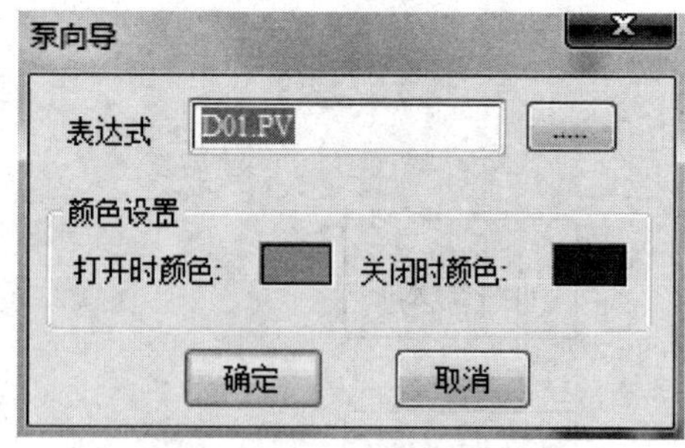

图 12-148 水泵的属性设置

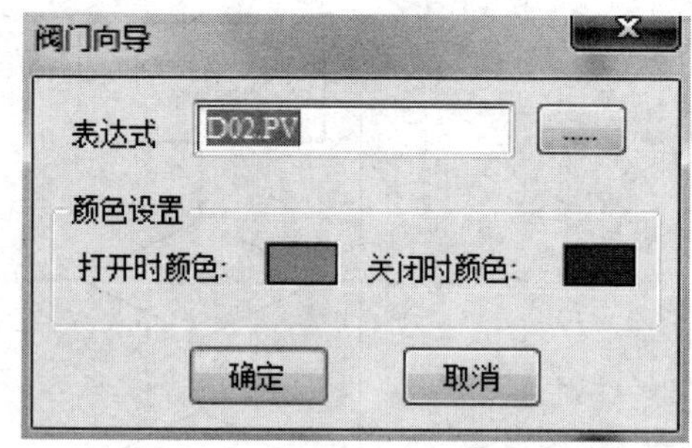

图 12-149 出水阀门的属性设置

```
//手动部分
IF D03.PV= = 0 &&D01.PV= = 1 &&D02.PV= = 0 &&AI1.PV< 100 THEN
AI1.PV= AI1.PV+ 10; D04.PV= 0;
ENDIF
IF  D03.PV= = 0&&D01.PV= = 0&&D02.PV= = 1 &&AI1.PV> 0 THEN
AI1.PV= AI1.PV- 10; D04.PV= 0;
ENDIF
```

```
IF D03.PV= = 0 &&D04.PV= = D01.PV THEN
AI1.PV= AI1.PV; D04.PV= 0;
ENDIF
//自动部分
IF D03.PV= = 1 &&AI1.PV> 10&&AI1.PV< 90&&D04.PV= = 0 THEN
D01.PV= 1; D02.PV= 0; D04.PV= 1;
ENDIF
IF D03.PV= = 1 &&AI1.PV< 10 THEN
D01.PV= 1; D02.PV= 0;
ENDIF
IF D03.PV= = 1 &&AI1.PV> 90 THEN
D02.PV= 1; D01.PV= 0;
ENDIF
IF D03.PV= = 1&&D02.PV= = 1 &&D01.PV= = 0 THEN
AI1.PV= AI1.PV- 10;
ENDIF
IF D03.PV= = 1&&D02.PV= = 0 &&D01.PV= = 1 THEN
AI1.PV= AI1.PV+ 10;
ENDIF
```

6. 锅炉供水系统的组态界面

锅炉供水系统的组态界面如图 12-150 所示。

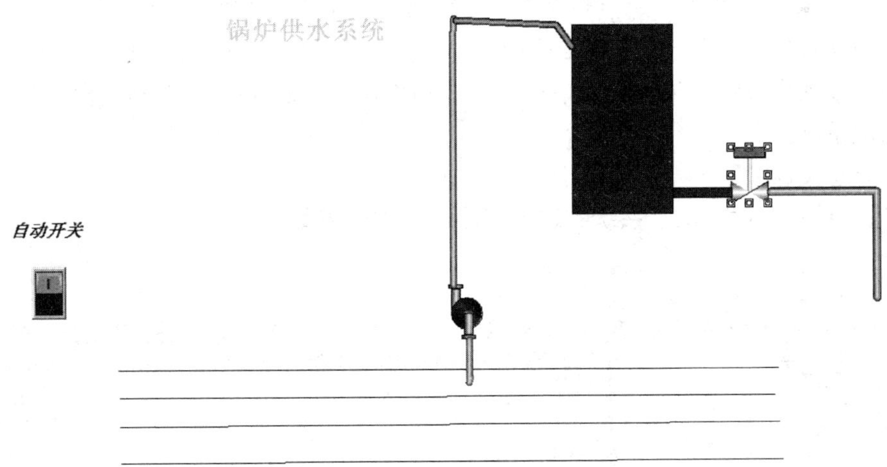

图 12-150　锅炉供水系统的组态界面

本节教学视频请观看视频文件“12.8　锅炉供水开发”。

12.8.2 组态与 PLC 共同实现

1. 对象模拟

(1) 对象特性:

1) 实时监控按键、水泵、阀门状态。

2) 实时监控锅炉液位。

3) 锅炉液位模拟进水/出水相对应的升高/降低。

(2) 组态设计。锅炉供水系统的数据库组态（包括数据连接）的具体数据点设置如图 12-151 所示。

DbManager - [E:\S7-200 SMART PLC资料完善\完成\锅炉供水]

工程[D] 点[P] 工具[T] 帮助[H]

数据库：区域1、区域2、区域3、数字I/O点

	NAME[点名]	DESC [说明]	%IOLINK [I/O连接]	%HIS [历史参数]	%LABEL [标签]
1	AI1	锅炉液位检测	PV=plc:Q寄存器:1:8位无符号		报警未打开
2	DO1	水泵开关	PV=plc:M寄存器:0:8位无符号:2		报警未打开
3	DO2	出水阀状态	PV=plc:M寄存器:0:8位无符号:3		报警未打开
4	DO3	自动/手动开关	PV=plc:M寄存器:0:8位无符号:0		报警未打开
5	DO4	自动水泵	PV=plc:Q寄存器:0:8位无符号:0		报警未打开
6	DO5	自动出水阀	PV=plc:Q寄存器:0:8位无符号:1		报警未打开
7	SHOU	手动按钮	PV=plc:M寄存器:0:8位无符号:1		报警未打开
8	A	手动水泵	PV=plc:Q寄存器:0:8位无符号:2		报警未打开
9	B	手动出水阀	PV=plc:Q寄存器:0:8位无符号:3		报警未打开

图 12-151 锅炉供水系统的数据库组态的具体数据点设置

系统中共有 9 个节点，其中 AI1 用于液位监控；DO1～DO5、A、B 是动作机构的组态点，用于监控动作按键、传递动作信号和响应动作信号；SHOU 是手动按钮，代表手动/自动状态的记录点。

其他组态设计:

1) 进入程序。锅炉供水系统的进入程序的脚本清单如图 12-152 所示。

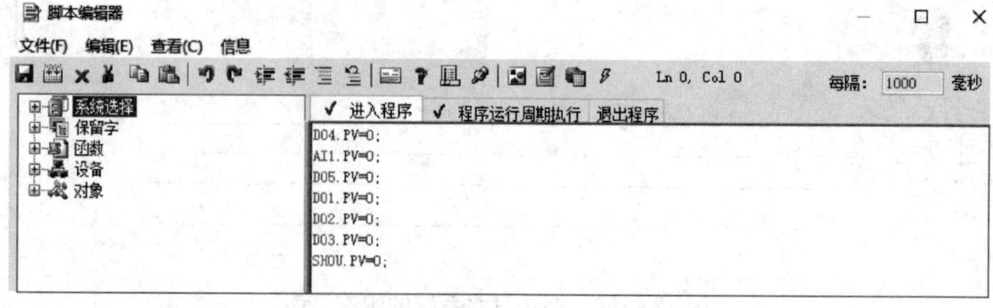

图 12-152 锅炉供水系统的进入程序的脚本清单

2) 模拟液位升降。液位升降模拟的动画连接如图 12-153 所示。

液位显示是由组态点 AI1 的值来决定的。

液位显示的脚本程序清单如图 12-154 所示。

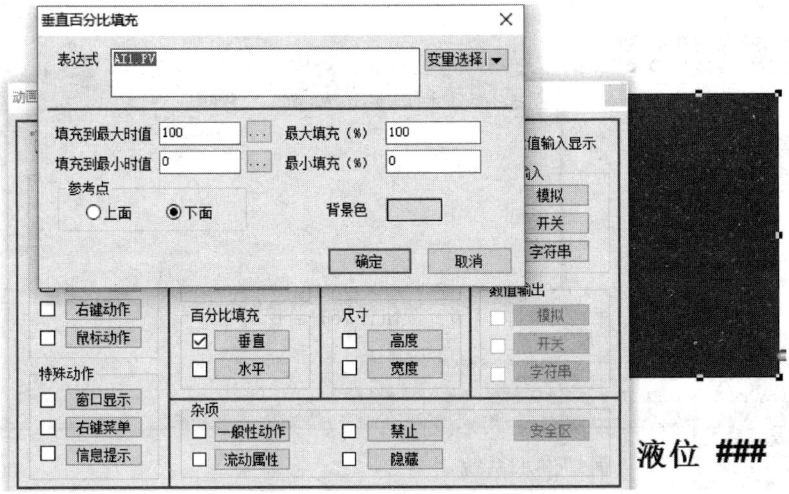

图 12 - 153　液位升降模拟的动画连接

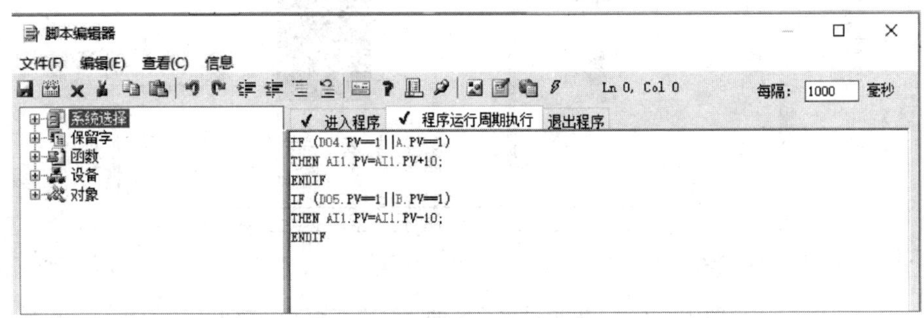

图 12 - 154　液位显示的脚本程序清单

AI1 的值是由脚本程序控制的，根据水泵及阀门的状态来改变液位的值。

3）按键监控。需要监控的按键包括自动按键、手动开关、阀门开关、水泵开关等。

以自动按钮为例：按下鼠标 DO3.PV＝1；释放鼠标 DO3.PV＝0。具体脚本的界面如图 12 - 155、图 12 - 156 所示。

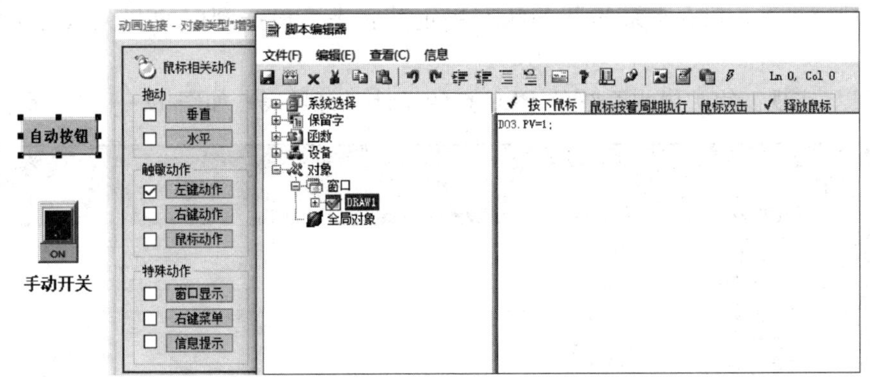

图 12 - 155　按钮按下的监控脚本

4）最终组态画面。锅炉供水系统的最终组态画面的效果如图 12 - 157 所示。

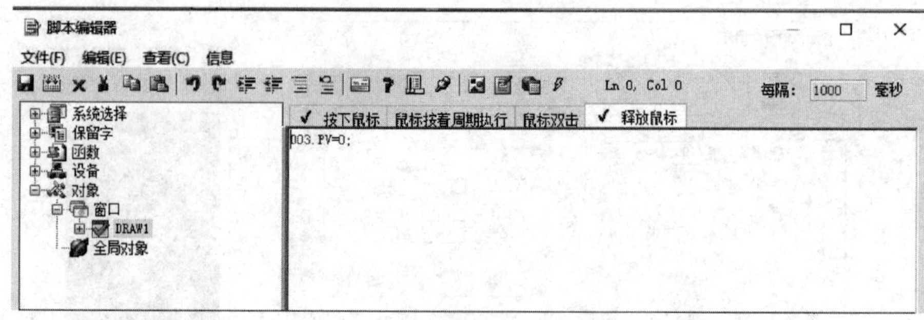

图 12 - 156 按钮释放的监控脚本

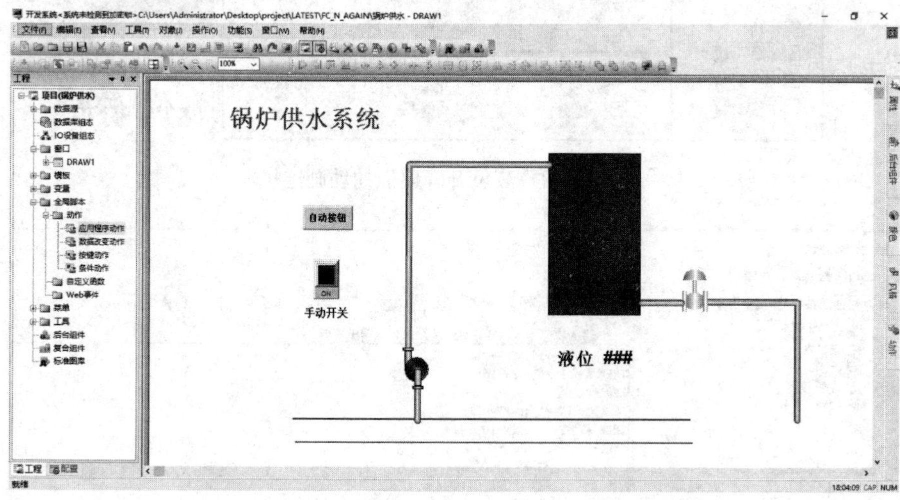

图 12 - 157 锅炉供水系统的最终组态画面的效果

2. 控制器设计

(1) 控制逻辑：

1) 根据手动开关、自动开关状态决定运行状态。若二者均关闭时则不运行。

2) 自动模式下，当液位达到 100 时，自动打开阀门与关闭水泵。而当液位达到 0 时，则自动打开水泵与关闭阀门。

3）手动模式下，根据水泵的开关状态决定其状态，根据阀门的开关状态决定阀门的状态。

(2) PLC 实现。锅炉供水系统的 PLC 点的设计（符号表）如图 12 - 158 所示。

符号表

	符号	地址	注释
1	出水阀开关	M0.3	
2	手动按钮	M0.1	
3	手动出水阀	Q0.3	
4	手动水泵	Q0.2	
5	水泵开关	M0.2	
6	自动按钮	M0.0	
7	自动出水阀	Q0.1	
8	自动水泵	Q0.0	

图 12 - 158 锅炉供水系统的符号表

PLC 程序设计：

1）手动/自动切换，其梯形图如图 12 - 159 所示。

2）手动模式梯形图如图 12 - 160 所示。

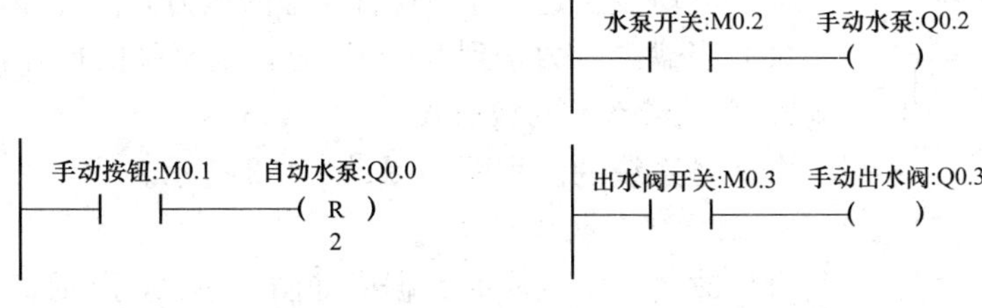

图 12 - 159　手动/自动切换梯形图　　图 12 - 160　手动模式梯形图

3）自动模式梯形图如图 12 - 161 所示。

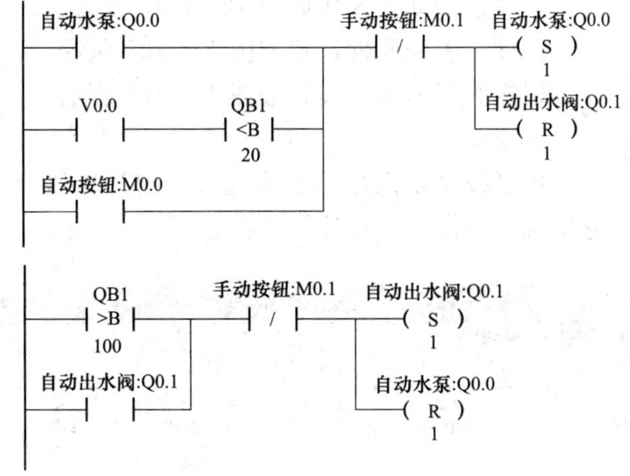

图 12 - 161　自动模式梯形图

本节教学视频请观看视频文件“12.8　锅炉供水 PLC”。

系统运行视频请观看视频文件“12.8　锅炉供水运行”。

12.9　合成塔工艺控制系统

12.9.1　组态实现

1. 设计内容

（1）实现合成罐塔的模拟功能。

（2）把两种物料装入料桶中并搅拌。

（3）装料结束后，空气阀门与油料阀门同时开启，可对物料加热。

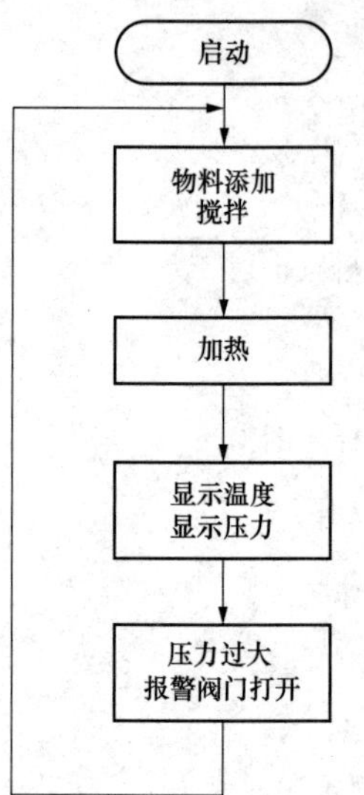

图 12-162　合成塔系统的流程图

（4）物料加热升温，用温度计显示，最高可达 100℃。

（5）罐塔温度达到 100℃后，罐内压力升高并显示其数值。

（6）当罐内压力达到 800kPa 时，报警阀门打开，压力减小。

2. 合成塔系统的流程图

合成塔系统的流程图如图 12-162 所示。

3. 创建实时数据库

合成罐塔系统的实时数据库如图 12-163 所示。

本系统中共有 10 个节点，3 个常量 l、w、p，其中 p 为压力，上限为 800；7 个控制状态，其中 z 为报警。

4. 动画连接

装料桶的动画连接如图 12-164 所示。

温度仪表的属性设置如图 12-165 所示。

报警阀门的属性设置如图 12-166 所示。

5. 脚本设计

本系统主要由罐体、火焰、温度计、压力计、报警阀 5 个小部分组成，具体程序设计如下：

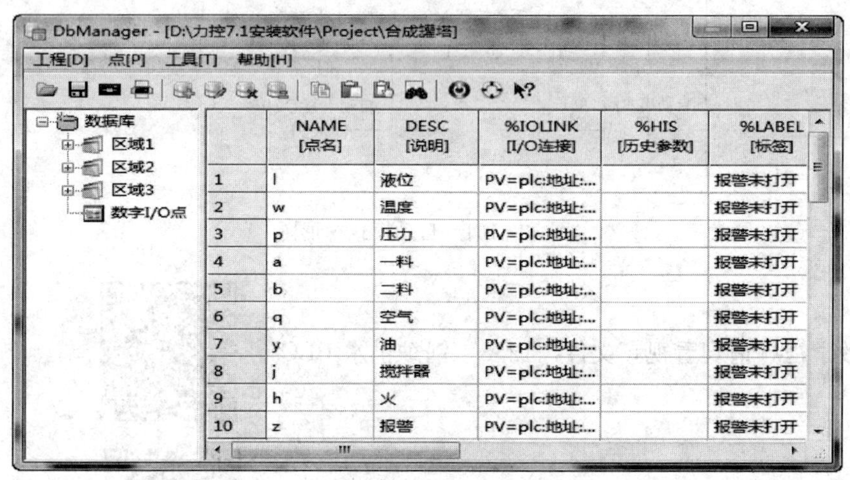

	NAME [点名]	DESC [说明]	%IOLINK [I/O连接]	%HIS [历史参数]	%LABEL [标签]
1	l	液位	PV=plc:地址:...		报警未打开
2	w	温度	PV=plc:地址:...		报警未打开
3	p	压力	PV=plc:地址:...		报警未打开
4	a	一料	PV=plc:地址:...		报警未打开
5	b	二料	PV=plc:地址:...		报警未打开
6	q	空气	PV=plc:地址:...		报警未打开
7	y	油	PV=plc:地址:...		报警未打开
8	j	搅拌器	PV=plc:地址:...		报警未打开
9	h	火	PV=plc:地址:...		报警未打开
10	z	报警	PV=plc:地址:...		报警未打开

图 12-163　合成塔系统的实时数据库的数据点设置

```
//罐体 if a.pv= = 1 then l.pv= l.pv+ 5; endif if b.pv= = 1 then l.pv= l.pv+ 5; endif
//火焰 if q.pv= = 1&&y.pv= = 1 then h.pv= 1; endif if q.pv= = 0 then h.pv= 0; endif
if y.pv= = 0 then h.pv= 0; endif
//温度计 if h.pv= = 1 then w.pv= w.pv+ 10; endif
//压力计 if h.pv= = 1&&w.pv> = 100 then p.pv= p.pv+ 99; endif
//报警阀 if p.pv> = 800 then z.pv= 1; endif if z.pv= = 1 then p.pv= p.pv- 150; endif
```

6. 合成塔系统的组态界面

合成塔系统的组态界面如图 12-167 所示。

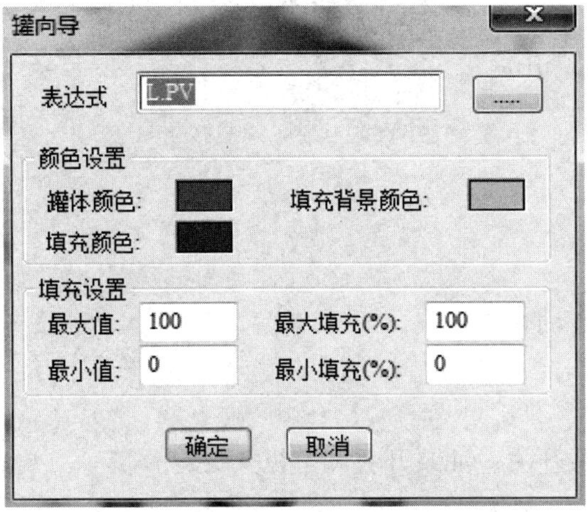

罐向导
表达式 L.PV
颜色设置
罐体颜色:
填充背景颜色:
填充颜色:
填充设置
最大值: 100
最大填充(%): 100
最小值: 0
最小填充(%): 0
确定
取消

图 12 - 164　装料桶的动画连接

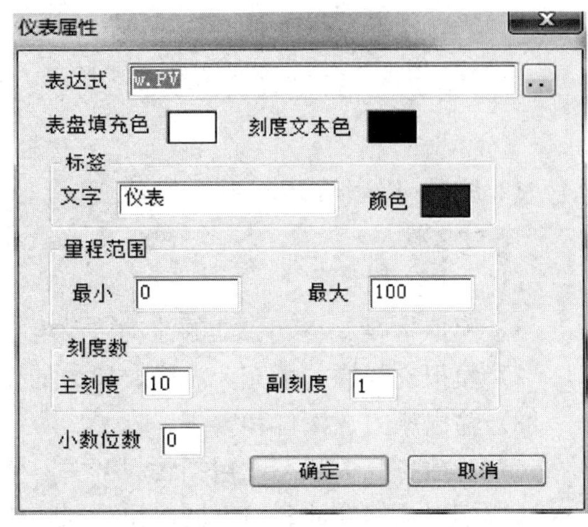

图 12 - 165　温度仪表的属性设置

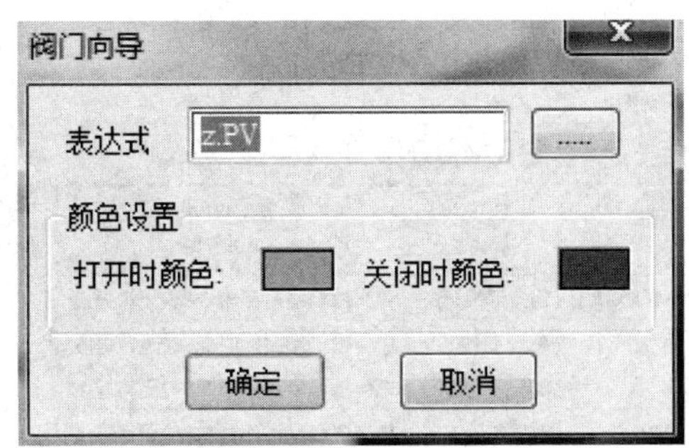

图 12 - 166　报警阀门的属性设置

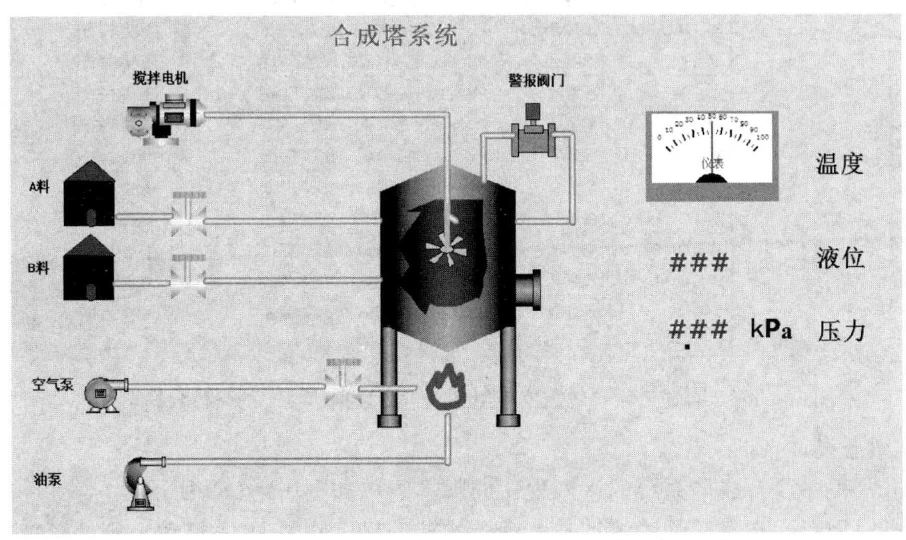

图 12 - 167　合成塔系统的组态界面

本节教学视频请观看视频文件“12.9　合成塔开发”。

12.9.2　组态与PLC共同实现

1. 对象模拟

(1) 对象特性：

1) 模拟物料、空气、油的流动以及电机的转动；

2) 模拟物料罐的填充、温度、压力的变化；

3) 输出压力、液位和警报；

4) 监控各开关状态，包括物料开关、空气泵开关、油泵开关和电机开关；

5) 模拟火焰在油和空气同时出现时产生。

(2) 组态设计。合成塔系统的数据库组态（包括数据连接）的具体数据点设置如图12-168所示。

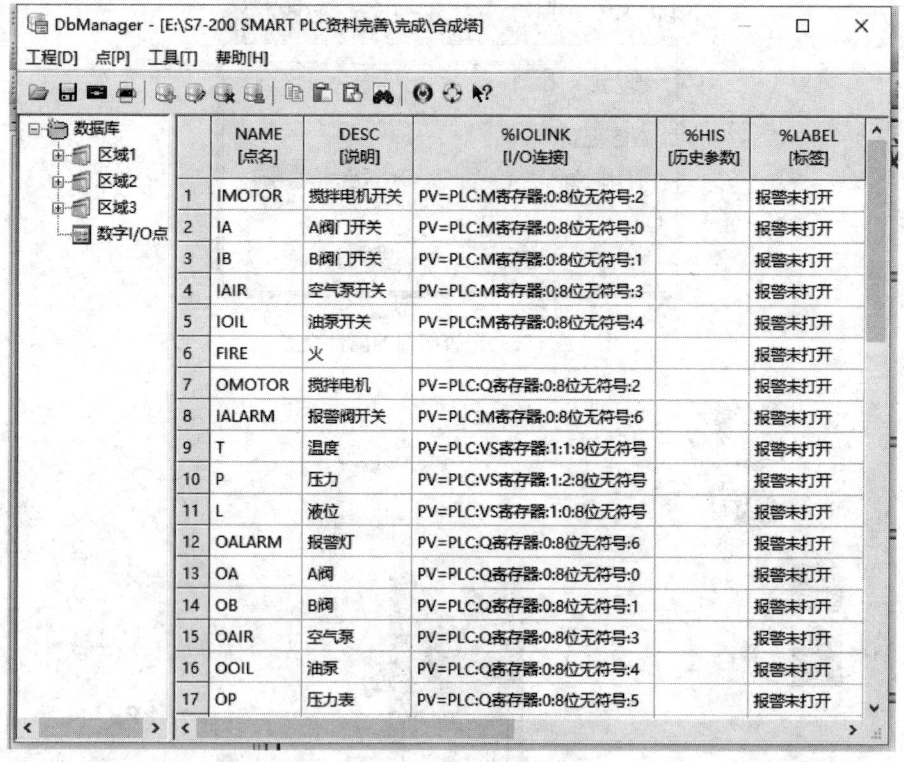

	NAME [点名]	DESC [说明]	%IOLINK [I/O连接]	%HIS [历史参数]	%LABEL [标签]
1	IMOTOR	搅拌电机开关	PV=PLC:M寄存器:0:8位无符号:2		报警未打开
2	IA	A阀门开关	PV=PLC:M寄存器:0:8位无符号:0		报警未打开
3	IB	B阀门开关	PV=PLC:M寄存器:0:8位无符号:1		报警未打开
4	IAIR	空气泵开关	PV=PLC:M寄存器:0:8位无符号:3		报警未打开
5	IOIL	油泵开关	PV=PLC:M寄存器:0:8位无符号:4		报警未打开
6	FIRE	火			报警未打开
7	OMOTOR	搅拌电机	PV=PLC:Q寄存器:0:8位无符号:2		报警未打开
8	IALARM	报警阀开关	PV=PLC:M寄存器:0:8位无符号:6		报警未打开
9	T	温度	PV=PLC:VS寄存器:1:1:8位无符号		报警未打开
10	P	压力	PV=PLC:VS寄存器:1:2:8位无符号		报警未打开
11	L	液位	PV=PLC:VS寄存器:1:0:8位无符号		报警未打开
12	OALARM	报警灯	PV=PLC:Q寄存器:0:8位无符号:6		报警未打开
13	OA	A阀	PV=PLC:Q寄存器:0:8位无符号:0		报警未打开
14	OB	B阀	PV=PLC:Q寄存器:0:8位无符号:1		报警未打开
15	OAIR	空气泵	PV=PLC:Q寄存器:0:8位无符号:3		报警未打开
16	OOIL	油泵	PV=PLC:Q寄存器:0:8位无符号:4		报警未打开
17	OP	压力表	PV=PLC:Q寄存器:0:8位无符号:5		报警未打开

图12-168　合成塔系统的数据库组态（包括数据连接）的具体数据点设置

其他组态设计：

1) 进入程序。合成塔系统的进入程序的脚本清单如图12-169所示。

2) 模拟物料、空气、油的流动与电动机的转动。以物料A的流动为例：模拟物料、空气、油的流动与电动机的转动的动画连接如图12-170所示。

3) 模拟物料罐的填充、温度、压力的变化。模拟物料罐的填充通过动画连接实现可视化，具体设置如图 12-171 所示。

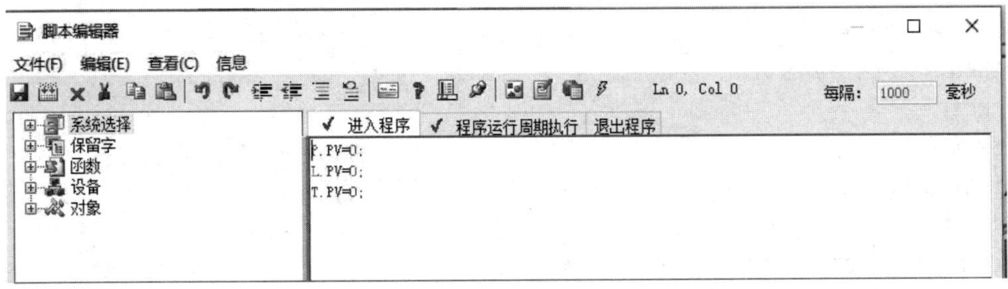

图 12-169　合成塔系统的进入程序的脚本清单

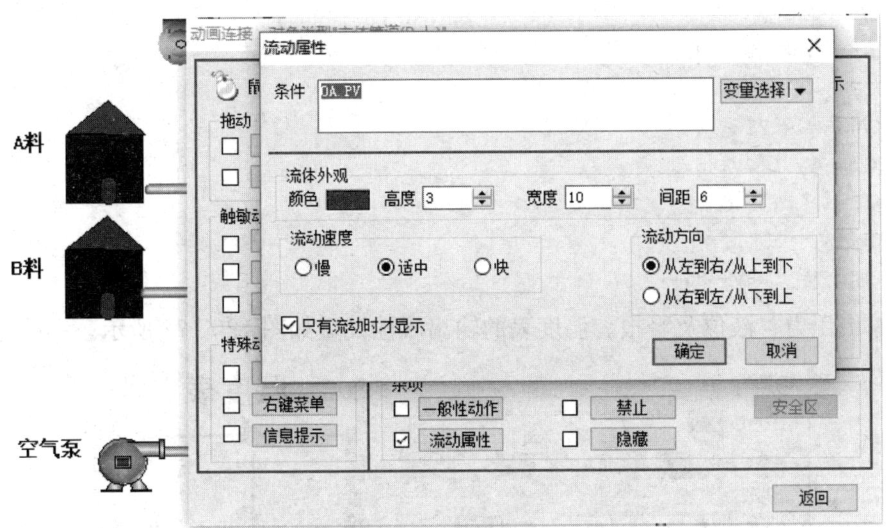

图 12-170　模拟物料、空气、油的流动与电动机的转动的动画连接

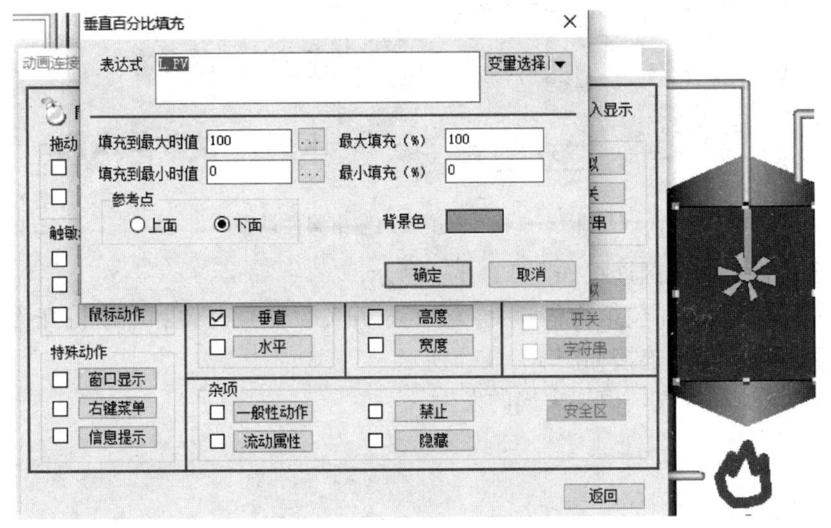

图 12-171　模拟物料罐的填充

如图 12-171 所示，液位画面的变化与其相对应的组态点的值变化相关。

液位、温度、压力值的变化通过脚本实现。

```
IF FIRE.PV= = 1
THEN T.PV= T.PV+ 10;
ENDIF
IF T.PV> 100
THEN T.PV= 100;
ENDIF
IF T.PV= = 100
THEN P.PV= P.PV+ 50;
ENDIF
IF OALARM.PV= = 1
THEN P.PV= P.PV- 80;
ENDIF
IF OA.PV= = 1
THEN L.PV= L.PV+ 5;
ENDIF
IF OB.PV= = 1
THEN L.PV= L.PV+ 5
```

4）输出压力、液位及警报。温度表的输出属性设置如图 12 - 172 所示。

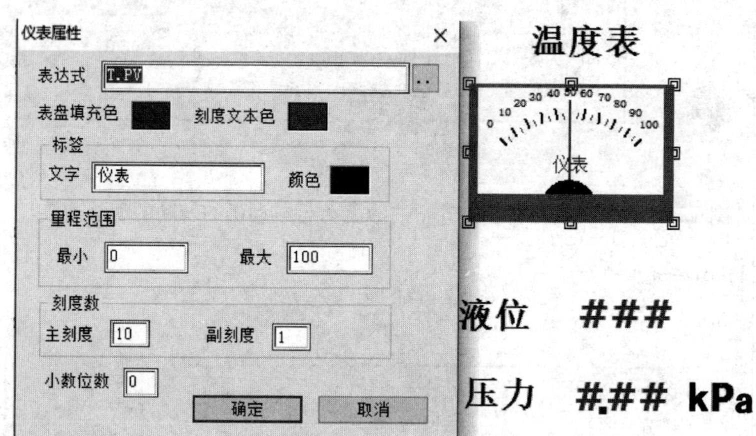

图 12 - 172　温度表的输出属性设置

液位或压力输出的动画连接如图 12 - 173 所示。

5）监控各开关状态，包括物料开关、空气泵开关、油泵开关和电动机开关。以搅拌电动机开关为例，它的动画连接如图 12 - 174 所示。

6）同时出现油和空气，模拟火焰的发生。

通过脚本实现：

```
IF OAIR.PV= = 1&&OOIL.PV= = 1
THEN FIRE.PV= 1;
ELSE FIRE.PV= 0;
ENDIF
```

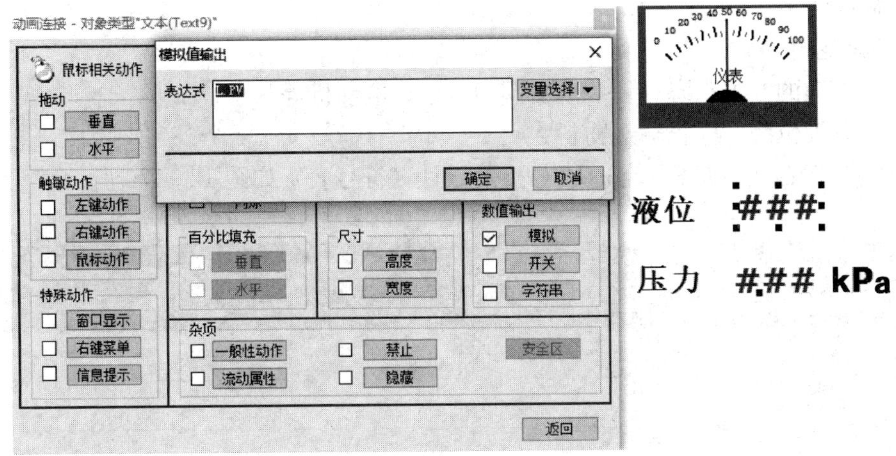

图 12 - 173　液位或压力输出的动画连接

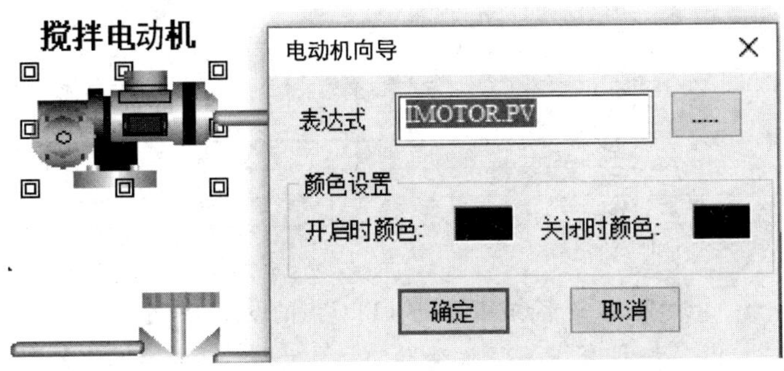

图 12 - 174　搅拌电动机开关的动画连接

7）最终组态画面。合成塔系统的最终组态画面的效果如图 12 - 175 所示。

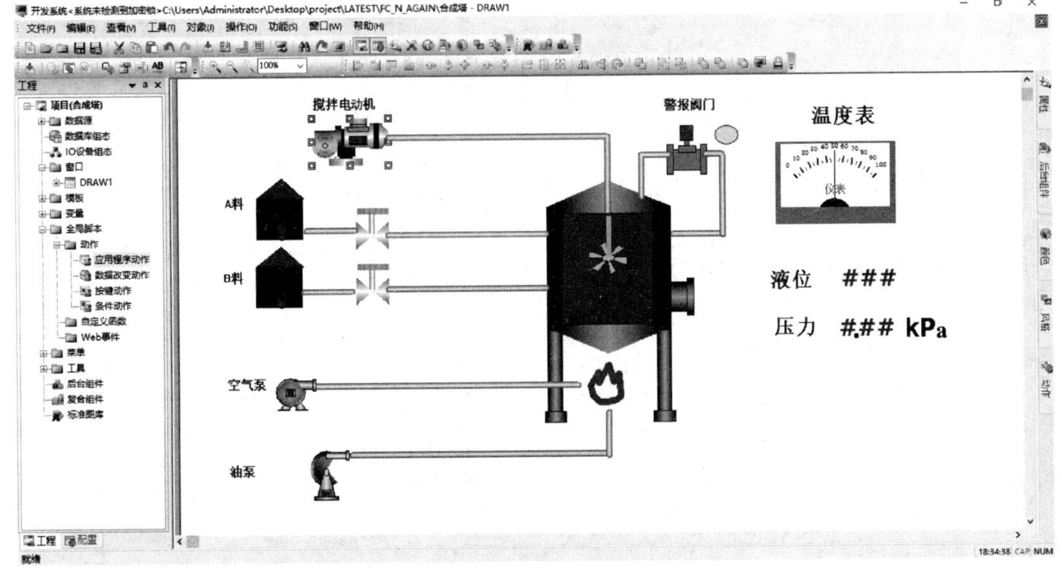

图 12 - 175　合成塔系统的最终组态画面的效果

2. 控制器设计

（1）控制逻辑：

1）监控相应的开关状态，依此改变阀门、泵、电动机等状态；

2）检测到液位满，停止输送物料。

（2）PLC 实现。合成塔系统的 PLC 点的设计（符号表）如图 12-176 所示。

符号表

			符号	地址	注释
1			A阀门开关	M0.0	
2			B阀门开关	M0.1	
3			搅拌电机开关	M0.2	
4			空气泵开关	M0.3	
5			油泵开关	M0.4	
6			报警阀开关	M0.6	
7			A阀	Q0.0	
8			B阀	Q0.1	
9			搅拌电机	Q0.2	
10			空气泵	Q0.3	
11			油泵	Q0.4	
12			压力表	Q0.5	
13			报警灯	Q0.6	
14			液位	VB0	
15			温度	VB1	
16			压力	VB2	

图 12-176 合成塔系统的 PLC 点的设计（符号表）

PLC 程序设计：

1）监控相应的开关状态，依此改变阀门、泵、电动机等状态。以物料 A 的阀门为例，其梯形图如图 12-177 所示。

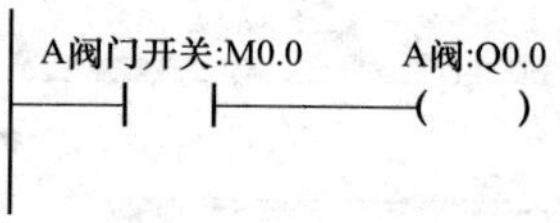

A阀门开关:M0.0　A阀:Q0.0

图 12-177 监控相应的开关状态，依此改变阀门、泵、电动机等状态

2）检测到液位满，停止输送物料，如图 12-178 所示。

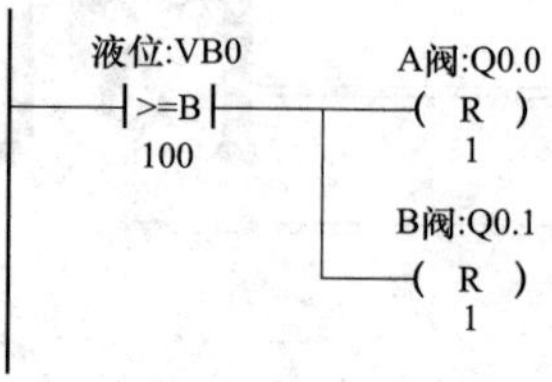

液位:VB0　>=B　100　A阀:Q0.0　R　1　B阀:Q0.1　R　1

图 12-178 检测到液位满，停止输送物料

本节教学视频请观看视频文件“12.9　合成塔 PLC”。

系统运行视频请观看视频文件“12.9　合成塔运行”。

第 13 章　监控组态软件工程应用

13.1　立体仓库控制系统

本设计是应用西门子 S7 - 200 系列的控制器做控制核心，实现了 1 个 4 层 12 仓位的立体仓库的出库入库功能并对其进行仿真。立体仓库主体包括底盘、1 个 4 层 12 仓位的库体、运动机械及电气控制等四部分组成。电气控制部分由西门子生产的 S7 - 200 型的可编程控制器、步进电动机驱动、各种位置电磁传感器和一些低压电气元件组成。作为控制的核心，可编程控制器 S7 - 200 采集输入端口的信号后进行各种逻辑控制和数据的运算，通过输出端口完成电动机的运动和各种信号的实现。本设计主要能够实现自动和手动两种工作模式，并通过键盘来对设备进行控制。

13.1.1　功能介绍

立体仓库模型图如图 13 - 1 所示。

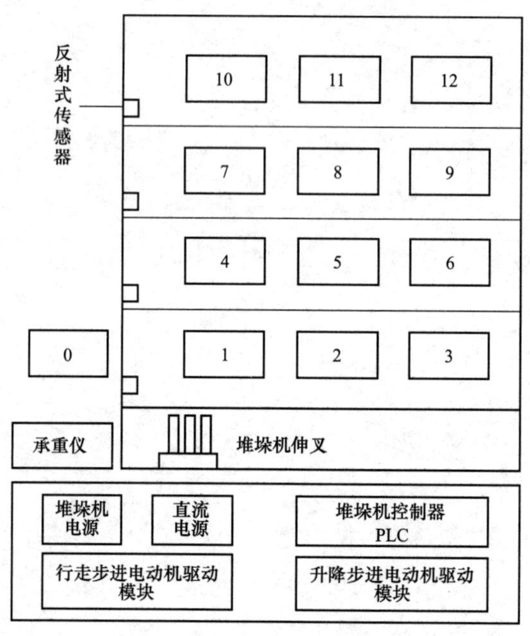

图 13 - 1　立体仓库模型图

系统控制面板如图 13 - 2 所示，本次设计的立体仓库需要实现以下功能：

(1) 堆垛机的运动是由步进电动机驱动的。

(2) 堆垛机必须有三个自由度，即可以实现上下；左右；前后。

(3) 堆垛机的前进（或者后退）运动和上（下）运动可同时进行。

(4) 每个仓位必须有检测装置（微动开关），当操作有误时发出错误信号报警。

(5) 自动化立体仓库可以自动运行也可以手动操作。

(6) 堆垛机前进、后退和上下运动时必须有超限位保护。

(7) 必须设有急停按钮，以防发生意外。

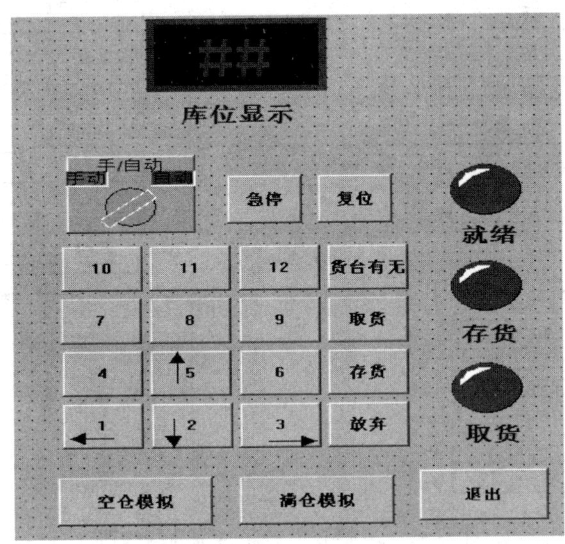

图 13-2　立体仓库控制面板

因此本设计的具体功能如下：

(1) 首先将手/自动旋钮拨到自动，在接通电源的状态下，每个部位复位，即回到初始位置（零位）。立体仓库的坐标定位是以零位开始的。

(2) 当要进行存货操作时，选择将要送货物的位置，然后按动相对应的按键，在数码管上就会显示要运送货物的仓位号，当堆垛机托盘上面有货物时，按存货按钮后，物品将被自动送入事先选择的仓库货位。如果在指定的位置内有货物，或者如果没有货物在托盘中，库存将不会被执行。存货命令结束后，堆垛机将自动返回初始位置。

(3) 当要取货时，选择将要进行取操作的仓位号，然后选择取货按钮，将在数码管中显示出将要取货的仓位号，如果货位中有货物，堆垛机托盘内无货物时，堆垛机可自动将货物取出。当所选仓位内无货物时，或者堆垛机托盘内有货物，则取货命令不被执行。

(4) 存取货指令被及时执行后，自动归位。

(5) 整个装置设有放弃（急停）按钮，以防发生意外。

13.1.2　PLC 硬件

1. 控制系统结构设计

本次设计控制立体仓库的运动采取的是可编程控制器控制系统。这种设计的优点是：输入信号可以快速反应、控制仓库、方便维护。控制系统的结构图如图 13-3 所示。

2. 步进电动机的选择

本设计将采用北京斯达特机电科技发展有限公司生产的二相八拍混合式步进电动机，它具有体积小，较高的启动和运行频率等优点，其型号为 42BYGH101。步进电动机的电气技术数据见表 13-1。

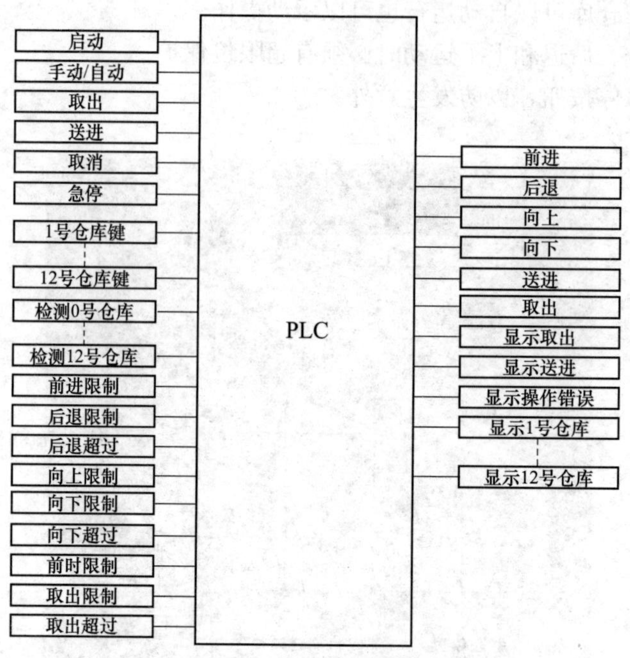

图 13-3 立体仓库控制系统的结构图

表 13-1 **步进电动机的电气技术数据**

电动机型号	相数	步距角	相电流	驱动电压	额定转矩	质量
42BYGH101	2	1.80	1.7A	DC24V	0.44N·M	0.24kg

3. 步进电动机驱动器的选择

本设计将采用SH系列步进电动机驱动器，型号为SH-2H057。它是由信号输入部分、输出部分、电源输入部分组成。SH-2H057步进电动机驱动器使用铸铝结构，小功率的驱动器上多数采取此结构。这种超小型结构的驱动器为封闭式的，其内部不带风机，它是通过外壳来散热，所以使用时要在接触面直接涂上导热硅脂，并且将驱动器固定在很厚很大的金属板上或者比较后的机柜内。如果要求更高的散热性，在旁边加上个风机也是很好的散热办法。步进电动机驱动器的电气技术数据见表13-2。

表 13-2 **步进电动机驱动器的电气技术数据**

驱动器型号	相数	类别	细分数通过拨位开关设定	最大电流开关设定	工作电源
SH-2H057	二相或四相	混合式	二相八拍	3.0A	一组直流 DC（24V—40V）

4. 传感器的选择

本设计将采用日本欧姆龙生产的EE-SPY402型凹槽，反射型接插件传感器作为货物检测。这个传感器采用的是变调光式，它的主要优点是不易受外来光的干扰；有容易调整的光轴标记，动作确认的入光显示灯；使用大量程的电压输出型。

此传感器的电气技术数据见表 13 - 3。

表 13 - 3　　传感器的电气技术数据

型　号	EE - SPY402
形 状	立式
检测方式	反射型
检测距离	5mm
应差距离	0.2mm（检测距离 3mm，横方向）
光源（发光波长）	红外发光二极管（940nm）
显示灯	入光时灯亮（红）
电源电压	直流 24V±10%，脉动 5%以下
消耗电流	平均值在 15mA 与 50mA 之间
控制输出	NPN 电压输出 负载电源电压 DC5～24V； 负载电流 80mA 以下； 残留电压 1.0 以下（负载电流 80mA 时）； 残留电压 0.4 以下（负载电流 10mA 时）
应答频率	100Hz
使用环境照度	受光面照度、白炽灯、太阳光：各 3000lx 以下
环境温度	动作时：－10～＋55℃；保存时：－25～＋65℃（不结冰）
环境湿度	动作时：5%～85%RH；保存时：－5%～95%RH（不结露）
耐久振动	10～55Hz，上下振幅 1.5mm（X、Y、Z 各方向）2h
耐久冲击	X、Y、Z 各方向三次 500m/s²
保护构造	IEC 规格
连接方式	接插件式（不可进行软钎焊）
质量	约 2.6g
外壳材质	聚碳酸酯（PC）

5. 微动开关的选择

在本次设计的立体仓库中共有 13 个货位，4 层 3 列 12 个货位，加上一个载货的 0 号货位。进行仓库检测运用了 13 只微动开关，当有仓位内有货物时对应的开关动作，微动开关信号对应 PLC 的输入点是 I22 - I36；另外为了保险起见，还在 X 轴的右限位和 Y 轴的下限位处分别安装了微动开关，起到限位保护的作用，以确保立体仓库在程序出错时不损坏。微动开关原理图如图 13 - 4 所示。

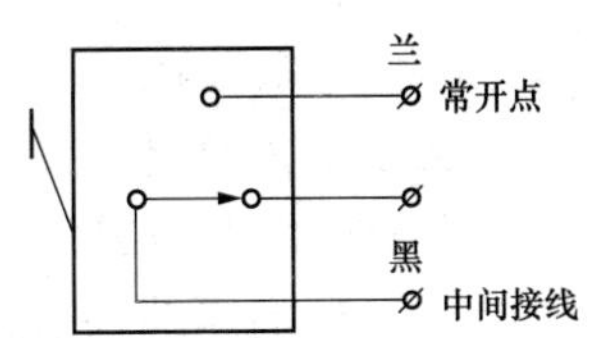

图 13 - 4　微动开关原理图

6. PLC 的输入输出分配表

根据系统的要求，系统的 I/O 分配见表 13 - 4。

表 13-4　　**PLC 输入输出分配表**

输入节点				输出节点	
I0	启　动	I24	检验 2 号仓库	Q0	前　进
I1	手动/自动	I25	检验 3 号仓库	Q1	后　退
I2	取　出	I26	检验 4 号仓库	Q2	向　上
I3	送　进	I27	检验 5 号仓库	Q3	向　下
I4	取　消	I30	检验 6 号仓库	Q4	送　进
I5	急　停	I31	检验 7 号仓库	Q5	取　出
I6	1 号仓库的键	I32	检验 8 号仓库	Q6	显示取出
I7	2 号仓库的键	I33	检验 9 号仓库	Q7	显示送进
I10	3 号仓库的键	I34	检验 10 号仓库	Q10	显示操作错误
I11	4 号仓库的键	I35	检验 11 号仓库	Q11	显示 1 号仓库
I12	5 号仓库的键	I36	检验 12 号仓库	Q12	显示 2 号仓库
I13	6 号仓库的键	I37	前进限制	Q13	显示 3 号仓库
I14	7 号仓库的键	I40	后退限制	Q14	显示 4 号仓库
I15	8 号仓库的键	I41	后退超过	Q15	显示 5 号仓库
I16	9 号仓库的键	I42	向上限制	Q16	显示 6 号仓库
I17	10 号仓库的键	I43	向下限制	Q17	显示 7 号仓库
I20	11 号仓库的键	I44	向下超过	Q20	显示 8 号仓库
I21	12 号仓库的键	I45	前进限制	Q21	显示 9 号仓库
I22	检验 0 号仓库	I46	取出限制	Q22	显示 10 号仓库
I23	检验 1 号仓库	I47	取出超过	Q23	显示 11 号仓库
				Q24	显示 12 号仓库

7. 电气原理设计图

根据立体仓库的设计要求，得出如图 13-5 所示电气原理图。

13.1.3 PLC 软件设计

1. 系统流程图

立体仓库系统软件流程图如图 13-6 所示。

2. 主要程序设计

本系统运用 STEP 7 Micro/Win 编程软件进行梯形图顺控程序编写。

(1) PLC 的启动程序，如图 13-7 所示。

(2) 显示操作错误程序，如图 13-8 所示。

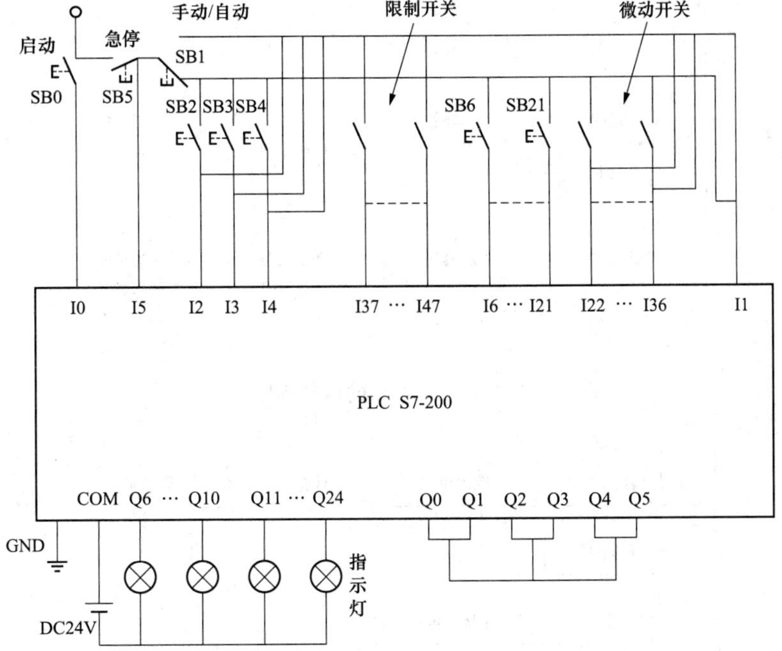

图 13-5　电气原理图

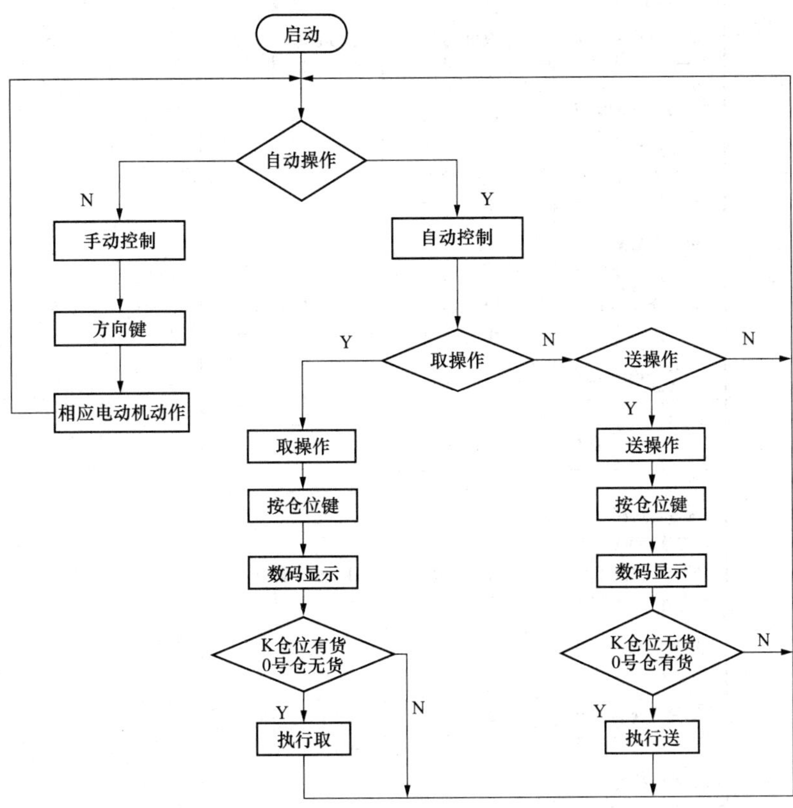

图 13-6　立体仓库系统软件流程图

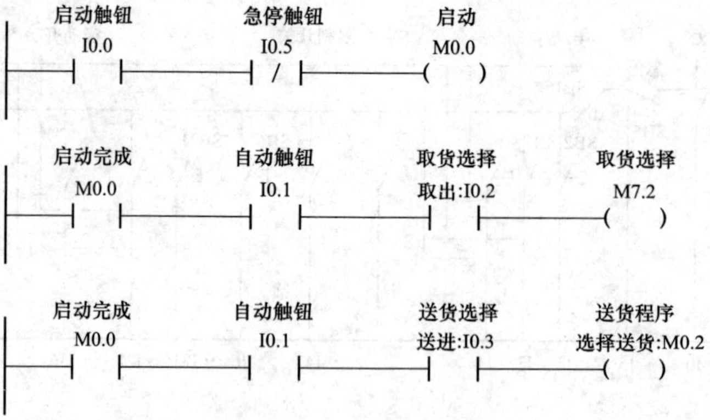

启动触钮 I0.0 急停触钮 I0.5 启动 M0.0
启动完成 M0.0 自动触钮 I0.1 取货选择 取出:I0.2 取货选择 M7.2
启动完成 M0.0 自动触钮 I0.1 送货选择 送进:I0.3 送货程序 选择送货:M0.2

图 13-7 PLC 的启动程序

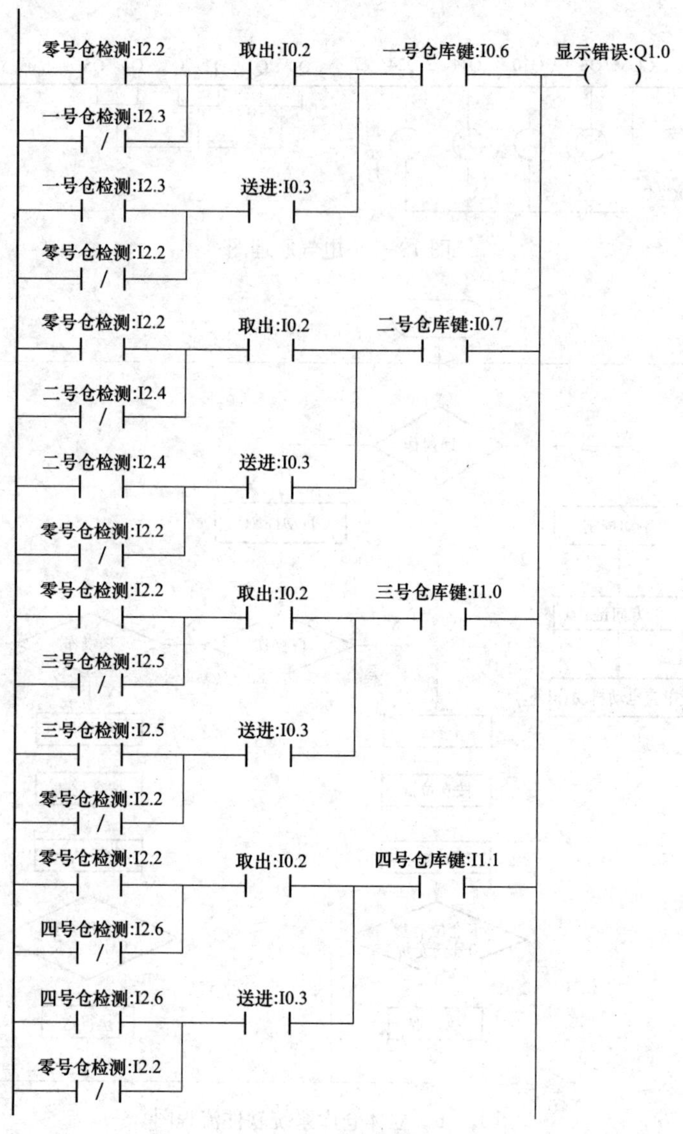

图 13-8 显示操作错误程序（一）

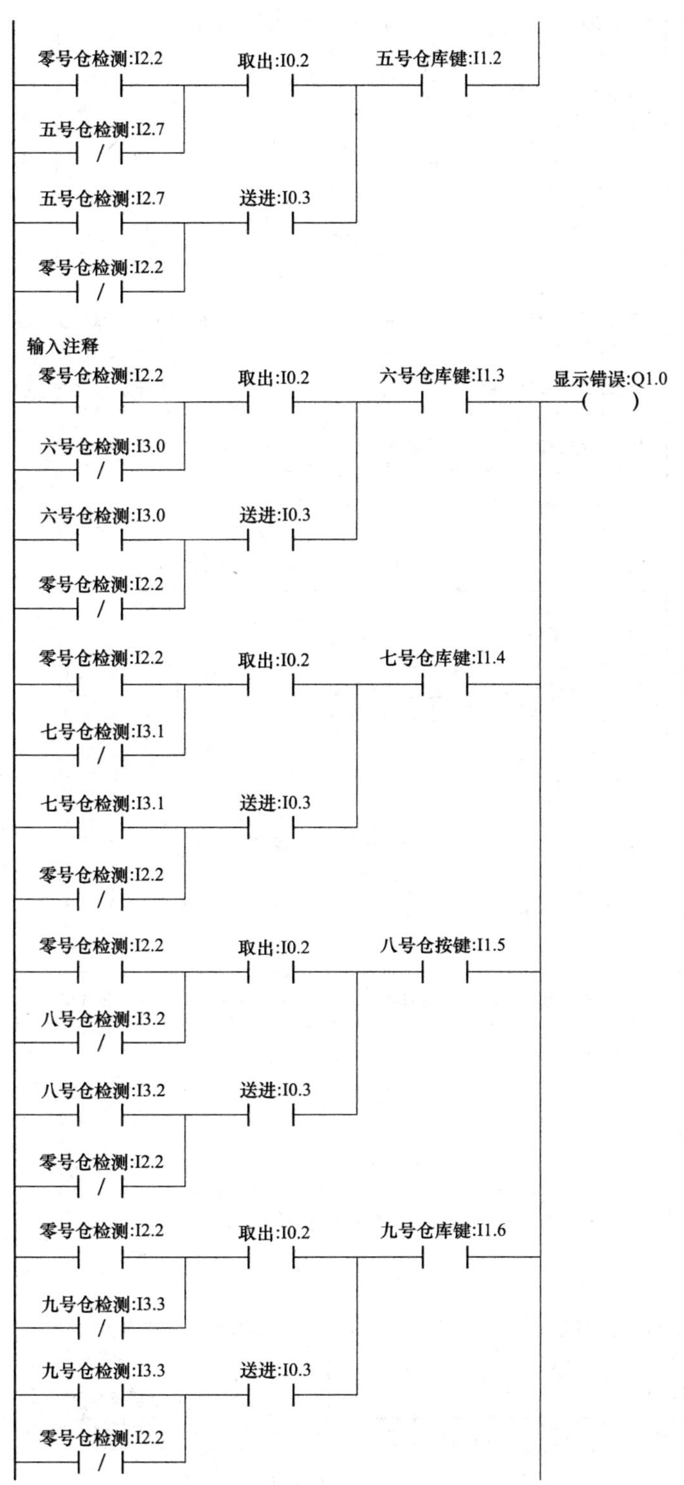

图 13-8　显示操作错误程序（二）

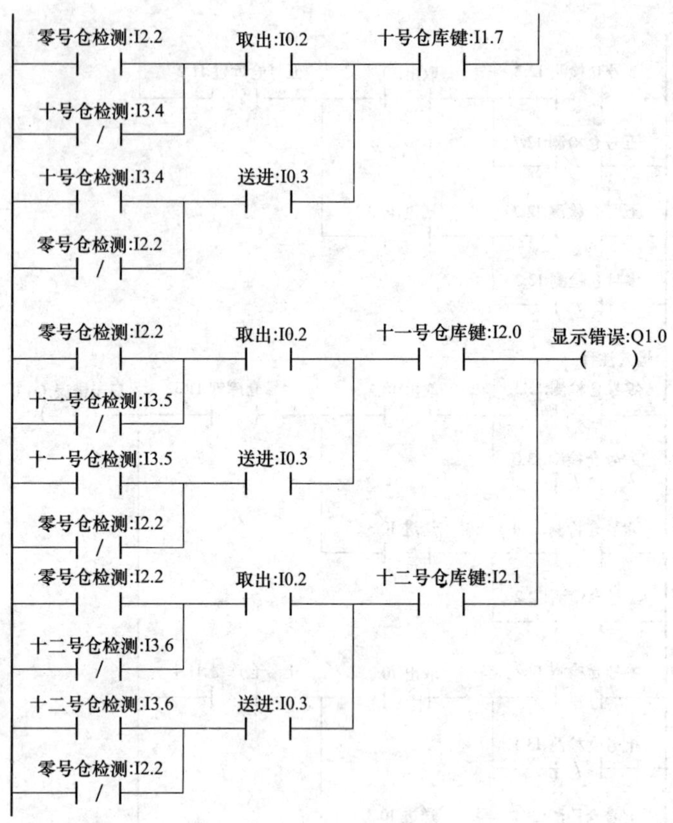

图 13-8 显示操作错误程序（三）

（3）送货程序，以将货物送到 1 号仓库为例，如图 13-9 所示。

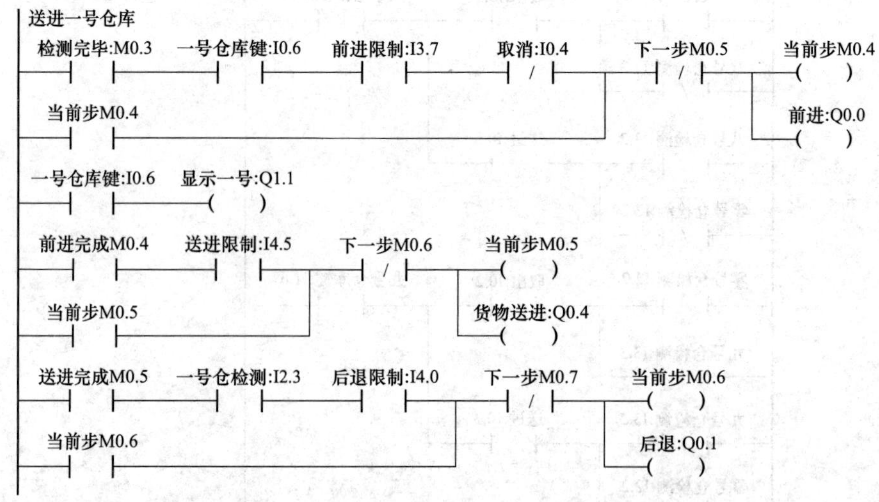

图 13-9 送货程序

（4）取货程序，以将货物从一号仓库中取出为例，如图 13-10 所示。

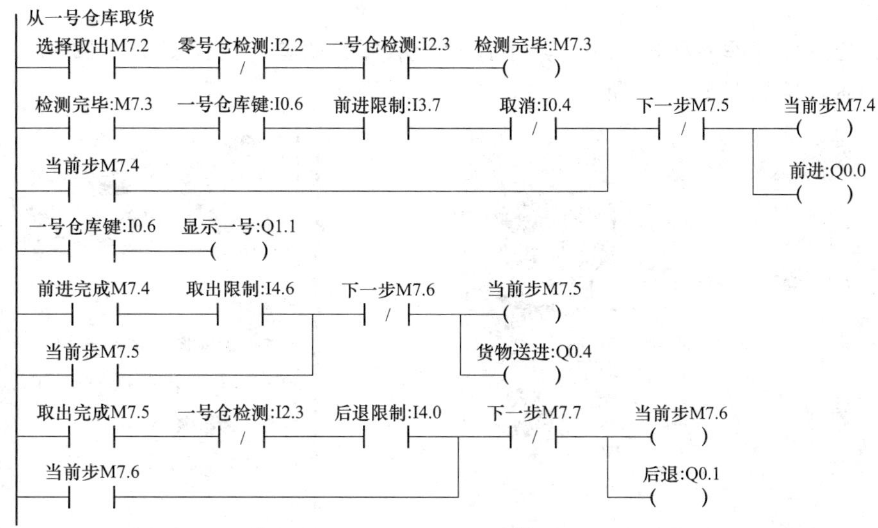

图 13-10　取货程序

具体梯形图见附录 A。

13.1.4　组态软件的设计

1. 创建组态画面

本设计通过组态软件来实现自动化立体仓库的工作原理及作业流程的仿真。

如图 13-11 所示是自动化立体仓库的组态仿真界面，主要分为堆垛机、四层三列十二仓位的货架和一个操控面板。堆垛机上由两个电动机组成，分别控制其水平和竖直的移动。操控面板上有用来显示库位号的晶体管，有用来控制货物要运送到指定仓位的十二个按键，有三个指示灯分别代表准备就绪、取货时、送货时。当那种操作运行时红灯将变成绿色。还有一个手动/自动切换开关，转换堆垛机的控制模式。整个仓库还设有急停按钮，防止系统因一些不可抗力的因素而导致的失控，从而引起经济损失。

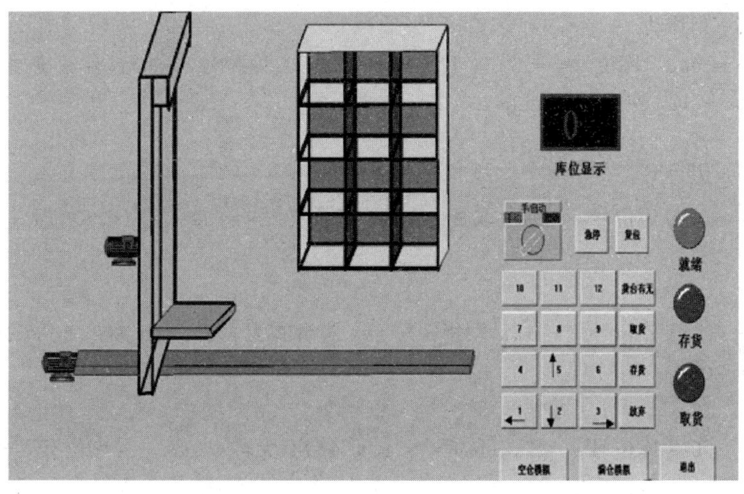

图 13-11　立体仓库的组态仿真界面

2. 建立动画链接

下面给出立体仓库的动画连接，其中存货指示灯的动画连接如图 13-12 所示，手动自动开关的动画连接如图 13-13 所示。

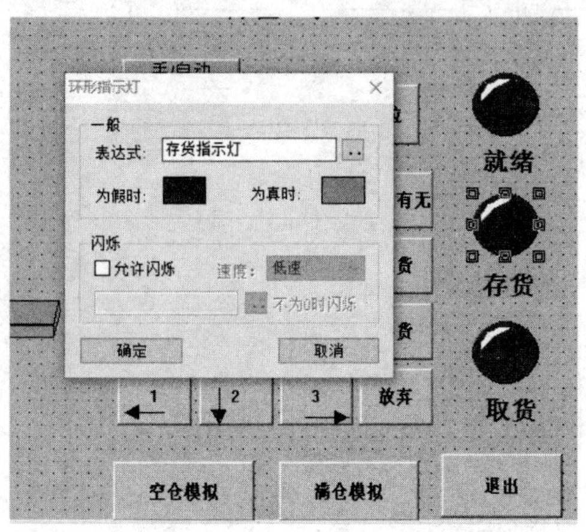

图 13-12　存货指示灯建立动画连接

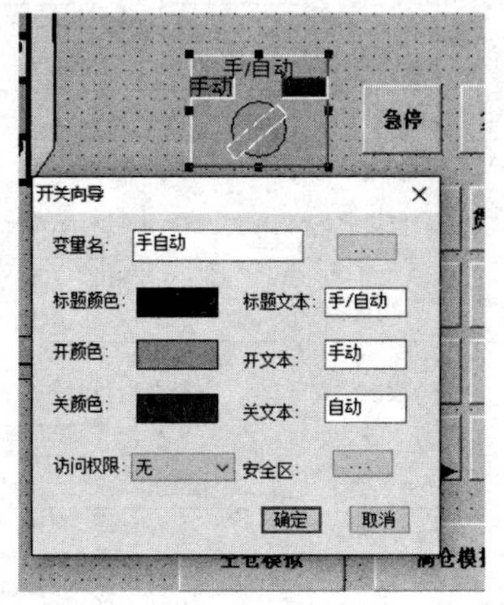

图 13-13　手动自动开关建立动画连接

3. 程序脚本的编写

立体仓库系统的脚本程序清单如下：

```
//货台向第一列移动
if 手自动= = 0&& (库位号= = 1| | 库位号= = 4| | 库位号= = 7| | 库位号= = 10) && 存货= = 1&& 货台有无= = 1&& 左右< 208 then 左右= 左右+ 2;
endif
//货台向第二列移动
if 手自动= = 0&& (库位号= = 2| | 库位号= = 5| | 库位号= = 8| | 库位号= = 11) && 存货= = 1&& 货台有无= = 1&& 左右< 288 then 左右= 左右+ 2;
endif
//货台向第三列移动
if 手自动= = 0&& (库位号= = 3| | 库位号= = 6| | 库位号= = 9| | 库位号= = 12) && 存货= = 1&& 货台有无= = 1&& 左右< 368 then 左右= 左右+ 2;
endif
//一号库位出库程序
if 手自动= = 0&& 库位号= = 1&& 取货= = 1&& 货台有无= = 0&& 左右< 208&& 一号库位有无= = 1 then 左右= 左右+ 2;
endif
if 手自动= = 0&& 库位号= = 1&& 取货= = 1&& 货台有无= = 0&& 左右> = 208&& 一号库位有无= = 1 then 左右= 208;
endif
if 手自动= = 0&& 库位号= = 1&& 取货= = 1&& 货台有无= = 0&& 一号库位有无= = 1&& 上下< 44 then 上下= 上下+ 2;
endif
if 手自动= = 0&& 库位号= = 1&& 取货= = 1&& 货台有无= = 0&& 一号库位有无= = 1&& 上下>
```

```
= 44 then 上下= 44;
    endif
    if 手自动= = 0&& 库位号= = 1&& 取货= = 1&& 货台有无= = 0&& 左右= = 208&& 上下= = 44&& 一号库位有无= = 1 then  货左右= 208;
    endif
    if 手自动= = 0&& 库位号= = 1&& 取货= = 1&& 货台有无= = 0&& 左右= = 208&& 上下= = 44&& 一号库位有无= = 1 then  货上下= 44;
    endif
    if 手自动= = 0&& 库位号= = 1 && 货左右= = 208&& 货上下= = 44 then 货台有无= 1;
    endif
    if 手自动= = 0&& 库位号= = 1&& 货左右= = 208&& 货上下= = 44&& 货台有无= = 1 then  一号库位有无= 0;
    endif
    if 手自动= = 0&& 库位号= = 1&& 货左右= = 208&& 货上下= = 44&& 货台有无= = 1&& 一号库位有无= = 0 then 库位号= 0 ;
    endif
    if 手自动= = 0&& 货台有无= = 1&& 一号库位有无= = 0 && 库位号= = 0&& 左右> 0 then 左右= 左右- 2;
    endif
    if 手自动= = 0&& 货台有无= = 1&& 一号库位有无= = 0 && 库位号= = 0&& 上下> 0 then 上下= 上下- 2;
    endif
    if 手自动= = 0&& 货台有无= = 1&& 一号库位有无= = 0 && 库位号= = 0&& 上下< = 0 then 上下= 0;
    endif
    if 手自动= = 0&& 货台有无= = 1&& 一号库位有无= = 0 && 库位号= = 0&& 左右< = 0 then 左右= 0;
    endif
    if 手自动= = 0&& 货台有无= = 1&& 一号库位有无= = 0 && 库位号= = 0&& 货左右> 0 then 货左右= 左右- 2;
    endif
    if 手自动= = 0&& 货台有无= = 1&& 一号库位有无= = 0 && 库位号= = 0&& 货上下> 0 then 货上下= 上下- 2;
    endif
    if 手自动= = 0&& 货台有无= = 1&& 一号库位有无= = 0 && 库位号= = 0&& 货上下< = 0 then 货上下= 0;
    endif
    if 手自动= = 0&& 货台有无= = 1&& 一号库位有无= = 0 && 库位号= = 0&& 货左右< = 0 then 货左右= 0;
    endif
    if 手自动= = 0&& 库位号= = 0&& 货左右= = 0&& 货上下= = 0&& 取货= = 1&& 货台有无= = 1 then 取货= 0;
    Endif
```

具体脚本见附录 B。

13.2 机械手控制系统

13.2.1 功能介绍

本设计实现汽车车间的工件搬运操作，使用 PLC 作为控制手段，使用组态进行控制对象的模拟。根据工件位置的变化，改变控制进程。汽车车间机械手模型抓取工件运动模拟分析如图 13-14 所示。

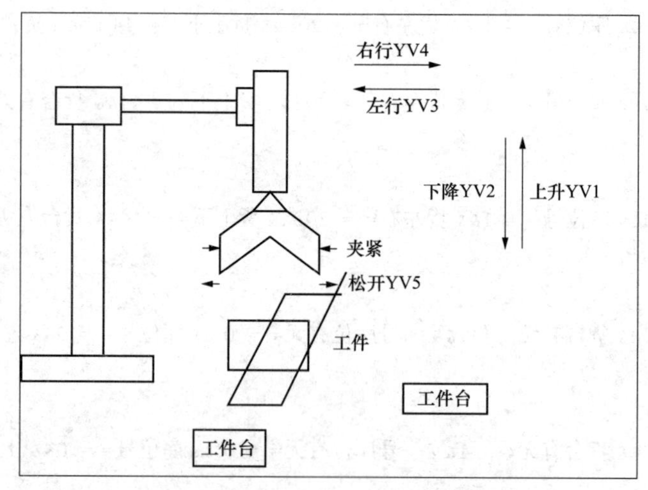

图 13-14 汽车车间机械手模型抓取工件运动模拟分析

如图 13-14 所示工件从一个工作台到另一个工作台的搬运次序是由 PLC 编程控制并按编程的动作顺序进行，程序开始：机械手将会从初始位置下降到第一个工作台处抓取工作台上的工件，随后机械手上升而后向右方移动。然后停止在另一个工作台上方位置，机械手开始下降，在工件放到另一个工作台上时松开机械手放置工件。此外，为防止工件没被抓取，加入了补救措施，当工件没被正常抓取时启动手动工作方式，对工件进行抓取。所以在本次设计中对机械手设置方式为手动工作方式（手动控制方式下使用按钮对机械手的单步就行操作）和自动工作方式。

13.2.2 PLC 设计

1. I/O 端口地址分配

I/O 端口地址分配表见表 13-5。

表 13-5 I/O 端口地址分配表

控制信号	信号名称	元件名称	元件符号	地址编码
输入信号	下降停止	下限位开关	SQ1	I0.1
	上升停止	上限为开关	SQ2	I0.2
	右行停止	右限位开关	SQ3	I0.3
	左行停止	左限位开关	SQ4	I0.4
	上升	上升按钮	SB4	I0.5
	左行	左行按钮	SB6	I0.6
	松开	松开按钮	SB8	I0.7
	下降	下降按钮	SB3	I1.0

续表

控制信号	信号名称	元件名称	元件符号	地址编码地址编码
输入信号	右行	右行按钮	SB5	I1.1
	夹紧	夹紧按钮	SB7	I1.2
	手动操作	手动开关	SA1-0	I2.0
	回原位操作	回原位开关	SA1-1	I2.1
	单步操作	单步开关	SA1-2	I2.2
	单周期操作	单周期开关	SA1-3	I2.3
	连续操作	连续开关	SA1-4	I2.4
	启动	启动按钮	SB1	I2.6
	停止	停止按钮	SB2	I2.7
输出信号	下降	下降继电器	YV1	Q0.0
	夹松	夹松继电器	YV5	Q0.1
	上升	上升继电器	YV2	Q0.2
	右行	右行继电器	YV3	Q0.3
	左行	左行继电器	YV4	Q0.4

2. PLC 程序设计

本设计中所涉及的车间搬运机械手控制系统的 PLC 梯形图程序大体上分为公用部分、自动程序部分、手动程序部分三个部分。因为在车间搬运工件需要机械手进行连续工作，所以自动程序涵盖单步、单周期和连续工作的程序。梯形图中使用 PLC 中的跳转指令确保自动程序、手动程序和回原位程序将不会同时执行，避免发生混乱。

图 13-15 为机械手工艺流程图。

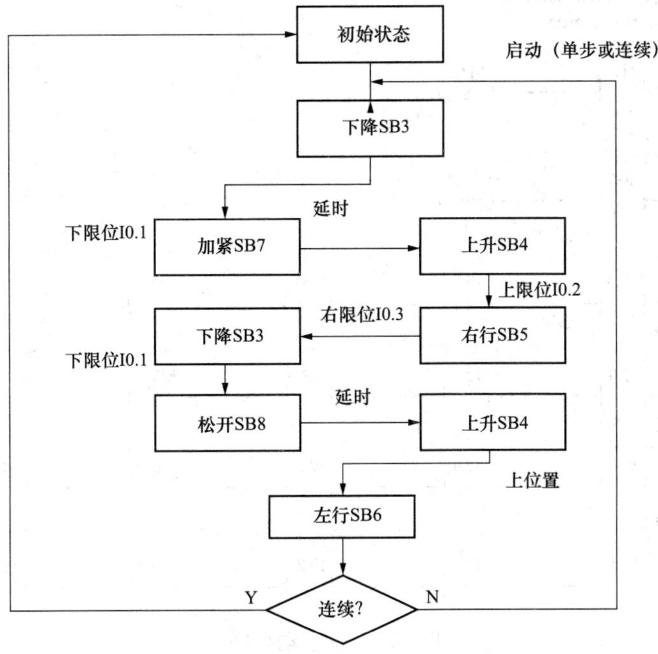

图 13-15　机械手工艺流程图

（1）公用程序。公用程序用于实现各种工作方式都需要执行的共同任务，以及处理不同工作方式之间的转换。左限位开关 I0.4、上限位开关 I0.2 的常开触点和表示机械手松开的 M4.5 的常闭触点的串联电路接通时，原点条件 M0.5 变为 ON。当机械手处于原点位置状态，在开始执行用户程序、系统处于手动或者自动回原点状态，初始步对应的 M0.0 将被置位，为进入单步、单周期和连续工作方式做好准备。公用程序如图 13－16 所示。

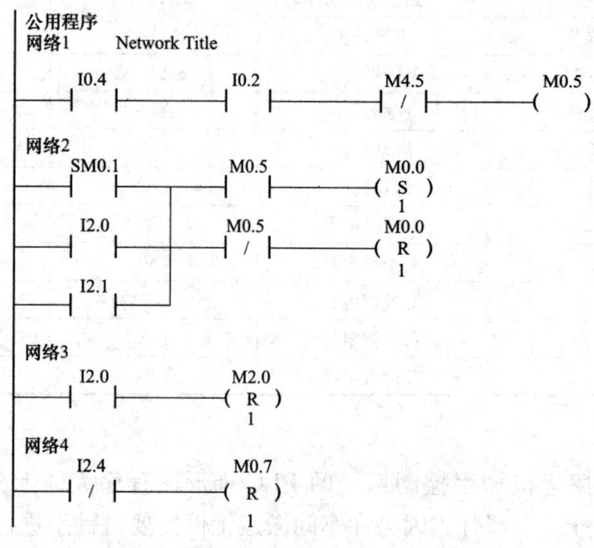

图 13－16 公用程序

（2）手动程序，如图 13－17 所示。

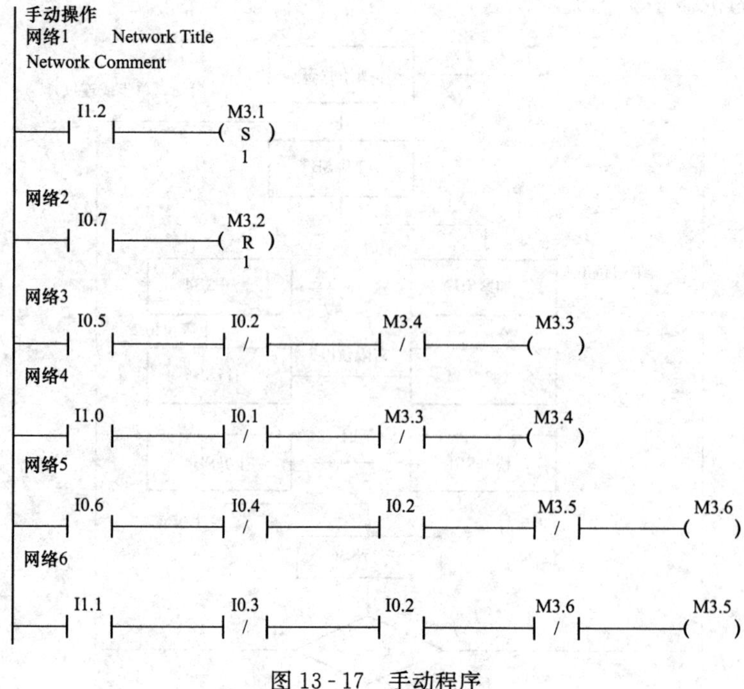

图 13－17 手动程序

（3）自动程序。单周期，连续和单步程序的梯形图如图 13－18 所示。

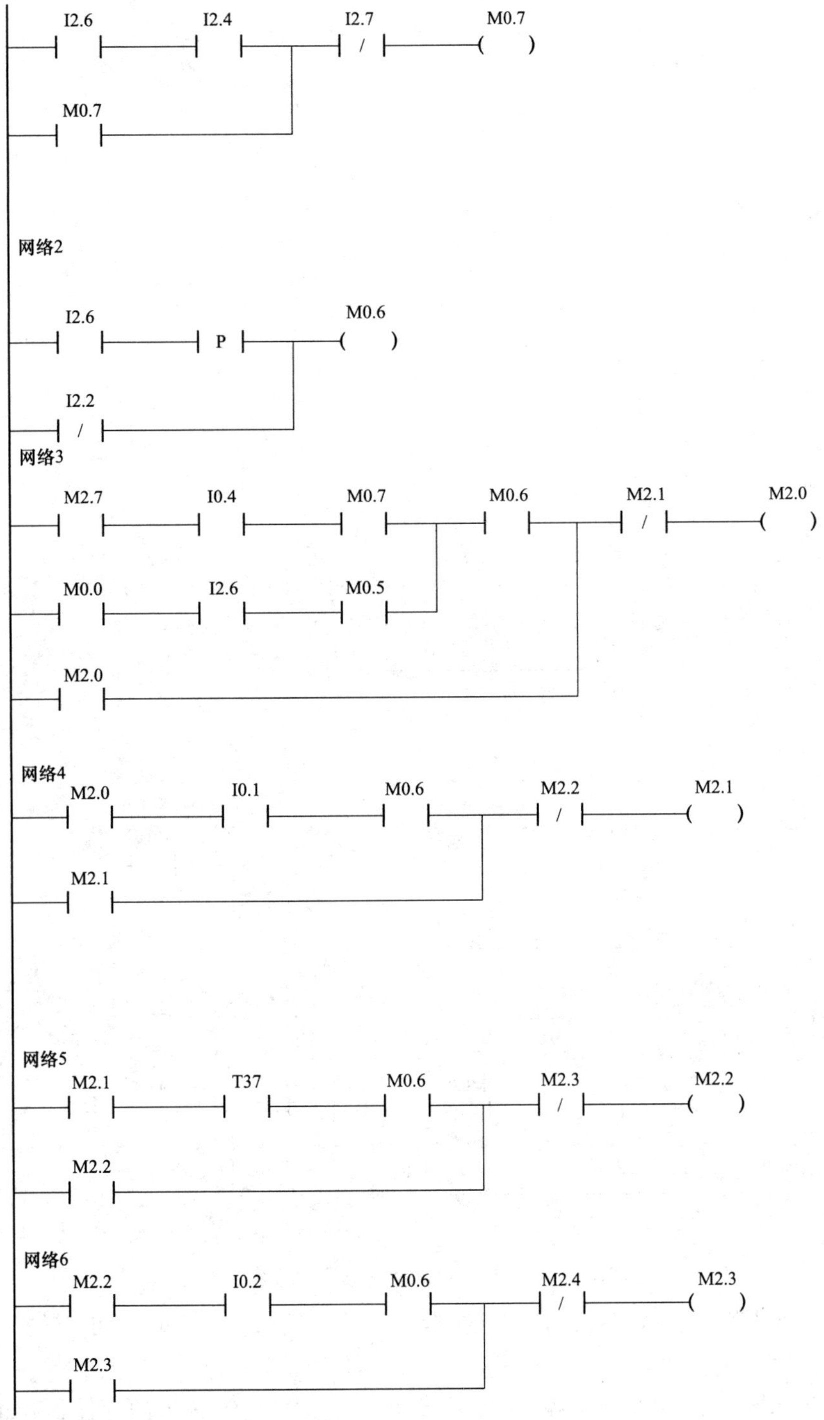

I2.6　I2.4　I2.7　M0.7

M0.7

网络2

I2.6　P　M0.6

I2.2

网络3

M2.7　I0.4　M0.7　M0.6　M2.1　M2.0

M0.0　I2.6　M0.5

M2.0

网络4

M2.0　I0.1　M0.6　M2.2　M2.1

M2.1

网络5

M2.1　T37　M0.6　M2.3　M2.2

M2.2

网络6

M2.2　I0.2　M0.6　M2.4　M2.3

M2.3

图 13 - 18　单步、单周期连续工作程序（一）

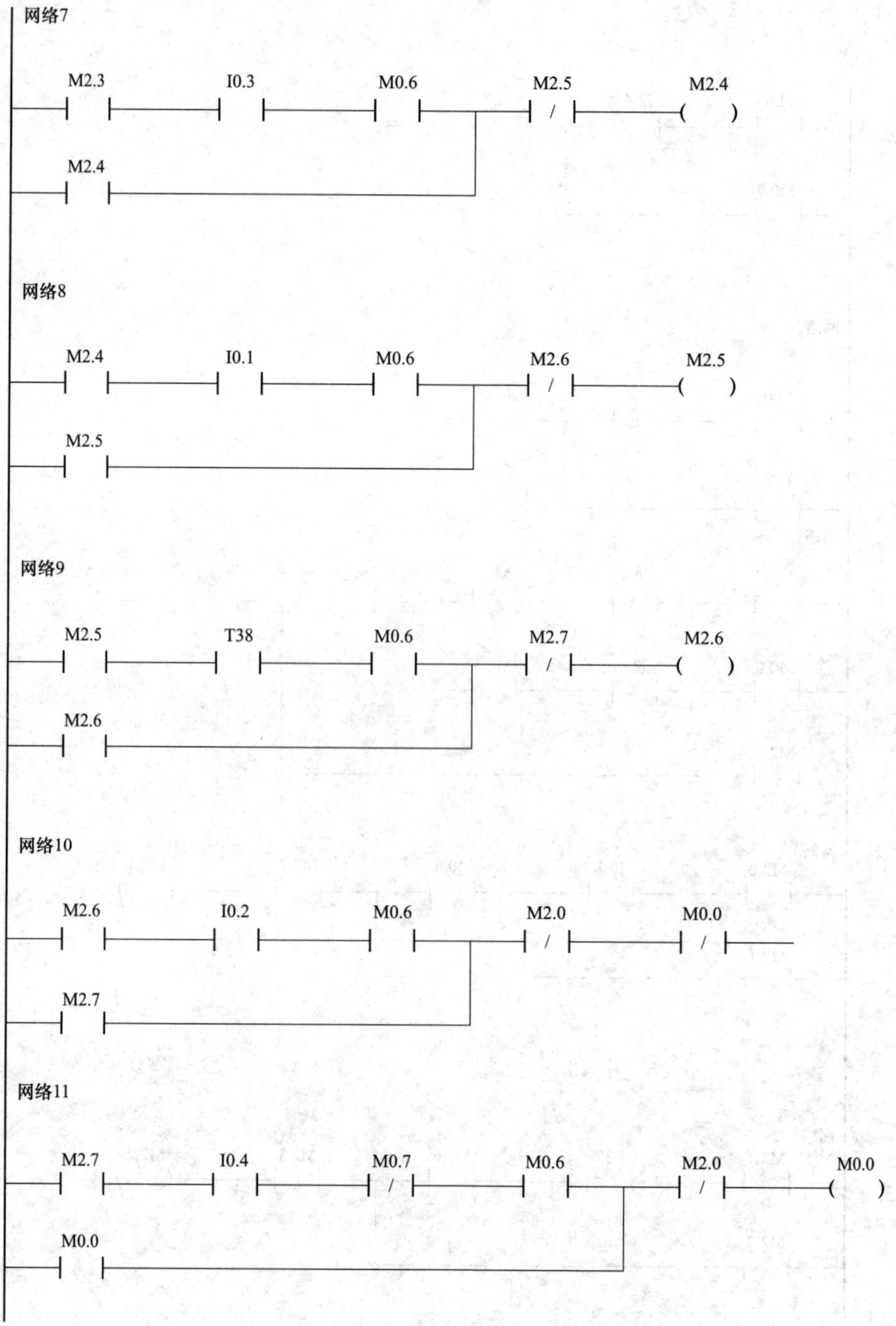

网络7

M2.3 I0.3 M0.6 M2.5 M2.4

M2.4

网络8

M2.4 I0.1 M0.6 M2.6 M2.5

M2.5

网络9

M2.5 T38 M0.6 M2.7 M2.6

M2.6

网络10

M2.6 I0.2 M0.6 M2.0 M0.0

M2.7

网络11

M2.7 I0.4 M0.7 M0.6 M2.0 M0.0

M0.0

图 13-18 单步、单周期连续工作程序（二）

单周期、连续和单步这三种工作方式主要是以“连续”标志 M0.7 和“转换允许”标志 M0.6 来区分。

（1）单步与非单步。M0.6 的常开触点接在每一个控制代表步的存储器位的启动电路中，它们断开时禁止步的活动状态的转换。如果系统处于单步工作方式，I2.2 为 1 状态，它的常开触点断开。“转换允许”存储器位 M0.6 在一般情况下为 0 状态，不允许步与步之间的转换。当某一步的工作结束后，转换条件满足，如果没有按启动按钮 I2.6，M0.6 处于

0 状态，不会转换到下一步。一直要等到按下启动按钮 I2.6，M0.6 在 I2.6 的上升沿 ON 一个扫描周期，M0.6 的常开触点接通，系统才会转换到下一步。

系统工作在连续，单周期工作方式下，I2.2 的常开触点接通，是 M0.6 为 1 状态，串联在各启动电路中的 M0.6 的常开触点接通，允许步与步之间的正常转换。

（2）连续与单周期。在连续工作方式下，I2.4 为 1 状态。初始步为活动步时按下启动按钮 I2.6，M2.0 变为 1 状态，机械手下降。与此同时，控制连续工作的 M0.7 的线圈通电并自保持。

当机械手在 M2.7 返回最左边时，I0.4 为 1 状态。因为连续标志位 M0.7 为 1 状态，转换条件 M0.7 - I0.4 满足，系统将返回步 M2.0，反复连续的工作下去。

按下停止按钮 I2.7 后，M0.7 变为 0 状态。但是机械手不会立即停止工作，在完成当前工作周期的全部操作后，机械手返回最左边，左限位开关 I0.4 为 1 状态，转换条件满足系统才从 M2.7 返回并停留在初始步。

在单周期工作方式，M0.7 一直处于 0 状态。当机械手在最后一步，M2.7 返回最左边时，左限位开关 I0.4 为 1 状态，转换条件满足，系统返回并停留在初始步，按一次启动按钮，系统只工作一个周期。

详细说明自动工作状态下单周期工作过程：在单周期工作方式下，I2.2 的常闭触点闭合，M0.6 的线圈通电，允许转换。在初始步时按下启动按钮 I2.6，在 M2.0 的启动电路中，M0.0、I2.6、M0.5、M0.6 的常开触点均接通，使 M2.0 的线圈通电，系统进入下降步，Q0.0 的线圈通电，机械手下降。碰到下限位开关 I0.1 时，转换到夹紧步，M2.1、Q0.1 被置位，夹紧继电器的线圈通电，并保持。同时接通延时定时器 T37 开始定时，1.7s 后定时时间到，工件被夹紧，转换条件 T37 满足，转换到步 M2.2。以后系统将这样一步一步地工作下去。在左行步 M2.7，当机械手左行返回到原点位置，左限位开关 I0.4 变为 1 状态，连续工作标志 M0.7 为 0 状态，将返回初始步 M0.0，机械手停止运动。由于 S7 - 200PLC 的顺控指令不支持直接输出的双线圈操作，因此要用中间继电器逻辑过渡一下。过渡程序如图 13 - 19 所示。

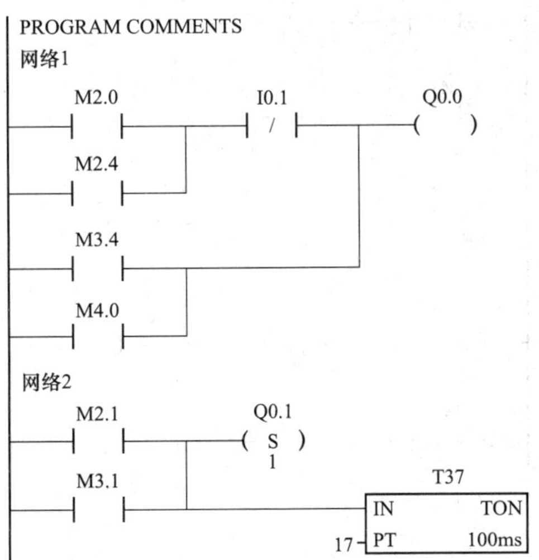

图 13 - 19　过渡程序（一）

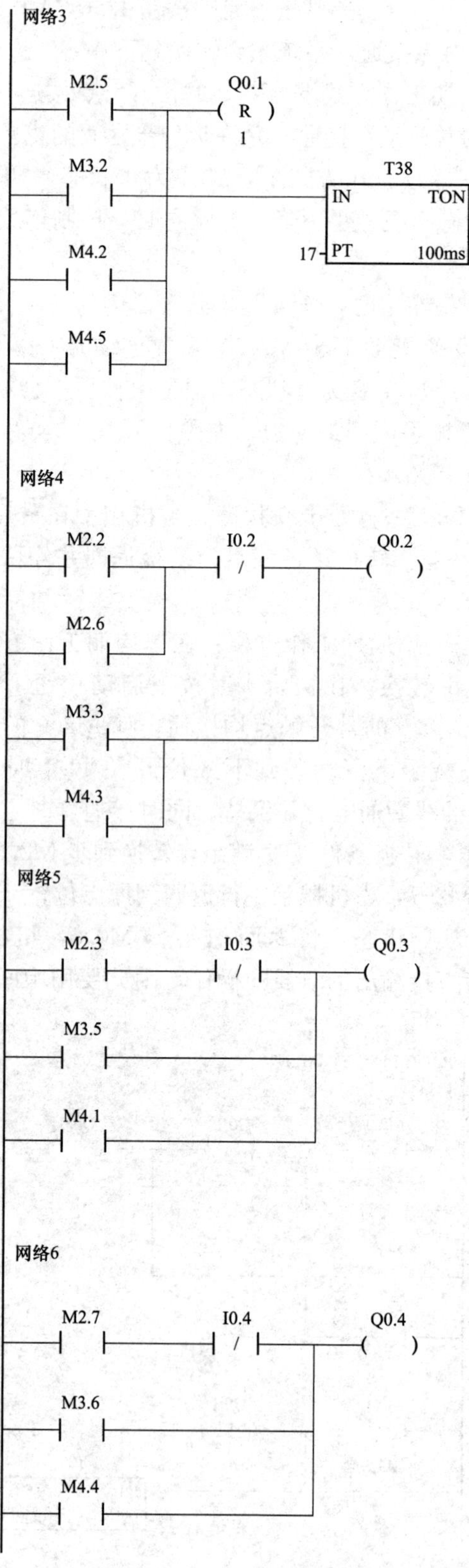
网络3
M2.5
Q0.1
R
1
M3.2
T38
IN
TON
17
PT
100ms
M4.2
M4.5
网络4
M2.2
I0.2
Q0.2
M2.6
M3.3
M4.3
网络5
M2.3
I0.3
Q0.3
M3.5
M4.1
网络6
M2.7
I0.4
Q0.4
M3.6
M4.4

图 13-19 过渡程序（二）

其他工作状态的程序梯形图详见附录 C。

13.2.3　组态仿真

1. 控制要求

本车间机械手操作工件控制系统包括连续、手动两种方式。

(1) 连续：将“自动/手动”和“连续”开关置 ON，随后按下启动按钮，系统将完成一个周期的运行，最后停在初始状态，延时 2s，随后系统自动进入下一个周期的运行，停止在初始状态。流程如下：初始状态→下降→夹紧→延时 2s→上升→右移→下降→放松→上升→左移→初始状态→延时 2s→下降……。

(2) 手动：将“自动/手动”开关置 OFF，机械手根据不同的指令去完成相应的动作，流程如下：初始状态→“上/下”置 OFF→下限→“夹/紧”置 ON→“上/下”置 ON→上限→“左/右”置 OFF→右限→“上/下”置 OFF→下限→“夹紧”置 OFF→“上/下”置 ON→上限→“左/右”置 ON→左限→初始状态。

2. 组态画面

完成的机械手仿真效果图如图 13 - 20 所示。

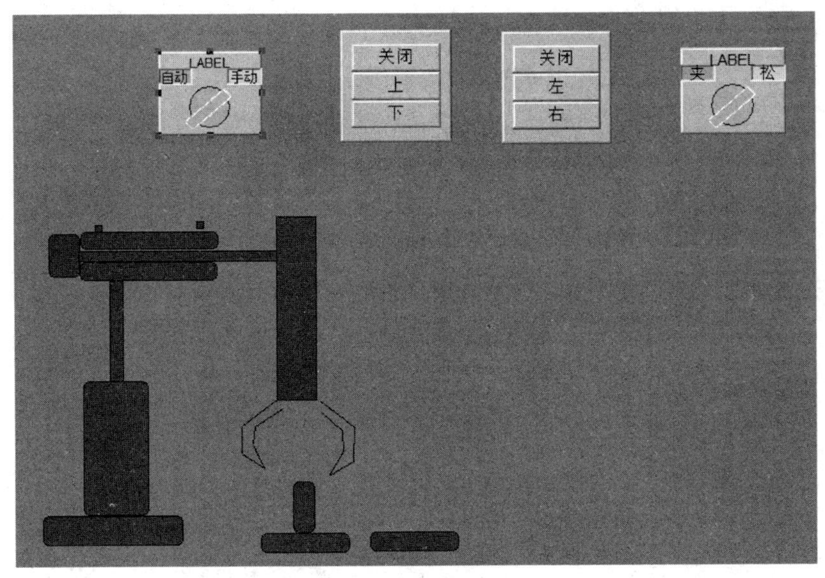

图 13 - 20　完成的机械手仿真效果图

3. 定义 I/O 设备

在图 13 - 21 中 I/O 配置向导中点击下一步，选择 I/O 通信的 COM 口。

设置第一步完毕后点击完成。出现串口设置第二部窗口如图 13 - 22 所示。

4. 创建实时数据库

(1) 在开发系统 Draw 导航器中点击进入“实时数据库”项，再双击“数据库组态”启动组态程序。

(2) 启动组态程序后在所出现的 DBMANAGER 主窗口中，单击菜单条的“点”选项选择新建或双击单元格，出现“请指定区域、点类型”向导对话框如图 13 - 23 所示。再点击该点类型，会有如图 13 - 24 所示对话框，在“点名（NAME)”输入框内输入名“try”。

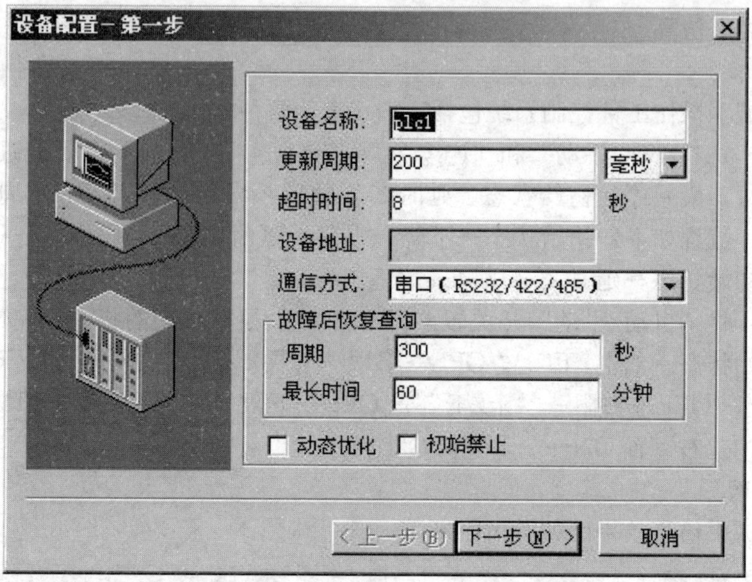

图 13-21　定义 I/O 设备

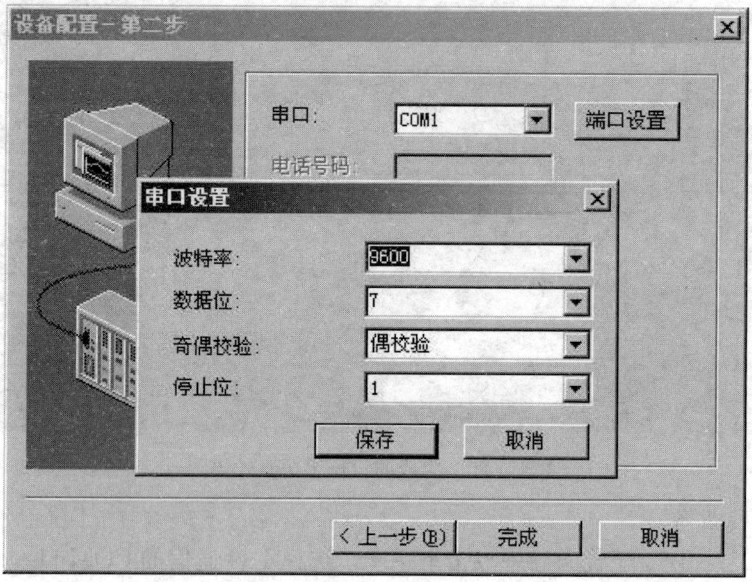

图 13-22　串口设置

其他参数值如量程、报警参数等参数可以采用缺省值，也可以用户自己填写，如图 13-25所示。

定义好所有数据库点后，保存退出。

上述为使用力控软件时构建数据库的步骤。

由于本工程不需要连接下位设备，因此可以省略定义 I/O 设备和创建实时数据库，改为使用中间变量来代替，机械手工程中所用到的中间变量及意思见表 13-6。

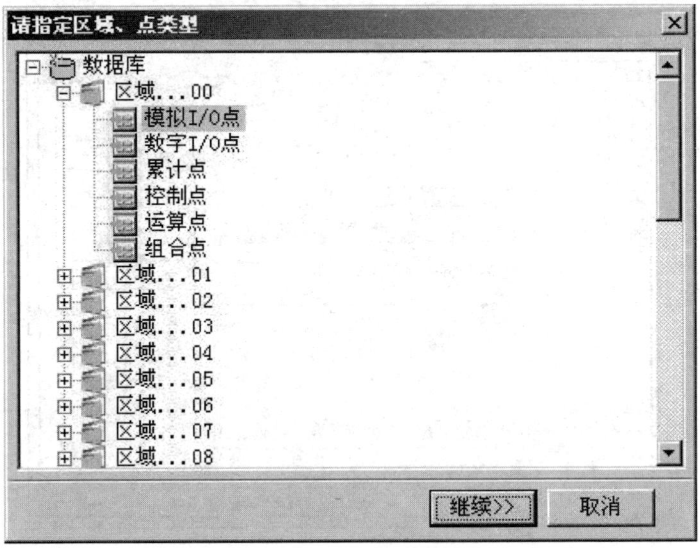

图 13 - 23　创建数据库点

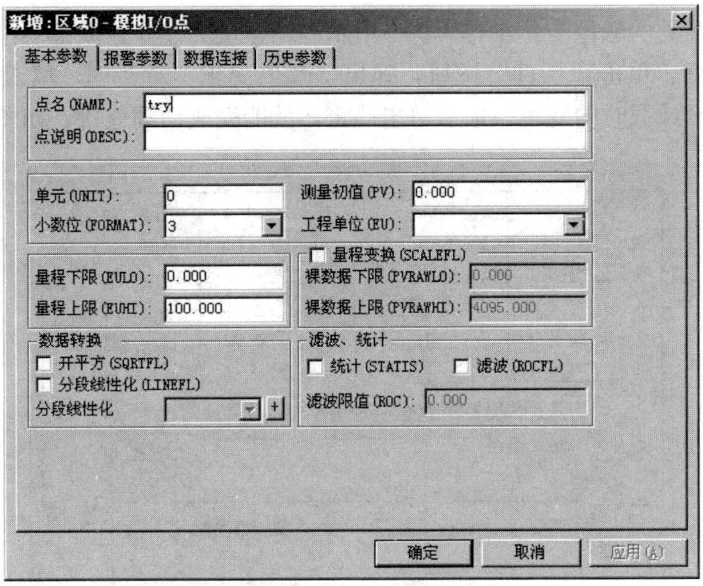

图 13 - 24　创建库点名称

表 13 - 6　　**工程中所用中间变量及含义**

变量名称	变量含义	变量名称	变量含义
auto	自动/手动	r	右行
x	机械手横向移动	t	自动状态下各步状态
y	机械手纵向移动	ting	停
d	下降	k1	限位开关
u	上升	k2	限位开关
l	左行	js	夹/松

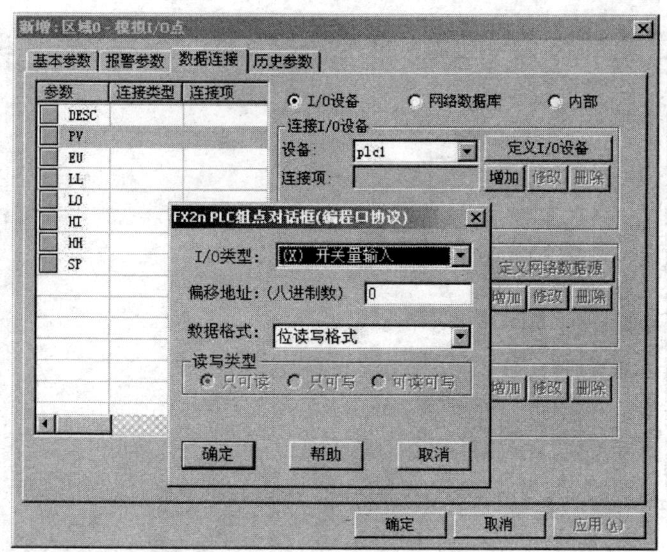

图 13-25　用户自行设置参数缺省值

5. 动画连接

下面以限位开关的颜色变化组态为例，演示动画连接的建立，双击限位开关对象，弹出了动画连接对话框，单击“条件”按钮，弹出“颜色变化”对话框，填入需要的条件表达式，并选择值为真或假时的颜色，最后单击确定，就能完成动画连接，如图 13-26 所示。

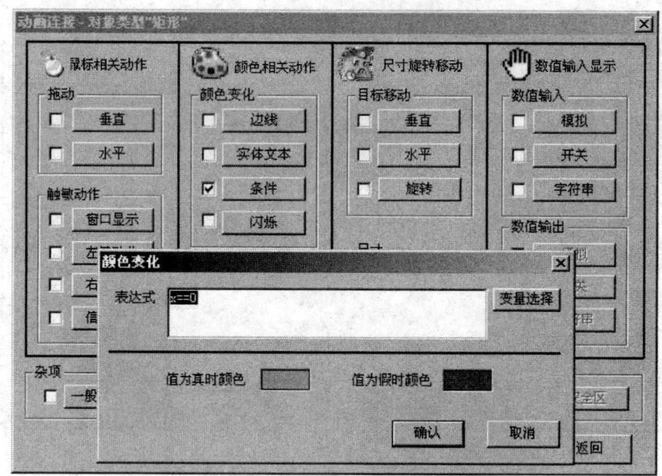

图 13-26　设置限位开关工作颜色

完成限位开关变量值改变后的动作变化后，依次完成对其他变量改变时颜色或者相应动作改变进行设置。

6. 创建脚本程序

动作脚本通常是与监控画面相关的一些控制，创建好动画连接后还不能正常工作，必须通过动作脚本完成一系列的控制要求。

```
if auto.pv= = 1 then t.pv= t.pv+ 1; endif
if t.pv= = 1 then k1.pv= 1; k2.pv= 0; endif
if t.pv= = 2 then y.pv= 30; k1.pv= 1; k2.pv= 0; endif
```

```
if t.pv= = 3 then y.pv= 60; k1.pv= 1; k2.pv= 0; endif
if t.pv= = 4 then x.pv= 50; k1.pv= 0; k2.pv= 0; endif
if t.pv= = 5 then x.pv= 100; k2.pv= 1; k1.pv= 0; endif
if t.pv= = 6 then y.pv= 30; k2.pv= 1; k1.pv= 0; endif
if t.pv= = 7 then y.pv= 0; k2.pv= 1; k1.pv= 0; endif
if t.pv= = 8 then js.pv= 0; k2.pv= 1; k1.pv= 0; endif
if t.pv= = 9 then js.pv= 1; x.pv= 0; y.pv= 0; k1.pv= 1; k2.pv= 0; endif
if t.pv= = 10 then t.pv= 0; endif
if u.pv= = 1 then y.pv= y.pv+ 10; endif
if d.pv= = 1 theny.pv= y.pv- 10; endif
if r.pv= = 1 then x.pv= x.pv+ 10; endif
if l.pv= = 1 then x.pv= x.pv- 10; endif
if ting.pv= = 1 then u.pv= 0; d.pv= 0; l.pv= 0; r.pv= 0; endif
if auto.pv= = 0 then k1.pv= 0; k2.pv= 0; endif
```

13.3　双八层电梯控制系统

13.3.1　电梯控制要求

1. 信号控制

电梯中的信号来自输入设备，需要对这些信号进行一系列的控制，以达到目的要求，PLC 主要包括信号控制系统和拖动控制系统。PLC 内部 CPU 可以决定运行方式和信号控制，处理的信号在电梯中体现为楼层显示与运行方向指示。具体信号间的关系如图 13 - 27 所示。

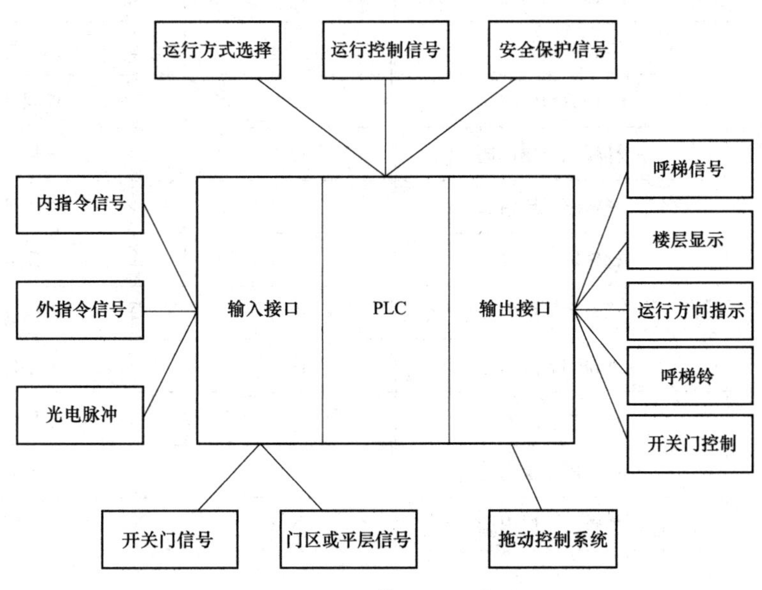

图 13 - 27　信号间的关系

2. 功能实现

电梯控制系统功能要求为：

（1）内部动作选择后和外部动作选择后都需要对操作有记忆功能，当被记录的信号被执行后记录的信号会被解除，转而执行其他命令。

（2）电梯结构中需要有内选、外选选择指示装置，以及轿厢运行方向和楼层位置显示装置。

（3）电梯在行进时内部厢门和外部厅门均不能随意开启，当门打开时轿厢不能上下运动。

（4）轿厢行进方向由内部操作信号决定，同方向的信号会被优先执行。

（5）电梯运行中途如果有外部呼梯信号，如与运行方向相同，则停止前进；反之，则不停车。

（6）电梯应具有能对最远反向外部呼梯信号做出响应的功能。比如说当电梯在四楼时，而同时有一层向上呼梯信号，二层向上呼梯信号，三层向上呼梯信号，则电梯先去一楼响应一楼的向上呼梯信号。

（7）当乘客在内部执行一个操作信号，电梯能够迅速响应此信号，行进到目的楼层时，轿厢停止，电梯门打开，如果没有其他操作电梯要在5s后自动关门。

13.3.2 PLC设计

1. I/O端子分配

设计中使用的输入端子表见表13-7。

表13-7 输入端子分配表

端子编号	端子代表的含义	端子编号	端子代表的含义
I0.0	一梯开门按钮	I1.7	三层外呼上
I0.1	一梯关门按钮	I2.0	三层外呼下
I0.2	一梯开门到位	I2.1	四层外呼上
I0.3	一梯关门到位	I2.2	四层外呼下
I0.4	一梯轿厢一层内选	I2.3	五层外呼上
I0.5	一梯轿厢二层内选	I2.4	五层外呼下
I0.6	一梯轿厢三层内选	I2.5	六层外呼上
I0.7	一梯轿厢四层内选	I2.6	六层外呼下
I1.0	一梯轿厢五层内选	I2.7	七层外呼上
I1.1	一梯轿厢六层内选	I3.0	七层外呼下
I1.2	一梯轿厢七层内选	I3.1	八层外呼下
I1.3	一梯轿厢八层内选	I3.2	一梯超载
I1.4	一层外呼上	I3.3	一梯夹人
I1.5	二层外呼上	I3.4	一梯上行限位
I1.6	二层外呼下	I3.5	一梯下行限位

续表

端子编号	端子代表的含义	端子编号	端子代表的含义
I3.6	一梯一层平层	I5.6	二梯五层内选
I3.7	一梯二层平层	I5.7	二梯六层内选
I4.0	一梯三层平层	I6.0	二梯七层内选
I4.1	一梯四层平层	I6.1	二梯八层内选
I4.2	一梯五层平层	I8.0	二梯超载
I4.3	一梯六层平层	I8.1	二梯夹人
I4.4	一梯七层平层	I8.2	二梯上行限位
I4.5	一梯八层平层	I8.3	二梯下行限位
I4.6	二梯开门	I8.4	二梯一层平层
I4.7	二梯关门	I8.5	二梯二层平层
I5.0	二梯开门到位	I8.6	二梯三层平层
I5.1	二梯关门到位	I8.7	二梯四层平层
I5.2	二梯一层内选	I9.0	二梯五层平层
I5.3	二梯二层内选	I9.1	二梯六层平层
I5.4	二梯三层内选	I9.2	二梯七层平层
I5.5	二梯四层内选	I9.3	二梯八层平层

设计中使用的输出端子分配表见表 13 - 8。

表 13 - 8　输出端子分配表

端子编号	端子代表的含义	端子编号	端子代表的含义
Q0.0	一梯轿厢上升	Q1.1	一梯四层内选指示
Q0.1	一梯轿厢下降	Q1.2	一梯五层内选指示
Q0.2	一梯开门	Q1.3	一梯六层内选指示
Q0.3	一梯关门	Q1.4	一梯七层内选指示
Q0.4	一梯上行指示	Q1.5	一梯八层内选指示
Q0.5	一梯下行指示	Q1.6	一层外呼上指示
Q0.6	一梯一层内选指示	Q1.7	二层外呼上指示
Q0.7	一梯二层内选指示	Q2.0	二层外呼下指示
Q1.0	一梯三层内选指示	Q2.1	三层外呼上指示

续表

端子编号	端子代表的含义	端子编号	端子代表的含义
Q2.2	三层外呼下指示	Q4.5	一梯七段码 f
Q2.3	四层外呼上指示	Q4.6	一梯七段码 g
Q2.4	四层外呼下指示	Q5.0	二梯上行指示
Q2.5	五层外呼上指示	Q5.1	二梯下行指示
Q2.6	五层外呼下指示	Q5.2	二梯一层内选指示
Q2.7	六层外呼上指示	Q5.3	二梯二层内选指示
Q3.0	六层外呼下指示	Q5.4	二梯三层内选指示
Q3.1	七层外呼上指示	Q5.5	二梯四层内选指示
Q3.2	七层外呼下指示	Q5.6	二梯五层内选指示
Q3.3	八层外选下指示	Q5.7	二梯六层内选指示
Q3.4	二梯轿厢上升	Q6.0	二梯七层内选指示
Q3.5	二梯轿厢下降	Q6.1	二梯八层内选指示
Q3.6	二梯开门	Q8.0	二梯七段码 a
Q3.7	二梯关门	Q8.1	二梯七段码 b
Q4.0	一梯七段码 a	Q8.2	二梯七段码 c
Q4.1	一梯七段码 b	Q8.3	二梯七段码 d
Q4.2	一梯七段码 c	Q8.4	二梯七段码 e
Q4.3	一梯七段码 d	Q8.5	二梯七段码 f
Q4.4	一梯七段码 e	Q8.6	二梯七段码 g

设计中一层只需上呼按钮，八层只需要下呼按钮，其余每层需要上呼和下呼两个按钮，一共需要 14 个输入点；两个电梯开关门信号 4 个输入信号；两个电梯的内选信号从第 1 层到第 8 层共 16 个输入信号；还需要有相应的保护装置，每层平层信号，开、关门到位信号，防夹、超重保护信号两个电梯公用共 28 个输入点；总共 62 个输入 I/O 点。输出点中需要曳引电动机正转反转两种状态对应轿厢上行下行，开关门电动机运行 8 个输出点，上行下行指示 4 个点，两个电梯第 1 层到第 8 层内选指示信号共 16 个点，一层上行指示和八层下行指示其余每层需要上下行指示共 14 个输出点，两个电梯中用到的七段码共 14 个，所以总共需要 56 个输出 I/O 点。

2. PLC 程序设计

(1) 整体设计思路。在电梯整体控制过程中，电梯初始状态为等待呼叫状态，在有呼叫信号时电梯做出相应的上行或者下行运动，当电梯运动到目标层时，相应的记忆会被消除，同时执行开门或者关门动作请求，循环整体操作，电梯的控制流程如图 13-28 所示。

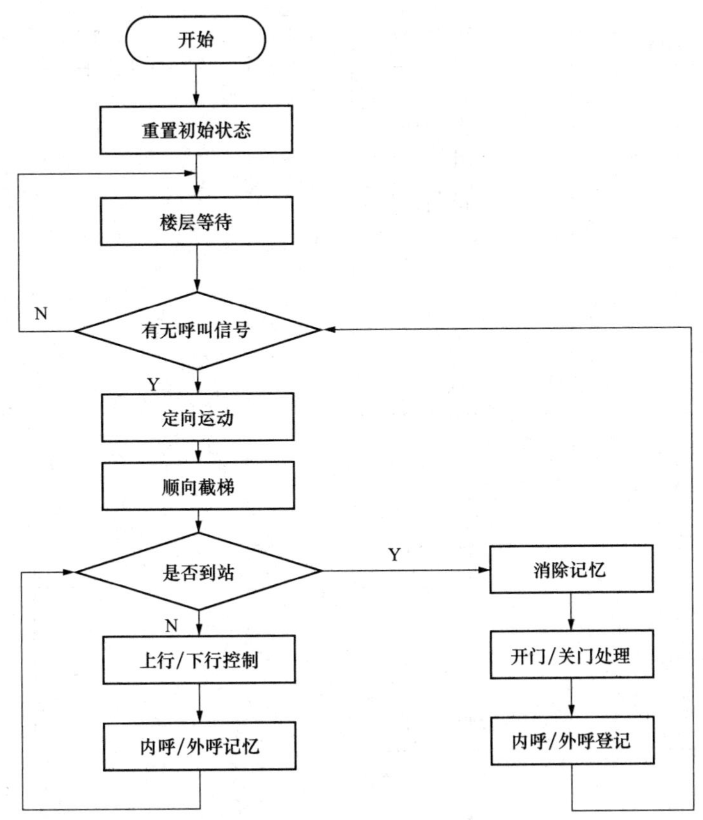

图 13-28　电梯的控制流程

(2) 开门程序设计。电梯开门应该在内选开门触发或者外选信号触发运行，达到平层且关门电动机没有运行时，电梯开门电动机开始运行，所以各楼层的呼叫信号与开门信号间是并联关系。开门到位后触发开门到位信号，停止开门电动机运行，完成开门动作，开门到位常闭触点与其他信号为并联。开门流程图如图 13-29 所示。

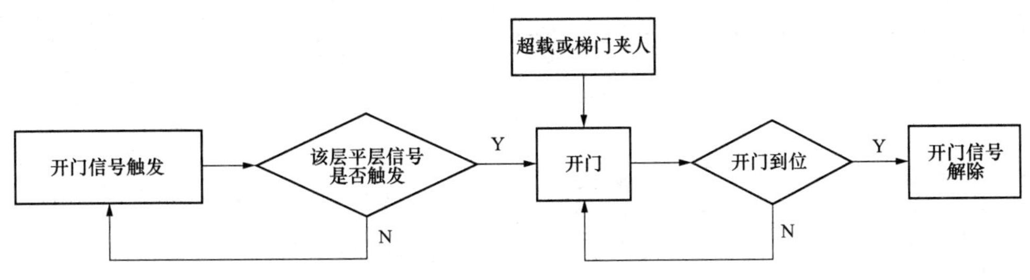

图 13-29　开门流程图

相应的 PLC 程序如图 13-30 所示。

(3) 关门程序设计。电梯关门分手动关门与自动关门，使用辅助触点与计时器结合达到自动关门效果，设计中 T37 为计时器，5s 后关门电动机运行。由于电梯关门的前提是开门信号未触发、开门电动机未运行、超载与夹人信号均未触发，所以关门信号与开门、关门到位、开门电动机、超载与夹人的常闭触点并联。关门流程图如图 13-31 所示。

相应的 PLC 程序如图 13-32 所示。

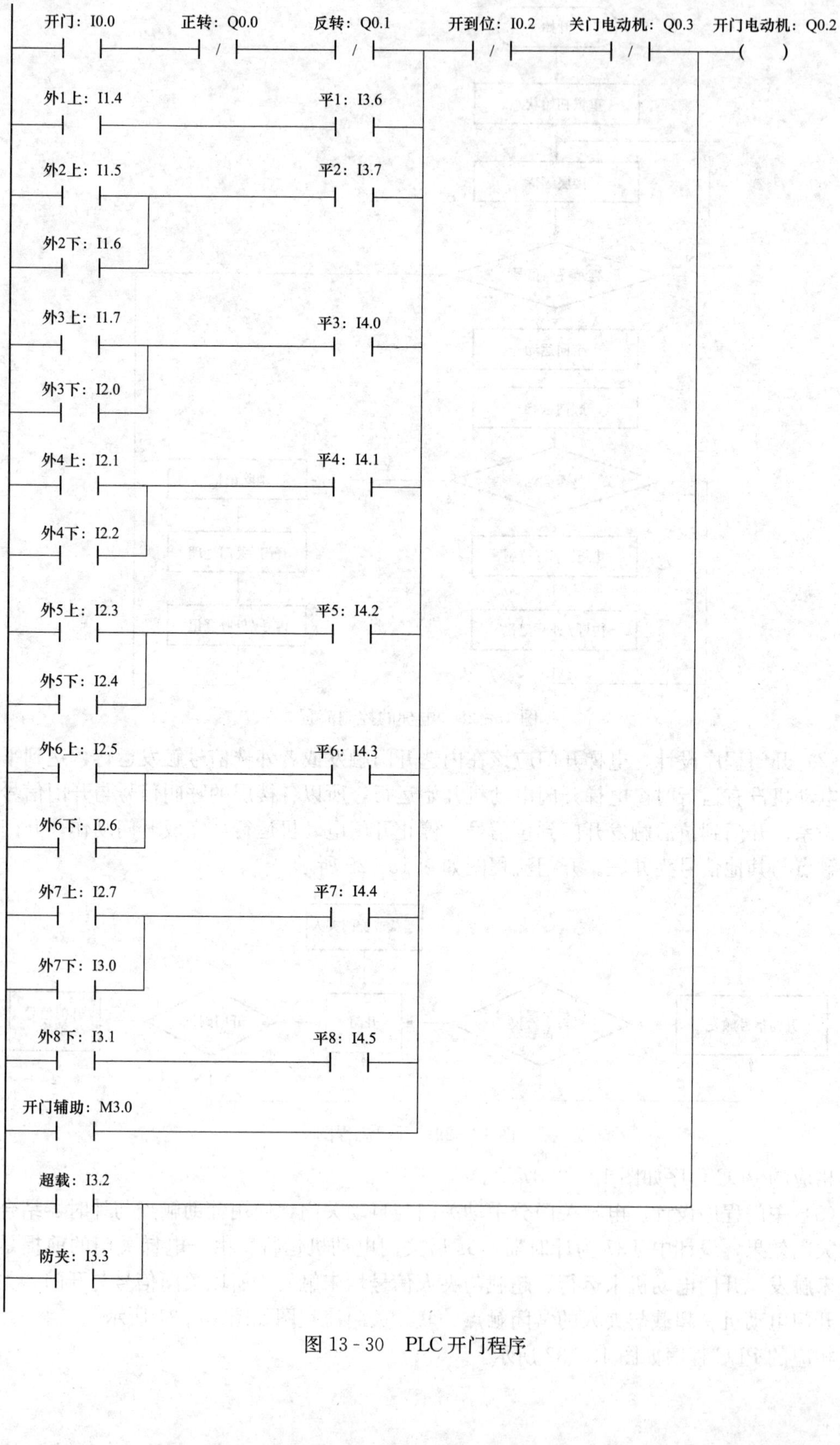

开门：I0.0
正转：Q0.0
反转：Q0.1
开到位：I0.2
关门电动机：Q0.3
开门电动机：Q0.2
外1上：I1.4
平1：I3.6
外2上：I1.5
平2：I3.7
外2下：I1.6
外3上：I1.7
平3：I4.0
外3下：I2.0
外4上：I2.1
平4：I4.1
外4下：I2.2
外5上：I2.3
平5：I4.2
外5下：I2.4
外6上：I2.5
平6：I4.3
外6下：I2.6
外7上：I2.7
平7：I4.4
外7下：I3.0
外8下：I3.1
平8：I4.5
开门辅助：M3.0
超载：I3.2
防夹：I3.3

图 13-30　PLC 开门程序

电梯开门
开门到位
Y
N
计时器开始计时
关门信号
电梯关门

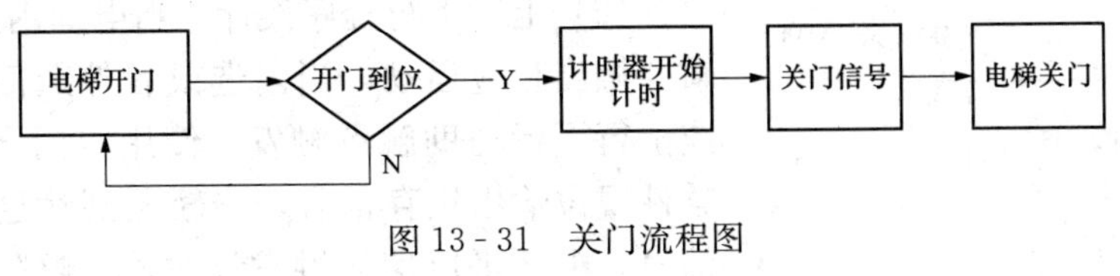

图 13-31　关门流程图

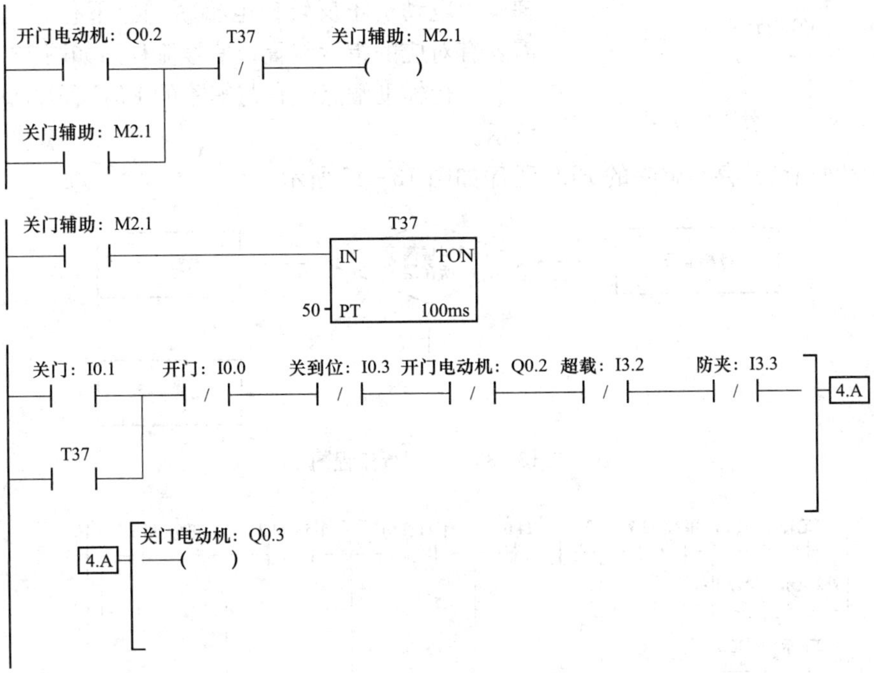

开门电动机：Q0.2
T37
关门辅助：M2.1
关门辅助：M2.1
关门辅助：M2.1
T37
IN
TON
50
PT
100ms
关门：I0.1
开门：I0.0
关到位：I0.3
开门电动机：Q0.2
超载：I3.2
防夹：I3.3
4.A
T37
4.A
关门电动机：Q0.3

图 13-32　PLC 关门程序

（4）内选信号指示锁存与消除设计。内选指示使用辅助触点配合，内选信号触发使辅助触点触发形成自锁，同时使内选指示触发，当轿厢到达内选信号所选层数时断开自锁，一同解除内选指示自锁，一层内选信号与一层平层信号常闭触点并联。以一层内选为例，相应 PLC 程序如图 13-33 所示。

内选1：I0.4
平1：I3.6
内1记辅：M12.0
内1记辅：M12.0
内1记辅：M12.0
内1指示：Q0.6

图 13-33　PLC 内选信号

其他层的内选信号与第一层内选信号控制方式相同，全部采用辅助触点与输出触点结合的方式结合，达到内选指示灯锁定与解除方式相结合。

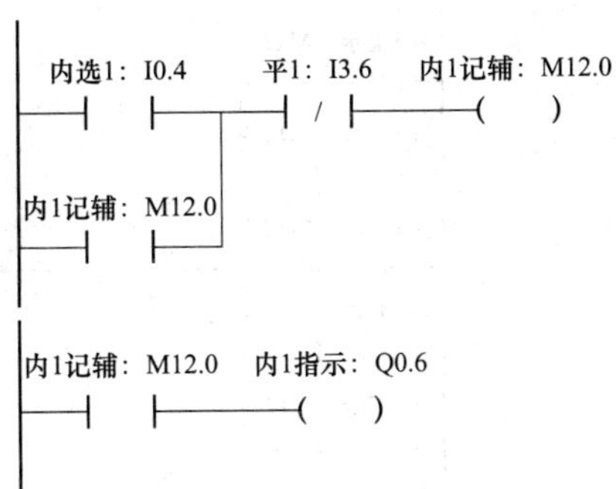

（5）外呼信号锁存与解除。电梯每层都有对应的上呼与下呼信号，当按上呼或者下呼按钮，需要锁存呼叫信号，轿厢达到该层锁存信号解除。解除锁存信号的方法是达到该层，平层信号触发或者轿厢上行都会解除外选指示，外呼信号直接可以控制指示灯，行成自锁后该层平层或者轿厢上行都会解除自锁。以二层上选信号锁存与解除程序为例，相应的 PLC 程序如 13-34 所示。

其他外选信号的锁存与解除方法与第二层的上选信号锁存与解除方式相同，使用辅助触点锁存与解除信号，辅助触点与输出 I/O 点结合控制指示灯。

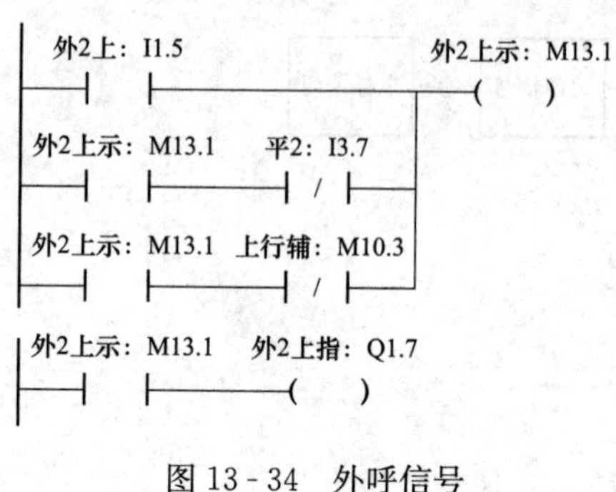

图 13-34 外呼信号

（6）上行下行程序设计。当电梯内选或者外选时，轿厢做出相应运动，当内选或者外选信号触发时使相应上行下行辅助触点触发，使用西门子 STEP 7 编程软件置位输出锁存信号，当轿厢到达这层时解除锁存信号，配合平层信号触发计时器，解除锁存，配合电梯曳引电动机正反转使电梯轿厢上下行。上行下行时需要有对应的指示装置，信号流程图如图 13-35 所示。

上行辅助触点锁存与解除的 PLC 程序如图 13-36 所示。

下行辅助触点锁存与解除的 PLC 程序如图 13-37 所示。

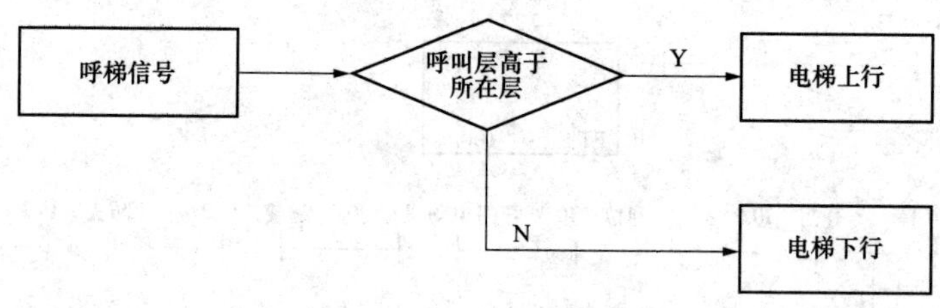

图 13-35 上下行流程图

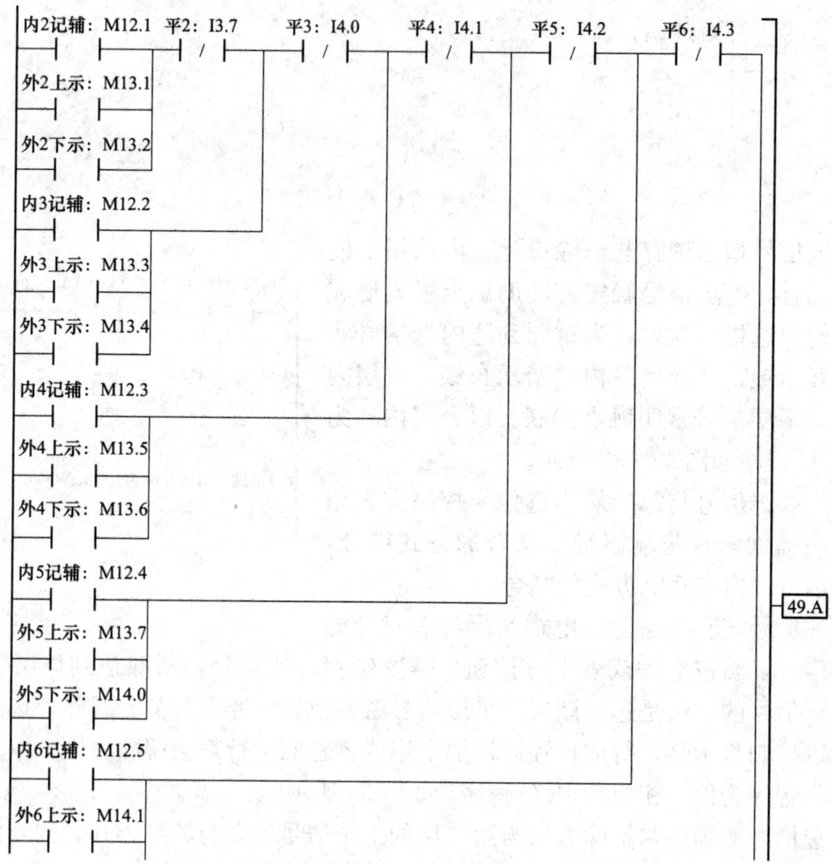

图 13-36 上行辅助触点锁存与解除的 PLC 程序（一）

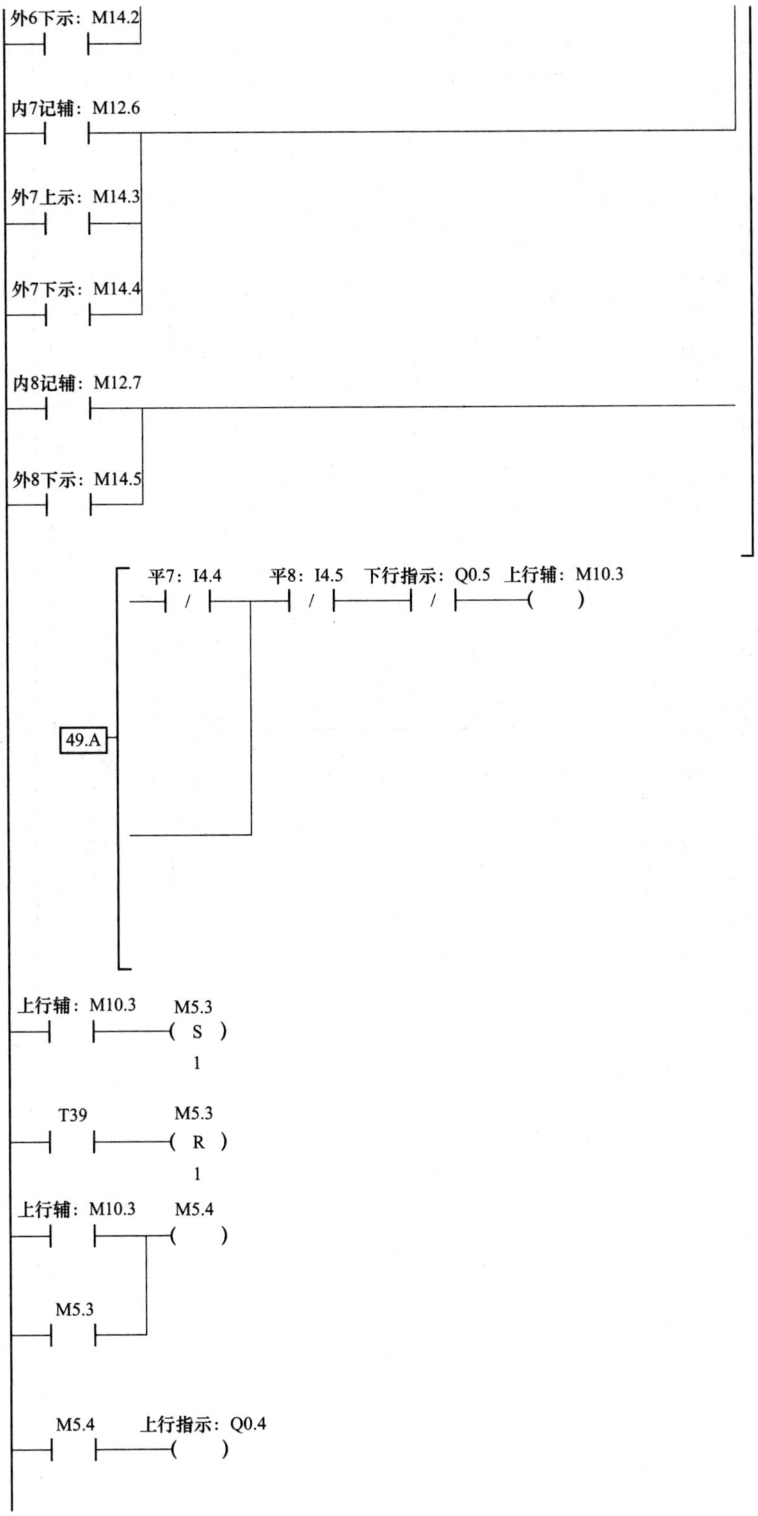

外6下示：M14.2
内7记辅：M12.6
外7上示：M14.3
外7下示：M14.4
内8记辅：M12.7
外8下示：M14.5
平7：I4.4　平8：I4.5　下行指示：Q0.5　上行辅：M10.3
49.A
上行辅：M10.3　M5.3 (S) 1
T39　M5.3 (R) 1
上行辅：M10.3　M5.4 (　)
M5.3
M5.4　上行指示：Q0.4 (　)

图 13-36　上行辅助触点锁存与解除的 PLC 程序（二）

内7记辅：M12.6 平7：I4.4 平6：I4.3 平5：I4.2 平4：I4.1 平3：I4.0

外7下示：M14.4

外7上示：M14.3

内6记辅：M12.5

外6下示：M14.2

外6上示：M14.1

内5记辅：M12.4

外5下示：M14.0

外5上示：M13.7

内4记辅：M12.3

54.A

外4下示：M13.6

外4上示：M13.5

内3记辅：M12.2

外3下示：M13.4

外3上示：M13.3

内2记辅：M12.1

外2下示：M13.2

外2上示：M13.1

内1记辅：M12.0

外1上示：M13.0

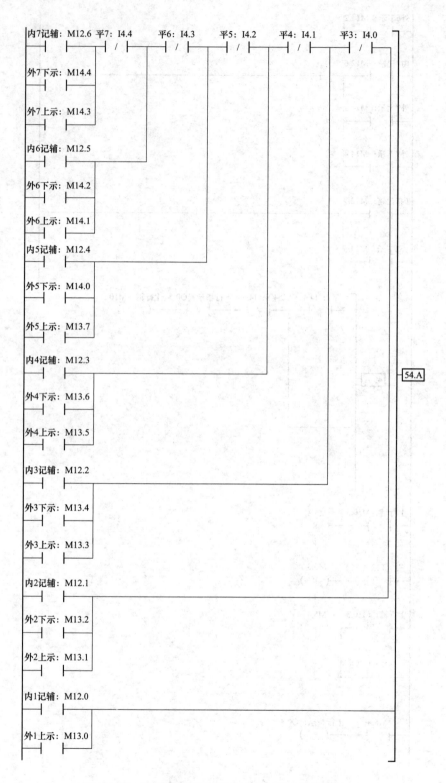

图 13-37 下行辅助触点锁存与解除的PLC程序（一）

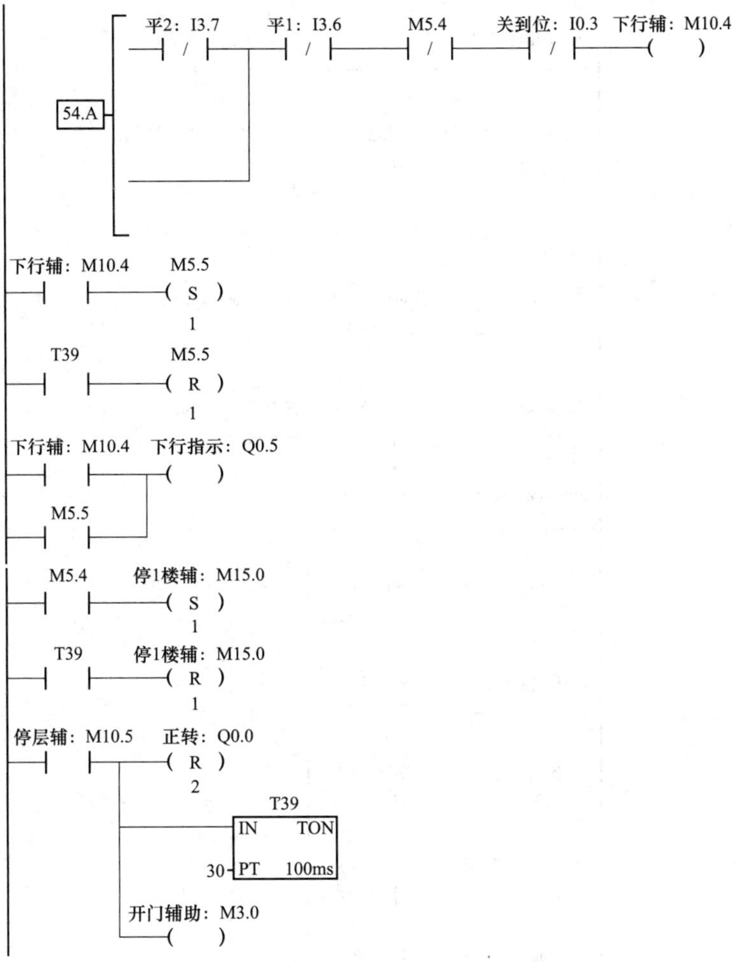

54.A
平2：I3.7　平1：I3.6　M5.4　关到位：I0.3　下行辅：M10.4
下行辅：M10.4　M5.5 (S) 1
T39　M5.5 (R) 1
下行辅：M10.4　下行指示：Q0.5
M5.5
M5.4　停1楼辅：M15.0 (S) 1
T39　停1楼辅：M15.0 (R) 1
停层辅：M10.5　正转：Q0.0 (R) 2
T39 IN TON
30 PT 100ms
开门辅助：M3.0

图 13 - 37　下行辅助触点锁存与解除的 PLC 程序（二）

轿厢上下行 PLC 程序如图 13 - 38 所示。

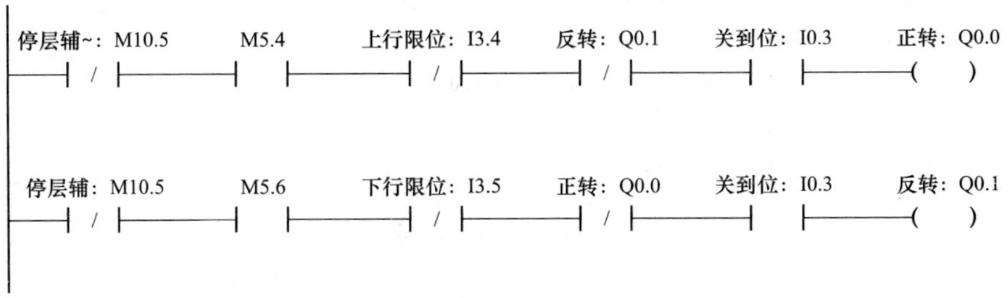

停层辅~：M10.5　M5.4　上行限位：I3.4　反转：Q0.1　关到位：I0.3　正转：Q0.0
停层辅：M10.5　M5.6　下行限位：I3.5　正转：Q0.0　关到位：I0.3　反转：Q0.1

图 13 - 38　轿厢上下行 PLC 程序

电梯中上下行信号锁存与解除 PLC 模块与电梯上下行 PLC 程序模块相互配合，达到电梯上行下行运动。

（7）电梯停层程序设计。电梯运行中，在内呼或者外呼相应层到达时，需要将轿厢停在所选这层，配合计时器，3s 后解除锁存，同时触发开门信号，达到停层开门效果。以二层为例，相应的 PLC 程序如图 13 - 39 所示。

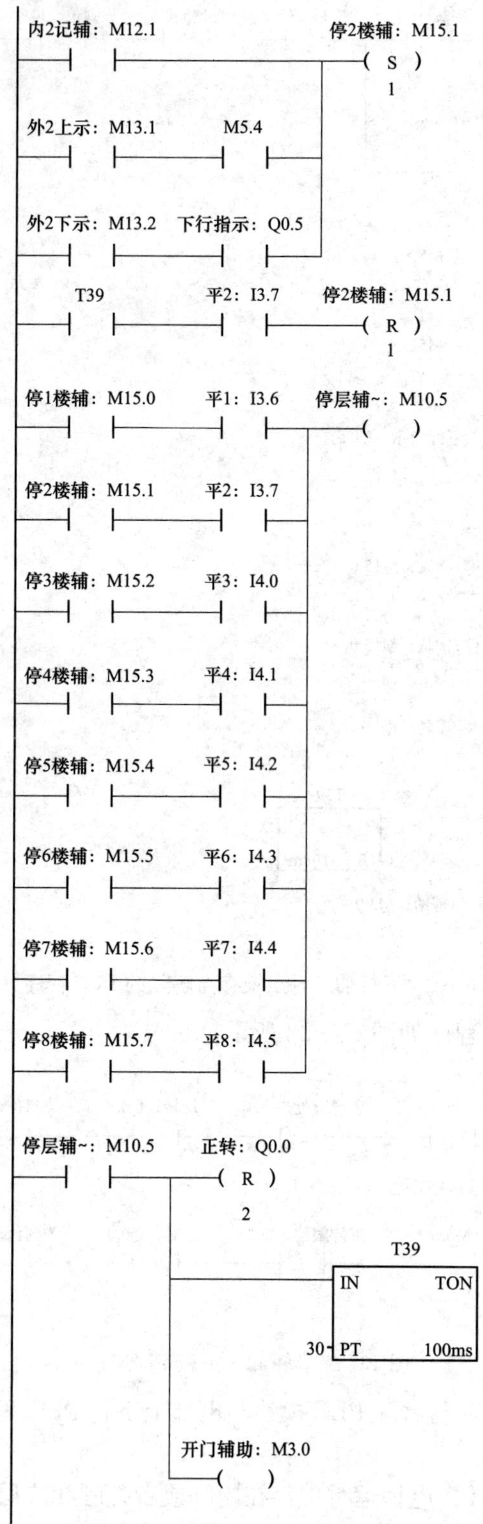

图 13-39 电梯停层 PLC 程序

(8) 楼层显示程序设计。电梯在运行中需要显示电梯所在层数，显示使用到 SEG 译码器，当该层信号触发其他层平层信号常闭触点触发时，译码器得到该层显示层数的数据，使电梯所在层数显示出来。以一层显示为例，相应的 PLC 程序如图 13 - 40 所示。

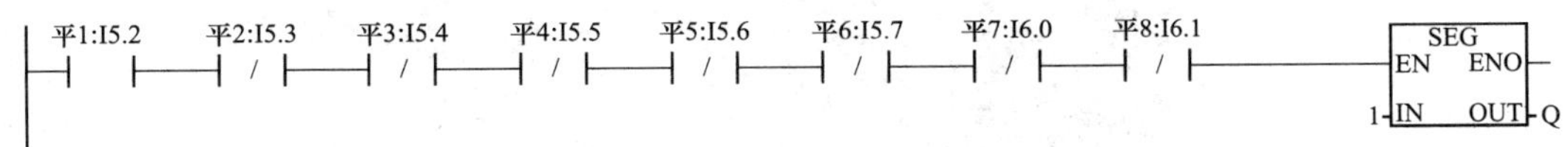

图 13 - 40　楼层显示 PLC 程序

其他层数显示方法与一层方式相同。

(9) 双梯控制。双梯控制在 PLC 中体现为设置一个电梯为主梯，整体控制如前面所述所有的软件设计，二梯为自由梯。在二梯上行运动输出触点前增加一个一梯下行辅助常闭触点，使在一梯下行情况下二梯只能响应下行信号；同时在二梯下行运动输出触点前增加一个一梯上行触点，使二梯在一梯下行时只能响应上行信号。

13.3.3　组态软件设计

1. 创建组态画面

进入开发系统后，创建仿真模型，具体界面如图 13 - 41 所示。

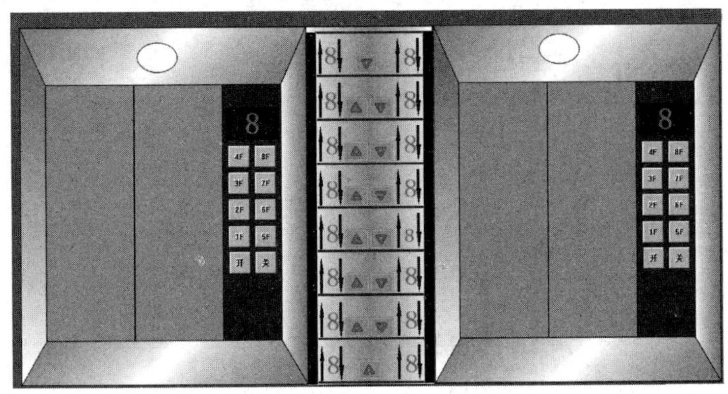

图 13 - 41　创建组态画面图

左侧为一号电梯，右侧为二号电梯，电梯有对应的上下行指示、内外呼按钮、电梯所在层都由楼层显示。

2. 定义 I/O 设备

点击 I/O 设备组态，选择里面力控选项，点击仿真驱动选项，新建新的设备。具体界面如图 13 - 42 所示。

3. 建立实时数据库

建立完成设备配置后，需要定义模拟电梯控制过程中用到的各种模拟点与数字点。具体步骤：

(1) 双击左侧工程栏“实时数据库”选项，启动“DbManager”窗口。

(2) 在“DbManager”窗口区域建立模拟或者 I/O 点，如图 13 - 43 所示。

设计中应用的模拟 I/O 点如图 13 - 44 所示。

设计中的数字 I/O 点如图 13 - 45 所示。

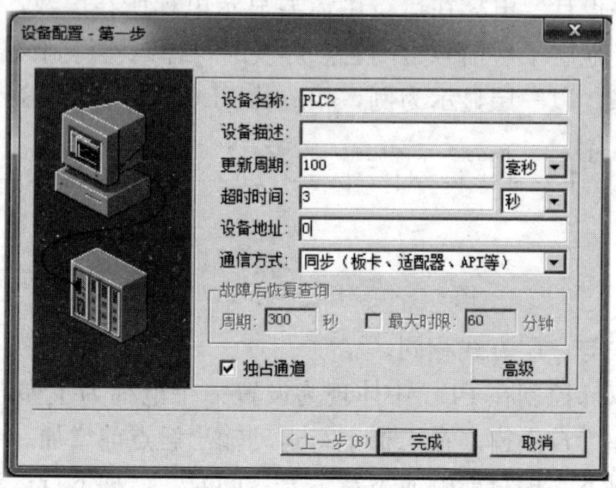

图 13-42　新建 I/O 设备组态图

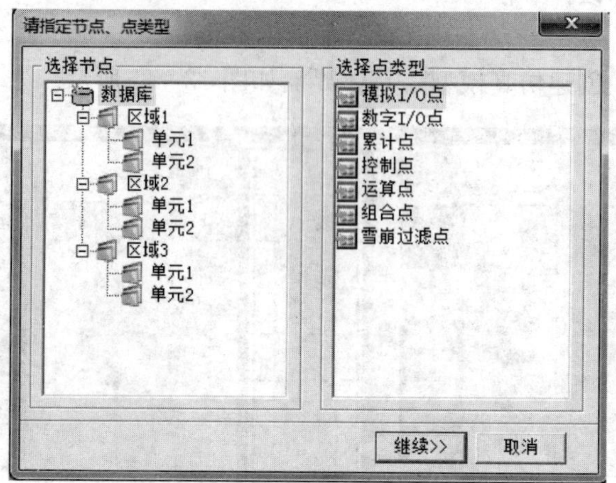

DbManager - [D:\likong7.0\Project\1\...]

工程[D] 点[P] 工具[T] 帮助[H]

数据库 / 区域1 / 区域2 / 区域3 / 模拟I/O点 / 数字I/O点

	NAME [点名]	DESC [说明]	%IOLINK [I/O连接]	%HIS [历史参数]	%LABEL [标签]
1	h1	一梯轿厢高度	PV=PLC2:地址:0 常量寄存器 最小:0 最大:100		报警未打开
2	h11	二梯轿厢高度	PV=PLC2:地址:1 常量寄存器 最小:0 最大:100		报警未打开
3	c1	一梯层数	PV=PLC2:地址:2 常量寄存器 最小:0 最大:100		报警未打开
4	c11	二梯层数	PV=PLC2:地址:3 常量寄存器 最小:0 最大:100		报警未打开
5	m1	一梯门宽度	PV=PLC2:地址:4 常量寄存器 最小:0 最大:100		报警未打开
6	m11	二梯门宽度	PV=PLC2:地址:5 常量寄存器 最小:0 最大:100		报警未打开

图 13-44　模拟 I/O 点

	NAME [点名]	DESC [说明]	%IOLINK [I/O连接]	%HIS [历史参数]	%LABEL [标签]
1	sx1	一梯上行指示	PV=PLC2:地址:5 状态控制 最小:0 最大:1001001		报警未打开
2	sx11	二梯上行指示	PV=PLC2:地址:6 状态控制 最小:0 最大:1001001		报警未打开
3	xx1	一梯下行指示	PV=PLC2:地址:7 状态控制 最小:0 最大:1001001		报警未打开
4	xx11	二梯下行指示	PV=PLC2:地址:8 状态控制 最小:0 最大:1001001		报警未打开
5	1F1	一梯一层内选	PV=PLC2:地址:9 状态控制 最小:0 最大:1001001		报警未打开
6	2F1	一梯二层内选	PV=PLC2:地址:10 状态控制 最小:0 最大:1001001		报警未打开
7	3F1	一梯三层内选	PV=PLC2:地址:11 状态控制 最小:0 最大:1001001		报警未打开
8	4F1	一梯四层内选	PV=PLC2:地址:12 状态控制 最小:0 最大:1001001		报警未打开
9	5F1	一梯五层内选	PV=PLC2:地址:13 状态控制 最小:0 最大:1001001		报警未打开
10	6F1	一梯六层内选	PV=PLC2:地址:14 状态控制 最小:0 最大:1001001		报警未打开
11	7F1	一梯七层内选	PV=PLC2:地址:15 状态控制 最小:0 最大:1001001		报警未打开
12	8F1	一梯八层内选	PV=PLC2:地址:16 状态控制 最小:0 最大:1001001		报警未打开
13	1F11	二梯一层内选	PV=PLC2:地址:17 状态控制 最小:0 最大:1001001		报警未打开
14	2F11	二梯二层内选	PV=PLC2:地址:18 状态控制 最小:0 最大:1001001		报警未打开
15	3F11	二梯三层内选	PV=PLC2:地址:19 状态控制 最小:0 最大:1001001		报警未打开
16	4F11	二梯四层内选	PV=PLC2:地址:20 状态控制 最小:0 最大:1001001		报警未打开
17	5F11	二梯五层内选	PV=PLC2:地址:21 状态控制 最小:0 最大:1001001		报警未打开
18	6F11	二梯六层内选	PV=PLC2:地址:22 状态控制 最小:0 最大:1001001		报警未打开
19	7F11	二梯七层内选	PV=PLC2:地址:23 状态控制 最小:0 最大:1001001		报警未打开
20	8F11	二梯八层内选	PV=PLC2:地址:24 状态控制 最小:0 最大:1001001		报警未打开
21	sh1	一层上呼	PV=PLC2:地址:25 状态控制 最小:0 最大:1001001		报警未打开
22	sh2	二层上呼	PV=PLC2:地址:26 状态控制 最小:0 最大:1001001		报警未打开
23	xh2	二层下呼	PV=PLC2:地址:27 状态控制 最小:0 最大:1001001		报警未打开

图 13 - 45　数字 I/O 点

4. *动画连接*

以本设计为例，改变的变量为轿厢高度，轿门宽度，轿厢层数对应的变化是轿厢位置变化，而轿门宽度填充比的大小则对应输出数值的变化。行进方向指示可以通过颜色变化来模拟仿真。以轿厢内动画连接为例，具体参数设置如图 13 - 46 所示。

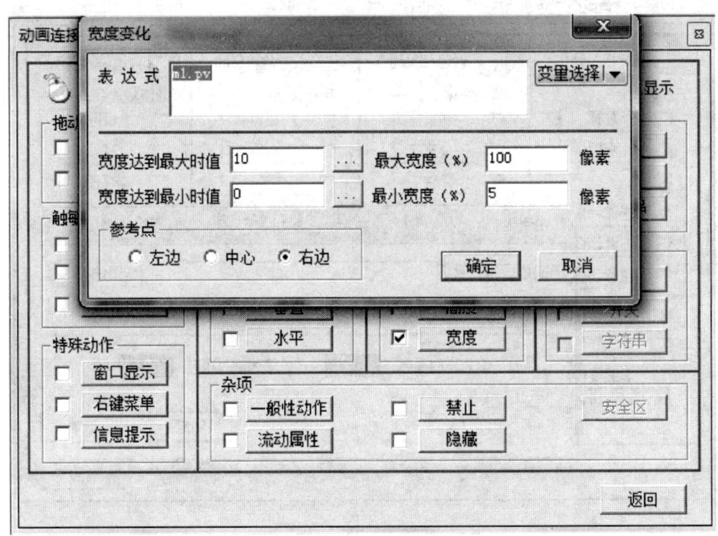

图 13 - 46　轿厢动画连接

按钮类的设置多为鼠标左键动作，以一层内选按钮为例，需要设置左键动作和颜色相关动作中的条件变化，使变量值为真时颜色为红色值，为假时为灰色，设置左键动作如图 13 - 47所示，颜色相关设置如图 13 - 48 所示。

5. *脚本程序编写*

点击项目窗口中的动作选项，双击“应用程序动作”，在程序运行周期执行中编写相关程序，以左侧第一步电梯为例，本设计中部分八层电梯程序如下：

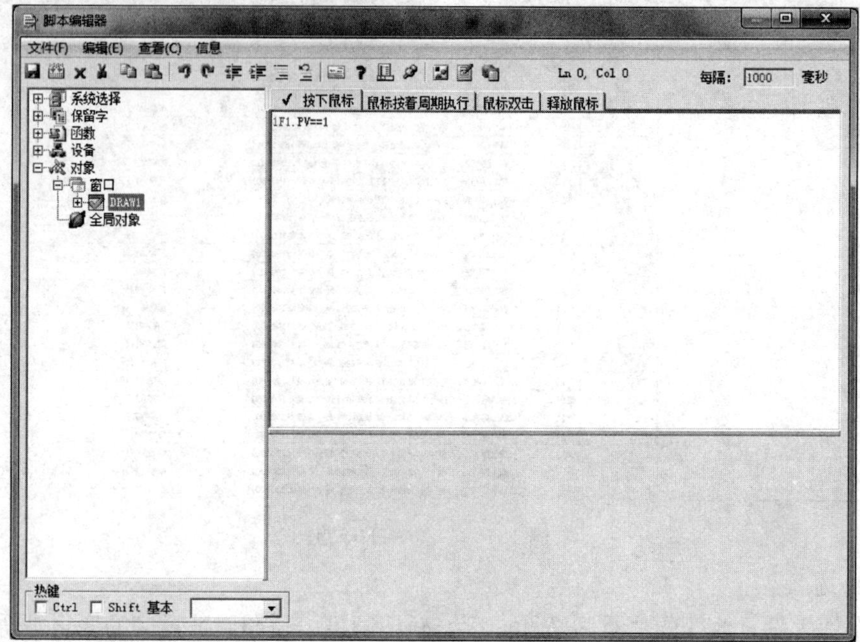

图 13-47 左键动作设置图

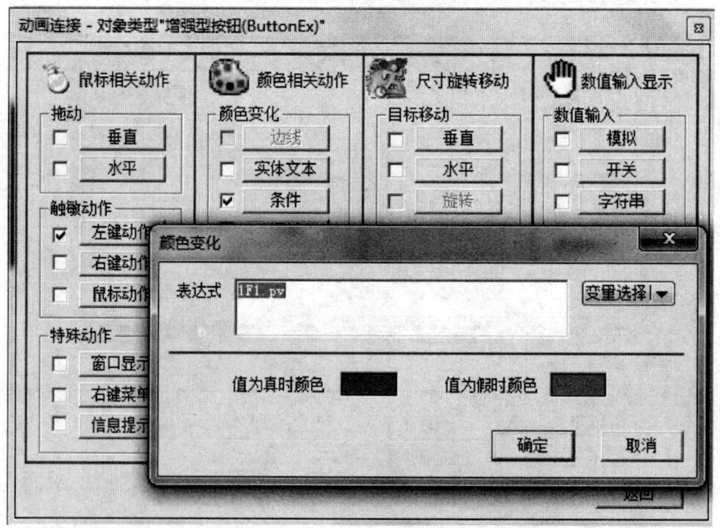

图 13-48 按钮设置图

一梯层显：

```
if (h.pv= = 0)    thenc.pv= 1; endif
if (h.pv= = 10)   thenc.pv= 2; endif
if (h.pv= = 20)   thenc.pv= 3; endif
if (h.pv= = 30)   thenc.pv= 4; endif
if (h.pv= = 40)   thenc.pv= 5; endif
if (h.pv= = 50)   thenc.pv= 6; endif
if (h.pv= = 60)   thenc.pv= 7; endif
```

```
if (h.pv= = 70)   thenc.pv= 8; endif
```

层显输出根据轿厢高度不同，模拟轿厢图形的高度，高度增加或减少，使楼层显示的模拟变量输出不同的值。

一梯上下行控制：

```
if (sx.pv= = 1 && m.pv= = 10) thenh.pv= h.pv+ 1; endif
if (xx.pv= = 1 && m.pv= = 10 ) thenh.pv= h.pv- 1; endif
```

轿厢上行、下行必须符合轿厢门关闭状态下才可以上升或者下降。

一梯内选：

```
if (sx.pv= = 0) then
if (F1.pv= = 1 && h.pv> 0) thenxx.pv.pv= 1; endif
if (F2.pv= = 1 && h.pv> 10) thenxx.pv= 1; endif
if (F3.pv= = 1 && h.pv> 20) thenxx.pv= 1; endif
if (F4.pv= = 1 && h.pv> 30) thenxx.pv= 1; endif
if (F5.pv= = 1 && h.pv> 40) thenxx.pv= 1; endif
if (F6.pv= = 1 && h.pv> 50) thenxx.pv= 1; endif
if (F7.pv= = 1 && h.pv> 60) thenxx.pv= 1; endif
Endif
//电梯在非上行状态下，内呼层数低于轿厢现在位置，则电梯执行下行动作。
if (xx.pv= = 0) then
if F2.pv= = 1 && h.pv< 10 thensx.pv= 1; endif
if F3.pv= = 1 && h.pv< 20 thensx.pv= 1; endif
if F4.pv= = 1 && h.pv< 30 thensx.pv= 1; endif
if F5.pv= = 1 && h.pv< 40 thensx.pv= 1; endif
if F6.pv= = 1 && h.pv< 50 thensx.pv= 1; endif
if F7.pv= = 1 && h.pv< 60 thensx.pv= 1; endif
if F8.pv= = 1 && h.pv< 70 thensx.pv= 1; endif
Endif
//电梯在非下行状态下，内呼层数高于轿厢现在位置，则电梯执行上行动作。
if (xx.pv= = 1 && F1.pv= = 0 && F2.pv= = 0 && F3.pv= = 0 && F4.pv= = 0 && F5.pv= = 0 &&
F6.pv= = 0 && F7.pv= = 0 && F8.pv= = 0)
thenxx.pv= 0; Endif
//电梯下行状态下，如果没有呼叫信号，则下行信号解除。
```

轿厢移动方向的判断是由呼叫信号与轿厢位置共同决定，如电梯在 5 层，3 层有呼叫信号，轿厢高度大于 3 层高度，此时电梯应该下行，下行信号触发，轿厢到达 3 层后无其他呼叫信号，下行信号解除。

判断两个电梯的优先运动，以三层为例：

```
If (sh3.pv= = 1 | |  xh3.pv= = 1) then
if ( (h11.pv< = h1.pv && h1.pv< = 20) | |  (h1.pv< = h11.pv && h1.pv> = 20) | | (h1.pv
< = 20 && h11.pv> = 20 && ( (20- h1.pv) < =  (h11.pv- 20))) | |  ( h11.pv< = 20 && h1.pv> =
20 && ( (20- h11.pv) > =  (h1.pv- 20))))
```

```
thenF3.pv= 1; endif
if (F3.pv= = 1 && h1.pv= = 20) thensh3.pv= 0; xh3.pv= 0; endif
if ( (h1.pv< h11 && h11.pv< = 20) | | (h11.pv< h1.pv && h11.pv> = 20) | | ( h11.pv<
20 && h1.pv> 20 && ( (20- h11.pv) < = (h1.pv- 20))) | | ( h1.pv< 20 && h11.pv> 20 && ( (20-
h1.pv) > = (h11.pv- 20))))
thenF13.pv= 1; endif
if (F13.pv= = 1 && h11.pv= = 20) thensh3.pv= 0; xh3.pv= 0; endif
endif
```

当门厅3层的上呼或者下呼信号触发时，比较两个电梯高度，当一梯在3层以下且二梯低于一梯、一梯高于3层且二梯高于一梯、一梯低于3层二梯高于3层时，如果二梯高度差与20之差比一梯高度与20之差小，那么二梯将低于3层而一梯高于3层；反之，就优先移动一梯。

一梯开关门：

```
if (kai1.pv= = 1) then        //电梯开门状态会根据门状态判断，开门信号触发，门宽度大于0
则进行关门。
if (m.pv> 0) then             //如果门宽度为0时，进行计时，时间到达后取消开门操作，进行
关门操作清零计时器。
m.pv= m.pv- 1; endif
if (m.pv= = 0 && T1< 10) then
T1= T1+ 1; endif
if (T1= = 10) thenkai1.pv= 0; guan1.pv= 1; T1= 0; endif
end if

if (guan1.pv= = 1) thenkai1.pv= 0;
if ( m.pv< 10) thenm.pv= m.pv+ 1; endif
if (m.pv= = 10) thenguan1.pv= 0; endif
end if

if (guan11.pv= = 1) thenkai11.pv= 0;
if ( m.pv1< 10) thenm.pv1= m.pv1+ 1; endif
if (m.pv1= = 10) thenguan11.pv= 0; endif
End if
```

电梯开关门分手动和自动两种方式。当内选开门或者关门作用时，进行开关门，如果没有操作时，经过一段时间后自动内选关门作用，电梯自动关门。

附录A 梯 形 图 清 单 1

启动程序判断是否执行自动操作：

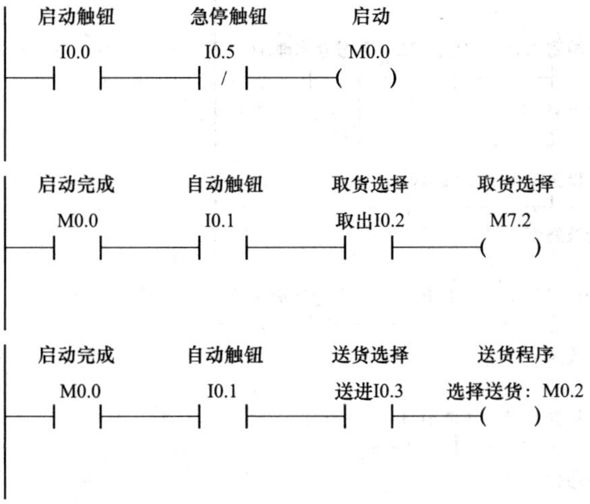

启动触钮 I0.0 急停触钮 I0.5 启动 M0.0

启动完成 M0.0 自动触钮 I0.1 取货选择 取出I0.2 取货选择 M7.2

启动完成 M0.0 自动触钮 I0.1 送货选择 送进I0.3 送货程序 选择送货：M0.2

显示操作错误程序：

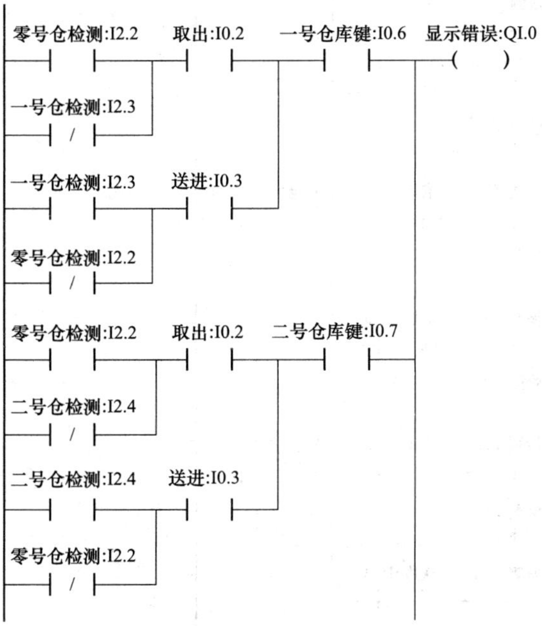

零号仓检测:I2.2 取出:I0.2 一号仓库键:I0.6 显示错误:QI.0

一号仓检测:I2.3

一号仓检测:I2.3 送进:I0.3

零号仓检测:I2.2

零号仓检测:I2.2 取出:I0.2 二号仓库键:I0.7

二号仓检测:I2.4

二号仓检测:I2.4 送进:I0.3

零号仓检测:I2.2

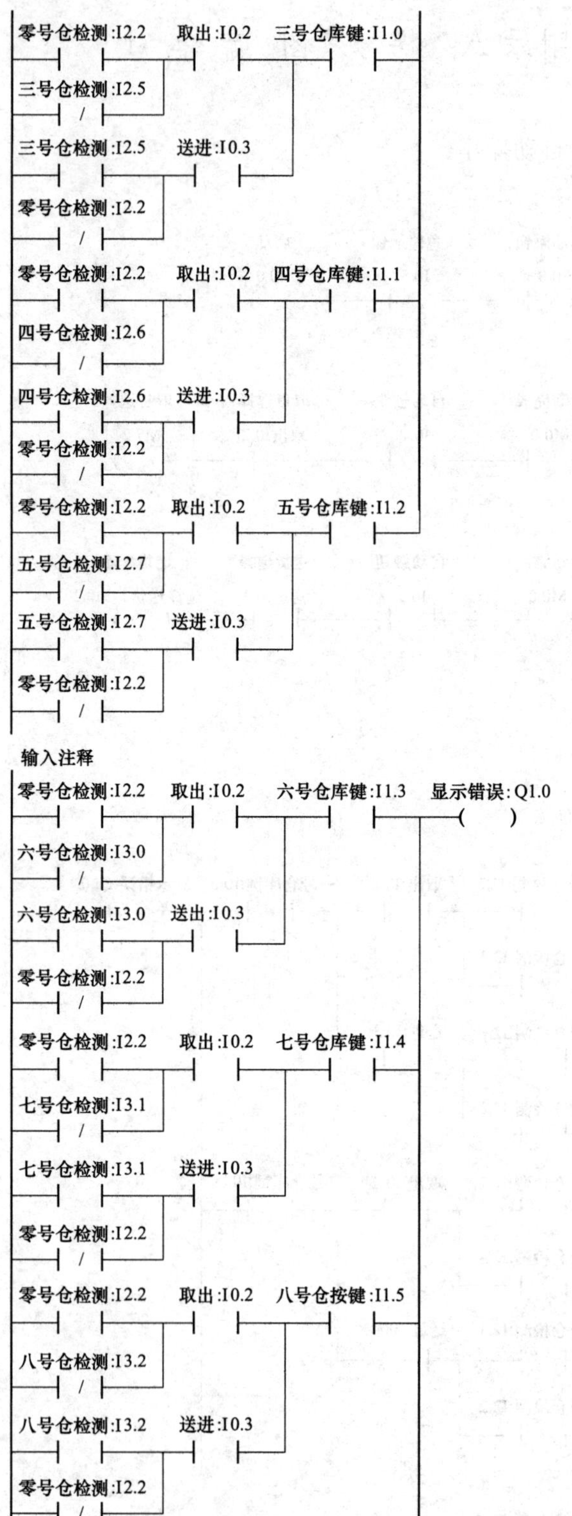
零号仓检测:I2.2
取出:I0.2
三号仓库键:I1.0
三号仓检测:I2.5
三号仓检测:I2.5
送进:I0.3
零号仓检测:I2.2
零号仓检测:I2.2
取出:I0.2
四号仓库键:I1.1
四号仓检测:I2.6
四号仓检测:I2.6
送进:I0.3
零号仓检测:I2.2
零号仓检测:I2.2
取出:I0.2
五号仓库键:I1.2
五号仓检测:I2.7
五号仓检测:I2.7
送进:I0.3
零号仓检测:I2.2
输入注释
零号仓检测:I2.2
取出:I0.2
六号仓库键:I1.3
显示错误:Q1.0
六号仓检测:I3.0
六号仓检测:I3.0
送出:I0.3
零号仓检测:I2.2
零号仓检测:I2.2
取出:I0.2
七号仓库键:I1.4
七号仓检测:I3.1
七号仓检测:I3.1
送进:I0.3
零号仓检测:I2.2
零号仓检测:I2.2
取出:I0.2
八号仓按键:I1.5
八号仓检测:I3.2
八号仓检测:I3.2
送进:I0.3
零号仓检测:I2.2

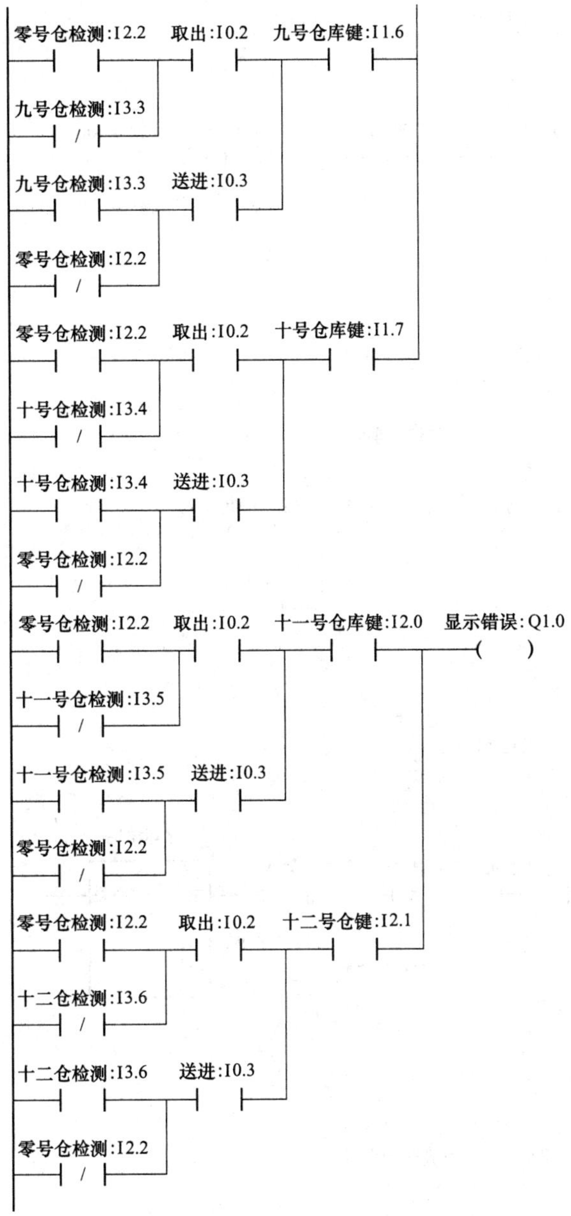

零号仓检测:I2.2 取出:I0.2 九号仓库键:I1.6
九号仓检测:I3.3
九号仓检测:I3.3 送进:I0.3
零号仓检测:I2.2
零号仓检测:I2.2 取出:I0.2 十号仓库键:I1.7
十号仓检测:I3.4
十号仓检测:I3.4 送进:I0.3
零号仓检测:I2.2
零号仓检测:I2.2 取出:I0.2 十一号仓库键:I2.0 显示错误:Q1.0
十一号仓检测:I3.5
十一号仓检测:I3.5 送进:I0.3
零号仓检测:I2.2
零号仓检测:I2.2 取出:I0.2 十二号仓键:I2.1
十二仓检测:I3.6
十二仓检测:I3.6 送进:I0.3
零号仓检测:I2.2

检测程序：

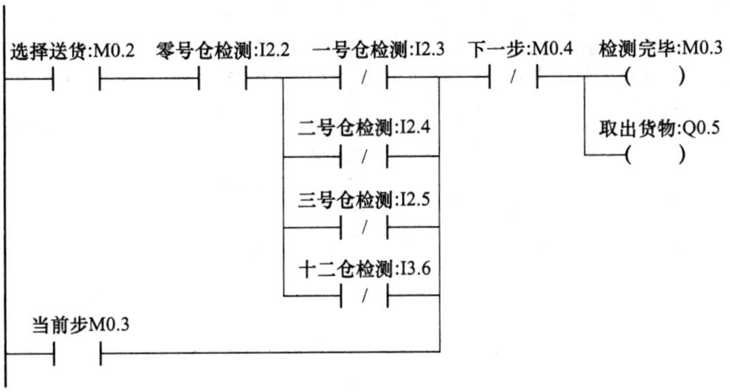

选择送货:M0.2 零号仓检测:I2.2 一号仓检测:I2.3 下一步:M0.4 检测完毕:M0.3
二号仓检测:I2.4 取出货物:Q0.5
三号仓检测:I2.5
十二仓检测:I3.6
当前步M0.3

送货程序，将货物送到一号仓库：

送进一号仓库
检测完毕:M0.3 一号仓库键:I0.6 前进限制:I3.7 取消:I0.4 下一步M0.5 当前步M0.4
当前步M0.4 前进:Q0.0
一号仓库键:I0.6 显示一号:Q1.1
前进完成M0.4 送进限制:I4.5 下一步M0.6 当前步M0.5
当前步M0.5 货物送进:Q0.4
送进完成M0.5 一号仓检测:I2.3 后退限制:I4.0 下一步M0.7 当前步M0.6
当前步M0.6 后退:Q0.1

送货程序，将货物送到二号仓库：

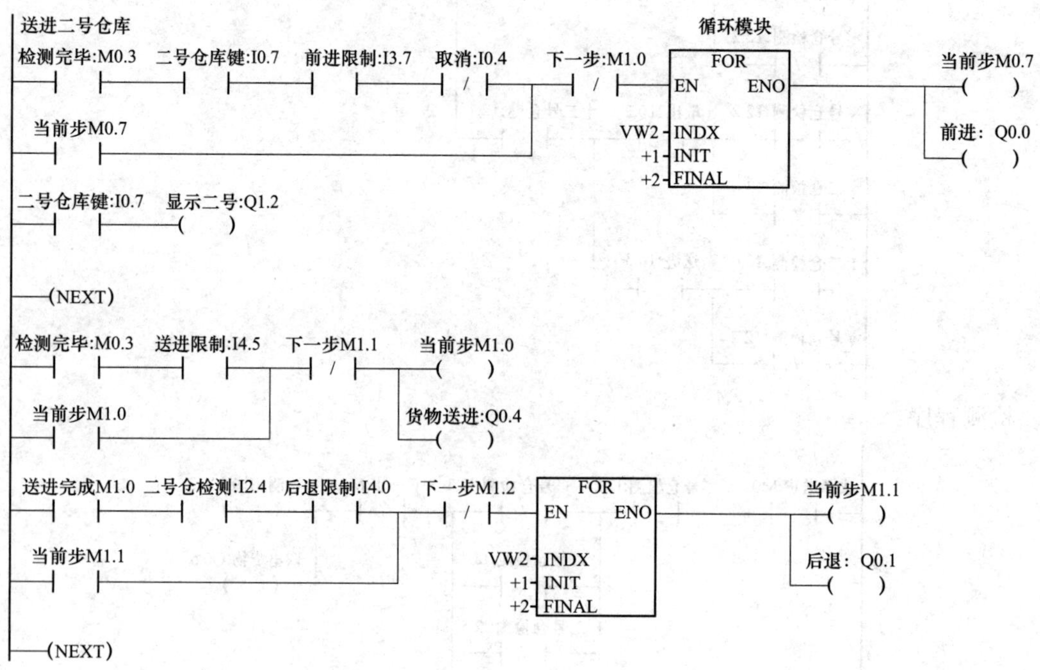

送货程序，将货物送到四号仓库：

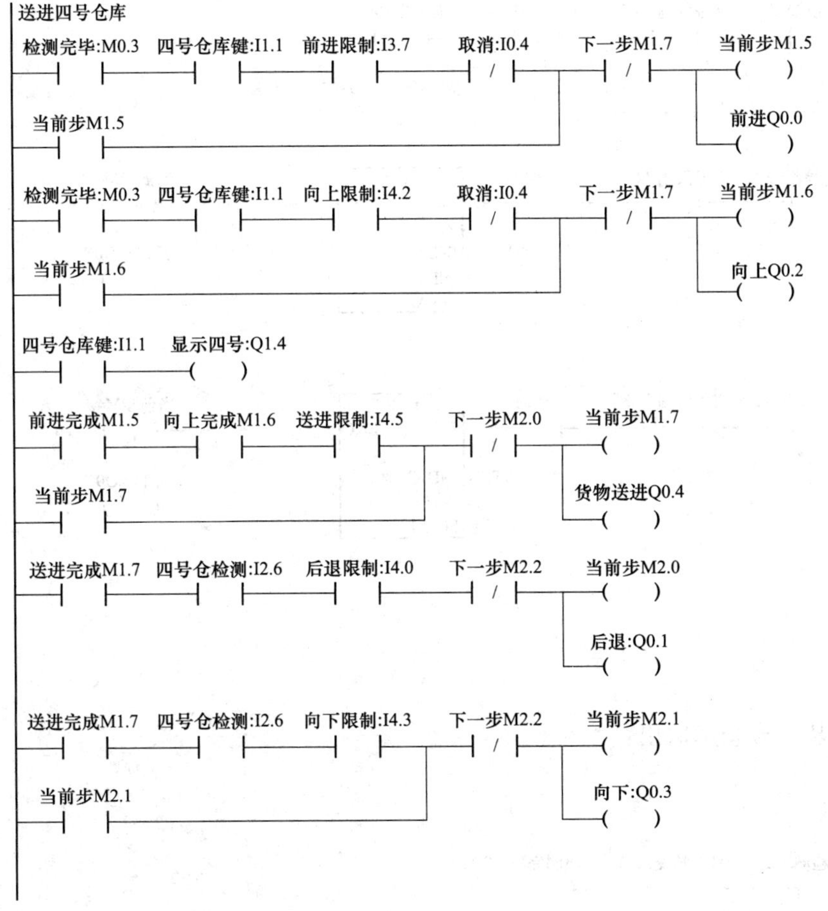

送货程序，将货物送到八号仓库：

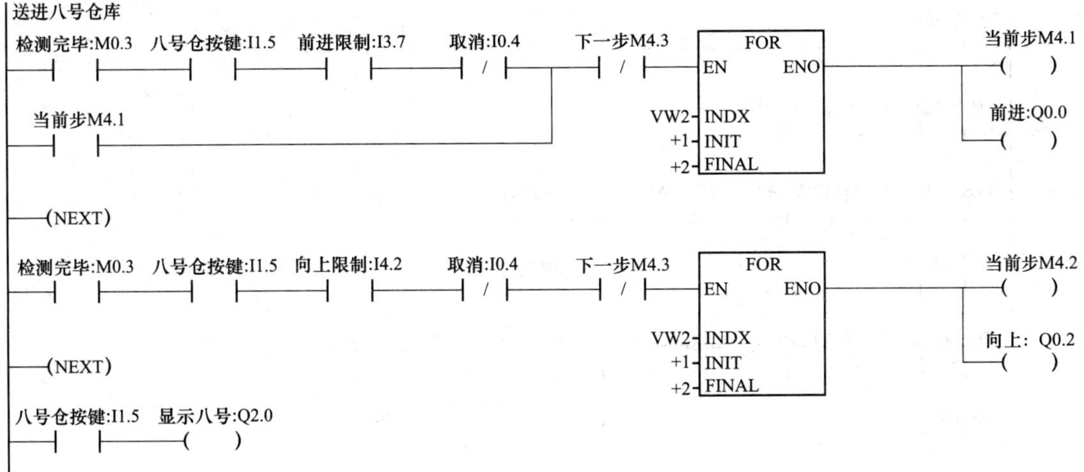

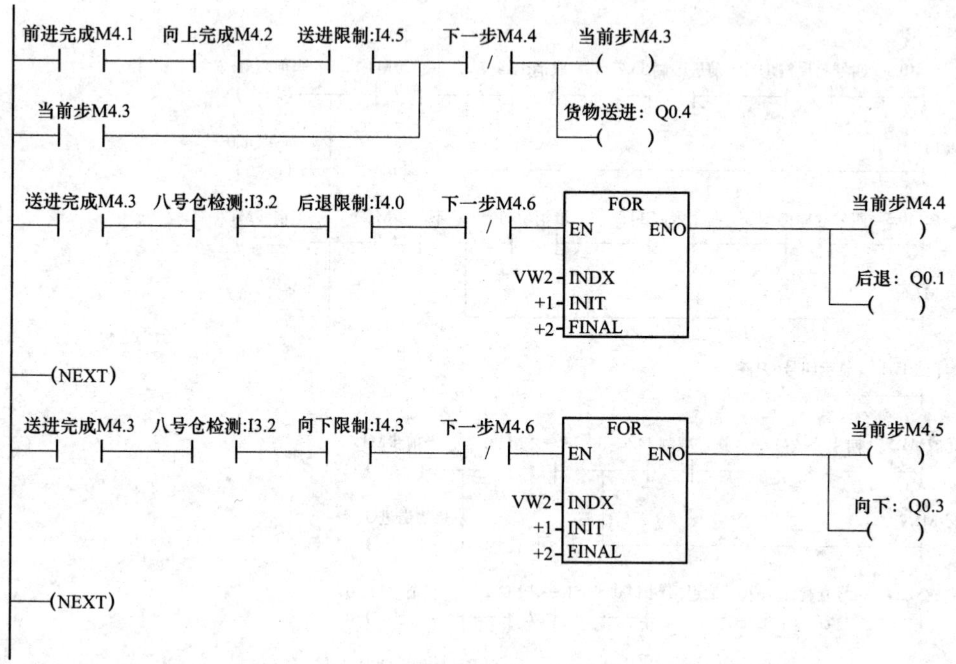

前进完成M4.1 向上完成M4.2 送进限制:I4.5 下一步M4.4 当前步M4.3

当前步M4.3 货物送进：Q0.4

送进完成M4.3 八号仓检测:I3.2 后退限制:I4.0 下一步M4.6 FOR EN ENO 当前步M4.4

VW2 INDX +1 INIT +2 FINAL 后退：Q0.1

(NEXT)

送进完成M4.3 八号仓检测:I3.2 向下限制:I4.3 下一步M4.6 FOR EN ENO 当前步M4.5

VW2 INDX +1 INIT +2 FINAL 向下：Q0.3

(NEXT)

取货程序，将货物从一号仓库取出：

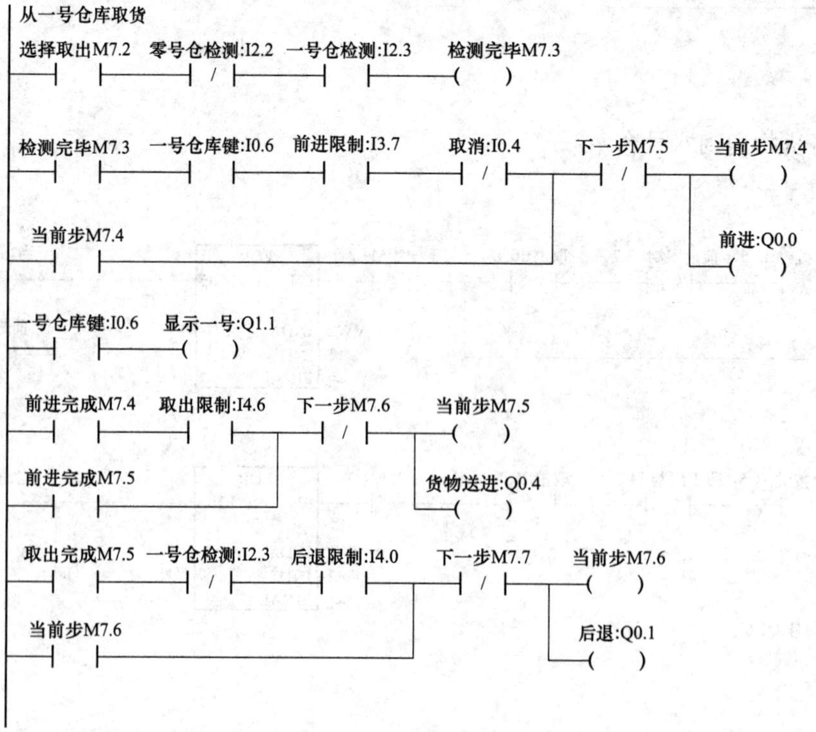

从一号仓库取货

选择取出M7.2 零号仓检测:I2.2 一号仓检测:I2.3 检测完毕M7.3

检测完毕M7.3 一号仓库键:I0.6 前进限制:I3.7 取消:I0.4 下一步M7.5 当前步M7.4

当前步M7.4 前进:Q0.0

一号仓库键:I0.6 显示一号:Q1.1

前进完成M7.4 取出限制:I4.6 下一步M7.6 当前步M7.5

前进完成M7.5 货物送进:Q0.4

取出完成M7.5 一号仓检测:I2.3 后退限制:I4.0 下一步M7.7 当前步M7.6

当前步M7.6 后退:Q0.1

取货程序，将货物从八号仓库取出：

从八号货仓取出货物

选择取出M7.2 零号检测:I2.2 八号仓检测:I3.2 检测完毕M12.0

检测完毕M12.0 八号仓按键:I1.5 前进限制:I3.7 取消:I0.4 下一步M12.3 FOR EN ENO 当前步M12.1

当前步M12.1 VW2-INDX +1-INIT +2-FINAL 前进：Q0.0

(NEXT)

检测完毕M12.0 八号仓按键:I1.5 向上限制:I4.2 取消:I0.4 下一步M12.3 FOR EN ENO 当前步M12.2

当前步M12.2 VW2-INDX +1-INIT +2-FINAL 向上：Q0.2

(NEXT)

八号仓按键:I1.5 显示八号:Q2.0

前进完成M12.1 向上完成M12.2 取出限制:I4.6 下一步M12.4 当前步M12.3

当前步M12.3 取出货物:Q0.5

取出完成M12.3 八号仓检测:I3.2 后退限制:I4.0 下一步M12.6 FOR EN ENO 当前步M12.4

当前步M12.4 VW2-INDX +1-INIT +2-FINAL 后退:Q0.1

(NEXT)

取出完成M12.3 八号仓检测:I3.2 向下限制:I4.3 下一步M12.6 FOR EN ENO 当前步M12.5

当前步M12.5 VW2-INDX +1-INIT +2-FINAL 向下:Q0.3

(NEXT)

附录B 脚 本 程 序 清 单

```
if 手自动= = 0&&(库位号= = 1||库位号= = 4||库位号= = 7||库位号= = 10)&& 存货= = 1&& 货台有无= = 1&& 左右< 208 then 左右= 左右+ 2;//货台向第一列移动
endif
if 手自动= = 0&&(库位号= = 2||库位号= = 5||库位号= = 8||库位号= = 11)&& 存货= = 1&& 货台有无= = 1&& 左右< 288 then 左右= 左右+ 2;//货台向第二列移动
endif
if 手自动= = 0&&(库位号= = 3||库位号= = 6||库位号= = 9||库位号= = 12)&& 存货= = 1&& 货台有无= = 1&& 左右< 368 then 左右= 左右+ 2;//货台向第三列移动
endif
if 手自动= = 0&&(库位号= = 1||库位号= = 2||库位号= = 3)&& 存货= = 1&& 货台有无= = 1&& 上下< 44 then 上下= 上下+ 2;//货台向第一层运动
endif
if 手自动= = 0&&(库位号= = 4||库位号= = 5||库位号= = 6)&& 存货= = 1&& 货台有无= = 1&& 上下< 116 then 上下= 上下+ 2;//货台向第二层移动
endif
if 手自动= = 0&&(库位号= = 7||库位号= = 8||库位号= = 9)&& 存货= = 1&& 货台有无= = 1&& 上下< 188 then 上下= 上下+ 2;//货台向第三层运动
endif
if 手自动= = 0&&(库位号= = 10||库位号= = 11||库位号= = 12)&& 存货= = 1&& 货台有无= = 1&& 上下< 260 then 上下= 上下+ 2;//货台向第四层运动
endif
if 手自动= = 0&&(库位号= = 1||库位号= = 4||库位号= = 7||库位号= = 10)&& 存货= = 1&& 货台有无= = 1&& 左右> = 208 then 左右= 208;//货台运动到达第一列
endif
if 手自动= = 0&&(库位号= = 2||库位号= = 5||库位号= = 8||库位号= = 11)&& 存货= = 1&& 货台有无= = 1&& 左右> = 288 then 左右= 288;//货台运动到达第二列
endif
if 手自动= = 0&&(库位号= = 3||库位号= = 6||库位号= = 9||库位号= = 12)&& 存货= = 1&& 货台有无= = 1&& 左右> = 368 then 左右= 368;//货台运动到达第三列
endif
if 手自动= = 0&&(库位号= = 1||库位号= = 2||库位号= = 3)&& 存货= = 1&& 货台有无= = 1&& 上下> = 44 then 上下= 44;//货台到达第一层
endif
if 手自动= = 0&&(库位号= = 4||库位号= = 5||库位号= = 6)&& 存货= = 1&& 货台有无= = 1&& 上下> = 116 then 上下= 116;//货台到达第二层
endif
if 手自动= = 0&&(库位号= = 7||库位号= = 8||库位号= = 9)&& 存货= = 1&& 货台有无= = 1&& 上下> = 188 then 上下= 188;//货台到达第三层
endif
```

```
if 手自动= = 0&&(库位号= = 10||库位号= = 11||库位号= = 12)&& 存货= = 1&& 货台有无= = 1&& 上下> = 260 then 上下= 260;//货台到达第四层
endif
if 手自动= = 0&&(库位号= = 1||库位号= = 4||库位号= = 7||库位号= = 10)&& 存货= = 1&& 货台有无= = 1&& 货左右< 208 then 货左右= 货左右+ 2;//货物向第一列移动
endif
if 手自动= = 0&&(库位号= = 2||库位号= = 5||库位号= = 8||库位号= = 11)&& 存货= = 1&& 货台有无= = 1&& 货左右< 288 then 货左右= 货左右+ 2;//货物向第二列移动
endif
if 手自动= = 0&&(库位号= = 3||库位号= = 6||库位号= = 9||库位号= = 12)&& 存货= = 1&& 货台有无= = 1&& 货左右< 368 then 货左右= 货左右+ 2;//货物向第二列移动
endif
if 手自动= = 0&&(库位号= = 1||库位号= = 2||库位号= = 3)&& 存货= = 1&& 货台有无= = 1&& 货上下< 44 then 货上下= 货上下+ 2;//货物向第一层移动
endif
if 手自动= = 0&&(库位号= = 4||库位号= = 5||库位号= = 6)&& 存货= = 1&& 货台有无= = 1&& 货上下< 116 then 货上下= 货上下+ 2;//货物向第二层移动
endif
if 手自动= = 0&&(库位号= = 7||库位号= = 8||库位号= = 9)&& 存货= = 1&& 货台有无= = 1&& 货上下< 188 then 货上下= 货上下+ 2;//货物向第三层移动
endif
if 手自动= = 0&&(库位号= = 10||库位号= = 11||库位号= = 12)&& 存货= = 1&& 货台有无= = 1&& 货上下< 260 then 货上下= 货上下+ 2;//货物向第四层移动
endif
if 手自动= = 0&&(库位号= = 1||库位号= = 4||库位号= = 7||库位号= = 10)&& 存货= = 1&& 货台有无= = 1&& 货左右> = 208 then 货左右= 208;//货物到达第一列
endif
if 手自动= = 0&&(库位号= = 2||库位号= = 5||库位号= = 8||库位号= = 11)&& 存货= = 1&& 货台有无= = 1&& 货左右> = 288 then 货左右= 288;//货物到达第二列
endif
if 手自动= = 0&&(库位号= = 3||库位号= = 6||库位号= = 9||库位号= = 12)&& 存货= = 1&& 货台有无= = 1&& 货左右> = 368 then 货左右= 368;//货物到达第三列
endif
if 手自动= = 0&&(库位号= = 1||库位号= = 2||库位号= = 3)&& 存货= = 1&& 货台有无= = 1&& 货上下> = 44 then 货上下= 44;//货物到达第一层
endif
if 手自动= = 0&&(库位号= = 4||库位号= = 5||库位号= = 6)&& 存货= = 1&& 货台有无= = 1&& 货上下> = 116 then 货上下= 116;//货物到达第二层
endif
if 手自动= = 0&&(库位号= = 7||库位号= = 8||库位号= = 9)&& 存货= = 1&& 货台有无= = 1&& 货上下> = 188 then 货上下= 188;//货物到达第三层
endif
if 手自动= = 0&&(库位号= = 10||库位号= = 11||库位号= = 12)&& 存货= = 1&& 货台有无= = 1&&
```

```
货上下> = 260 then 货上下= 260;//货物到达第四层
    endif
//向仓库入库
    if 手自动= = 0&& 存货= = 1&& 货台有无= = 1&&
    ((库位号= = 1||库位号= = 4||库位号= = 7||库位号= = 10)&&(货左右= = 208)&&(货上下= = 44||
货上下= = 116||货上下= = 188||货上下= = 260))||
    ((库位号= = 2||库位号= = 5||库位号= = 8||库位号= = 11)&&(货左右= = 288)&&(货上下= = 44||
货上下= = 116||货上下= = 188||货上下= = 260))||
    ((库位号= = 3||库位号= = 6||库位号= = 9||库位号= = 12)&&(货左右= = 368)&&(货上下= = 44||
货上下= = 116||货上下= = 188||货上下= = 260))
    &&(一号库位有无= = 0||二号库位有无= = 0||三号库位有无= = 0||四号库位有无= = 0||五号库位有
无= = 0||六号库位有无= = 0||七号库位有无= = 0
    ||八号库位有无= = 0||九号库位有无= = 0||十号库位有无= = 0||十一号库位有无= = 0||十二号库
位有无= = 0) then 货台有无= 0;
    endif
//一号入库显示
    if 手自动= = 0&& 库位号= = 1&& 存货= = 1&& 货左右= = 208&& 货上下= = 44 then 一号库位有无
= 1;
    endif
    if 手自动= = 0&& 库位号= = 2&& 存货= = 1&& 货左右= = 288&& 货上下= = 44 then 二号库位有无
= 1;//二号入库显示
    endif
    if 手自动= = 0&& 库位号= = 3&& 存货= = 1&& 货左右= = 368&& 货上下= = 44 then 三号库位有无
= 1;//三号入库显示
    endif
    if 手自动= = 0&& 库位号= = 4&& 存货= = 1&& 货左右= = 208&& 货上下= = 116 then 四号库位有无
= 1;//四号入库显示
    endif
    if 手自动= = 0&& 库位号= = 5&& 存货= = 1&& 货左右= = 288&& 货上下= = 116 then 五号库位有无
= 1;//五号入库显示
    endif
    if 手自动= = 0&& 库位号= = 6&& 存货= = 1&& 货左右= = 368&& 货上下= = 116 then 六号库位有无
= 1;//六号入库显示
    endif
    if 手自动= = 0&& 库位号= = 7&& 存货= = 1&& 货左右= = 208&& 货上下= = 188 then 七号库位有无
= 1;//七号入库显示
    endif
    if 手自动= = 0&& 库位号= = 8&& 存货= = 1&& 货左右= = 288&& 货上下= = 188 then 八号库位有无
= 1;//八号入库显示
    endif
    if 手自动= = 0&& 库位号= = 9&& 存货= = 1&& 货左右= = 368&& 货上下= = 188 then 九号库位有无
= 1;//九号入库显示
    endif
```

```
    if 手自动= = 0&& 库位号= = 10&& 存货= = 1&& 货左右= = 208&& 货上下= = 260 then 十号库位有无= 1;//十号入库显示
    endif
    if 手自动= = 0&& 库位号= = 11&& 存货= = 1&& 货左右= = 288&& 货上下= = 260 then 十一号库位有无= 1;//十一号入库显示
    endif
    if 手自动= = 0&& 库位号= = 12&& 存货= = 1&& 货左右= = 368&& 货上下= = 260 then 十二号库位有无= 1;//十二号入库显示
    endif
//存货完成
    if 手自动= = 0&& 存货= = 1&&((库位号= = 1||库位号= = 4||库位号= = 7||库位号= = 10)&&(货左右= = 208)&&(货上下= = 44||货上下= = 116||货上下= = 188||货上下= = 260))||
    ((库位号= = 2||库位号= = 5||库位号= = 8||库位号= = 11)&&(货左右= = 288)&&(货上下= = 44||货上下= = 116||货上下= = 188||货上下= = 260))||
    ((库位号= = 3||库位号= = 6||库位号= = 9||库位号= = 12)&&(货左右= = 368)&&(货上下= = 44||货上下= = 116||货上下= = 188||货上下= = 260))
    &&(一号库位有无= = 1||二号库位有无= = 1||三号库位有无= = 1||四号库位有无= = 1||五号库位有无= = 1||六号库位有无= = 1||七号库位有无= = 1||八号库位有无= = 1||九号库位有无= = 1||十号库位有无= = 1
    ||十一号库位有无= = 1||十二号库位有无= = 1)
    then 存货= 0;
    endif
//存货完成清除库位号
    if 手自动= = 0&& 存货= = 0&&((库位号= = 1||库位号= = 4||库位号= = 7||库位号= = 10)&&(货左右= = 208)&&(货上下= = 44||货上下= = 116||货上下= = 188||货上下= = 260))||
    ((库位号= = 2||库位号= = 5||库位号= = 8||库位号= = 11)&&(货左右= = 288)&&(货上下= = 44||货上下= = 116||货上下= = 188||货上下= = 260))||
    ((库位号= = 3||库位号= = 6||库位号= = 9||库位号= = 12)&&(货左右= = 368)&&(货上下= = 44||货上下= = 116||货上下= = 188||货上下= = 260)) &&
    (一号库位有无= = 1||二号库位有无= = 1||三号库位有无= = 1||四号库位有无= = 1||五号库位有无= = 1||六号库位有无= = 1||七号库位有无= = 1||八号库位有无= = 1||九号库位有无= = 1||十号库位有无= = 1||
    十一号库位有无= = 1||十二号库位有无= = 1) then
    库位号= 0;
    endif
//恢复货物初始左右值
    if 手自动= = 0&& 存货= = 0&& 取货= = 0&&(一号库位有无= = 1||二号库位有无= = 1||三号库位有无= = 1||四号库位有无= = 1||五号库位有无= = 1||六号库位有无= = 1||七号库位有无= = 1||八号库位有无= = 1||
    九号库位有无= = 1||十号库位有无= = 1
    ||十一号库位有无= = 1||十二号库位有无= = 1)  then
    货左右= 0;
    endif
```

```
//恢复货物初始上下值
    if 手自动= = 0&& 存货= = 0&& 取货= = 0&&(一号库位有无= = 1||二号库位有无= = 1||三号库位有无= = 1||四号库位有无= = 1||五号库位有无= = 1||六号库位有无= = 1||七号库位有无= = 1||八号库位有无= = 1||
    九号库位有无= = 1||十号库位有无= = 1
    ||十一号库位有无= = 1||十二号库位有无= = 1)  then
    货上下= 0;
    endif
//入库完成回到原点
    if 手自动= = 0&& 库位号= = 0&& 存货= = 0&& 左右> 0 &&(一号库位有无= = 1||二号库位有无= = 1||三号库位有无= = 1||四号库位有无= = 1||五号库位有无= = 1||六号库位有无= = 1||七号库位有无= = 1||八号库位有无= = 1
    ||九号库位有无= = 1||十号库位有无= = 1
    ||十一号库位有无= = 1||十二号库位有无= = 1)
    then 左右= 左右- 2;
    endif
    if 手自动= = 0&& 库位号= = 0&& 存货= = 0&& 左右< = 0 &&(一号库位有无= = 1||二号库位有无= = 1||三号库位有无= = 1||四号库位有无= = 1||五号库位有无= = 1||六号库位有无= = 1||七号库位有无= = 1||八号库位有无= = 1
    ||九号库位有无= = 1||十号库位有无= = 1
    ||十一号库位有无= = 1||十二号库位有无= = 1)
    then 左右= 0;
    endif
    if 手自动= = 0&& 库位号= = 0&& 存货= = 0&& 上下> 0 &&(一号库位有无= = 1||二号库位有无= = 1||三号库位有无= = 1||四号库位有无= = 1||五号库位有无= = 1||六号库位有无= = 1||七号库位有无= = 1||八号库位有无= = 1
    ||九号库位有无= = 1||十号库位有无= = 1
    ||十一号库位有无= = 1||十二号库位有无= = 1)
    then 上下= 上下- 2;
    endif
    if 手自动= = 0&& 库位号= = 0&& 存货= = 0&& 上下< = 0 &&(一号库位有无= = 1||二号库位有无= = 1||三号库位有无= = 1||四号库位有无= = 1||五号库位有无= = 1||六号库位有无= = 1||七号库位有无= = 1||八号库位有无= = 1
    ||九号库位有无= = 1||十号库位有无= = 1
    ||十一号库位有无= = 1||十二号库位有无= = 1)
    then 上下= 0;
    endif
    IF 左右= = 0&& 上下= = 0 THEN 就绪= 1 else 就绪= 0;
    ENDIF

//一号库位出库程序
    if 手自动= = 0&& 库位号= = 1&& 取货= = 1&& 货台有无= = 0&& 左右< 208&& 一号库位有无= = 1
then 左右= 左右+ 2;
```

```
endif
if手自动= = 0&& 库位号= = 1&& 取货= = 1&& 货台有无= = 0&& 左右> = 208&& 一号库位有无= = 1 then 左右= 208;
endif
if手自动= = 0&& 库位号= = 1&& 取货= = 1&& 货台有无= = 0&& 一号库位有无= = 1&& 上下< 44 then 上下= 上下+ 2;
endif
if手自动= = 0&& 库位号= = 1&& 取货= = 1&& 货台有无= = 0&& 一号库位有无= = 1&& 上下> = 44 then 上下= 44;
endif
if手自动= = 0&& 库位号= = 1&& 取货= = 1&& 货台有无= = 0&& 左右= = 208&& 上下= = 44&& 一号库位有无= = 1 then  货左右= 208;
endif
if手自动= = 0&& 库位号= = 1&& 取货= = 1&& 货台有无= = 0&& 左右= = 208&& 上下= = 44&& 一号库位有无= = 1 then  货上下= 44;
endif
if手自动= = 0&& 库位号= = 1 && 货左右= = 208&& 货上下= = 44 then 货台有无= 1;
endif
if手自动= = 0&& 库位号= = 1&& 货左右= = 208&& 货上下= = 44&& 货台有无= = 1 then  一号库位有无= 0;
endif
if手自动= = 0&& 库位号= = 1&& 货左右= = 208&& 货上下= = 44&& 货台有无= = 1&& 一号库位有无= = 0 then 库位号= 0 ;
endif
if手自动= = 0&& 货台有无= = 1&& 一号库位有无= = 0 && 库位号= = 0&& 左右> 0 then 左右= 左右- 2;
endif
if手自动= = 0&& 货台有无= = 1&& 一号库位有无= = 0 && 库位号= = 0&& 上下> 0 then 上下= 上下- 2;
endif
if手自动= = 0&& 货台有无= = 1&& 一号库位有无= = 0 && 库位号= = 0&& 上下< = 0 then 上下= 0;
endif
if手自动= = 0&& 货台有无= = 1&& 一号库位有无= = 0 && 库位号= = 0&& 左右< = 0 then 左右= 0;
endif
if手自动= = 0&& 货台有无= = 1&& 一号库位有无= = 0 && 库位号= = 0&& 货左右> 0 then 货左右= 左右- 2;
endif
if手自动= = 0&& 货台有无= = 1&& 一号库位有无= = 0 && 库位号= = 0&& 货上下> 0 then 货上下= 上下- 2;
endif
if手自动= = 0&& 货台有无= = 1&& 一号库位有无= = 0 && 库位号= = 0&& 货上下< = 0 then 货上下
```

```
= 0 ;
    endif
    if 手自动= = 0&& 货台有无= = 1&& 一号库位有无= = 0 && 库位号= = 0&& 货左右< = 0 then 货左右 = 0;
    endif
    if 手自动= = 0&& 库位号= = 0&& 货左右= = 0&& 货上下= = 0&& 取货= = 1&& 货台有无= = 1 then 取货= 0;
    endif
//六号仓库出库程序
        if 手自动= = 0&& 库位号= = 6&& 取货= = 1&& 货台有无= = 0&& 左右< 368&& 六号库位有无 = = 1 then 左右= 左右+ 2;
    endif
    if 手自动= = 0&& 库位号= = 6&& 取货= = 1&& 货台有无= = 0&& 左右> = 368&& 六号库位有无= = 1 then 左右= 368;
    endif
    if 手自动= = 0&& 库位号= = 6&& 取货= = 1&& 货台有无= = 0&& 六号库位有无= = 1&& 上下< 116 then 上下= 上下+ 2;
    endif
    if 手自动= = 0&& 库位号= = 6&& 取货= = 1&& 货台有无= = 0&& 六号库位有无= = 1&& 上下> = 116 then 上下= 116;
    endif
    if 手自动= = 0&& 库位号= = 6&& 取货= = 1&& 货台有无= = 0&& 左右= = 368&& 上下= = 116&& 六号库位有无= = 1 then  货左右= 368;
    endif
    if 手自动= = 0&& 库位号= = 6&& 取货= = 1&& 货台有无= = 0&& 左右= = 368&& 上下= = 116&& 六号库位有无= = 1 then  货上下= 116;
    endif
    if 手自动= = 0&& 库位号= = 6&& 货左右= = 368&& 货上下= = 116 then 货台有无= 1;
    endif
    if 手自动= = 0&& 库位号= = 6&& 货左右= = 368&& 货上下= = 116&& 货台有无= = 1 then  六号库位有无= 0;
    endif
    if 手自动= = 0&& 库位号= = 6&& 货左右= = 368&& 货上下= = 116&& 货台有无= = 1&& 六号库位有无= = 0 then 库位号= 0 ;
    endif
    if 手自动= = 0&& 货台有无= = 1&& 六号库位有无= = 0 && 库位号= = 0&& 左右> 0 then 左右= 左右 - 2;
    endif
    if 手自动= = 0&& 货台有无= = 1&& 六号库位有无= = 0 && 库位号= = 0&& 上下> 0 then 上下= 上下 - 2;
    endif
    if 手自动= = 0&& 货台有无= = 1&& 六号库位有无= = 0 && 库位号= = 0&& 上下< = 0 then 上下= 0;
    endif
```

```
if 手自动= = 0&& 货台有无= = 1&& 六号库位有无= = 0 && 库位号= = 0&& 左右< = 0 then 左右= 0;
endif
if 手自动= = 0&& 货台有无= = 1&& 六号库位有无= = 0 && 库位号= = 0&& 货左右> 0 then 货左右= 左右- 2;
endif
if 手自动= = 0&& 货台有无= = 1&& 六号库位有无= = 0 && 库位号= = 0&& 货上下> 0 then 货上下= 上下- 2;
endif
if 手自动= = 0&& 货台有无= = 1&& 六号库位有无= = 0 && 库位号= = 0&& 货上下< = 0 then 货上下 = 0 ;
endif
if 手自动= = 0&& 货台有无= = 1&& 六号库位有无= = 0 && 库位号= = 0&& 货左右< = 0 then 货左右 = 0;
endif
if 手自动= = 0&& 库位号= = 0&& 货左右= = 0&& 货上下= = 0&& 取货= = 1&& 货台有无= = 1 then 取货= 0;
endif
if 货台有无= = 0||(库位号= = 1&& 一号库位有无= = 1)||(库位号= = 2&& 二号库位有无= = 1)||(库位号= = 3&& 三号库位有无= = 1)||(库位号= = 4&& 四号库位有无= = 1)||(库位号= = 5&& 五号库位有无= = 1)||
(库位号= = 6&& 六号库位有无= = 1)||(库位号= = 7&& 七号库位有无= = 1)||(库位号= = 8&& 八号库位有无= = 1)||(库位号= = 9&& 九号库位有无= = 1)||(库位号= = 10&& 十号库位有无= = 1)||
(库位号= = 11&& 十一号库位有无= = 1)||(库位号= = 12&& 十二号库位有无= = 1) then 存禁止= 1 else 存禁止= 0;
endif
if 货台有无= = 1||(库位号= = 1&& 一号库位有无= = 0)||(库位号= = 2&& 二号库位有无= = 0)||(库位号= = 3&& 三号库位有无= = 0)||(库位号= = 4&& 四号库位有无= = 0)||(库位号= = 5&& 五号库位有无= = 0)||
(库位号= = 6&& 六号库位有无= = 0)||(库位号= = 7&& 七号库位有无= = 0)||(库位号= = 8&& 八号库位有无= = 0)||(库位号= = 9&& 九号库位有无= = 0)||(库位号= = 10&& 十号库位有无= = 0)||
(库位号= = 11&& 十一号库位有无= = 0)||(库位号= = 12&& 十二号库位有无= = 0) then 取禁止= 1 else 取禁止= 0;
endif
if 手自动= = 1 then 库位号= 0;
endif
if 手自动= = 0&& 存货= = 1 then 存货指示灯= 1 else 存货指示灯= 0;
endif
if 手自动= = 0&& 取货= = 1 then 取货指示灯= 1 else 取货指示灯= 0;
endif
```

附录C 梯形图清单2

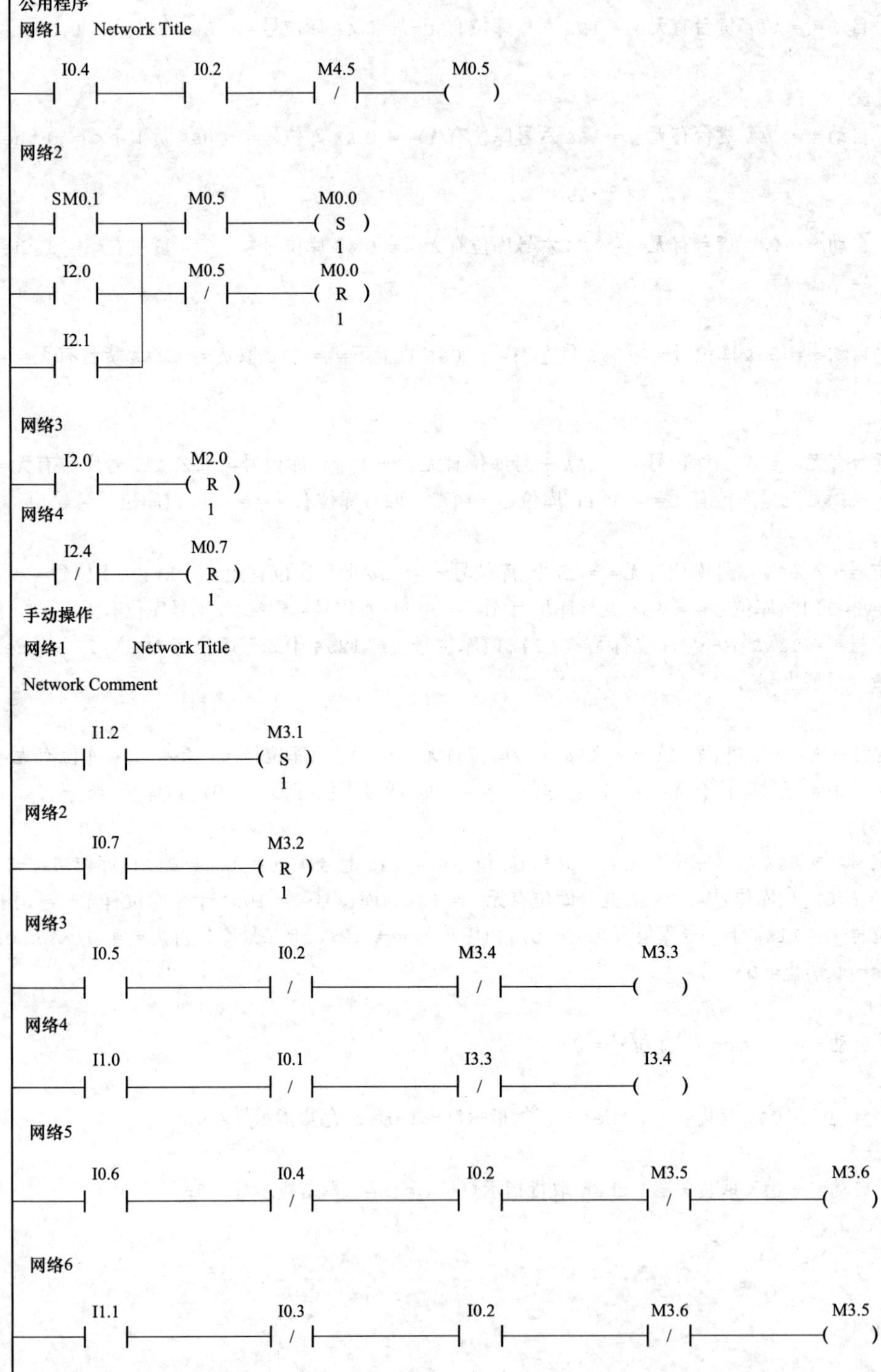
公用程序
网络1 Network Title
I0.4
I0.2
M4.5
M0.5
网络2
SM0.1
M0.5
M0.0
S
1
I2.0
M0.5
M0.0
R
1
I2.1
网络3
I2.0
M2.0
R
1
网络4
I2.4
M0.7
R
1
手动操作
网络1 Network Title
Network Comment
I1.2
M3.1
S
1
网络2
I0.7
M3.2
R
1
网络3
I0.5
I0.2
M3.4
M3.3
网络4
I1.0
I0.1
I3.3
I3.4
网络5
I0.6
I0.4
I0.2
M3.5
M3.6
网络6
I1.1
I0.3
I0.2
M3.6
M3.5

单步单周期连续

网络1 Network Title

Network Comment

I2.6 I2.4 I2.7 / M0.7 ( )

M0.7

网络2

I2.6 P M0.6 ( )

I2.2 /

网络3

M2.7 I0.4 M0.7 M0.6 M2.1 / M2.0 ( )

M0.0 I2.6 M0.5

M2.0

网络4

M2.0 I0.1 M0.6 M2.2 / M2.1 ( )

M2.1

网络5

M2.1 T37 M0.6 M2.3 / M2.2 ( )

M2.2

网络6

M2.2 I0.2 M0.6 M2.4 / M2.3 ( )

M2.3

网络7

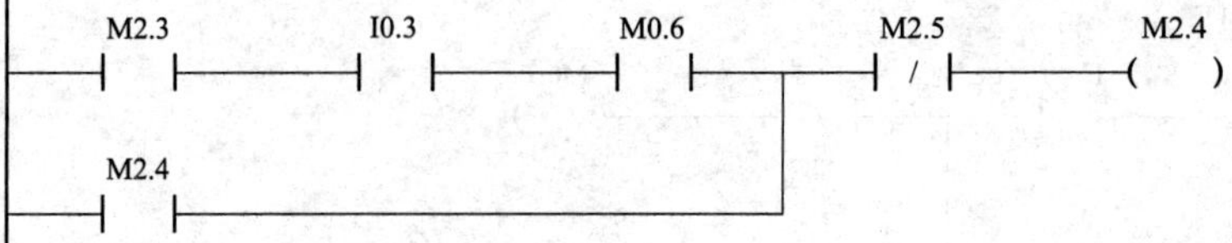

M2.3 I0.3 M0.6 M2.5 M2.4

M2.4

网络8

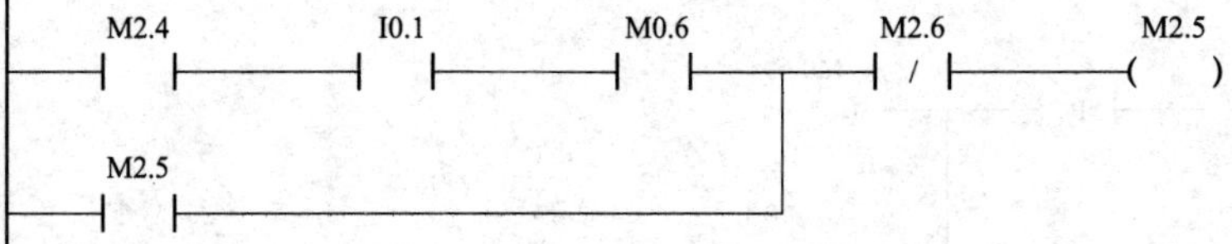

M2.4 I0.1 M0.6 M2.6 M2.5

M2.5

网络9

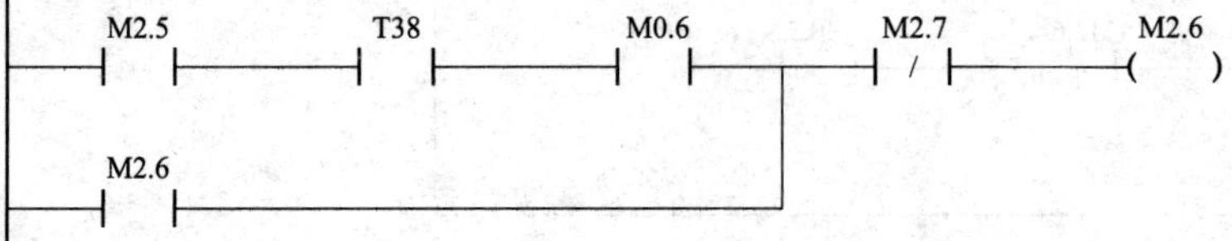

M2.5 T38 M0.6 M2.7 M2.6

M2.6

网络10

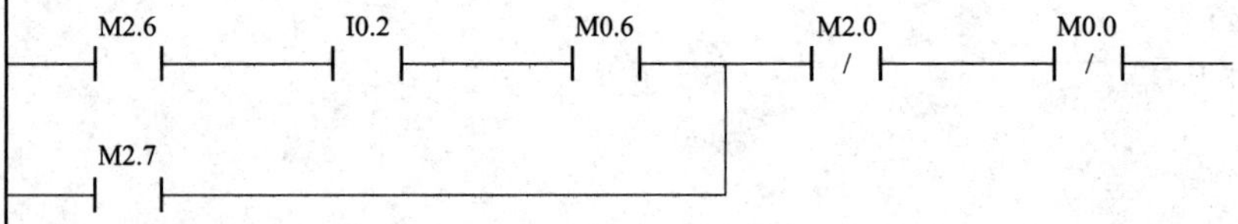

M2.6 I0.2 M0.6 M2.0 M0.0

M2.7

网络11

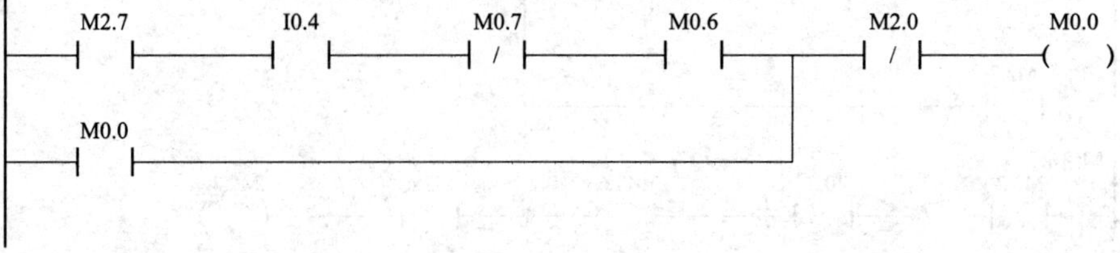

M2.7 I0.4 M0.7 M0.6 M2.0 M0.0

M0.0

附录D 常见问题与解答

1. 安装卸载与系统环境

(1) 已经制作了运行包，但是在安装运行包时为何提示“本系统已经安装了该产品!”?

答: 安装包要求计算机不能装有力控的组态软件。该运行包已经将工程所需要的软件环境打包进来，在安装运行包时一定要先将力控软件从控制面板中卸载。

(2) 已经安装加密锁了，但是在安装运行包后运行工程时，为何还提示找不到加密锁?

答: 这是因为安装运行包后，需要人工对软件进行注册。请打开运行包释放后所在的文件夹，手工运行其中的“Registry”程序进行软件注册，这样加密锁就可以找到了。

(3) 安装完运行包后，如何卸载?

答: 卸载运行包需要两个步骤:

1) 手动删除运行包安装后生成文件夹及文件夹中的内容;

2) 删除注册表:

Windows2000: 进入 windows 安装系统盘→WINNT 文件夹→打开 regedit. exe 文件→使用查找功能搜索“三维力控”→找到后删除该注册表信息。

Windows98/XP: 进入 windows 安装系统盘→WINDOWS 文件夹→打开 regedit. exe 文件→使用查找功能搜索“三维力控”→找到后删除该注册表信息。

2. 软件选型

(1) 如何计算力控软件点数?

答: 力控的计价点数就是实时数据库 DB 中 I/O 连接项的个数。I/O 连接项个数是数据库 DB 与外部 I/O 设备、外部 OPC 服务器、外部 DDE 服务器或其他外部数据源进行数据交换的点参数的个数。其余未进行数据连接的点及点参数均不在计价范畴。数据库中进行了内部连接或力控网络数据库之间连接的点及参数也不在计价范畴。

另外，开发系统 Draw 中的所有变量，包括: 用于完成力控界面系统 View 与数据库 DB 之间内部通信的 DB 变量，用于完成力控内部控制和运算的间接变量及中间变量，均不在计价范畴。在数据库组态\工具中点击统计即可获取总 I/O 点数。

(2) 接两个 PLC 就算两个点吗?

答: 所谓真实的 I/O 连接项点数不是物理接线或通信线的数量，而是软件通过接口协议交换数据的量; 对于 PLC、仪表等具有内部寄存器需要力控进行读写操作的点都是计算点数的; 但对于物理通道接线了，但并不想监控该内容，即不作 I/O 连接是不计算点数的。

3. 系统运行开发与配置

(1) 不小心在工程管理器中将工程给删除了，还能找到并恢复该工程吗?

答: 可以。工程管理器只是对开发人员提供的多个工程列表管理的窗口，从这里删除只是管理器的列表中不在显示该工程。实际上工程还保存在原文件夹 project 路径下，只需使用“新增应用”就可以找到你的工程并重新增加进列表。

(2) 力控的案例“. PCK (. PCZ)”文件是什么类型的，如何打开?

答: 力控的案例“. PCK (PCZ)”文件是用力控软件制作的备份文件，为专有格式。它需要使用力控软件工程管理器中的“恢复”按钮进行恢复后使用。

(3) 给每个数组元素赋值后，发现最终所有元素显示的是最后一个赋值结果？力控支持数组吗？

答：首先力控支持数组，可以使用间接变量，它是一个一维数组（下界为 0，上界 10000）。

出现这个问题，是因为在赋值前没有对数组元素所指向的变量进行指定。

数组元素指定形式：IV [i] =&VAR//表示间接变量 IV 的第 i 个元素指向变量 VAR。其中：IV 为间接变量，VAR 为普通变量，i 为数值常量或数值表达式。而 IV [i] 表示 IV 的第 i 个元素，“&”为地址符（也可以写作“@”）。

错误的做法比如：不对数组 TEMP 元素指定变量，对 TEMP [1]、TEMP [2] 直接赋值为 12 和 36，即 TEMP [1] =12、TEMP [2] =36，最终结果造成 TEMP [1]、TEMP [2] 值都是 36。

正确的做法：先进行元素与变量指定 TEMP [1] =&coma1、TEMP [2] =&coma2，然后分别对变量 coma1 和 coma2 进行赋值：coma1=12、coma2=36，这样元素才能获得正确结果。

(4) 在动画连接选择变量时会出现变量选择窗口，为何窗口中有了“实时数据库”选项窗口，还有个“全局”窗口？在这个窗口也有数据库变量，而且这里的变量比“实时数据库”选项窗口少，这两个有什么区别？

答：“实时数据库”窗口页的变量为数据库 DB 中定义的各种类型数据库变量和对应的参数；“全局”窗口中显示的是 Draw 或 View（又称 HMI）中引用过的各种类型的数据库变量与参数、能够使用的系统中间变量、在 HMI 上定义过的中间变量和间接变量。

(5) 工程的窗口名称定义不合适想修改其名称，但窗口名称为灰色不能修改，对窗口操作只有打开、删除和关闭，该如何修改呢？

答：使用菜单“文件（F）/另存为（A）…”将当前活动的窗口更名保存即可，保存后可以将原窗口删除。

4. HMI 制作与动画制作技巧

(1) 工程量比较大，能几个人分开同时开发吗？

答：可以。先每个人独立开发，然后使用开发系统 draw 中的“引入工程”，可以将其他工程引入合并成一个完整的工程。

(2) 将子图精灵“打散单元”操作并修改子图精灵的文本和颜色后，为何不能填加变量？在双击后提示“没有可替换的变量”，如何才能实现子图文本和颜色的修改？

答：为得到想要的子图精灵的文本内容和颜色，只需双击子图，先将变量添加到“变量名”中，然后将子图进行“打散单元”操作，对文本和颜色修改后将所有控件重新进行“打成单元”的操作即可。这里有个操作顺序问题，不足之处在于修改后子图精灵的双击动画属性只能进行变量替换操作了。

注意：在“打散单元”前一定要先将变量添加进来，否则会出现上面提到的问题！

(3) 在力控画面上进行文本录入的时候，如果文字量很大，使用工具箱中的“A”文本控件进行文本输入，不可以换行，每行只能有一个文本对象。有没有别的办法进行输入？

答：当然有，可以使用控件的办法。如：Draw/工具箱/Windows 控件/文本编辑框，可以输入多个文字，自动换行处理。也可以使用“内部控件”中的“文本输入”控件。

文本编辑框输入是有字数限制的一般为 64 字节对于文字量很大的文件，仍然推荐使用文本输入的方法。

(4) 力控支持 Flash、GIF 动画吗?

答: 都支持。

在力控软件 6.0 中，直接使用 Flash 控件，只需要将路径指定的文件保留好，就可以执行播放并且 Flash 控件支持 Flash 的脚本功能。可以使用“内部控件—浏览器”在“地址 (URL) 关联点”中添加数据库变量（可以使用右侧的按钮选择），选择变量及其字符型参数 DESC，运行时对该变量进行赋值：将 Flash 动画文件的绝对路径赋给数据库变量的 DESC 参数（字符型），文件名称必须带“. swf”的后缀。运行后即可在力控的画面中播放 Flash 动画。通过修改变量赋值可以选择播放不同的文件，也可以在同一幅画面中播放多个 Flash 动画文件。

力控支持 GIF 动画。开发环境下可以透明，但运行时还不支持透明，而且 GIF 动画的大小不能随意缩放，即使在开发环境中进行了拉伸，在运行时会自动回到原动画尺寸的大小。可以使用透视精灵和动画文件播放两个控件，动画文件播放是支持 gif 动画文件的，该控件可以给其添加边框并修改边框颜色。对于透明处理可以使用透视精灵。

(5) 如何做退出工程运行的按钮?

答: 在按钮中做左键动作，使用函数 Exit（0）。函数 Exit（code）说明如下：code 取值为 0（表示退出程序）、1（表示窗口最小化）、2（表示退出所有力控程序）、3（表示重新启动系统）、4（表示关闭系统）。

(6) 力控的文本做模拟量的输入和输出连接后，发现模拟量变成整型了，却没有小数部分了。该怎么处理?

答: 力控的运行系统 View 与实时数据库 DB 是两个独立的可执行文件，虽然在数据库中模拟量默认为 3 位小数（小数位数可以修改），但运行系统 View 中文本需要人工指定小数点位数。如文本为“＃＃＃＃. ＃＃”表示有两位小数显示。

(7) 做小窗口时，运行后窗口有的可以拖动改变大小，是否可以让它固定不变?

答: 可以，将窗口属性改成无边框或细边框就可以了。

5. 实时数据库

(1) 实时数据库中的区域是什么意思?

答: 力控实时数据库为了方便管理，将数据库分成 0～30 共 31 个区域（Area），每个区域又划分成 0～99 共 100 个单元（Unit）、下面又分成子单元（Subunit）、组（Group），点名（Name）和点参数共六层结构。

(2) 数据库变量常用的就是 PV 参数，但其他参数有何用途，有详细的说明吗?

答: 有，数据库点参数在“数据库组态（DBManager）”—“点［T］”—“点参数”菜单下有说明。不同的点类型有不同的参数，对于控制策略点参数的说明要看策略的在线帮助了。

(3) 数据库组态时点太多，能复制点或将现有的 Excel 点表保存成数据库的点表吗?

答: 可以。力控的数据库支持点复制（自动加序号）和删除，也可以将已有的 Excel 点表按照力控指定的格式导入力控的实时数据库。

（4）为何运行后在打开数据库 DB 时发现有“历史点不存在 XXXX”（XXXX 为数据库变量）的信息？

答：这有两种可能：①这里指出的变量没有在组态中进行历史参数的保存设置，即根本不存在历史数据；②使用历史曲线或报表等工具对该变量进行过历史数据查询，但所查询的时段没有历史数据，即通信故障或关机等造成历史数据中断。

6. 驱动使用

（1）PLC 通信。

1）在使用 Modbus 驱动时，硬件手册中读取模拟量地址为 40001，而在 I/O 连接项中选择 4 号命令并输入地址 40001，为何读不到数据？

答：这是对 Modbus 协议理解的错误！这里 40001 中的 4 是指 4 号命令，它是协议规定的功能码，0001 才是地址。所以选择 4 号命令后在地址栏中只需要输入 1 即可。

部分功能码的定义解释如下：

1 号命令：读取线圈状态（DO 按位只读）；2 号命令：读取输入状态（DI 按位只读）；3 号命令：读取保持寄存器（AO 只读）；4 号命令：读取输入寄存器（AI 只读）；5 号命令：强制单线圈（DO 按位写）；6 号命令：预置单寄存器（AO 写）；8 号命令：回送诊断校验；16 号命令：预制多寄存器（AO 写）。

有些 ModbusRTU 设备厂家提供寄存器地址是 16 进制的（如 0000H，0001H，0002H），其起始地址是从 0 开始。这样力控中的偏置填写方式为：将 16 进制地址转换成 10 进制数，然后加 1 即可。

2）力控与 SIEMENS 的 S7 - 200 怎样连接？

答：力控与西门子的通信包括 PPI（一个 pc 串口对应一个 200 控制器）、ModbusRTU（标准 Modbus）、MPI、Profibus、OPC。

PPI：可用 PPI 直连电缆；也可采用西门子原装电缆，但是拨码开关要设置正确。先用 Mircowin 设置搜索设置好 200 控制器的通信参数，然后力控中直接定义设备即可。

ModbusRTU：确认 Microwin 中有 Modbus 指令库，主程序中设置好两个指令模块（参照力控驱动帮助）。次协议采用 485 链路，并且只能用 200 控制器的 Port0，接线是 3 正 8 负。

MPI/Profibus：这个需要配合的硬件有 CP5611 卡、EM277 模块，软件要用到 STEP7 和 Simaticnet 相关配置，详细设置参照力控帮助。

OPC：西门子给 S7 - 200 提供了一个 OPC 的通信方式，力控中定义一个 OPC 设备即可。

3）编程软件与 S7 - 200 通信正常，但力控使用 PPI 通信就是连不上？

答：S7 - 200 的编程软件 Microwin 不能和力控同时打开，否则力控通信不上。

确定此 PLC 之前是否调试过 Modbus 通信方式：如果是，请将程序的前两个 Modbus 配置指令删除。

4）力控与三菱公司的各系列 PLC 有哪些方式通信？

答：A、ANA 系列有以太网方式。A 系列还有个串口方式；FX 系列有编程口和串口方式；Q 系列有串口（4C 协议）以太网（3E 协议）。另外可用力控提供的三菱全系列驱动。三菱的通信编程口通信还需要安装 MX 库文件。

5）力控与 OMRON 以 HOSTLINK 方式通信时为什么有时只能采集而不能下置？

答：HOSTLINK 协议规定：OMRON 的 PLC 在运行时，数据只能采集。所以运行时不能写入，即在 Run（运行）状态的模式下只能进行读操作，进行数据监视。要想对 PLC 进行读写控制就要将 PLC 上的开关拨到 Monitor（监控）状态。

6）力控与 OMRON 的 CONTROLLINK 网络如何进行通信？

答：力控针对 Controllink 网络有两个驱动程序，Controllink（SDK）驱动是通过调用 DLL 方式通信，建议用户采用此种方式进行通信。

7）PLC 通信的一般思路如何？

答：首先需要确定所用的 PLC 用的是哪一种通信协议，力控有没有相应的驱动；如何接线，是必须用专用电缆还是可以自行焊接通信电缆；设置通信参数，包括地址、波特率、数据位、校验位，另外针对不同的 PLC 还有一些特有的参数，如西门子 300 槽号设置，三菱串口通信的 1、4 格式选择，ABCONTROLOGIX 连接类型和校验方式的选择。

下一步，在力控中根据参数设置建立设备，数据连接之后运行力控。在操作系统状态栏任务区中会有力控的 I/O 监控器标志，点击查看通信是否正常（包括请求应答次数，报文等）。

注意：通信中有强电、变频和谐波时要注意布线时通信线与电源线采用垂直交叉式，不要同管、平行敷设，使用屏蔽线并做好设备接地。

（2）智能模块。

1）为什么与研华的 ADAM4000 系列无法通信？

答：力控支持全系列研华模块，组态时要安装研华的驱动程序（DLL），并且用研华的软件进行相关的配置，然后利用力控的驱动程序进行相关的配置；也可以直接使用相应模块的底层驱动。建议使用后者。

2）采集模块类通信配置的一般思路及相关问题。

答：首先要确定本厂商该系列产品支持的是什么协议，新款产品和老款产品之间协议有没有变化，力控有没有相应的驱动，是否都支持。

一般来说模块都会有相应参数的设置软件，使用者需要通过其自带的软件确定通信参数（地址、波特率、数据位、校验位）。有些可能会是通过拨码开关或者跳线的方式来确定以上几个参数的，确保无误。再在力控的设备向导中填写通信参数即可。

a. 有些设备表明为标准 ModbusRTU，但是不一定就是标准的 ModbusRTU，可通过串口工具测试验证一下。

b. 接线的问题：232 还是 485。有些 232 设备是 2、3 交叉，5 直连；有些 2、3 直连，5 直连。

c. 速度慢的问题：一般采集模块通信满的话可能是一条 485 总线上挂的设备太多。

d. 超时的问题：一般都是设备本身通信就慢，需要把设备采集周期、更新周期调大一些。ModbusRTU 设备可尝试把“包最大长度”调小。

（3）智能仪表。

1）使用多个厂家的串口设备，但力控只允许同一个厂家的设备使用同一个串口，计算机上只有两个串口怎么办？

答：这种情况下，有两种方式：

a. 使用PCI或ISA的串口扩展卡（如研华或MOXA等公司），增加计算机的串口数量。优缺点是容易实现节省时间，但布线要多使用些通信线。

b. 力控也可以根据需要将指定的几个驱动合并到一个物理层上使用，但需要开发时间和费用。

建议直接购买串口卡。

2）Modbus通信协议的仪表设备，地址对应关系如何确定？

答：一般的设备，厂家会提供一个与命令对应的地址表，按照这个地址表在力控中设置偏移地址。需要注意的是，力控中的地址偏移是从1开始的。

（4）板卡。

1）为何板卡已经安装完成，但力控中采集的数据和板卡自带软件中采集的数据不一致？

答：要注意板卡上关于跳线的设置，确定通道参数的设定无误。

2）板卡采集的数据和实际工程量的转换关系，在力控中如何设置？

答：板卡采集的数据都是“裸数据”（没有加工处理的），在力控的数据库组态中，数据点的“基本参数”中设定一下裸数据的上下限值以及需要转换为工程量的上下限值即可。注意：裸数据的上下限制要参看板卡的AD转换参数。

3）为什么研祥16ADT型号板卡在运行时提示装载驱动失败？

答：在力控驱动中，研祥的16ADT和中泰8360板卡驱动相同，在I/O组态时使用中泰板卡的8360驱动即可。同时将研祥板卡自带的驱动卸载，采用中泰板卡8360的板卡驱动，并将中泰的动态库文件拷贝到力控的I/Oservers目录下。

7. 报警与事件处理

（1）能把报警或事件的信息导出到关系数据库吗？

答：可以。利用力控的配置直接导出：在力控的导航栏中的“报警设置”—“报警记录”或“事件记录”配置好数据源后，即可把报警记录或事件记录导出到数据库中。

（2）报警时能发出声音报警吗？

答：可以。在发生报警时，调用Beep（number）函数或PlaySound（"xxx.wav"，0）函数；也可以使用“报警设置”—“报警设置”中的标准报警声音。

（3）可以在运行时，动态修改报警上下限吗？能自动存储修改后的值作为下次运行时的报警条件使用吗？

答：可以，只需在画面上对相关的参数LL、LO、HI和HH进行文本的输入输出连接组态，运行时调用修改变量的上述相关参数即可。如果想保存作为下次启动时使用，则需在数据库组态的“历史参数”选项页中，对相应的变量和参数选中“退出时保存实时值作为下次启动初值”即可。

（4）力控可以检测到设备的通信故障并进行报警吗？

答：可以，力控的实时数据库对所连接的各种设备都具备通信的实时监测功能。使用数据库参数的I/O报警即可：当通信正常时该参数值为0，故障时参数值为1；同时数据库还提供了很多的状态参数，请参考《力控用户手册》中数据库状态参数的相关内容。

8. 报表与打印

（1）如何制作实时显示的生产报表？

答：可以使用专家报表完成该功能。选定单元格，选择工具栏中的“F”图标选择“实时数据”，在弹出的“变量选择”窗口选择所需的变量即可。

(2) 历史报表要求使用整型数据，为何都有两位小数在里面?

答: 在历史报表组态窗口的“变量”窗口页中有变量的格式，默认为 x/s。根据要求可以改成需要的数据格式，用该格式也可以修改列宽。

(3) 专家报表查询时，力控历史数据库如何添加标题与字段?

答: 使用专家报表的模板形成的报表是没有办法直接添加字段的。如果想添加标题与字段，要在报表向导第一步的“冻结行数”选择需要的行数，第四步“基准行”中输入向导形成的报表所占的起始行。

9. 数据转存储、备份与交换

(1) 做一个恒压供水系统监控，使用数据变化1%保存历史数据的方式。数据库根本就不保存历史数据，数据库能否保存历史数据?

答: 力控对数据库变量有“定时”和“数据变化”两种历史保存方式，数据库变量都可以任意选用其中一种方式。对于上述及其类似系统存在实时数据（恒定的压力）前后两次测量值变化微小的工程，请使用定时保存，或将数据变化精度提高即可。

(2) 如何读写“*.txt”的纯文本文件?

答: 可以使用 FileRead 和 FileWrite 等相关函数进行读写操作。

(3) 力控能够获取历史趋势上游标选定时间的值吗?

答: 可以。直接调用曲线控件的 GetSlidValue 函数就可以了。

10. 数据通信与网路配置

(1) 力控软件的通信参数如何设置?

答: 力控软件的通信参数有以下几项:

1) 组态参数：超时时间、数据更新周期。

2) 高级参数：设备扫描周期。

3) 力控 I/O 通信运行时显示的参数有以下几项：更新周期、扫描周期、超时时间、活动点数、活动包数、采集包数、采集次数、应答次数、超时次数、采集周期、采集频率、下置点数、下置次数、应答次数、超时次数。下面简要介绍一下其中的含义:

采集包是将当前 DBManager 组态的数据分为几个数据包来进行发送，包数越少，采集速度越快。

采集次数是通信程序根据调度周期来循环进行，当采集次数和应答次数不断增加时，通信正常。

更新周期：力控两次发包的时间间隔。根据通信设备的接口协议和通信链路不同，设置合适的参数。

超时时间：力控请求数据时，等待设备响应的最长时间。对于通信链路不稳定且总线设备节点较多时，适当设置超时时间短一点；可以减少因链路原因导致上位机软件长时间等待状态。

设备扫描周期：此参数主要用来控制上位机在一段时间内的请求流量，可用来减少无线通信时的流量。举例说明：如果更新周期设置为 1s，设备扫描周期设置为 60s，采集包数为 10 包，则力控将在前 10s 内将设备所有数据请求一遍，剩余的 50s 将处于等待请求状态。如果更新周期乘以采集包数大于设备扫描周期，则设备扫描周期不再起作用。

（2）如何查找串口通信出现故障的原因？

答：串口通信常见故障的原因和解决方法如下：

1）设置的串口与使用的是否一致，接线是否正确。

2）设备地址是否正确。

3）通信波特率、数据位、停止位、奇偶校验位。

4）先用其自身测试软件来测试其通信情况；如正常，再用力控通信。

5）有些产品的测试或编程软件所使用的通信线与监控组态软件所使用的接线不同。

（3）控制设备掉电后再恢复时，力控软件的采集是如何处理的，能自动恢复连接吗？

答：力控软件对设备通信故障的处理是根据设备的最大恢复时间来决定的，力控的最大恢复时间根据需要可以自由设定。对于大多数力控能直接访问硬件的设备、不需要调用 DLL 动态库的通信方式时，力控软件都可以在故障发生后的最大恢复时间内对设备自动恢复通信。

（4）为什么驱动的提示为“动态链接库装载失败，更新 IOAPI. DLL”？

答：驱动需要硬件厂家的动态库，即需要安装硬件的动态库，一般用户都有。如没有，可到硬件厂家的相关网站下载，或向相关厂家索取。

（5）如何查看 PLC 或其他设备是否通信上了？

答：力控运行后，打开 Windows 状态栏中的 PLerineI/Oserver. exe 文件，查看其中的状态信息。主要有 Requesttimes、Answertimes、Averagecollectingcycle 等信息，也可查看通信灯的状态（绿色通信正常，红色则通信故障）。但不是所有的设备都能这样查看。

11. 函数与命令

（1）用力控的函数 StartApp 启动了一个 Excel 的一个表格，但使用 StopApp 函数并不能自动关闭这个表格，为什么？

答：StartApp 函数可以启动多种类型的文件，但 StopApp 函数只能关闭可执行文件，即后缀为“. exe”的文件。

（2）使用 StartApp 函数启动的 Windows 自带的小键盘，使用 StopApp 函数为何关不掉？

答：因为使用函数方法不对。首先将函数 StartApp 启动后的应用程序标识赋值给 AppID（整型变量），如：AppID＝StartApp（" C：\WINDOWS\system32\osk. exe"）；然后使用函数 StopApp（AppID）才能将 AppID 指定的程序关闭。

（3）如何在力控的运行画面中显示日期和时间？

答：首先定义一个文本控件并双击，然后在弹出的动画连接设置窗口中选择“数值输出”→“字符串”，再输入 $ Date＋"" ＋ $ Time 即可。

（4）如何将若干个整型数据合并显示为一串字符型日期＋时间显示？

答：使用 IntToStr（Number，Base）函数将整数转化为字符串后，进行字符串的加操作。

（5）如何求取一段时间的小时数［常用于 GetStatisData（）函数的 Timespan 参数］？

答：首先取起始时间的整型时间值 LongTime（起始时间），再取终止时间的整型时间值 LongTime（终止时间），然后用 nTime＝LongTime（终止时间）－LongTime（起始时间）求取小时数为：nHour＝nTime/3600。例如：求 2004 年 10 月 1 日 0 点 0 分到 2004 年

11月1日0点0分，表达式即为：nHour＝（LongTime（"2004/10/100：00：00"）- LongTime（"2004/11/100：00：00"））/3600。

（6）起始时间控件返回的是long型值，用什么函数能取得从中的“年”“月”“时”“分”“秒”?

答：使用函数：StrTime（time，format）//将整型时间转成字符串形式、StrMid（String，First，Count）//截取由First开始Count个字符组成的字符串。例如：求时间控件返回的年份：cYear＝StrMid（StrTime（#timer1.TimeGet（），2），0，4） //timer1为起始时间控件。

12. 控制策略

（1）控制策略像PLC一样能写梯形图程序吗?

答：不行。力控的控制策略目前仅支持IEC 61131-3标准的图形化编程方式。

（2）力控的控制模块PID能用于串级调节吗?

答：可以。力控的PID调节周期可以达到10ms；支持手动、自动和串级调节。

（3）控制策略编写好图形化程序后，想在组态窗口上应用某些参数进行监控和修改，为何在数据库中看不到该变量? 如何采集策略点的变量及其参数?

答：编写好的控制策略程序编译无误后，将工程开发环境全部关闭，主要是数据库DB，然后重新进入开发系统，在数据库DB中会自动将策略点变量及其参数加载到数据库中。主要是DB和策略是两个独立的程序，必须重新启动后才能完成加载。

（4）使用PID模块实现模拟量采集与调节控制，经常出现下置数据超时或通信停止的问题?

答：由于力控的PID运算调节周期短（10ms），如果直接将输出结果给模块就会造成输出过频，乃至出现上述写超时的现象。可以将输出做一定的延时控制等。

（5）怎么找不到控制策略?

答：要使用控制策略，首先要安装力控的扩展组件，然后在工程项目导航栏中找到工具就可以打开使用了，再在系统配置的初始启动程序中选上RUNlog就可以了。注：控制策略需要单独授权才能正常使用。

13. 曲线与棒图

（1）如何在历史趋势运行后能根据需要进行数据库点与时间的选择?

答：历史趋势组态时，在“双击时”下拉框中选择“变量时间设置框”，运行后双击历史趋势。趋势曲线可以通过函数SetCurveBeginTime来设定趋势曲线的开始时间，这样就可以查询到某一时段内的历史数据。也可以通过函数来修改时间间隔与长度。

（2）在一个趋势曲线中能同时显示几条曲线吗?

答：不限条数，可以根据界面大小自由添加。

（3）如何在历史趋势中用一支笔在不同时间内切换显示不同变量的值?

答：可以使用字段中的Tag1～Tag8修改每只趋势笔显示的内容，也可以在历史趋势组态时选择双击“变量时间设置框”；或在特殊功能下的位号组中进行定义几组位号组，然后用函数ChangeGroup（）进行动态切换。同时，可以配合SetCurveYName函数通过下拉列表的方法与脚本的形式进行替换变量。

（4）使用X-Y曲线时，若手工给X和Y对应的变量输入数值，则发现坐标系中点了两个点，根本不是曲线。为什么？

答： X-Y曲线是表达Y与X关系的曲线，必须同时（时间差很微小）获得数值，否则会出现上述现象。自动采集和运算时，因周期短就不会存在该问题，而在手工输入时需要做左键动作的脚本赋值。如：X.PV=A1.PV；Y.PV=A2.PV；输入A1.PV和A2.PV的值后对前面的脚本进行确认，显示X.PV与Y.PV即可。

(5) 为何运行时能在历史趋势中看到实时曲线，向前查询时却看不到历史曲线？

答： 力控的历史趋势曲线有实时趋势显示功能。若没有历史趋势，则说明：

1) 在数据库组态时对该变量没有进行历史保存或保存方式不合适。

2) 变量的量程过大，而趋势数值范围太小，这样实际显示的数值占量程的百分比非常小，所以感觉没有曲线显示或曲线在数值范围外。

若组态中没有保存历史，在实时数据库系统的信息中会有"历史点不存在XXXX"（XXXX是数据库变量名称）的错误提示。

(6) 如何修改趋势的起始时间和时间范围？

答： 可以通过SetCurveTimeLen与SetCurveTimeAdd的方法修改时间范围，使用Set-CurveBeginTime设置起始时间。

(7) 为什么在查询历史趋势曲线时没有数据？

答： 首先要检查是否设定了历史曲线的查询，然后检查数据库组态中相关联的变量是否设定了历史参数。在数据库组态→工程（菜单栏）→数据库参数中，检查设置的历史参数保存天数为多少，是否所查询的参数不在该范围内。

14. 工程加密与加密锁

(1) 在组态的画面中，如有的画面需要对用户进行限制访问权限，如何实现？

答： 组态时在"draw"窗口的"特殊功能"→"用户组态"中，组态不同级别的用户及相应用户口令即可。在需要设置画面浏览权限的窗口做"进入窗口"的脚本动作，判断$userle-vel的值：当该值小于某个数时（0，1，2，3），关闭该窗口。只有以级别高的用户登录时（$userlevel>?），才可以访问该窗口。注意：登录并用完该窗口时要注销，这样对该窗口的保护才继续起作用。

(2) 不想别人打开自己的工程，对整个工程的开发与运行环境进行加密可以吗？

答： 可以。只需在用户管理中定义一定级别的用户，在"配置"→"开发系统参数"→"组态保护"中选择相应的级别即可。即只有等于或高于该级别的用户才能进入工程的开发系统。

另外一种方式为：力控的运行加密锁可以使用"特殊功能"→"工程加密"对工程进行加密，但切记不要忘记密码也不要用同一个加密锁在不同工程中使用，否则将造成原有工程不能进入。运行系统加密可在"配置"→"运行系统参数"→"参数设置"中选择进入运行权限。

(3) 计算机检测不到加密锁怎么办？

答： 首先确认计算机的并口是否正常；其次在主板的BIOS设置中将并口的属性设置成ECP格式，这样加密锁一般都可以找到。

(4) 使用加密锁时与打印机发生冲突，计算机找不到打印机了怎么办？

答： 在主板的BIOS设置中将并口的属性设置成ECP格式，如果还是不行可以调换USB的加密锁。

附录E 脚本属性字段清单

在运行时，可以动态改变对象属性字段的值来改变其属性。一个属性字段对应一种或几种图形对象的动态/静态特征。属性字段的引用格式为“对象名．字段名”。当在对象脚本中引用对象本身属性字段时，可以用“This”代表对象本身，即“This. 字段名”。力控脚本属性字段清单为：

Area_No

数值类型	整　　型
应用对象	报警或总貌
说明	用于动态改变报警记录区域
备注	取值范围：0～30

CurLine

数值类型	整　　型
应用对象	总貌
说明	当前画面中第一个记录的序号
备注	取值范围：0～32767
示例	This. CurLine＝This. CurLine＋10；上滚 10 行

Decimal

数值类型	整　　型
应用对象	文本、按钮
说明	设置数值显示的小数位数
备注	取值范围：0～6
示例	This. Decimal＝3；将小数位数置为 3 位

FColor

数值类型	整　　型
应用对象	填充图形对象
说明	设置图形对象的填充颜色
备注	取值范围：0～255，颜色值即为调色板的颜色索引编号

IFColor

数值类型	整　　型
应用对象	填充图形对象
说明	目标填充色的初始索引号
备注	取值范围：0～255，颜色值即为调色板的颜色索引编号

ILColor

数值类型	整　　型
应用对象	有边线的图形对象
说明	目标边线的初始颜色的索引号
备注	取值范围：0～255，颜色值即为调色板的颜色索引编号

ITColor

数值类型	整　　型
应用对象	文本
说明	文本目标前景色的初始索引号
备注	取值范围：0～255，颜色值即为调色板的颜色索引编号

IX

数值类型	整　　型
应用对象	所有图形对象
说明	目标水平方向的初始位置（以像素为单位）
备注	取值范围：－32767～32767

IY

数值类型	整　　型
应用对象	所有图形对象
说明	目标垂直方向的初始位置（以像素为单位）
备注	取值范围：－32767～32767

IColor

数值类型	整　　型
应用对象	有边线的图形对象
说明	设置图形对象的边线颜色
备注	取值范围：0～255，颜色值即为调色板的颜色索引编号

Off_Day

数值类型	整　　型
应用对象	报警、历史报表
说明	对于报警，表示当前显示的为哪一天报警记录：0 表示当天，1 表示前一天，2 表示前两天等。 对于历史报表，使用它可以“天”为单位改变开始时间。 Off_Day 是前后滚动的天数：增大向前翻滚，减小向后翻滚
备注	报警取值范围：0～31；历史报表取值范围：0～365
示例	对于历史报表，若现在为 8 日：This. Off_Day＝This. Off_Day - 1； Off_Day 改变后，历史报表开始时间将为 7 日

Off_Hour

数值类型	整　　型
应用对象	历史报表
说明	使用它可以“小时”为单位改变开始时间。Off_Hour是前后滚动的小时数：增大向前翻滚，减小向后翻滚。0表示当前，1表示前1h，2表示前2h等
备注	取值范围：0～65535
示例	若现在为8点：This. Off_Hour=This. Off_Hour-1； Off_Hour改变后开始时间将为7点

Page

数值类型	整　　型
应用对象	历史报表
说明	可通过该变量前后翻页：Page增大向前滚动，Page减小向后滚动
备注	取值范围：0～65535
示例	This. Page=This. Page+1；向后翻页

ScaleNum

数值类型	整　　型
应用对象	刻度条
说明	刻度条的刻度数目

Tag1～Tag8

数值类型	字　符　型
应用对象	趋势、历史报表
说明	用于趋势对象和历史报表，可通过该变量的赋值来改变趋势笔或历史报表中的位号。Tag1～Tag8分别对应趋势中的8支笔或历史报表中前8个位号
示例	This. Tag1= “LIC504. PV”； 将趋势对象中的第一笔或历史报表中第一个位号设置为“LIC504. PV”

TR_BTim

数值类型	整　　型
应用对象	趋势
说明	趋势时间轴开始时刻
备注	时间格式：YY/MM/DD hh：mm：ss YY：年，取值范围为1970～2037；MM：月，取值范围为1～12； DD：日，取值范围为1～31；　hh：时，取值范围为0～23； mm：分，取值范围为0～59；　ss：秒，取值范围为0～59

TR_EUHI

数值类型	实　型
应用对象	趋势
说明	变量的量程高限

TR_EULO

数值类型	实　型
应用对象	趋势
说明	变量的量程高限

TR_His

数值类型	实　型
应用对象	趋势
说明	系统保留

TR_OffX

数值类型	实　型
应用对象	趋势
说明	时间轴偏置系数
备注	取值范围：0.0001～100

TR_OffY

数值类型	实　型
应用对象	趋势
说明	数值轴偏置系数
备注	取值范围：0.0001～100

TR_SCX

数值类型	实　型
应用对象	趋势
说明	时间坐标轴放大系数
备注	取值范围：0.0001～100

TR_SCY

数值类型	实　型
应用对象	趋势
说明	数值坐标轴放大系数
备注	取值范围：0.0001～100

TR_SPAN

数值类型	整 型
应用对象	趋势
说明	时间轴长度
备注	时间格式：YY/MM/DD hh：mm：ss YY：年，取值范围为1970～2037；MM：月，取值范围为1～12； DD：日，取值范围为1～31； hh：时，取值范围为0～23； mm：分，取值范围为0～59； ss：秒，取值范围为0～59

TR_STOP

数值类型	整 型
应用对象	趋势
说明	禁止或允许趋势更新
备注	取值范围：0/1（0：允许；1：禁止）

TR_Time

数值类型	字 符 型
应用对象	趋势
说明	游标处的时间
备注	时间格式：hh：mm：ss hh：时，取值范围为0～23； mm：分，取值范围为0～59； ss：秒，取值范围为0～59

TR_Val1～TR_Val8

数值类型	字 符 型
应用对象	趋势
说明	分别为第1～第8支趋势曲线在游标处的值

Unit_No

数值类型	整 型
应用对象	总貌
说明	可以使用该量动态改变单元号
备注	取值范围：0～99
示例	This. Unit _ No=1；显示第一单元

Update

数值类型	整 型
应用对象	历史报表
说明	可通过对该变量的赋值来更新数据
示例	This. Update=1；更新数据

X

数值类型	整　型
应用对象	所有图形对象
说明	对象水平方向坐标（以像素为单位）
备注	取值范围：－32767～32767

Y

数值类型	整　型
应用对象	所有图形对象
说明	对象垂直方向坐标（以像素为单位）
备注	取值范围：－32767～32767

附录 F　实时数据库预定义点类型参数结构清单

在实时数据库中，用户操纵的对象是点，系统以点参数为单位存放各种信息。点存放在实时数据库的点名字典中。实时数据库根据点名字典决定数据库的结构，分配数据库的存储空间。用户在点名组态时定义点名字典中的点。

在点名字典中，每个点都包含若干参数。一个点可以包含一些系统预定义标准点参数，还可包含若干个用户自定义参数。

用户引用点与参数的形式为“点名．参数名”。如“Tag1.DESC”表示点 Tag1 的点描述。

一个点可以包含任意一个用户自定义参数，也可以只包含标准点参数而没有用户自定义参数。用户自定义参数在一个 Tag 点中必须有一个唯一的名称。用户自定义参数在定义点类型时确定。

下面是所有预定义的标准点参数：

ACK

说明	报警确认标志
数据类型	离散型，数值范围：0 和 1
备注	0：当前报警未确认；1：当前报警已确认

ALARMDELAY

说明	报警延时时间
数据类型	整型，数值范围：大于或等于 0，以 ms 为单位

ALARMPR

说明	状态异常报警优先级
数据类型	整型，数值范围：0～3
备注	ALARMPR 的不同取值分别代表状态异常报警优先级的不同级别。0：无动作，即不生成报警记录；1：低级；2：高级；3：紧急报警

ALM

说明	报警标志
数据类型	只读离散型，数值范围：0 和 1
备注	0：目前是报警状态；1：目前不是报警状态

ALMENAB

说明	报警开关
数据类型	整型，数值范围：0～1
备注	ALMENAB 的不同取值分别代表报警开关的 2 种状态。0：禁止生成报警记录；1：允许生成报警记录

BETA

说明	PID节点的积分分离阈值
数据类型	实型
备注	当选择增量式算法时，积分分离阈值在最大输出值与最小输出值之间； 当选择位置式算法时，可以有任意大于0的积分分离阈值； 当选择微分先行算法时，无积分分离阈值

BADPVPR

说明	坏PV过程值报警优先级
数据类型	整型，数值范围：0～3
备注	BADPVPR的不同取值分别代表坏PV过程值报警优先级的不同级别。0：无动作，即不关心该类型报警，也不生成报警记录；1：低级；2：高级；3：紧急报警

COMPEN

说明	PID是否补偿
数据类型	整型

CYCLE

说明	PID节点的控制周期
数据类型	实型

D

说明	PID控制中的D参数，即微分常数
数据类型	实型，数值范围：0～100000

DEADBAND

说明	报警死区设定值
数据类型	实型，数值范围：大于或等于0
备注	当报警发生后，重新回到正常状态的不敏感区

DESC

说明	点的描述
数据类型	字符型，长度为32
备注	描述字符可以是任何字母、数字、汉字及标点符号

DEV

说明	偏差报警限值
数据类型	实型，数值范围：大于或等于0
备注	偏差为PV相对SP的差值，即当前测量值与设定值的差。偏差大于DEV时产生报警

DEVPR

说明	偏差报警优先级
数据类型	整型，数值范围：0～3
备注	DEVPR 的不同取值分别代表偏差报警优先级的不同级别。0：无动作，即不关心该类型报警，不生成报警记录；1：低级；2：高级；3：紧急报警

DIRECTION

说明	PID 正反动作
数据类型	整型，数值范围：0～1。0：正动作；1：反动作

EU

说明	工程单位
数据类型	字符型，16 位长度
备注	工程单位描述符，描述符可以是任何字母、数字、汉字及标点符号，如 kg/h、MPa

EUHI

说明	工程单位上限
数据类型	实型
备注	工程单位上限就是测量值的量程高限

EULO

说明	工程单位下限
数据类型	实型
备注	工程单位下限就是测量值的量程低限

FILTER

说明	小信号切除限值
数据类型	实型

FILTERFL

说明	小信号切除开关
数据类型	整型，数值范围：0～1
备注	FILTERFL 的不同取值分别代表小信号切除开关的 2 种状态。0：禁止小信号切除处理；1：允许小信号切除处理

FORMAT

说明	小数点位数
数据类型	整型，数值范围：0～6

FORMULA

说明	PID的算法种类
数据类型	整型，数值范围：大于或等于0
备注	有3种PID的算法类型。0：位置式；1：增量式；2：微分先行式

HH

说明	报警高高限
数据类型	实型，数值范围：处于HI和EUHI之间
备注	报警高高限的优先级HHPR不低于低级时，该项才起作用

HHPR

说明	报警高高限优先级
数据类型	整型，数值范围：0～3
备注	HHPR的不同取值分别代表报警高高限优先级的不同级别。0：无动作，即不关心该类型报警，不生成报警记录；1：低级；2：高级；3：紧急报警

HI

说明	报警高限
数据类型	实型，数值范围：处于LO和HI之间
备注	报警高限的优先级HIPR不低于低级时，该项才起作用

HIPR

说明	报警高限优先级
数据类型	整型，数值范围：0～3
备注	HIPR的不同取值分别代表报警高限优先级的不同级别。0：无动作，即不关心该类型报警，不生成报警记录；1：低级；2：高级；3：紧急报警

I

说明	PID控制中的I参数，即积分常数
数据类型	实型，数值范围：0～100000

KIND

说明	点的类型
数据类型	只读整型
备注	KIND的不同取值分别代表点类型为0：模拟I/O点；1：数字I/O点；2：累计点；3：控制点；4：自定义点类型。该参数为系统保留参数，用户可以不必关心

KLAG

说明	PID纯滞后补偿的比例系数
数据类型	实型，数值范围：大于0

LAG

说明	PID是否有纯滞后补偿
数据类型	整型

LASTPV

说明	上一个过程测量值
数据类型	只读实型，数值范围：正常情况处在EULO和EUHI之间

LASTTOTAL

说明	累计值被清零前的值
数据类型	实型

LL

说明	报警低低限
数据类型	实型，数值范围：处于EULO和LO之间
备注	报警低低限的优先级LLPR不低于低级时，该项才起作用

LLPR

说明	报警低低限优先级
数据类型	整型，数值范围：0～3
备注	LLPR的不同取值分别代表报警低低限优先级的不同级别。0：无动作，即不关心该类型报警，不生成报警记录；1：低级；2：高级；3：紧急报警

LO

说明	报警低限
数据类型	实型，数值范围：处于LL和HI之间
备注	报警低限的优先级LOPR不低于低级时，该项才起作用

LOPR

说明	报警低限优先级
数据类型	整型，数值范围：0～3
备注	LOPR的不同取值分别代表报警低限优先级的不同级别。0：无动作，即不关心该类型报警，不生成报警记录；1：低级；2：高级；3：紧急报警

MODE

说明	PID控制方式
数据类型	整型，数值范围：0～2
备注	MODE的不同取值分别代表的PID控制方式为0：自动；1：手动；2：串级

NAME

说明	点的名称
数据类型	只读字符型，16 位长度
备注	可以是任何字母、数字以及＄、＃等符号，不能含有标点符号以及汉字。每个点都必须有该参数

NORMALVAL

说明	正常状态值
数据类型	整型，数据范围：0～1

OFFMES

说明	处于关（OFF）状态时的信息
数据类型	字符型，16 位长度
备注	点的说明，说明符可以是任何字母、数字、汉字及标点符号

ONMES

说明	处于开（ON）状态时的信息
数据类型	字符型，16 位长度
备注	点的说明，说明符可以是任何字母、数字、汉字及标点符号

OP

说明	模拟输出值
数据类型	实型，数值范围：0～100

OPCODE

说明	操作码
数据类型	整型，数值范围：大于或等于 0
备注	OPCODE 的不同取值分别代表不同的操作码。0：加；1：减；2：乘；3：除；4：开方；5：求余；6：大于；7：小于；8：等于；9：大于或等于；10：小于或等于；11：与；12：或；13：取反；14：异或

P

说明	PID 控制中的 P 参数，即比例常数
数据类型	实型，数值范围：1～100000

P1

说明	运算点的第一参数
数据类型	实型

P2

说明	运算点的第二参数
数据类型	实型

PV

说明	过程测量值
数据类型	只读实型，数值范围：正常情况处在 EULO 和 EUHI 之间
备注	对于模拟量，其值用工程单位表示，即量程变换以后的数值，如：80kg/h。经量程变换处理后的 PV 值计算公式为： PV＝EULO＋(PVRAW－PVRAWLO)×(EUHI－EULO)/(PVRAWHI－PVRAWLO)

PVP

说明	量程百分比
数据类型	只读实型，数值范围：正常范围为 0～100
备注	量程百分比即为测量值与量程的比值。算法为 PV/(EUHI－EULO)×100

PVRAW

说明	原始过程测量值
数据类型	只读实型，数值范围：正常情况处在 PVRAWLO 和 PVRAWHI 之间

PVRAWHI

说明	原始过程测量值上限
数据类型	实型
备注	PVRAWHI 的具体值与所接 I/O 设备有关。对于 OMRON PLC、DM 区数值范围为 0～0XFFF，那么该值应为 4095

PVRAWLO

说明	原始过程测量值下限
数据类型	实型
备注	PVRAWHI 的具体值与所接 I/O 设备有关。对于 OMRON PLC、DM 区数值范围为 0～0XFFF，那么该值应为 0

PVSTAT

说明	过程测量值状态
数据类型	只读整型
备注	PVSTAT 的不同取值分别代表不同的过程值状态。0 表示异常；1 表示正常

QUICK

说明	PID 是否动态加速
数据类型	整型
备注	只对增量式算法有效

RATE

说明	变化率报警变化限值
数据类型	实型，数值范围：大于或等于 0
备注	变化率限值为该值与变化率周期之比

RATECYC

说明	变化率变化周期
数据类型	整型，数值范围：大于或等于 1，以 s 为单位

RATEPR

说明	变化率报警优先级
数据类型	整型，数值范围：0～3
备注	RATEPR 的不同取值分别代表不同的变化率报警优先级的级别。0：无动作，即不关心该类型报警，不生成报警记录；1：低级；2：高级；3：紧急报警

REDUCE

说明	PID 克服积分饱和的方法
数据类型	整型，数值范围：0～2
备注	当选择增量式算法时，有 1 种克服饱和算法。0：微分补偿法。 当选择位置式算法时，有 3 种克服饱和算法。0：削弱积分法；1：积分分离法；2：有效偏差法。 当选择微分先行算法时，无克服饱和算法

SCALEFL

说明	量程转换开关
数据类型	整型，数值范围：0～1
备注	SCALEFL 的不同取值分别代表量程转换开关的 2 种状态。0：禁止量程转换；1：允许量程转换

SP

说明	设定值，即控制目标值
数据类型	实型，数值范围：正常情况处在 EULO 和 EUHI 之间

STAT

说明	点的运行状态
数据类型	整型
备注	STAT 的不同取值分别代表不同的点状态。0：运行；1：停止；2：调校

STATIS

说明	生成统计数据控制开关
数据类型	整型，数值范围：0～1
备注	STATIS的不同取值分别代表生成统计数据控制开关的2种状态。0：禁止生成统计数据；1：允许生成统计数据

TFILTER

说明	PID滤波时间常数
数据类型	实型，数值范围：任意大于0的浮点数

TFILTERFL

说明	PID是否对输入信号滤波
数据类型	整型，数值范围：0～1
备注	0：不滤波；1：滤波

TLAG

说明	PID滞后补偿的时间常数
数据类型	实型，数值范围：任意大于0的浮点数
备注	为0时表示没有滞后

TLAGINER

说明	PID纯滞后补偿的惯性时间常数
数据类型	实型，数值范围：任意大于0的浮点数

TIMEOUTPR

说明	人工录入超时报警优先级
数据类型	整型，数值范围：0～3
备注	TIMEOUTPR的值代表人工录入超时报警的优先级。0：无动作，即不关心该类型报警，不生成报警记录；1：低级；2：高级；3：紧急报警

TIMEBASE

说明	累积计算的时间基
数据类型	实型，数值范围：大于等于1
备注	累积增量算式：测量值/时间基×时间差。时间差为上次累计计算到现在的时间

TIMEOUT

说明	人工录入超时报警限值
数据类型	实型，数值范围：大于或等于0，以s为单位

TOTAL

说明	当前累积值
数据类型	实型，数值范围：大于或等于0

TOTALRESET

说明	累积量清零的时间，上次进行清零操作时间
数据类型	字符型
备注	时间格式为：DD hh：mm：ss。DD表示天；hh表示小时；mm表示分钟；ss表示秒

TOT_RESET

说明	累计清零标志开关
数据类型	离散型，数值范围：0、1

TOT_STOP

说明	停止累计标志开关
数据类型	离散型，数值范围：0、1

UDMAX

说明	PID最大变化率
数据类型	实型
备注	跟执行机构有关，只对增量式算法有效

UMAX

说明	PID的输出最大值
数据类型	实型
备注	跟控制对象和执行机构有关，可以是任意大于0的值

UMIN

说明	PID输出最小值
数据类型	实型
备注	跟控制对象和执行机构有关

UNIT

说明	点所在的单位
数据类型	整型，取值范围：0～99
备注	将一个区域中的相关联的点按照操作人员的观点划分为若干个分组，这些分组称为单元

V0

说明	控制量的基准
数据类型	实型
备注	控制量的基准，如阀门的起始开度、基准电信号等

参　考　文　献

[1] 马国华．监控组态软件及其应用．北京：清华大学出版社，2001.

[2] 曾庆波，孙华，周卫宏．监控组态软件及其应用技术．哈尔滨：哈尔滨工业大学出版社，2010.

[3] 张文明，刘志军．组态软件控制技术．北京：清华大学出版社，北京交通大学出版社，2010.

[4] 马国华．监控组态软件应用：从基础到实践．北京：中国电力出版社，2011.

[5] 常斗南，李全利，张学武．可编程序控制器原理·应用·实验．北京：机械工业出版社，2008.

[6] 周美兰，周封，徐永明．PLC 电气控制与组态设计．北京：科学出版社，2009.

[7] 吴永贵．力控组态软件应用一本通．北京：化学工业出版社，2015.

[8] 周美兰，周封，徐永明．PLC 电气控制与组态设计．第三版．北京：科学出版社，2015.

[9] 廖常初．S7-200 SMART PLC 编程及应用．第 2 版．北京：机械工业出版社，2014.

[10] 松下电工株式会社．可编程控制器（FP 系列）FP1.

[11] 松下电工株式会社．可编程控制器（FP 系列）FP1 硬件技术手册．

[12] 松下电工株式会社．可编程控制器（FP 系列）FP.